中美欧钢结构设计标准差异分析与算例

张庆芳　编著

中国建筑工业出版社

图书在版编目（CIP）数据

中美欧钢结构设计标准差异分析与算例/张庆芳编
著．—北京：中国建筑工业出版社，2022.7（2025.2重印）
ISBN 978-7-112-27443-7

Ⅰ.①中⋯ Ⅱ.①张⋯ Ⅲ.①钢结构—结构设计—设
计标准—中国、美国、欧洲 Ⅳ.①TU391.04-65

中国版本图书馆 CIP 数据核字（2022）第 094854 号

　　本书主要针对中国（GB 50017）、美国（AISC 360）、欧洲（EN 1993）的钢结构设计标准的差异进行对比分析。同时，为保证讲解的准确性，还对比研究了美国钢结构学会的《钢结构手册》、英国钢结构标准、澳大利亚钢结构标准的相关内容。全书主要以 AISC 360-16 为逻辑主线，在内容、参数符号、计量单位上尽量保持原汁原味，并以"解析"的形式给出公式的推导过程、相关延伸内容及应用注意事项。在附录中还给出一些有助于学习的资料，包括按美国钢结构学会的《钢结构手册》编制的算例、扭转相关知识、部分钢材的截面特性等。

　　本书适合钢结构设计人员、钢结构标准研究和制定人员、高等院校相关专业师生阅读参考，也可作为钢结构设计相关培训用书。

责任编辑：武晓涛
责任校对：李美娜

中美欧钢结构设计标准差异分析与算例

张庆芳　编著

*

中国建筑工业出版社出版、发行（北京海淀三里河路 9 号）

各地新华书店、建筑书店经销

北京龙达新润科技有限公司制版

建工社（河北）印刷有限公司印刷

*

开本：787 毫米×1092 毫米　1/16　印张：18½　字数：459 千字

2022 年 7 月第一版　2025 年 2 月第三次印刷

定价：60.00 元

ISBN 978-7-112-27443-7

（38749）

序

2013年9月提出的"一带一路"倡议，是新时代构建全球自由贸易体系和开放型经济体系，促进沿线各国加强合作、共谋发展的中国方案。中国要建设世界强国，就必须走出去，与世界同台平等竞技，才能走到世界中央。"一带一路"沿线国家基础设施建设和标准规范是最基础的工作，经济全球化必然要求我们全面掌握国际科学技术和标准规范前沿动态，学习借鉴先进技术和标准规范，以国际视野、世界一流标准完善我国的标准规范，发挥优势，缩小差距。

2015年10月召开的中央城市工作会议提出我国建筑业向"工业化、信息化、绿色化"转型升级，以推广装配式建筑为重点，积极推广钢结构建筑，提高建筑物抗震性能，消化钢铁过剩产能、形成钢材战略储备。2021年10月《中共中央 国务院关于完整准确全面贯彻新发展理念做好碳达峰碳中和工作的意见》提出"双碳"战略目标，即二氧化碳排放于2030年达到峰值，2060年实现碳中和。世界眼光、国际标准、高质量绿色发展是新时代对我国钢结构提出的新要求，机遇难得，大有作为。钢结构本身就是现代工业化产物，具有材质均匀、轻质高强、延性好等优势，工厂加工制作，现场装配，最符合建筑工业化要求，而离开钢结构，大跨度和超高层建筑是不可能实现的。从全寿命过程视角看，钢结构更符合循环利用、低碳绿色生态要求。

本书作者张庆芳博士长期潜心钢结构教学和科研工作，理论功底扎实，不仅精通钢结构设计规范，对代表性的各国钢结构规范稔熟于心，还对混凝土结构设计规范等相关结构设计规范颇有研究，在这方面已有十多年的编制写作经验。他有"书呆子"要抠到底、知其所以然的精神，特别是对钢结构设计规范/标准情有独钟，他仔细研究过美国规范 ANSI/AISC 360、欧洲规范 EN 1993、英国规范 BS 5950、澳大利亚规范 AS 4100 等。在我国《钢结构设计标准》GB 50017—2017 修订过程中，他提出过许多颇有见地的意见，均被规范组采纳。美国钢结构协会是世界上最权威的钢结构协会之一，早在1923年就基于容许应力法准则制定了第一本钢结构设计规范，1986年制定了基于结构可靠指标的《建筑钢结构荷载与抗力分项系数设计规范》，全称是：*Load and Resistance Factor Design Specification for Structural Steel Buildings*。本书以美国国家标准《建筑钢结构设计规范》ANSI/AISC 360-16 为主线，是对中美欧钢结构设计规范比较研究方面的成果，全书有以下鲜明特色和独到之处：

选题既有国际视野的钢结构专业理论意义，又有很强的现实工程指导价值。美国钢结构规范和欧洲钢结构规范是国际钢结构领域最有影响力的两本规范，作者在介绍 ANSI/AISC 360-16 的同时，适当引入欧洲规范 EN 1993 作为对比，使我们更容易看到问题的精髓。以轴心受压构件为例，ANSI/AISC 360-16 放弃了使用数十年的"Q 系数法"转而全面采用"有效宽度法"，说明其接受并引入了欧洲规范 EN 1993 的思想和做法。从历史发展看，设计规范有趋同的趋势，这是经济全球化的必然结果。

全书内容浑然一体，系统全面，例题画龙点睛。钢结构设计具有很强的理论性，不易理解，加之规范本身天生的高度概括性，导致纯粹的翻译无法达到满意的理解效果。本书经过作者独具匠心的安排，穿插背景知识与例题，令人醍醐灌顶，豁然开朗。例如：关于框架的稳定，讲解了"层屈曲法"和"层刚度法"；连接设计部分，详细介绍了瞬心法和撬力计算。除此之外，书末附录给出了应用《钢结构手册》计算的示例以及扭转的相关知识；考虑到我国型钢标准未给出截面的扭转特性，给出了可查用这些参数的表格。

比较鉴别，讲解路径别具一格。对于标准规范的讲解，如果只是内容的堆砌，再多再好也无法使人通透理解，有效受益，因此必须寻找一个有效的途径。本书突出特点是讲述条理清楚，深入浅出，相当于以我国钢结构设计规范/标准为梯，通过规范对比，使读者凭此方式向上攀登，提升认识高度。我国自 1974 年第一本《钢结构设计规范》问世至今已近 50 年，经历了 1988、2003、2017 三次修订，如今已经基本完整成熟，也有中国特色，但是与国际一流水平相比，其创新性、权威性、影响力仍有较大差距，主要表现在标准规范内容更新滞后，不能定期修订；对规范需要解决的科学技术问题持续研究不足；相关标准规范协调不够等。唯有找出自身不足，才能认识努力的方向。从这一角度来看，本书对推动我国钢结构设计规范/标准国际化，乃至钢结构科学发展大有裨益。

本书非常适合参与国际钢结构工程设计、施工的设计师、工程师阅读，可快速熟悉国际标准规范，提升其国际化业务素质能力，本土钢结构设计师、工程师也可从中借鉴国外的先进设计经验，弥补我国设计规范的不足之处，提高国际化设计水平。对于高校研究生而言，则能弥补国际标准规范方面知识不足，拓展国际视野，获得崭新的认识。

作为张庆芳的博士导师，我非常高兴看到本书能出版，并乐意将它推荐给大家。同时，我也期待他有更多更好的作品问世。

中国钢结构协会副会长

北京工业大学教授　　张爱林

2021 年 12 月 20 日

前 言

    自 1995 年从教讲授"钢结构设计原理"至今已有 26 年，期间为了授课需要，阅读了大量与钢结构设计相关的文献。尤其是，由于这门课与设计规范有关，故不仅潜心钻研了我国自 TJ 89—74 开始至 GB 50017—2017 的 4 本《钢结构设计规范》（GB 50017—2017 名称为《钢结构设计标准》），而且收集到了不少国外的相关规范，例如，美国钢结构设计规范（从 ASD 89 到 ANSI/AISC 360-16 共 6 个版本）、北美冷弯薄壁型钢规范（2001 版和 2016 版）、欧洲钢结构设计规范（从 prEN 草案到正式版再到后来的局部修订版）、英国钢结构规范 BS 5950、澳大利亚规范 AS 4100（98 版以及 2012 局部修订版）、加拿大钢结构规范 S 16（01 版、09 版和 14 版）、印度钢结构规范 IS 800（2007 版）。这期间，还接触到美国钢结构学会（简称 AISC）编写的《钢结构手册》《钢结构抗震手册》以及"设计指南"系列、欧洲钢结构设计规范的指南以及教科书、澳大利亚《钢结构设计手册》等诸多辅导读物，加深了理解。

    最初，出于兴趣，对美国钢结构设计规范 ANSI/AISC 360-05 的部分章节进行了翻译。2013 年左右，当时我在北京工业大学读博，接触了更多的国外文献，而我国针对 2003 版《钢结构设计规范》的修订正在进行中，此时萌生了要编写一本有关中外钢结构设计规范比较的书的念头，想把自己学习钢结构设计规范的一些浅见汇总出来。2014 年，恰好校友张干赞邀请我到上海讲美国钢结构设计规范，于是我编写了一本讲解 ANSI/AISC 360-10 的小册子。现在呈献给大家的这本书就是以此为蓝本，经过深化、扩充并按 2016 版规范加以改进得到的。

    在确定了"为什么写""写哪些"之后，本书面临的最大困难就是"如何写"。尽管作者已经有 10 多年的写书经验，仍然感觉棘手。这其中包括：

    （1）不同规范之间称谓、符号各异，如何处理。若为了全书的一致性，将各规范的符号统一处理，固然可以降低理解的难度，但当读者与引用的文献对照时必然需要转换。而本书的定位与此不同，是希望读者通过阅读本书"进阶"到理解 AISC 编写的文献，故保留其写法而在书前给出符号含义，同时在适当位置给出该符号的中文文献对应符号以及称谓。

    （2）数值的单位。注意到，ANSI/AISC 360-16 中的条文通常同时给出了国际单位制和英制的数值，但是，绝大多数相关文献则是以英制表达，故本书在事先给出英制单位与国际单位换算的前提下，部分内容（例如，螺栓、焊缝的计算与构造要求，应用《钢结构手册》计算等）按照习惯采用了英制单位，以体现原汁原味。

（3）如何把规范规定讲清楚。本书采用的做法，一是如教科书一样设置例题、插图之外，另引入对比，对同一内容，说明我国规范、美国规范及欧洲规范的差别；二是为保证解说的准确性，参考了美国钢结构学会编写的《钢结构手册》以及配套算例，还有不少相关的教科书；三是以不同字体的"【解析】"段落给出公式的推导过程、相关内容或注意事项；四是作为结构稳定的背景材料，介绍了"层刚度法"与"层屈曲法"以及扭转的相关知识，使内容相对完整。此外，鉴于《钢结构手册》是一本重要的设计工具书，本书在附录 A 专门以算例介绍了其用法。

支撑本书的参考文献以英文为主，其获得有赖于各位朋友的大力帮助。在此要感谢以下朋友的热情支持：李维达、陈峥、张干赞、杨开、王应良、李才睿等。

本书编写过程中，相关内容曾与同行张志国、白建方、申兆武等博士切磋探讨，感谢他们的真知灼见。石家庄铁道大学土木工程学院结构工程教研室同仁高伟等给予了热情鼓励，在此一并致谢。

本书的出版得到石家庄铁道大学博士科研启动经费的支持。

感谢我的导师张爱林教授仔细审阅了全书，并拨冗作序，他对弟子的谆谆教诲跃然纸上，恍若回到了数年前的北京工业大学校园。

最后需要指出的是，在众多参考文献中发现的不一致之处，作者均在能力所及范围内加以甄别（例如，曾有两本规范和一本参考书对同一条的 3 个表格均有印刷性错误）。即便如此，武晓涛编辑凭借一丝不苟的专业素养，慧眼如炬，仍发现了书稿中存在的一些纰漏。限于水平，本书正式付印后仍可能存在不当之处，欢迎规范爱好者交流并批评指正。联系邮箱：zqfok@126.com，必有回复。

张庆芳
2021 年 11 月

目 录

符号   1

常用缩写   4

第1章 概述   6

1.1 AISC 钢结构规范以及相关文献 ·········· 6

1.2 AISC 钢结构规范与我国设计标准的主要差异 ·········· 9

1.3 如何使用本书 ·········· 13

参考文献 ·········· 16

第2章 设计要求与结构分析   18

2.1 设计基本要求 ·········· 18

2.2 受压板件等级与 AISC 360-16 的规定 ·········· 23

2.3 EN 1993-1-1 中的板件等级 ·········· 33

2.4 关于受压板件等级的讨论 ·········· 41

2.5 现行规范的稳定设计方法 ·········· 45

2.6 稳定设计方法的演进 ·········· 50

参考文献 ·········· 55

第3章 构件受拉   57

3.1 受拉构件的长细比要求与截面承载力 ·········· 57

3.2 受拉构件的抗撕裂计算 ·········· 63

3.3 销栓连接构件的承载力 ·········· 65

参考文献 ·········· 69

第4章 构件受压   70

4.1 有效长度系数 ··· 70
4.2 层屈曲法和层刚度法 ··· 78
4.3 受压构件的稳定承载力 ·· 86
4.4 单角钢受压构件 ··· 98
4.5 组合构件 ·· 102
参考文献 ··· 107

第5章 构件受弯   109

5.1 概述 ··· 109
5.2 工字形截面梁和槽钢梁的受弯承载力 ······················ 113
5.3 其他截面形式梁的受弯承载力 ································· 134
5.4 梁截面的比例关系 ··· 142
参考文献 ··· 143

第6章 梁承受剪力与横向力作用   144

6.1 工字形截面梁和槽钢梁的受剪承载力 ······················ 144
6.2 其他截面形式梁的受剪承载力 ································· 152
6.3 AASHTO关于工字形截面梁受剪承载力的规定 ·········· 153
6.4 梁承受横向力的作用 ·· 158
参考文献 ··· 161

第7章 构件受组合力以及扭矩   163

7.1 构件同时承受轴心力与弯矩 ··································· 163
7.2 构件承受扭矩时的计算 ·· 169
7.3 EC3对同时承受剪力和弯矩时的规定 ······················ 172
参考文献 ··· 180

第8章 连接设计   181

8.1 焊缝连接 ··· 181
8.2 螺栓连接 ··· 198
8.3 构件连接处的部件和连接件 ··································· 220
8.4 梁柱连接中翼缘和腹板受集中力作用 ······················ 222
参考文献 ··· 226

第 9 章　钢与混凝土组合梁 **227**

9.1　钢与混凝土组合梁的受力机理 ················· 227

9.2　钢与混凝土组合梁设计 ··················· 232

9.3　欧洲规范 EC 4 的主要规定 ················· 242

参考文献 ····························· 257

附录 A　使用 AISC《钢结构手册》计算算例 **259**

参考文献 ····························· 267

附录 B　构件受扭的相关知识 **268**

B.1　与扭转有关的截面特性 ··················· 268

B.2　开口截面的扭转应力 ···················· 272

参考文献 ····························· 281

附录 C　热轧普通工字钢与槽钢的截面特性 **282**

符号

A ——毛截面面积

A_c ——混凝土板在有效宽度内的截面面积

A_e ——有效截面面积

A_{fc} ——受压翼缘面积

A_g ——毛截面面积

A_n ——净截面面积

A_{nt} ——受拉净面积

A_{nv} ——受剪净面积

A_w ——腹板面积，等于全高乘以腹板厚度，即 dt_w

B_1 ——考虑 $P\text{-}\delta$ 效应的乘子

B_2 ——考虑 $P\text{-}\Delta$ 效应的乘子

C_m ——等效均匀弯矩系数

C_{v1}，C_{v2} ——剪切屈曲系数

C_w ——翘曲常数

D ——圆管截面的外直径

E ——弹性模量，对于钢材，AISC 360 取为 $2.0 \times 10^5 \, \text{N/mm}^2$

E_c ——混凝土的弹性模量

E_s ——钢材的弹性模量，AISC 360 取为 $2.0 \times 10^5 \, \text{N/mm}^2$

F_{cr} ——临界应力；截面屈曲应力

F_e ——弹性屈曲应力

F_y ——钢材的屈服强度

F_u ——钢材的最小抗拉强度

G ——剪变模量，对于钢材，AISC 360 取为 $7.72 \times 10^4 \, \text{N/mm}^2$

H ——工字形截面的总高度；计算弹性临界弯扭屈曲应力时的系数

I ——截面的惯性矩

I_a ——钢梁的截面惯性矩（见 EN 1994-1-1）

I_{LB} ——惯性矩下限

I_s ——钢与混凝土组合构件中，钢梁绕组合梁弹性中和轴的惯性矩

I_{sr} ——钢与混凝土组合构件中，钢筋绕组合梁弹性中和轴的惯性矩

I_x，I_y ——绕 x 轴、y 轴的惯性矩

J ——扭转常数

K ——有效长度系数

K_x，K_y ——绕 x 轴、y 轴弯曲屈曲时的有效长度系数

L ——跨长；构件侧向无支长度

L_b ——支撑点之间的距离，该支撑阻止受压翼缘侧移或截面扭转

L_c ——受压构件的有效长度

L_p ——对应屈服极限状态的侧向无支长度限值

L_r ——对应非弹性侧扭屈曲极限状态的侧向无支长度限值

M_n ——受弯承载力标准值

N_i ——施加于 i 楼层的概念水平力

P_n ——受压承载力标准值

P_y ——受压构件的毛截面屈服力

Q_n ——一个焊钉的抗剪承载力标准值

R_M ——考虑 $P\text{-}\delta$ 效应和 $P\text{-}\Delta$ 效应的系数

R_n ——承载力标准值

R_{pg} ——受弯承载力折减系数

S ——弹性截面模量

S_{min} ——相应弯曲轴的最小弹性截面模量

S_{xc}，S_{xt} ——分别为受压和受拉翼缘的弹性截面模量

U ——剪力滞系数

U_{bs} ——计算块状撕裂承载力时的折减系数

V_n ——受剪承载力标准值

Z ——塑性截面模量

a ——横向加劲肋间的净距离

b ——肢的宽度；对工字形截面，为全部翼缘宽度的一半

b_{eff} ——板的有效宽度

b_f ——翼缘总宽度

b_l，b_s ——分别为角钢长肢和短肢宽度

d ——截面总高度；直径

d_b ——螺栓杆直径

d_{sa} ——焊钉的直径

f_c ——混凝土抗压强度

g ——相邻两列紧固件沿横向的中至中距离（行距）

h ——对于热轧截面的腹板，为翼缘间净距离减去每一翼缘处的倒角；对于焊接截面的腹板，为翼缘间净距离；对于矩形管截面的腹板，为翼缘间净距离减去每一侧的内圆弧

h_0 ——两翼缘中面线之间的距离

k ——翼缘外缘至角焊缝趾部的距离

l ——端部受荷焊缝的实际长度

n_b ——承受拉力的螺栓数

n_s ——摩擦面个数

r ——回转半径

r_t ——侧扭屈曲时的有效回转半径

r_x ——绕 x 轴的回转半径；绕平行于所连接肢几何轴的回转半径

r_y ——绕 y 轴的回转半径

r_z ——绕角钢弱轴的回转半径

s ——相邻螺栓孔沿纵向的中至中距离（栓距）

t ——板厚

t_f ——翼缘板厚度

t_w ——腹板厚度

w ——焊脚尺寸

w_c ——混凝土的密度

x_0，y_0 ——以形心为原点的剪心坐标

β ——焊缝长度折减系数

Δ ——一阶层间位移

ΔH ——由于侧向力作用产生的一阶层间位移

λ ——板件的宽厚比

λ_p ——等级为厚实的截面板件宽厚比限值

λ_r ——等级为非厚实的截面板件宽厚比限值

ν ——泊松比，$\nu=0.3$

σ ——截面正应力

φ ——受压构件的稳定系数

χ ——弹性嵌固系数

μ ——平均滑移系数

ϕ ——抗力系数

ω_n ——主扇性坐标

τ_a，τ_b ——刚度折减系数

常用缩写

缩写	全称	含义
AASHTO	American Association of State Highway and Transportation Officials	美国国家公路和运输协会
AISC	American Institute of Steel Construction	美国钢结构学会
AISI	American Iron and Steel Institute	美国钢铁学会
ANSI	American National Standards Institute	美国国家标准学会
ASCE	American Society of Civil Engineers	美国土木工程师学会
ASD	Allowable Stress Design (Allowable Strength Design)	容许应力法（容许承载力法）
ASTM	American Society for Testing and Materials	美国材料与试验协会
AWS	American Weld Society	美国焊接协会
BSI	British Standard Institute	英国标准学会
CEN	European Committee for Standardization	欧洲标准委员会
CG	Centre of Gravity	重心
CHS	Circular Hollow Section	圆管截面
CJP	Complete Joint Penetration	全熔透接头
CRC	Column Research Council	柱子研究会
DM （或 DAM)	Direct Analysis Method	直接分析法
ECCS	European Convention for Constructional Steel-work	欧洲钢结构协会
ELM	Effective Length Method	有效长度法
ENA	Elastic Neutral Axis	弹性中和轴
EOR	Engineer of Record	注册工程师
FCAW	Flux Cored Arc Welding	药芯焊丝电弧焊
FEMA	Federal Emergency Management Agency	联邦应急管理局
FR	Fully Restrained	完全约束
GMAW	Gas Metal Arc Welding	气体保护电弧焊

HSS	Hollow Structural Sections	中空结构截面
IBC	International Building Code	国际建筑规范
LLBB	Long Legs Back-to-Back	长肢相连（背靠背）
LRFD	Load and Resistance Factor Design	荷载与抗力分项系数设计法
NA	Neutral Axis	中和轴
PNA	Plastic Neutral Axis	塑性中和轴
PJP	Partial Joint Penetration	部分熔透接头
PR	Partial Restrained	部分约束
RCSC	Research Council on Structural Connections	结构连接研究会
SAW	Submerged Arc Welding	埋弧焊
SC	Shear Centre	剪心
SLBB	Short Legs Back-to-Back	短肢相连（背靠背）
SMAW	Shielded Metal Arc Welding	手工电弧焊
SSRC	Structural Stability Research Council	结构稳定研究会
UBC	Uniform Building Code	统一建筑规范

第1章
概 述

1.1 AISC 钢结构规范以及相关文献

现行的美国钢结构设计规范编号为 ANSI/AISC 360-16[1]。ANSI 为美国国家标准学会（American National Standards Institute）的简称，AISC 为美国钢结构学会（American Institute of Steel Construction）的简称。

AISC 为钢结构建设编制了一系列的文献，包括设计规范、设计手册和设计指南等，简介如下。

1.1.1 设计规范

1. 钢结构房屋设计规范（非抗震）

AISC 在 1923 年制订了第一本钢结构设计规范，以容许应力法（Allowable Stress Design，简称 ASD）为设计准则。1989 年，发布了最后一版 ASD 设计规范《房屋钢结构规范——容许应力设计和塑性设计》[2]，国内习惯简称为 ASD 89。

1989 年之后，AISC 发布的钢结构设计规范如下：

（1）LRFD 93 和 LRFD 99，全称为《钢结构设计规范：荷载与抗力分项系数设计法》（Load and Resistance Factor Design Specification for Structural Steel Buildings），发布时间为 1993 年和 1999 年[3-4]。

（2）ANSI/AISC 360-05，全称为《钢结构设计规范》[5]，2005 年发布，该规范同时包含了 LRFD 和 ASD 两种设计方法。

（3）ANSI/AISC 360-10，全称为《钢结构设计规范》[6]，用以代替 ANSI/AISC 360-05。

（4）ANSI/AISC 360-16，全称为《钢结构设计规范》，用以代替 ANSI/AISC 360-10。

值得一提的是，对于单角钢构件，AISC 曾专门编制了规范：

1989 年，《采用容许应力法的单角钢构件设计规范》[7]。

1993 年，《采用荷载和抗力系数法的单角钢构件设计规范》[8]。

2000 年，《单角钢构件的荷载和抗力系数法设计规范》[9]。

从 ANSI/AISC 360-05 开始，有关单角钢构件的设计内容列入正式的钢结构规范。

2. 钢结构房屋设计规范（抗震）

进入 21 世纪后，AISC 编制的《建筑钢结构抗震规范》经历了 05、10、16 版，现行版本为 ANSI/AISC 341-16[10]。

3. 其他规范

结构连接研究委员会（Research Council on Structural Connections，简称 RCSC）编制的《高强度螺栓节点规范》，目前为 2014 版[11]。

AISC 编制的《特殊以及中等钢框架的抗震标准化连接》在 2018 年和 2020 年有局部修订[12]。

1.1.2　设计手册

《钢结构手册》是 AISC 编制的与《钢结构设计规范》配套使用的工具书，目前为第 15 版[13]，与 ANSI/AISC 360-16 对应。

《钢结构手册》给出了各种型钢的规格尺寸以及设计中用到的参数、承载力标准值等。作为设计工具书使用可大大提高效率。本书附录 A 展示了该手册如何使用。

同时，该手册还附带了 3 本设计规范，包括：《钢结构设计规范》（2016 年）、《高强度螺栓节点规范》（2014 年）、《钢房屋和钢桥规范》（2016 年)[14]。

《钢结构抗震手册》是 AISC 编制的与《建筑钢结构抗震规范》配套使用的工具书，目前为第 3 版[15]，与 ANSI/AISC 341-16 对应。该手册还附带了 2 本设计规范，包括：《钢结构抗震规范》和《特殊以及中等钢框架的抗震标准化连接》。

【解析】《钢结构手册》中给出的型钢外轮廓尺寸以及截面特性均为英制单位。与其对应的，AISC 还编制有《型钢数据库》（Shapes Database），为 Excel 文件格式，该数据库同时给出了轮廓尺寸以及截面特性的英制单位数值和国际单位制数值。该数据库目前版本为 V15.0，与《钢结构手册》第 15 版一致。

1.1.3　设计指南

AISC 还出版了"设计指南"（design guide）系列文献，目前共 35 卷，目录如下：

第 1 卷，基板与锚栓设计（Design Guide 1：Base Plate and Anchor Rod Design）

第 2 卷，腹板开孔的钢梁与组合梁设计（Design Guide 2：Design of Steel and Composite Beams with Web Openings）

第 3 卷，钢房屋正常使用设计要点（Design Guide 3：Serviceability Design Considerations for Steel Buildings）

第 4 卷，外伸端板连接抗震与抗风应用（Design Guide 4：Extended End-Plate Moment Connections Seismic and Wind Applications）

第 5 卷，中、低层钢房屋设计（Design Guide 5：Design of Low-Rise and Medium-Rise Steel Buildings）

第 6 卷，型钢混凝上的荷载与抗力分项系数设计（Design Guide 6：Load and Resistance Factor Design of W-Shapes Encased in Concrete）

第 7 卷，工业厂房设计（Design Guide 7：Industrial Building Design）

第 8 卷，半刚性组合连接（Design Guide 8：Partially Restrained Composite Connections）

第 9 卷，钢结构构件扭转分析（Design Guide 9：Torsional Analysis of Structural Steel Members）

第 10 卷，低层钢房屋架设支撑（Design Guide 10：Erection Bracing of Low-Rise Structural Steel Buildings）

第 11 卷，钢框架结构由于人员活动而引起的振动（Design Guide 11：Vibrations of Steel-Framed Structural Systems Due to Human Activity）

第 12 卷，现有焊接钢框架连接抗震加固（Design Guide 12：Modification of Existing Steel Welded Moment Frame Connections for Seismic）

第 13 卷，刚性连接中的宽翼缘柱加劲（Design Guide 13：Wide-Flange Column Stiffening at Moment Connections）

第 14 卷，交错桁架框架体系（Design Guide 14：Staggered Truss Framing Systems）

第 15 卷，恢复和改造（Design Guide 15：Rehabilitation and Retrofit）

第 16 卷，平头以及外伸端板连接（Design Guide 16：Flush and Extended Multiple-Row Moment End-Plate Connections）

第 17 卷，高强度螺栓（Design Guide 17：High Strength Bolts—A Primer for Structural Engineers）

第 18 卷，钢框架停车楼（Design Guide 18：Steel-Framed Open-Deck Parking Structures）

第 19 卷，钢结构框架防火（Design Guide 19：Fire Resistance of Structural Steel Framing）

第 20 卷，钢板剪力墙（Design Guide 20：Steel Plate Shear Walls）

第 21 卷，焊接入门（Design Guide 21：Welded Connections—A Primer for Engineers）

第 22 卷，钢框架房屋外观附件（Design Guide 22：Facade Attachments to Steel-Framed Buildings）

第 23 卷，钢结构房屋建设（Design Guide 23：Constructability of Structural Steel Buildings）

第 24 卷，中空结构截面连接（Design Guide 24：Hollow Structural Section Connections）

第 25 卷，具有楔形腹板构件的框架设计（Design Guide 25：Frame Design Using Web-Tapered Members）

第 26 卷，抗爆结构设计（Design Guide 26：Design of Blast Resistant Structures）

第 27 卷，结构不锈钢（Design Guide 27：Structural Stainless Steel）

第 28 卷，钢房屋稳定设计（Design Guide 28：Stability Design of Steel Buildings）

第 29 卷，竖向支撑连接——分析与设计（Design Guide 29：Vertical Bracing Connections—Analysis and Design）

第 30 卷，钢房屋中的隔声与噪声控制（Design Guide 30：Sound Isolation and Noise

Control in Steel Buildings）

第 31 卷，蜂窝梁设计（Design Guide 31：Castellated and Cellular Beam Design）

第 32 卷，事关核设施安全的模块化钢板组合墙（Design Guide 32：Modular Steel-Plate Composite Walls for Safety-Related Nuclear Facilities）

第 33 卷，曲线构件设计（Design Guide 33：Curved Member Design）

第 34 卷，钢制楼梯设计（Design Guide 34：Steel-Framed Stairway Design）

第 35 卷，钢骨架抗风暴避难所（Design Guide 35：Steel-Framed Storm Shelters）

【解析】其他与钢结构设计有关的规范还有：

（1）AISI S100-2016 与 AASHTO 桥梁设计规范

由 AISI 编制的《北美冷成型钢构件设计规范》AISI S100-2016 为现行版本[16]，其作用相当于我国的《冷弯薄壁型钢结构技术规范》。

美国国家公路和运输协会（American Association of State Highway and Transportation Officials，简称 AASHTO）编制的《桥梁设计规范（采用 LRFD 法）》现行为 2020 年版本[17]，其中的钢结构部分有借鉴意义。

（2）IBC 和 UBC

在 20 世纪的大部分时间里，美国有 3 种常用的建筑设计规范：《统一建筑规范》（Uniform Building Code，简称 UBC，出版机构为 International Conference of Building Officials，简称 ICBO），《国家建筑规范》（National Building Code，简称 NBC，出版机构为 Building Officials and Code Administrators，简称 BOCA）和《标准建筑规范》（Standard Building Code，简称 SBC，出版机构为 Southern Building Code Congress International，简称 SBCCI）。UBC 主要用于中西部和西部，NBC 用于东北部，而 SBC 用于南部。出版这些规范的组织在 1994 年合并成立了国际规范理事会（International Code Council，简称 ICC），并在 2000 年停止更新所有这 3 种规范，代之以《国际建筑规范》（International Building Code，简称 IBC），IBC 成为所有州和地方建筑规范的基础。

关于钢结构抗震，我国文献常提到 UBC97，该规范指的是 1997 年由加州结构工程师协会（Structural Engineers Association of California，简称 SEAOC）发布的《统一建筑规范》（Uniform Building Code）。该规范分为 3 卷，钢结构部分在第 2 卷第 22 章，其中，钢结构的非抗震部分以 LRFD 93 和 ASD 89 为蓝本并有局部改动，钢结构的抗震部分以 1992 年 AISC 编制的《钢结构抗震规范》为蓝本并有局部改动。

1.2　AISC 钢结构规范与我国设计标准的主要差异

AISC 360-16 共有 14 章和 8 个附录，与我国 GB 50017—2017 相比，主要差异表现在：

1. 设计方法

对构件和连接的设计，不但规定了"荷载和抗力系数设计法"（简称 LRFD 方法），考虑到设计习惯，还规定了"容许承载力设计法"（简称 ASD 方法）。无论是 LRFD 还是 ASD 均按照 ASCE 7-16 的规定进行荷载组合。

容许应力法以材料强度除以根据经验确定的"安全系数"作为容许应力，要求截面应力不大于容许应力。从设计法的发展历程看，这属于最初阶段，目前世界各国的设计规范一般采用分项系数设计法。但 AISC 认为，最初 1986 年版的 LRFD 规范是根据 1978 年的 ASD 规范按"活荷载与恒荷载比值为 3"通过校正得到的，因此，两种方法在"活荷载与恒荷载比值为 3"时等效，据此，根据荷载组合可得到安全系数和抗力系数的关系（详见第 2 章），以抗力系数确定相应的安全系数，从而使 ASD 方法与 LRFD 方法具有相同的可靠度[1]。

我国 GB 50017—2017 采用概率极限状态设计法，具体表现为分项系数表达式，与 LRFD 相当，但二者采用的分项系数不同。

2. 板件等级

构件截面板件等级划分，对轴心受压构件，按板件宽厚比分为薄柔与非薄柔两个等级；对受弯构件，按板件宽厚比分为厚实、非厚实与薄柔三个等级。这种划分主要是考虑到应力梯度对板件局部屈曲临界应力的影响。又由于板件局部屈曲临界应力还与板件的边界约束有关，故板件区分为加劲板件（四边支承板）和非加劲板件（三边支承一边自由板）。

我国 GB 50017—2017 区分梁和压弯构件，将截面受压板件的等级分为 S1～S5 级。对于轴心受压构件，规定的宽厚比限值为长细比的函数，相当于以该限值为界分为两个等级。笔者认为，以上安排考虑更多的是与原 2003 版规范的延续性。

3. 稳定设计

规定可以采用直接分析法、有效长度法和一阶分析法。

直接分析法适用于所有结构，可以采用弹性分析或非弹性分析。该方法同时考虑 P-Δ 效应和 P-δ 效应；当采用弹性分析时，体系的缺陷可以直接计入或采用概念水平力，构件的缺陷以及材料非弹性的影响以刚度折减计入。同时，在构件承载力公式中，则将构件有效长度取为无支长度。允许采用近似二阶分析方法同时考虑 P-Δ 效应和 P-δ 效应。所谓"近似二阶分析方法"是指，将结构视为无侧移与有侧移两个体系，分别用一阶弹性分析得到杆端弯矩 M_{nt} 和 M_{lt}，然后各自乘以放大系数 B_1、B_2 后叠加。

有效长度法适用于楼层的最大二阶侧移与最大一阶侧移之比不超过 1.5 的情况。弹性分析计算时构件刚度不折减；每个楼层施加概念水平力考虑缺陷的影响。同时，在构件承载力公式中，对于有侧移框架，按侧移屈曲分析确定有效长度系数 K，对于无侧移框架，可取 $K=1.0$。如果对于所有楼层，满足最大二阶侧移与最大一阶侧移之比不超过 1.1，允许对所有柱子取有效长度系数 $K=1.0$。

一阶分析法适用于楼层的最大二阶侧移与最大一阶侧移之比不超过 1.5，且对结构侧向稳定有贡献的构件，要求所受轴压力设计值不超过屈服承载力的 50%。按照一阶弹性分析时，构件刚度不折减；应按要求施加概念水平力；求得的杆端弯矩应乘以 B_1 以考虑 P-δ 效应。同时，在构件承载力公式中，则将构件有效长度取为无支长度。

我国 GB 50017—2017 规定，可采用直接分析、二阶 P-Δ 分析和一阶弹性分析，具体如下：

区分采用直接分析、二阶 P-Δ 分析还是一阶弹性分析的指标，GB 50017—2017 称作"二阶效应系数"。对于规则的框架结构，二阶效应系数取为附加弯矩与初始弯矩的比值（该比值通常称作"稳定指数"）；对于一般结构，二阶效应系数取为结构屈曲因子的倒数。

当二阶效应系数不超过 0.1 时，可采用一阶弹性分析得到构件的内力与位移，同时，应按弹性稳定理论确定构件的计算长度系数，据此验算构件的承载力。P-δ 效应则在构件验算式中体现。

当二阶效应系数大于 0.1 但不超过 0.25 时，宜采用二阶 P-Δ 分析或采用直接分析。

当采用二阶 P-Δ 分析时，考虑结构整体的初始缺陷，按弹性计算内力与位移。同时，将构件的计算长度系数取为 1.0，据此验算构件的承载力。P-δ 效应则在构件验算式中体现。

采用直接分析时，同时考虑结构初始缺陷和构件初始缺陷，还考虑节点刚度等对结构稳定有显著影响的因素，允许材料的弹塑性发展和内力重分布（宜采用塑性铰法或塑性区法）。直接分析法求得的结果可直接作为承载能力极限状态和正常使用极限状态的设计依据。不需要按计算长度进行受压稳定承载力验算。

当二阶效应系数超过 0.25 时，应增大结构的侧移刚度或采用直接分析（笔者认为，此时直接分析亦不适用）。

4. 构件设计计算

概率极限状态设计法的基本原则是"荷载效应不大于结构抗力"，但我国 GB 50017—2017 按照习惯，仍采用类似于"容许应力不超过设计强度"的表达。AISC 360-16 中无论 LRFD 还是 ASD 均按照"可获得的承载力设计值不小于所需的效应设计值"验算。

（1）受拉构件

AISC 360-16 中，轴心受拉构件的承载力取决于"毛截面屈服"和"净截面拉断"二者的较小者。净截面拉断采用所谓的"有效净截面面积"，即，净截面面积乘以剪力滞系数。剪力滞系数表格规定了 8 种情况的取值。板件受拉应进行抗撕裂验算，承载力按可能的撕裂面确定，对受剪撕裂面取屈服和拉断的不利者，对受拉撕裂面需考虑拉应力是否均匀。

我国 GB 50017—2017 规定，除采用高强度螺栓摩擦型连接者外，截面强度应满足"毛截面屈服"和"净截面拉断"要求。当构件的组成板件在节点或拼接处并非全部传力，应将危险截面的面积乘以有效截面系数，此系数与剪力滞系数功能相当，但此系数同时用于毛截面面积和净截面面积。板件的抗撕裂验算公式按各撕裂面上折算应力不大于抗拉强度得到，同时规定也可取有效宽度验算（本质上就是 Whiteman 方法）。

（2）受压构件

习惯上，依据 AISC 360-16 确定受压构件的有效长度系数时采用"对齐图"，所依据的参数为柱端处柱的线刚度之和与梁的线刚度之和的比值。而在 GB 50017—2017 中则是依据柱端处梁的线刚度值之和与柱的线刚度之和的比值查表。二者看似不同，本质上相同。

AISC 360-16 未规定轴心受压构件的截面承载力（强度）验算，仅规定了构件稳定承载力验算，且稳定系数采用一条柱子曲线（该曲线略高于 GB 50017—2017 中的 b 曲线）。

AISC 360-16 以前，AISC 一直采用"Q 系数"来确定当截面板件为薄柔时的整体稳定承载力。AISC 360-16 摒弃了该做法而采用"有效宽度法"，由此求得的承载力和依据欧洲钢结构规范求得的承载力相当，较原规范有提高。

对于单面连接的单角钢受压构件，AISC 360-16 采用"有效长细比"确定其构件承载力，我国 GB 50017—2017 部分借鉴了该做法。

（3）受弯构件

梁的侧扭屈曲承载力与侧向支承点之间的距离 L_b 有关。AISC 360-16 中采用的通常做法是：以 L_p 和 L_r 作为分界点，当 $L_b \leqslant L_p$ 时，不会发生侧扭屈曲，由截面承载力决定；当 $L_b > L_r$ 时，发生弹性侧扭屈曲，给出具体的计算式；当 $L_p < L_b \leqslant L_r$ 时，按照线性内插确定受弯承载力。另外，受弯承载力与沿构件纵向的弯矩分布有关，按纯弯曲求得的梁的侧扭屈曲承载力应乘以系数 C_b 以考虑此影响。

另外，还应考虑截面形状以及截面板件等级的影响。在把截面屈服、侧扭屈曲视为极限状态后，还提出了翼缘局部屈曲、受压翼缘屈服等 6 个极限状态。应考虑可能出现的各种极限状态并取各极限状态承载力的最小者作为受弯构件的承载力。

GB 50017—2017 中的受弯稳定承载力按受压翼缘的截面受弯承载力乘以稳定系数得到。侧向支承点之间的距离、沿构件纵向的弯矩分布这两个影响因素均在稳定系数中计入。当稳定系数大于 0.6 时认为进入弹塑性状态，对稳定系数予以修正。当腹板等级属于 S5 时，应取有效截面确定承载力。

受弯构件通常承受剪力，剪力由梁腹板承受，这是 AISC 360-16 的思路。当腹板高厚比较大时，应设置横向加劲肋以提高抗剪承载力。当同时满足 3 个要求时（横向加劲肋间距不能太大、腹板截面面积相对翼缘截面面积不太大、截面高度相对翼缘宽度不太大），才可依据桁架模型考虑拉力场对抗剪承载力的提高。

不同于 AISC 360-16 针对某一截面分别验算受弯、受剪承载力，GB 50017—2017 针对加劲肋与上下翼缘围成的区格，考虑正应力、剪应力、横向压应力（如果有）的共同影响以相关公式验算区格的稳定性。"焊接截面梁腹板考虑屈曲后强度的计算"一节，本质上是考虑拉力场作用，对某一截面进行受弯受剪联合作用下的验算。此处对拉力场的形成没有给出前提条件，是因为其基于"旋转应力场"理论而非"桁架模型"（欧洲钢结构设计规范采用的是"旋转应力场"理论）。

如果梁承受横向力的作用，AISC 360-16 规定需要对 3 种破坏形式（即，腹板压溃、腹板压跛、腹板屈曲）进行验算；GB 50017—2017 规定应验算腹板计算高度边缘的受压强度和腹板区格的稳定性。

（4）构件同时承受轴力和弯矩

构件同时承受轴力和弯矩时，AISC 360-16 规定可用一套公式同时考虑弯矩作用平面内的失稳和弯矩作用平面外的失稳，若满足一定的条件，也允许将弯矩作用平面内失稳和弯矩作用面外失稳分开验算。通常后一做法更经济。

GB 50017—2017 规定，压弯构件应分别验算弯矩作用平面内和弯矩作用平面外的稳定性。

（5）构件受扭

AISC 360-16 对构件受扭有设计规定（见本书第 7 章 7.2 节）；GB 50017—2017 未规定构件受扭的情况。

5. 连接设计计算

（1）焊缝连接

尽管 AISC 360-16 中对各类焊缝（角焊缝、塞焊缝、槽焊缝）的承载力均以焊缝强度乘以焊缝有效面积表达，具体使用时，通常取单位长度的焊缝进行计算。确定承载力所用的角焊缝长度按几何长度，不必减去端部缺陷。端焊缝不考虑强度提高。焊缝群受扭时，可采用基于应变协调的"瞬心法"计算（见《钢结构手册》）。

（2）螺栓连接

单个螺栓受拉、受剪承载力的确定，两本规范并无原则上的差别，只是，AISC 360-16 在确定螺栓孔承压承载力时，计入了孔边至构件边缘距离（或孔间净距离）的影响。

与 AISC 360-16 配套使用的《钢结构手册》给出了螺栓群计算的一些规定，包括：螺栓群受扭时以"瞬心法"计算的步骤（比我国习惯采用的弹性法更经济）；螺栓群受弯的计算步骤（不同于我国的大偏心、小偏心计算）；撬力的计算（GB 50017—2017 未对撬力做出规定，仅对螺栓的受拉强度取一定折减以考虑撬力的不利影响）。

6. 钢混组合梁

AISC 360-16 中关于钢混组合梁的规定十分有限，必须参考相关文献才能理解把握。但同时需要注意，尽管美国混凝土学会编写的《混凝土结构设计规范》ACI 318 中也有钢混组合构件的内容，但 AISC 360-16 的条文说明指出，由于未能反映近些年研究发现的组合性能的优势，ACI 318 的部分条文不适用（这些条文的序号见条文说明）。

AISC 360-16 规定，当钢混组合梁中的钢梁腹板等级属于"厚实"时，钢混组合梁按照截面达到完全塑性进行设计，但关于受弯承载力的计算并未给出具体公式。钢混组合梁的挠度按照组合截面的"惯性矩下限"求出。

GB 50017—2017 中关于钢混组合梁的规定更多地借鉴了欧洲规范《钢与混凝土组合结构设计》（通常简称 EC 4）。

1.3　如何使用本书

本书创作过程中阅读了大量与钢结构规范有关的国外文献，然后仔细分析、梳理、归纳，使之条理化。但由于内容过于庞杂，因此，使读者了解作者创作中的构思，显然更有助于形成一个清晰的脉络，方能更有效率地使用本书。

1.3.1　国际视野

除 AISC 360-16 外，还对以下国外规范进行了研究：

1. 欧洲钢结构规范 EC 3

欧洲结构设计规范是一个庞大的体系，编号为 EN 1990～EN 1999，其中的 EN 1993 为钢结构设计（英文名称为"Eurocode 3：Design of Steel Structures"），故业内简称其为 EC 3。EC 3 又包括 6 个分卷，其中的分卷 1 为房屋建筑钢结构，分卷 1 又分成 11 个次分卷，编号为 EN 1993-1-1 至 EN 1993-1-11，其中，最常用的有 3 卷，分别是：第 1 卷《通用原则和建筑原则》[18]；第 5 卷《板结构单元》[19]；第 8 卷《节点设计》[20]。

欧洲钢结构规范中某些参数的值或者计算步骤是可选择的，各国可自行制定，形成一个"国家附录"（National Annex）。

2. 英国钢结构规范 BS 5950

BS 5950 包含钢结构设计、建造和防火等一系列规范，共 9 卷，其中最常用的是第 1 卷《设计规范——热轧和焊接截面》BS 5950-1：2000[21]。尽管目前已被欧洲规范 EC 3 代替，但规范条文仍有借鉴意义。

3. 澳大利亚钢结构规范 AS 4100

现行规范为 AS 4100—1998（2012 局部修订版）[22]。

【解析】我国钢结构设计规范的演变进程如下：

(1)《钢结构设计规范》TJ 17—74[23]。我国第一本钢结构设计规范，部分借鉴了苏联规范，采用多系数分析单一系数表达的容许应力法，属于一种半概率半经验的极限状态设计法。

(2)《钢结构设计规范》GBJ 17—88[24]。采用概率论为基础的极限状态设计法，在表达形式上，与容许应力法相似（仅以强度设计值代替容许应力）；轴心压杆的稳定系数曲线由 1 根改为 3 根；增加了 390 级的 15MnV 钢和高强度螺栓承压型连接；增加了塑性设计、钢管结构、钢与混凝土组合梁三章。

(3)《钢结构设计规范》GB 50017—2003[25]。相对上一版规范增加内容较多，述其要者，有：框架结构二阶分析的条文；利用梁腹板屈曲后强度的计算方法；弯扭屈曲的换算长细比公式；稳定系数 φ 的 d 类曲线；撑杆受力的计算公式。

(4)《钢结构设计标准》GB 50017—2017[26]。将受压板件划分为 S1～S5 级，对采用 S5 级截面的构件以"有效宽度法"确定其承载力；规定了钢结构抗震的性能化设计方法。

1.3.2 变量单位与换算

AISC 编制的早期钢结构规范（例如，ASD 89、LRFD 93）中采用英制单位，从 LRFD 99 开始，规范中英制单位和国际单位共存。从某种程度上讲，仅仅阅读理解规范可不必熟悉英制单位，但考虑到设计手册以及相关文献均采用英制单位，因此，有必要熟悉二者的换算。表 1-1 给出了这种换算。

英制与国际单位制的换算 表 1-1

类别	原单位	转化为	乘子
长度	in(英寸)	mm	25.4
	mm	in	0.03937
	ft(英尺)	m	0.30480
	m	ft	3.28084
面积	in^2	mm^2	645.160
	mm^2	in^2	0.00155
	ft^2	m^2	0.09290
	m^2	ft^2	10.76391
力	lb(磅)	N	4.448
	kip(千磅)	kN	4.448
	kN	kip	0.2248
力矩	kip-ft	kN·m	1.356
	kip-in	kN·m	0.113
	kN·m	kip-ft	0.7376
	kN·m	kip-in	8.851

续表

类别	原单位	转化为	乘子
均布荷载	lb/ ft(或 plf)	kN/m	0.01459
	kip/ft(或 klf)	kN/m	14.59
	lb/ ft² (或 psf)	kN/m²	0.04788
	kip/ft²	kN/m²	47.88
	kN/m	kip/ft	0.06852
	kN/m²	kip/ft²	0.02089
应力	psi(磅/平方英寸)	MPa	0.006895
	ksi(千磅/平方英寸)	MPa	6.895
	MPa	ksi	0.1450
	MPa	psi	145.0

钢结构中常用的应力单位是 ksi，$1\text{ksi}=6.895\text{MPa}=6.895\text{N/mm}^2$，这样，若钢材的屈服强度 $F_y=50\text{ksi}$，则相当于我国的 $f_y=345\text{N/mm}^2$。

本书所采用的单位，按照以下原则处理：

（1）通常情况采用国际单位制，但依据 AISC 360 的原理、公式进行计算。不过，某些内容，例如，焊缝连接和螺栓连接，考虑到 AISC 360 规范习惯用 1/16in、1/8in 等表示焊脚尺寸、螺栓直径等，这时，尽管也可以通过换算解决（AISC 360 中有时也给出了相应的 mm 制数字，但并不是完全数学意义上的等价），却失去了原汁原味，为此，第 8 章连接设计的内容部分采用了英制单位。

（2）为了体现 AISC《钢结构手册》应用之便利，在本书附录 A 给出了一些例题，演示使用表格进行设计计算的过程。在这里，由于《钢结构手册》本身使用的是英制单位，故此部分的计算过程均采用英制单位。

1.3.3 变量符号

各本规范采用的变量符号不尽相同，不仅我国规范 GB 50017 与 AISC 360 不同，即便同是美标的 AISC 360 和 AASHTO 规范也不相同。例如，GB 50017 中，工字形截面腹板的计算高度记作 h_0，AISC 360 中记作 h，AASHTO 规范中记作 D。

本书决定采用各自规范的符号，理由如下：

（1）从初识、熟悉到掌握 AISC 360 规范需要一个过程，最终目的，是要实现按照该规范体系思考，因此，应掌握该规范的符号。与其放在学习的后期转变，不如从现在开始就转变。

（2）对变量采用各自规范的符号，初看会略显凌乱，但是，放在各自的语境立刻会"其义自现"。因为保持了各自的完整性，也便于在各自的范围内查找。

本书采用的符号集中列于正文之前，便于查阅。

另外需要说明的是，现行 AISC 360-16 规范同时适用于 LRFD 和 ASD，其公式表达，有时统一对"荷载效应"用下角标"r"（required）（但采用 LRFD 时一般用下角标"u"），由于本书主要介绍 LRFD 做法，故在本书中会直接以下角标"u"示出，特此说明。

为照顾阅读习惯，这里给出中美钢结构设计常用符号的对照表，如表 1-2 所示。

中美钢结构规范符号对照   表 1-2

AISC 360 符号	GB 50017 符号	中文名称	英文名称
C_w	I_ω	扇性惯性矩（翘曲常数）	warping constant
F_{cr}	σ_{cr}	弹性屈曲临界应力	critical stress
F_y	f_y	屈服强度	yield stress
Q	S	面积矩	statical moment of area
J	I_t	自由扭转惯性矩（扭转常数）	torsional constant
S_x	W_x	弹性截面模量（截面抵抗矩）	elastic section modulus
Z_x	W_{px}	塑性截面模量	plastic section modulus
d	H	截面总高度	depth of section
$r_x(r_y)$	$i_x(i_y)$	回转半径（惯性半径）	radius of gyration
w	h_f	焊脚尺寸	size of weld leg
λ	b/t	板件宽厚比	width-to-thickness ratio

参考文献

[1] American Institute of Steel Construction (AISC). Specification for structural steel buildings：ANSI/AISC 360-16 [S]. Chicago：AISC，2016.

[2] American Institute of Steel Construction (AISC). Specification for structural steel buildings—Allowable stress design and plastic design [S]. Chicago：AISC，1989.

[3] American Institute of Steel Construction (AISC). Load and resistance factor design specification for Structural Steel Buildings [S]. Chicago：AISC，1993.

[4] American Institute of Steel Construction (AISC). Load and resistance factor design specification for Structural Steel Buildings [S]. Chicago：AISC，1999.

[5] American Institute of Steel Construction (AISC). Specification for structural steel buildings：ANSI/AISC 360-05 [S]. Chicago：AISC，2005.

[6] American Institute of Steel Construction (AISC). Specification for structural steel buildings：ANSI/AISC 360-10 [S]. Chicago：AISC，2010.

[7] American Institute of Steel Construction (AISC). Specification for allowable stress design of single-angle members [S]. Chicago：AISC，1989.

[8] American Institute of Steel Construction (AISC). Specification for load and resistance factor design of single-angle members [S]. Chicago：AISC，1993.

[9] American Institute of Steel Construction (AISC). Load and resistance factor design specification for single-angle members [S]. Chicago：AISC，2000.

[10] American Institute of Steel Construction (AISC). Seismic provisions for structural steel buildings：ANSI/AISC 341-16 [S]. Chicago：AISC，2016.

[11] Research Council on Structural Connections (RCSC). Specification for structural joints using high-strength bolts [S]. Chicago：RCSC，2014.

[12] American Institute of Steel Construction (AISC). Prequalified connections for special and intermediate steel moment frames for seismic applications：ANSI/AISC 358-16 [S]. Chicago：AISC，2020.

[13] American Institute of Steel Construction (AISC). Steel construction manual [M]. 15th ed. Chicago：AISC，2017.

[14] American Institute of Steel Construction (AISC). Code of standard practice for steel buildings and bridges：ANSI/AISC 303-16 [S]. Chicago：AISC，2017.

[15] American Institute of Steel Construction (AISC). Seismic design manual [M]. 3rd ed. Chicago：AISC，2017.

[16] American Iron and Steel Institute (AISI). North American specification for the design of cold-formed steel structural members：AISI S100-2016 [S]. Washington：AISI，2017.

[17] American Association of State Highway and Transportation Officials (AASHTO). LRFD bridge design specifications [S]，9th ed. Washington：AASHTO. 2020.

[18] European Committee for Standardization (CEN). Eurocode 3：Design of steel structures：Part 1-1：General rules for buildings：EN 1993-1-1：2005 [S]. Brussels：CEN ，2014.

[19] European Committee for Standardization (CEN). Eurocode 3：Design of steel structures：Part 1-5：Plated structural elements：EN 1993-1-5：2006 [S]. Brussels：CEN，2009.

[20] European Committee for Standardization (CEN). Eurocode 3：Design of steel structures：Part 1-8：Design of joints：EN 1993-1-8：2005 [S]. Brussels：CEN，2009.

[21] British Standard Institute (BSI). Code of practice for design：Rolled and welded sections：BS 5950-1：2000 [S]. London：BSI，2005.

[22] Standards Australia. Steel structures：AS 4100—1998 [S]. Sydney：Standards Australia，2012.

[23] 中华人民共和国冶金工业部. 钢结构设计规范：TJ 17—74 [S]. 北京：中国建筑工业出版社，1975.

[24] 中华人民共和国建设部. 钢结构设计规范：GBJ 17—88 [S]. 北京：中国计划出版社，1988.

[25] 中华人民共和国建设部. 钢结构设计规范：GB 50017—2003 [S]. 北京：中国计划出版社，2003.

[26] 中华人民共和国住房和城乡建设部. 钢结构设计标准：GB 50017—2017 [S]. 北京：中国建筑工业出版社，2018.

第 2 章
设计要求与结构分析

AISC 360-16 规定，构件和连接的设计，应采用"荷载和抗力系数设计法"或"容许承载力设计法"，并按规定的分项系数采用荷载组合。"荷载和抗力系数设计法"与我国的概率极限状态设计法相当。

为考虑截面板件局部屈曲对整体承载力的影响，对受压板件等级进行划分：对轴心受压构件，按板件宽厚比分为薄柔与非薄柔两个等级；对受弯构件，按板件宽厚比分为厚实、非厚实与薄柔三个等级。

稳定设计，根据最大二阶侧移与最大一阶侧移的比值，可以选用直接分析法、有效长度法或一阶分析法。

2.1 设计基本要求

2.1.1 设计方法

AISC 360-16 规定，钢结构设计时可采用 LRFD 或 ASD[1]。

1. 荷载和抗力系数设计法（LRFD）

荷载和抗力系数设计法（Load and Resistance Factor Design，简称 LRFD），要求在 LRFD 荷载组合下结构构件的承载力应大于等于荷载效应。

LRFD 中，有两种极限状态，承载能力极限状态（strength limit states）和正常使用极限状态（service ability limit states）。承载能力极限状态事关安全，对应于最大承受荷载的能力，例如，构件受拉屈服或断裂，梁发生失稳。正常使用极限状态对应于正常使用状态下的行为，例如，控制变形不能太大。

采用 LRFD 进行承载能力极限状态设计时，一般表达式可以记作：

$$R_u \leqslant \phi R_n \tag{2-1}$$

公式左侧 R_u 表示荷载效应设计值（required strength）；右侧的 ϕR_n 为抗力设计值（available strength 或 design strength）；R_n 为承载力标准值（nominal strength）。依据《建筑物与其他结构的最小设计荷载及相关准则》ASCE 7-16 的 2.3.1 条，公式左侧可采

用以下荷载组合[2]：

$$1.4D$$
$$1.2D+1.6L+0.5(L_r \text{ 或 } S \text{ 或 } R)$$
$$1.2D+1.6(L_r \text{ 或 } S \text{ 或 } R)+(L \text{ 或 } 0.5W)$$
$$1.2D+1.0W+L+0.5(L_r \text{ 或 } S \text{ 或 } R)$$
$$0.9D+1.0W$$

式中　D——恒荷载；

　　L——活荷载；

　　L_r——屋面活荷载（roof live load）；

　　S——雪荷载；

　　R——雨荷载；

　　W——风荷载。

2. 容许承载力设计法（ASD）

传统的 ASD 是指"容许应力（设计）法"（Allowable Stress Design）。1978 年时，美国钢结构设计规范采用的就是这种方法，其原则为正常使用荷载情况下的最大应力不应超过规定的容许应力。传统 ASD 方法采用的安全系数来自于经验。尽管实际的安全水平是变化的和未知的，用 ASD 设计出的结构表现令人满意。

自 2005 年起，AISC 钢结构设计规范中同时包括 LRFD 和 ASD。此时 ASD 的含义为"容许承载力（设计）法"（Allowable Strength Design），可视为传统容许应力法的升级版，要求在 ASD 荷载组合下结构构件的承载力应大于等于荷载效应。采用下式进行验算：

$$R_a \leqslant \frac{R_n}{\Omega} \tag{2-2}$$

式(2-2) 中的 R_n 与式(2-1) 中的 R_n 通常采用相同的规定。安全系数 Ω 直接在钢结构设计规范中给出；R_a 按照 ASCE 7 的规定进行组合。ASCE 7-16 在 2.4.1 条给出的基本组合如下：

$$D$$
$$D+L$$
$$D+(L_r \text{ 或 } S \text{ 或 } R)$$
$$D+0.75L+0.75(L_r \text{ 或 } S \text{ 或 } R)$$
$$D+0.6W$$
$$D+0.75W$$
$$D+0.75L+0.75(0.6W)+0.75(L_r \text{ 或 } S \text{ 或 } R)$$
$$0.6D+0.6W$$

3. 荷载效应的确定

无论采用 LRFD 还是 ASD，结构构件和连接的荷载效应设计值均应按照施加的荷载设计值（经过组合后的）确定，通常采用弹性分析也可采用非弹性分析（包括塑性分析）。某些情况下构件会不受力（例如支撑构件），这时规范会直接规定荷载效应。

对于截面属于"厚实"的超静定梁，如果仅承受重力荷载，且无支长度满足要求，允许考虑弯矩重分布，将弹性分析得到的支座负弯矩调幅 10%，而最大正弯矩相应增加两支座平均负弯矩的 10%。以下情形不允许弯矩重分布：（1）构件所用钢材的最小屈服强度超过 450MPa；（2）弯矩是由于荷载作用于悬臂梁而产生；（3）设计中采用了半刚性连接；（4）设计中采用了非弹性分析。另外，采用弯矩重分布时，若采用 LRFD，要求轴力设计值不超过 $0.15\phi_c F_y A_g$。式中，ϕ_c 为轴心受压构件的抗力系数，取 $\phi_c = 0.9$；F_y 为规定的最小屈服应力；A_g 为构件截面毛截面面积。

【解析】（1）在我国，《工程结构可靠性设计统一标准》GB 50153—2008 及以其为基础编制的《建筑结构可靠性设计统一标准》GB 50068—2018 规定，承载能力极限状态的验算表达式为[3-4]：

$$\gamma_0 S_d \leqslant R_d$$

式中，γ_0 为结构重要性系数；S_d 为作用组合的效应设计值；R_d 为结构或结构构件的抗力设计值。

尽管在《钢结构设计标准》GB 50017—2017 中，未出现以下角标"u"表达的承载力，但是在混凝土结构设计类文献中，诸如 M_u、V_u、T_u 均表示承载力设计值（抗力）而不是荷载效应设计值，这一点，与 AISC 规范不同，需要注意区别。

由于 AISC 规范中公式左侧为"需要的承载力"，右侧为"可获得的承载力"，故左、右侧均以"抗力"R 的符号来表达，并以下角标"u"表示极限状态设计法。"a"表示容许承载力（强度）设计法。

（2）由美国土木工程师学会（American Society of Civil Engineers，简称 ASCE）编制的《建筑物与其他结构的最小设计荷载及相关准则》，其作用相当于我国的《建筑结构荷载规范》以及《建筑抗震设计规范》的一部分。

（3）按照《工程词典》的解释，strength 含义为"材料断裂或失效时的应力"（The stress at which material ruptures or fails）[5]，一般译作"强度"。然而，在 AISC 编制的《钢结构设计规范》中，将诸如 M_n 称作 nominal flexural strength，V_n 称作 nominal shear strength，而且，对术语"容许应力"给出的定义为：

容许应力：容许承载力除以相应的截面特征，例如，截面模量或横截面面积。

（Allowable stress：Allowable strength devided by the approriate section property，such as section modulus or cross-section area.）

这时，显然将 strength 译作"承载力"更为恰当。

（4）ASD 与 LRFD 的区别与联系

传统的容许应力法之所以被诟病，主要原因是"安全系数"依赖经验确定，并不知道实际的可靠度水平。现如今规范中的 ASD 本质上是"容许承载力法"，具有以下特点：

①采用该方法时，构件（或连接）的失效模式与 LRFD 设计法相同，即，两种方法具有相同的承载力标准值。所不同的，只是 LRFD 设计法采用抗力系数 ϕ，ASD 设计法采用安全系数 Ω。

②AISC 确定规范中的安全系数 Ω 时，认为"活荷载与恒荷载比值为 3"时二者具有相同的可靠度，这样，整个规范中的安全系数 Ω 都可由抗力系数 ϕ 计算得到，如此，可保证无论采用 LRFD 还是 ASD 均具有相同的可靠度。举例如下：

假定 LRFD 时满足

$$\phi R_n = 1.2D + 1.6L = 1.2D + 1.6 \times 3D = 6D$$

则可得

$$R_n = \frac{6D}{\phi}$$

而 ASD 时满足

$$\frac{R_n}{\Omega} = D + L = D + 3D = 4D$$

则可得

$$R_n = 4D\Omega$$

由于两种方法的 R_n 取值相等，于是可得

$$\Omega = \frac{6D}{4D\phi} = \frac{1.5}{\phi}$$

以构件受弯承载力为例，$\phi_b = 0.90$，$\Omega_b = 1.67$，符合以上关系式。

③由于 ASD 与 LRFD 各自采用规定的荷载组合，规范中当确定与荷载设计值有关的参数时，ASD 与 LRFD 所采用的公式会稍有差异。

（5）弯矩重分布

弯矩重分布实际上是考虑了材料的非弹性性能，即，钢材达到屈服强度之后仍有潜在的承载能力。而要实现弯矩重分布，必须从材料、截面、构件、结构四个方面满足要求。

材料应具有足够的延性：GB 50017—2017 的 4.3.6 条规定，钢材的屈强比不应大于 0.85；钢材应有明显的屈服台阶且伸长率不小于 20%。

截面不至于发生局部屈曲：GB 50017—2017 的 10.1.5 条含义为，截面等级不低于 S2。

构件一般为梁，且不致发生失稳，因此，无支长度需要足够短。GB 50017—2017 的 10.4.2 条对侧向支承点之间的长细比有限值要求。

结构必须为超静定结构，静定结构无法实现弯矩重分布。GB 50017—2017 的 10.1.1 条对塑性设计和弯矩调幅设计的使用范围有限制。

2.1.2 钢结构所用的材料

1. 钢材的基本指标

AISC 360-16 中以英制单位表达的钢材弹性模量 $E = 29000\text{ksi}$，剪变模量 $G = 11200\text{ksi}$。事实上，各国钢结构规范对钢材的材料性质取值并不一致，为后续计算需要，今给出弹性模量 E、剪变模量 G 以及泊松比 ν 的取值，如表 2-1 所示。

各国规范对钢材材性指标的取值　　　　　　　　　　　　　　　　表 2-1

指标	中国 GB 50017	美国 AISC 360	欧洲 EC 3	英国 BS 5950	澳大利亚 AS 4100	加拿大 S 136
弹性模量 $E(\times 10^5\text{MPa})$	2.06	2.00	2.10	2.05	2.00	2.00
剪变模量 $G(\times 10^4\text{MPa})$	7.90	7.72	8.10	7.88	8.00	7.72
泊松比 ν	0.3	0.3	0.3	0.3	0.25	0.3

2. 钢材的强度

与我国 GB 50017 中直接规定钢材的强度设计值不同，AISC 360 要求材料应符合美国

材料与试验协会（American Society for Testing and Materials，简称 ASTM）相应标准的要求，例如，ASTM A529/A529M，这里，"A529"为钢材牌号，"M"表示"以国际单位制表达"，该标准给出了 A529 钢材的力学指标以及化学成分等。AISC 360-16 引用的 ASTM 标准很多，表 2-2 给出了部分钢材的强度指标。

AISC 360-16 推荐的钢材强度（部分） 表 2-2

ASTM 钢材牌号	等级	最小屈服点(屈服强度)/ksi(MPa)	受拉强度/ksi(MPa)
A36		36(250)	58～80(400～550)
A529	50	50(345)	65～100(450～690)
	55	55(380)	70～100(485～690)
A572	42	42(290)	60(415)
	50	50(345)	65(450)
	55	55(380)	70(485)
	60	60(415)	75(520)
	65	65(450)	80(550)
A992		50(345)	65(450)
A1043	36	36(250)	58(400)
	50	50(345)	65(450)

按照定义，F_y 取为规定的最小屈服应力，这包括规定的最小屈服点（对于有屈服点的钢材）或最小屈服强度（对于无屈服点的钢材，取与残余应力 0.2% 对应的应力），相当于我国 GB 50017 的屈服强度标准值 f_y；F_u 取为规定的最小抗拉强度，相当于 GB 50017 的屈服强度标准值 f_u。于是可知，A529 钢材等级为 50 时，$F_y=345MPa$，$F_u=450MPa$。

3. 型钢的规格与截面特性

型钢的规格与截面特性可依据 AISC 编制的《钢结构手册》得到[6]。型钢包括 H 型钢、槽钢、T 型钢、角钢、中空结构截面（HSS）等。

（1）H 型钢（工型钢）

H 型钢分为 4 个类型：W、M、S 和 HP 型钢。具体而言，W 型钢翼缘的内侧与外侧平行（相当于我国的 H 型钢）；S 型钢（也称作美国标准梁）的翼缘内侧有 1∶6 的坡度（相当于我国的工字钢）；HP 型钢截面高度与翼缘宽度相同，腹板厚度与翼缘相同或接近，主要用于桩柱，有利于腹板承受打桩机重锤的撞击；M 型钢外形为 H 形，但不具备 W、S 和 HP 的特征，生产量少，应用不广。

W 型钢表达形式如 W24×55，含义为：截面总高度为 24in，单位长度重量为 55lb/ft。M、S 和 HP 型钢表达与此类似。

（2）槽钢

槽钢包括 C 型钢和 MC 型钢。C 型钢（也称作美国标准槽钢）的翼缘内侧有 1∶6 的坡度（我国标准坡度为 1∶10）；MC 型钢（也称作其他槽钢）的翼缘内侧坡度不是 1∶6。

C 型钢和 MC 型钢的表达与 W 型钢类似，例如，C12×25 表示截面总高度为 12in，单位长度重量为 25lb/ft。

（3）T 型钢

T 型钢分为 WT、MT 和 ST 型钢，分别剖分自 W、M 和 S 型钢。

WT12×27.5 表示截面总高度为 12in，单位长度重量为 27.5lb/ft，剖分自 W24×55。

（4）角钢

角钢可以是等肢角钢或不等肢角钢。∟4×3×1/2 表示角钢长肢为 4in、短肢为 3in、厚度为 1/2in。

（5）中空结构截面（HSS）

中空结构截面（HSS）包括矩形管、方管和圆管。矩形管和方管在角部有倒角过渡。HSS10×10×1/2 表示方管外轮廓尺寸为 10in、壁厚为 1/2in。

HSS10.000×0.500 表示圆管外径为 10in、壁厚为 1/2in（表示圆管时，外径和壁厚数字均保留小数点后 3 位）。

2.2　受压板件等级与 AISC 360-16 的规定

截面由板件组成，对于受压板件，无论全部受压（例如，轴心受压构件时）还是部分受压（例如，受弯构件或压弯构件），板件均可能发生局部屈曲。局部屈曲会降低构件的整体承载力。基于此，首先对截面板件划分等级，然后针对不同的等级采用不同的承载力计算公式，是国际上钢结构设计规范的流行做法。我国自《钢结构设计标准》GB 50017—2017 开始，也采用了该思路。

2.2.1　局部屈曲临界应力

1. 均匀受压板的局部屈曲临界应力

板件在压应力的作用下可能发生局部屈曲，此时，屈曲临界应力与板的边界条件以及应力状态有关。无论何种情况，板的弹性临界应力 f_{cr} 均可以写成下式的形式，所不同的，仅仅是 K 取值不同[7]。

$$f_{cr} = \frac{K\pi^2 E}{12(1-\nu^2)}\left(\frac{t}{b}\right)^2 \tag{2-3}$$

式中　K——屈曲系数；

　　　E——弹性模量；

　　　ν——泊松比；

　　　t、b——分别为板厚与板加载边宽度。

依据 Gerard 和 Becker 的研究，矩形板在均匀压力作用下的屈曲系数如图 2-1 所示[8]。图中包含了 5 种理想边界条件下屈曲系数 K 随 a/b 的变化规律。

事实上，截面中板与板之间的约束并非纯粹的简支或固支，而是介于二者之间。因此，由图 2-1 可知，对于轴心受压构件，若截面为工字形，则翼缘的边界条件为"三边支承一边自由"，此时，K 取值在 0.425 和 1.277 之间；腹板的边界条件为"四边支承"，K 取值在 4.0 和 6.97 之间。

当按照式(2-3)求得的均匀受压板临界应力超过钢材的比例极限 f_p 时，薄板进入弹塑性状态，此时可在概念上视为"正交异性板"。具体的处理方法为：主要受力方向（x 方向）的抗弯刚度乘折减系数 $\eta=E_t/E$，非加载方向（y 方向）的抗弯刚度不变；x 方向对 y 方向的抗扭刚度乘以折减系数 $\sqrt{\eta}$。按照与弹性板一样的方法求解微分方程，最终得

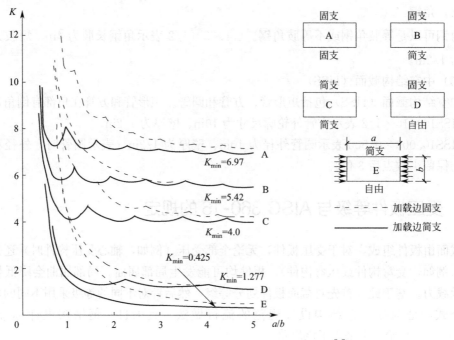

图 2-1 不同边界条件均匀受压板的屈曲系数[8]

到的临界应力可以写成[9]：

$$f_{cr} = \frac{\sqrt{\eta} K \pi^2 E}{12(1-\nu^2)} \left(\frac{t}{b}\right)^2 \tag{2-4}$$

2. 受弯板的局部屈曲临界应力

板在平面内受弯的理论研究可见于铁摩辛柯的《板壳理论》[10]。对于给定的荷载，屈曲系数 K 与板件的边长比 a/b 以及边的支承情况有关，如图 2-2 所示。若沿加荷方向的边完全固支（即，该边在平面外的扭转被完全约束），对于任何 a/b，$K_{min}=39.6$；若沿加荷方向的边对抵抗扭转无任何效果，$K_{min}=23.9$。

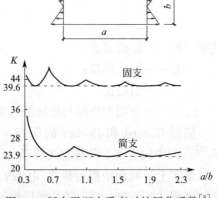

图 2-2 板在平面内受弯时的屈曲系数[8]

2.2.2 AISC 360 中的板件等级划分

实际上，早在 ASD 89 中就已经开始对受压板件进行分级，只不过，后续规范不断改进。

AISC 360-16 把截面中的板件称作"单元"（element），根据单元边界条件不同分为"非加劲单元"（unstiffened element）和"加劲单元"（stiffened element）；然后，再根据受力状态分为受压（均匀受压）和受弯两种。

1. 加劲单元与非加劲单元

所谓"非加劲单元"，指平行于受压方向仅有一个边被支承的单元。其宽度按照以下原则取值：

（1）工字形和 T 形截面的翼缘，b 取为全部翼缘宽度 b_f 的一半；

（2）角钢、槽钢、Z 型钢的肢，b 取为全部的名义尺寸；

（3）板，b 取为自由边至第一列紧固件或焊缝的距离；

（4）T 形截面的腹板，d 取为截面的全高。

所谓"加劲单元"，指平行于受压方向的两个边被支承的单元。其宽度按照下面取值：

（1）对于热轧或冷弯截面的腹板，h 为两个翼缘间的净距离减去每个翼缘处的倒角半径；h_c 是重心至受压翼缘内侧的距离减去倒角半径后的距离乘以 2。

（2）对组合截面（built-up section）腹板，h 取紧固件邻近线的距离，或翼缘间净距离（焊接时），h_c 是重心至受压翼缘上紧固件的最近线距离的 2 倍（紧固件连接时），或受压翼缘内侧线的距离的 2 倍（焊缝连接时）；h_p 是塑性中和轴至受压翼缘上紧固件的最近线距离的 2 倍（紧固件连接时），或受压翼缘内侧线的距离的 2 倍（焊接时）。

（3）对组合截面的翼缘或隔板，宽度 b 为紧固件或焊缝线之间的距离（表 2-3 的项次 7）。

（4）对矩形中空截面（HSS）的翼缘，宽度 b 为腹板间净距离减去每侧的内接半径，对于 HSS 的腹板，h 取翼缘间净距离减去每侧的内接半径。如果内接半径未知，b 和 h 取相应的外尺寸减去 3 倍的厚度。厚度 t 取为设计壁厚。

（5）对于翼缘厚度逐渐变化的热轧截面，厚度取为自由边至相应的腹板面距离一半位置处的名义厚度。

2. 轴心受压构件的板件等级

对于受压构件，截面板件依据宽厚比分为非薄柔（nonslender）与薄柔（slender）两个等级，二者的分界点为 λ_r。若属于薄柔，表示该板件在达到屈服应力前会发生弹性局部屈曲。轴心受压构件的承载力确定见第 4 章。

构件轴心受压时受压单元的宽厚比界限值如表 2-3 所示。

构件轴心受压时受压单元的宽厚比界限值 表 2-3

项次	板件描述	λ_r	图示
1	热轧工字形截面翼缘；凸出热轧工字形截面的板；一对角钢连续连接突出的肢；槽钢的翼缘；T 形截面的翼缘	$0.56\sqrt{\dfrac{E}{F_y}}$	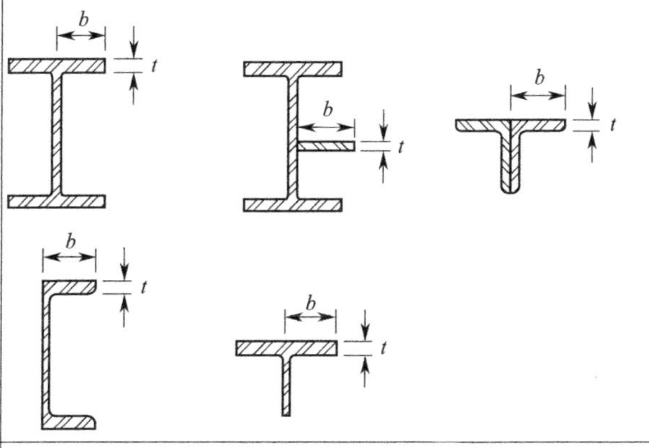
2	组合工字形截面的翼缘；凸出组合工字形截面的板件或角钢肢	$0.64\sqrt{\dfrac{k_c E}{F_y}}$	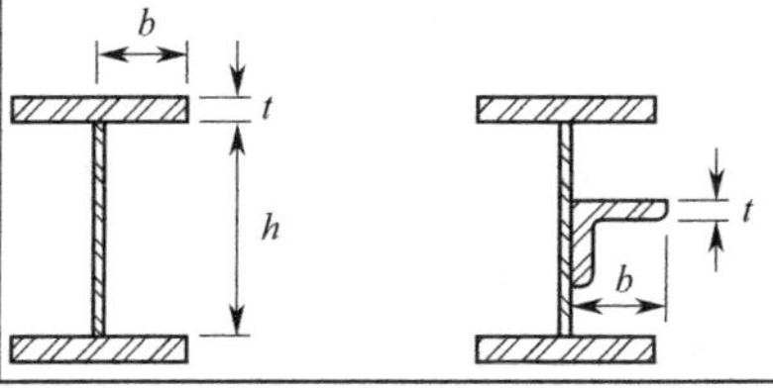

项次	板件描述	λ_r	图示
3	单角钢的肢;双角钢以填板相连的肢;其他非加劲单元	$0.45\sqrt{\dfrac{E}{F_y}}$	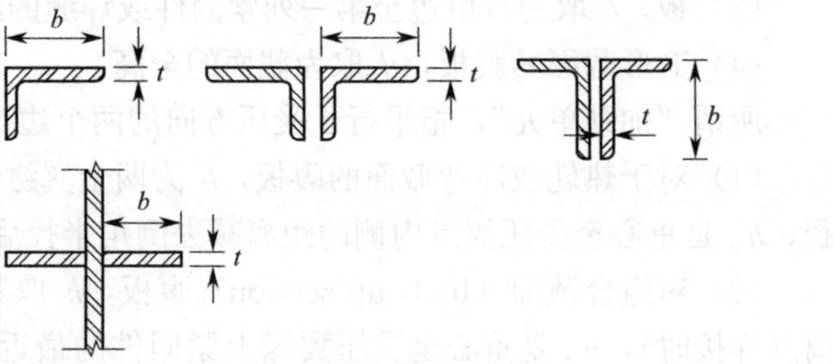
4	T形截面腹板	$0.75\sqrt{\dfrac{E}{F_y}}$	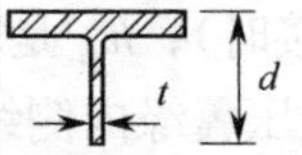
5	双轴对称工字形截面和槽钢的腹板	$1.49\sqrt{\dfrac{E}{F_y}}$	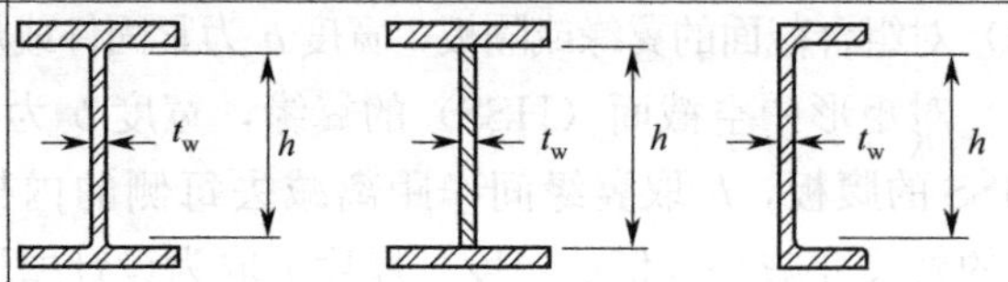
6	矩形管和均匀板厚的箱形截面的壁	$1.40\sqrt{\dfrac{E}{F_y}}$	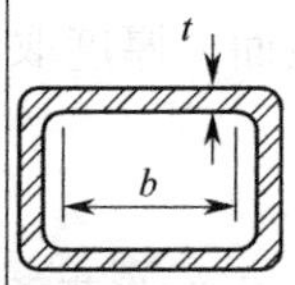
7	翼缘盖板;在紧固件或焊缝之间的隔板	$1.40\sqrt{\dfrac{E}{F_y}}$	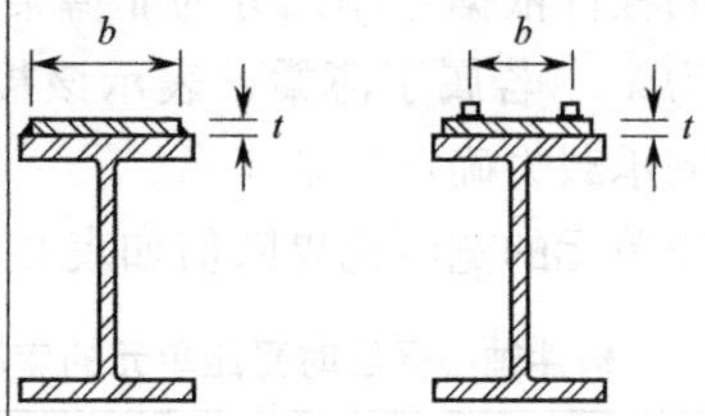
8	所有其他加劲单元	$1.49\sqrt{\dfrac{E}{F_y}}$	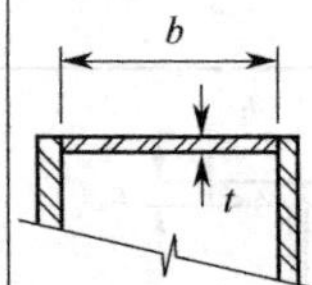
9	圆形空心管材	$0.11\dfrac{E}{F_y}$	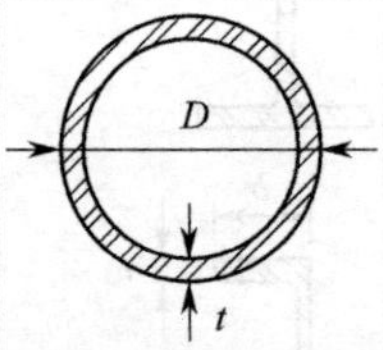

注:项次 2 中的 $k_c=\dfrac{4}{\sqrt{h/t_w}}$,在 0.35~0.76 之间取值。

3. 对轴心受压构件板件等级规定的解释

确定表 2-3 中的界限值时采用了以下原则[10]:

(1) 概念上,$f_{cr}\geqslant f_y$(即 $\sqrt{f_y/f_{cr}}\leqslant 1.0$)则不会发生局部屈曲,然而,考虑到残余应力等缺陷影响,令 $\sqrt{f_y/f_{cr}}=0.7$ 作为分界点。

(2) 工字形截面的翼缘作为非加劲单元,当计算弹性屈曲临界应力时,K 取值在

0.425 和 1.277 之间，今取为 0.7，相当于在区间的三等分点位置。

（3）工字形截面的腹板作为加劲单元，当计算弹性屈曲临界应力时，K 取值在 4.0 和 6.97 之间，今取为 5.0，相当于在区间的三等分点位置。

例如，对于表 2-3 项次 1，可得

$$\sqrt{\dfrac{F_y}{\dfrac{0.7\pi^2 E}{12(1-\nu^2)}\left(\dfrac{t}{b}\right)^2}}=0.7$$

于是

$$\lambda_r=\frac{b}{t}=0.7\sqrt{\frac{0.7\pi^2}{12(1-\nu^2)}}\sqrt{\frac{E}{F_y}}=0.56\sqrt{\frac{E}{F_y}}$$

（4）对于项次 2，考虑到板件之间存在相互作用，在达到同一应力时失效，即，强者对弱者存在约束而使弱者的屈曲应力有所提高，而强者本身则会屈曲应力降低[8]。故将屈曲系数 K 乘以一个修正系数 k_c。

对于项次 3，相连板件由于尺寸接近，不存在相互支援，近似取 $K=0.425$。

对于项次 4，翼缘相对腹板较厚，对腹板存在较强的约束，近似取 $K=1.277$。

4. 受弯构件的板件等级

对于受弯构件，截面被分为厚实（compact）、半厚实（noncompact）与薄柔（slender）三个等级。对于厚实截面，要求其翼缘与腹板连续相连且受压翼缘宽厚比不超过 λ_p。如果一个或者多个受压板件的宽厚比超过 λ_p 但不超过 λ_r，称作半厚实截面。如果任一受压板件的宽厚比均超过 λ_r，称作薄柔截面。

构件受弯时受压单元的宽厚比界限值如表 2-4 所示。

构件受弯时受压单元的宽厚比界限值　　　　　　　表 2-4

项次	板件描述	λ_p	λ_r	图示
10	轧制工字形截面、槽钢和 T 型钢的翼缘	$0.38\sqrt{\dfrac{E}{F_y}}$	$1.0\sqrt{\dfrac{E}{F_y}}$	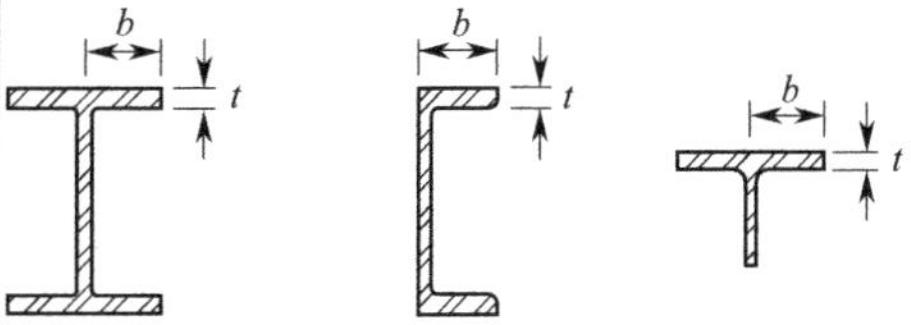
11	双轴和单轴对称工字形组合截面的翼缘	$0.38\sqrt{\dfrac{E}{F_y}}$	$0.95\sqrt{\dfrac{k_c E}{F_L}}$[①②]	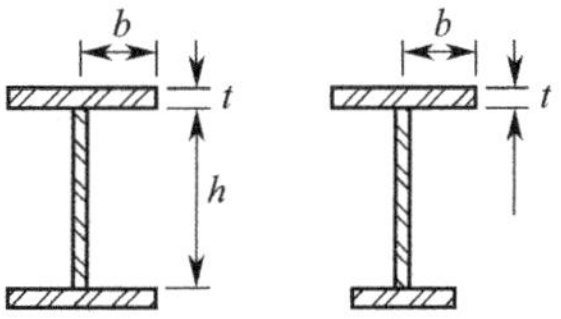
12	单角钢的肢	$0.54\sqrt{\dfrac{E}{F_y}}$	$0.91\sqrt{\dfrac{E}{F_y}}$	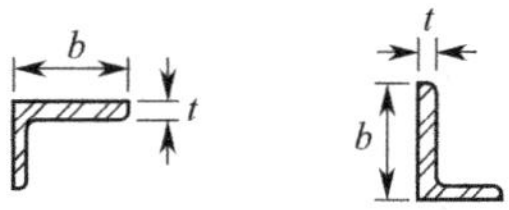
13	绕弱轴受弯的所有工字形截面和槽钢的翼缘	$0.38\sqrt{\dfrac{E}{F_y}}$	$1.0\sqrt{\dfrac{E}{F_y}}$	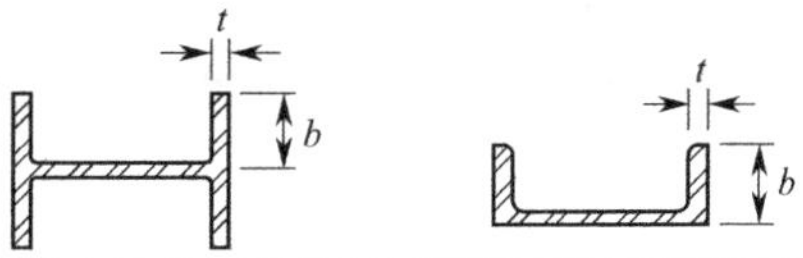

项次	板件描述	λ_p	λ_r	图示
14	T形截面的腹板	$0.84\sqrt{\dfrac{E}{F_y}}$	$1.52\sqrt{\dfrac{E}{F_y}}$	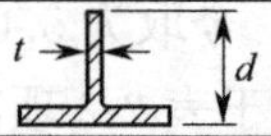
15	双轴对称工字形截面和槽钢的腹板	$3.76\sqrt{\dfrac{E}{F_y}}$	$5.70\sqrt{\dfrac{E}{F_y}}$	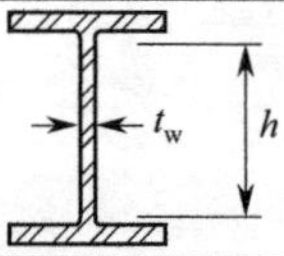 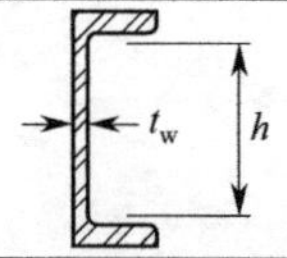
16	单轴对称工字形截面的腹板	$\dfrac{\frac{h_c}{h_p}\sqrt{\frac{E}{F_y}}}{\left(0.54\frac{M_p}{M_y}-0.09\right)^2}\leqslant\lambda_r$③	$5.70\sqrt{\dfrac{E}{F_y}}$	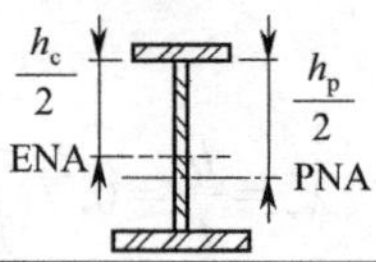 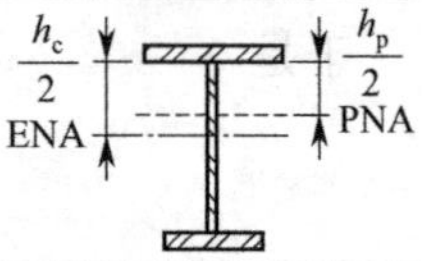
17	矩形管的翼缘	$1.12\sqrt{\dfrac{E}{F_y}}$	$1.40\sqrt{\dfrac{E}{F_y}}$	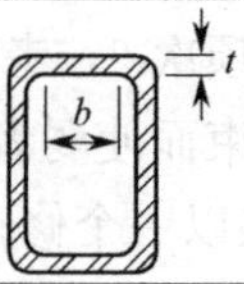
18	翼缘盖板；在紧固件或焊缝之间的隔板	$1.12\sqrt{\dfrac{E}{F_y}}$	$1.40\sqrt{\dfrac{E}{F_y}}$	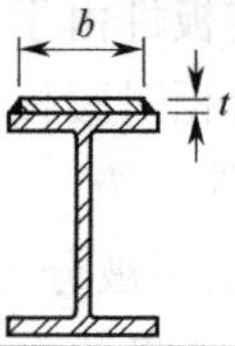 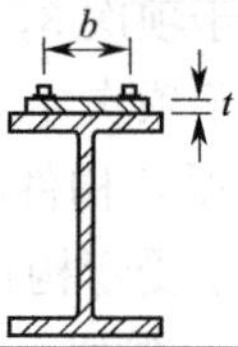
19	矩形管和箱形截面的腹板	$2.42\sqrt{\dfrac{E}{F_y}}$	$5.70\sqrt{\dfrac{E}{F_y}}$	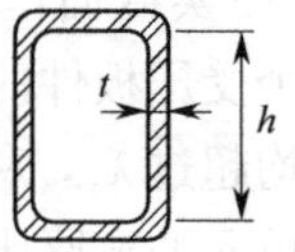 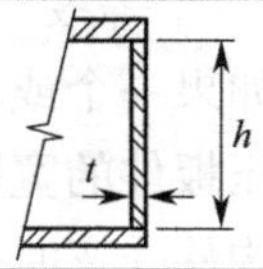
20	圆形管材	$0.07\dfrac{E}{F_y}$	$0.31\dfrac{E}{F_y}$	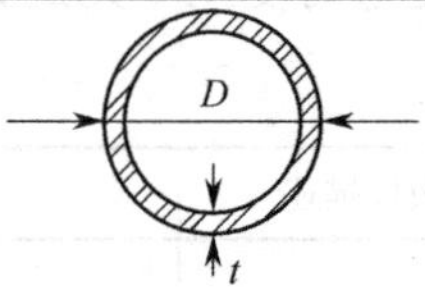
21	箱形截面的翼缘	$1.12\sqrt{\dfrac{E}{F_y}}$	$1.49\sqrt{\dfrac{E}{F_y}}$	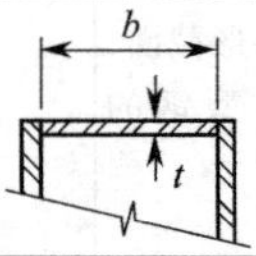

注：项次16中，ENA为弹性中和轴，PNA为塑性中和轴。

①$k_c=\dfrac{4}{\sqrt{h/t_w}}$，在0.35~0.76之间取值。

②以下情况取$F_L=0.7F_y$：工字形截面腹板属于薄柔；腹板属于厚实或半厚实，且$S_{xt}/S_{xc}\geqslant0.7$的组合工字形截面绕强轴弯曲。以下情况取$F_L=F_y\dfrac{S_{xt}}{S_{xc}}\geqslant0.5F_y$：腹板属于厚实或半厚实，且$S_{xt}/S_{xc}<0.7$的组合工字形截面绕强轴弯曲。这里，$S_{xt}$和$S_{xc}$分别为受拉和受压翼缘的弹性截面模量。

③M_y为应力最大纤维达到屈服时的弯矩；M_p为塑性铰弯矩，$M_p=F_yZ_x$。

5. 对受弯构件板件等级规定的解释

确定表2-4中的界限值时采用了以下原则：

(1) λ_r一般按$\sqrt{F_y/f_{cr}}=1.0$确定；λ_p一般按$\sqrt{F_y/f_{cr}}=0.38$确定。

(2) 对于工字形截面的翼缘取$K=1.11$，对腹板取$K=36.46$，这相当于0.425和

1.277 之间的 80% 位置。

（3）项次 16 为单轴对称工字形截面，此时，腹板的宽厚比不取 h/t_w 而是以 h_c/t_w 表达，h_c 为截面弹性中和轴至受压翼缘内侧距离的 2 倍，如图 2-3 所示。

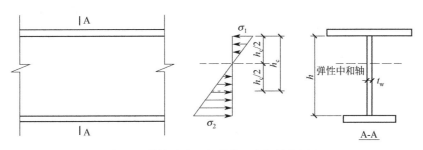

图 2-3　单轴对称工字形截面腹板的高厚比

（4）对于热轧工字钢截面梁，其受弯承载力标准值作为翼缘宽厚比的函数，如图 2-4 所示，可作为 λ_p、λ_r 具体应用的一个初步说明。

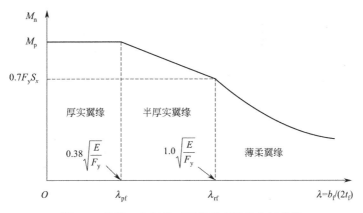

图 2-4　热轧工字钢截面梁的受弯承载力标准值

【解析】为方便与我国 GB 50017 对比，今按 AISC 360-16 取 $E=200\times10^3\,\mathrm{N/mm^2}$ 代入并将界限值写成我国习用的 $\varepsilon_k=\sqrt{235/F_y}$ 倍数，得到表 2-5 和表 2-6。

构件轴心受压时受压单元的宽厚比界限值　　　　　　　　　　　　　　　表 2-5

项次	板件描述	λ_r	图示
1	热轧工字形截面翼缘；凸出热轧工字形截面的板；一对角钢连续连接凸出的肢；槽钢的翼缘；T 形截面的翼缘	$16.3\varepsilon_k$	

项次	板件描述	λ_r	图示
2	组合工字形截面的翼缘;凸出组合工字形截面的板件或角钢肢	$18.7\varepsilon_k$	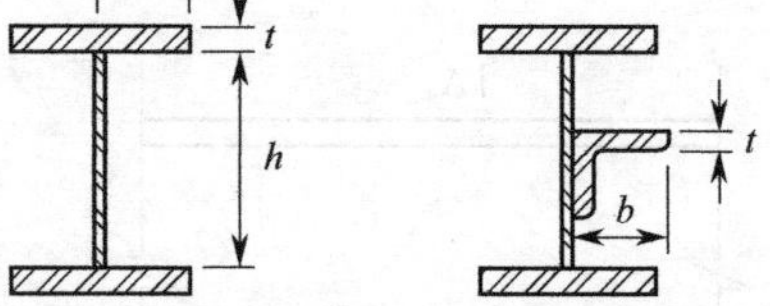
3	单角钢的肢;双角钢以填板相连的肢;其他非加劲单元	$13.1\varepsilon_k$	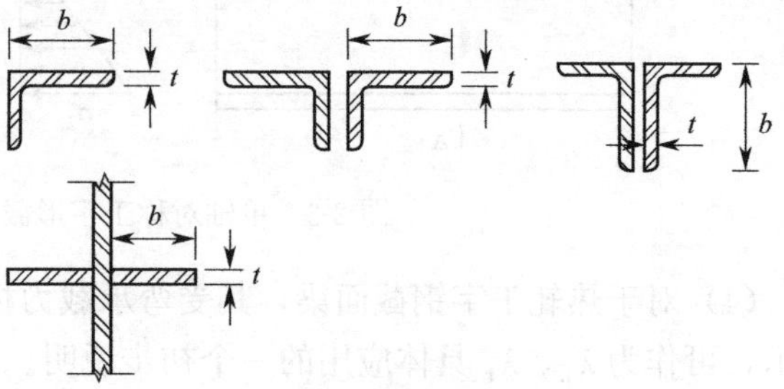
4	T形截面腹板	$21.9\varepsilon_k$	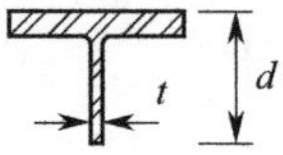
5	双轴对称工字形截面和槽钢的腹板	$43.5\varepsilon_k$	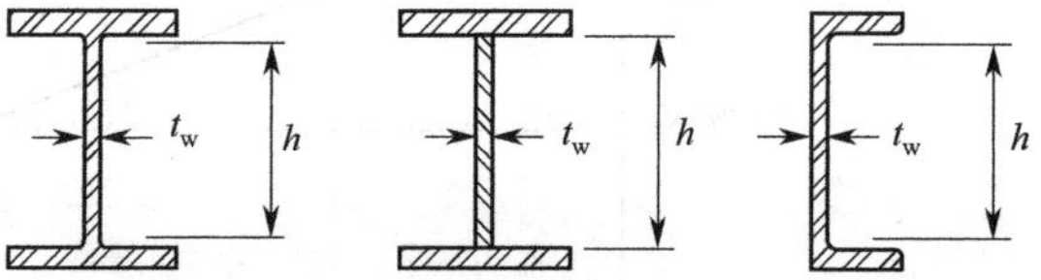
6	矩形管和均匀板厚的箱形截面的壁	$40.8\varepsilon_k$	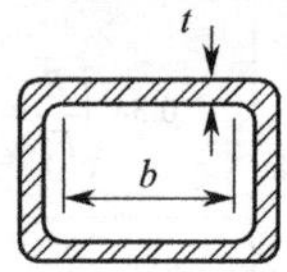
7	翼缘盖板;在紧固件或焊缝之间的隔板	$40.8\varepsilon_k$	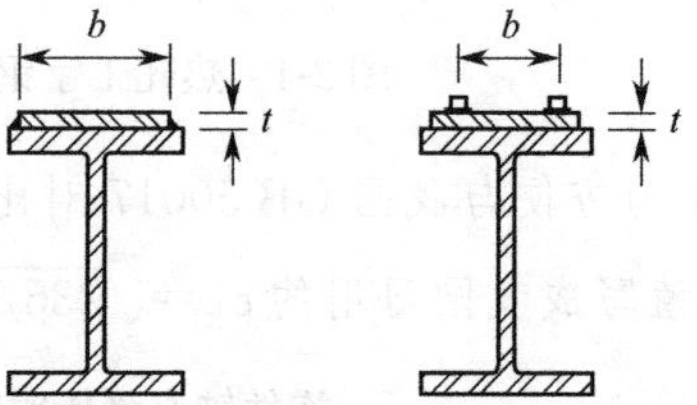
8	所有其他加劲单元	$43.5\varepsilon_k$	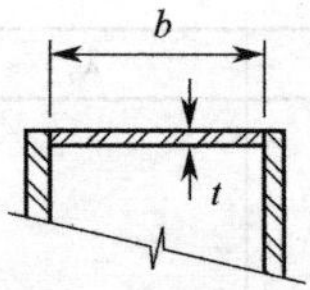
9	圆形空心管材	$93.6\varepsilon_k^2$	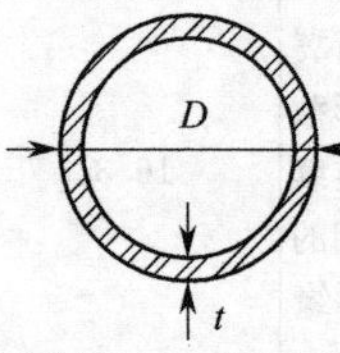

注:项次 2 中的 $k_c = \dfrac{4}{\sqrt{h/t_w}}$,在 0.35~0.76 之间取值。

构件受弯时受压单元的宽厚比界限值

表 2-6

项次	板件描述	λ_p	λ_r	图示
10	轧制工字形截面、槽钢和 T 型钢的翼缘	$11.1\varepsilon_k$	$29.2\varepsilon_k$	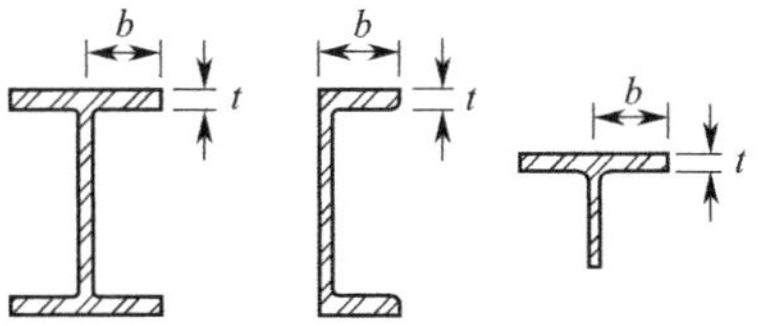
11	双轴和单轴对称工字形组合截面的翼缘	$11.1\varepsilon_k$	$27.7\sqrt{\dfrac{k_c F_y}{F_L}}\varepsilon_k$ [①②]	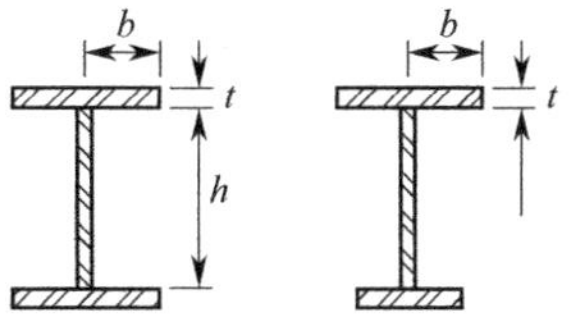
12	单角钢的肢	$15.8\varepsilon_k$	$26.5\varepsilon_k$	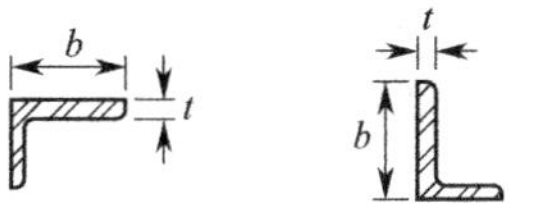
13	绕弱轴受弯的所有工字形截面和槽钢的翼缘	$11.1\varepsilon_k$	$29.2\varepsilon_k$	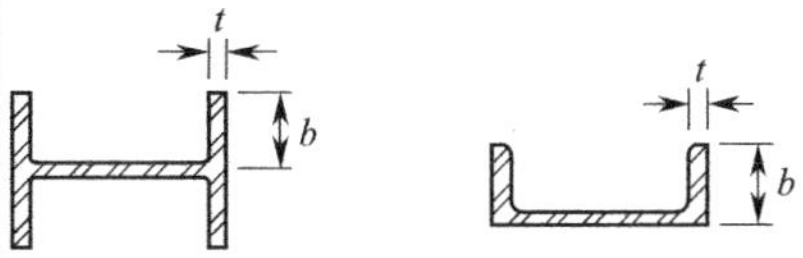
14	T 形截面的腹板	$24.5\varepsilon_k$	$44.3\varepsilon_k$	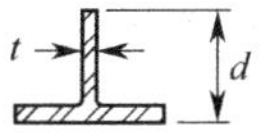
15	双轴对称工字形截面和槽钢的腹板	$109.7\varepsilon_k$	$166.3\varepsilon_k$	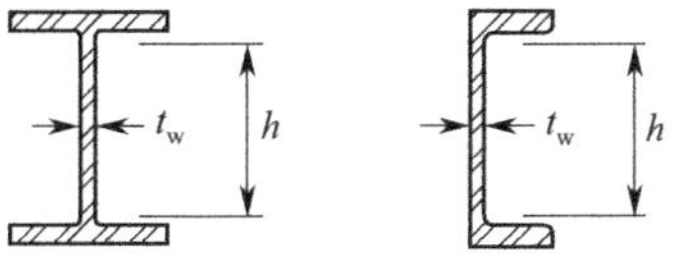
16	单轴对称工字形截面的腹板	$\dfrac{\dfrac{h_c}{h_p}\sqrt{\dfrac{E}{F_y}}}{\left(0.54\dfrac{M_p}{M_y}-0.09\right)^2}\leqslant\lambda_r$ [③]	$166.3\varepsilon_k$	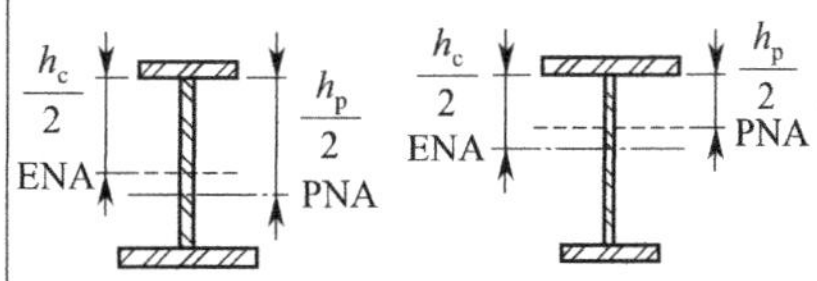
17	矩形管的翼缘	$32.7\varepsilon_k$	$40.8\varepsilon_k$	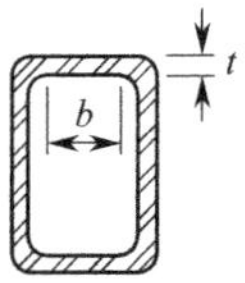
18	翼缘盖板;在紧固件或焊缝之间的隔板	$32.7\varepsilon_k$	$40.8\varepsilon_k$	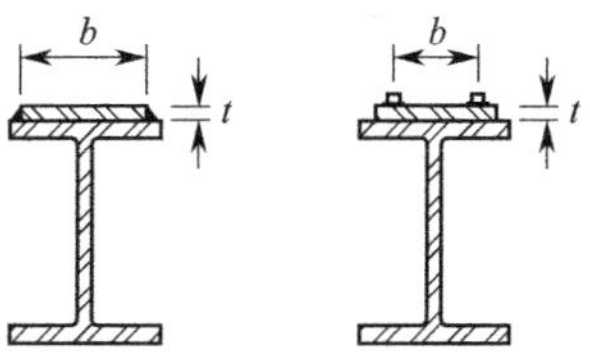
19	矩形管和箱形截面的腹板	$70.6\varepsilon_k$	$166.3\varepsilon_k$	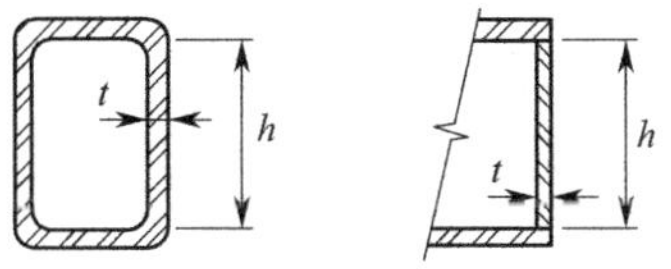

项次	板件描述	λ_p	λ_r	图示
20	圆形管材	$59.6\varepsilon_k^2$	$263.8\varepsilon_k^2$	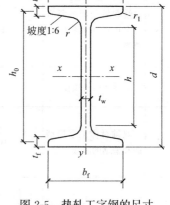
21	箱形截面的翼缘	$32.7\varepsilon_k$	$43.5\varepsilon_k$	

注：同表 2-4 的注。

【例 2-1】 依据 AISC 360-16 考查《热轧型钢》GB 706—2016 中热轧工字钢作为轴心受压构件截面时的板件等级。取 $E=2.0\times10^5\,\mathrm{N/mm^2}$。

解：《热轧型钢》GB 706—2016 包括 I10～I63c 共 45 个截面，按 AISC 360-16 命名规则将其尺寸标注如图 2-5 所示。

于是，对于翼缘，可求得自由外伸宽度与厚度之比 $\lambda = b/t = b_f/(2t_f) = 3.95\sim4.55$。

对于腹板，取 $h/t_w \approx (d-2t_f-2r)/t_w$，则可求得 $\lambda = h/t_w = 16.0\sim42.8$。

依据表 2-5，对于翼缘，$\lambda_r = 16.3\varepsilon_k$；对于腹板，$\lambda_r = 43.5\varepsilon_k$。可见，当 $F_y = 235\mathrm{MPa}$ 时，45 个截面的翼缘和腹板均可满足 $\lambda \leqslant \lambda_r$ 要求，即属于非薄柔；当取 $F_y = 355\mathrm{MPa}$ 等更高强度钢材时，部分截面的腹板会出现 $\lambda > \lambda_r$，即属于薄柔。

图 2-5 热轧工字钢的尺寸

【例 2-2】 某钢梁采用焊接工字形截面，如图 2-6 所示，承受正弯矩。已知钢材强度标准值 $F_y = 235\mathrm{MPa}$，弹性模量 $E = 2.0\times10^5\,\mathrm{N/mm^2}$。要求：依据 AISC 360-16 确定其翼缘和腹板的板件等级。

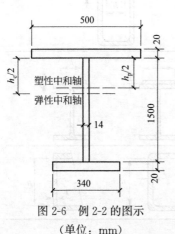

图 2-6 例 2-2 的图示

（单位：mm）

解：（1）判断受压翼缘的等级

$$\lambda = b/t = b_f/(2t_f) = 500/2/20 = 12.5$$

$$\lambda_{pf} = 0.38\sqrt{\frac{E}{F_y}} = 0.38\sqrt{\frac{200\times10^3}{235}} = 11.1$$

$$\lambda_{rf} = 1.0\sqrt{\frac{E}{F_y}} = 1.0\sqrt{\frac{200\times10^3}{235}} = 29.2$$

由于 $\lambda_{pf} < \lambda < \lambda_{rf}$，故翼缘属于半厚实。

（2）判断腹板的等级

截面面积 $A = 500\times20 + 1500\times14 + 340\times20 = 37800\,\mathrm{mm^2}$。

根据材料力学知识可知，弹性中和轴为截面形心轴，再结合图 2-3，形心轴至受压翼缘内侧的距离为 $h_c/2$，于是可得：

$$h_c = 2 \times \frac{500 \times 20 \times (-10) + 1500 \times 14 \times 750 + 340 \times 20 \times (1500 + 10)}{37800} = 1371 \text{mm}$$

截面惯性矩 I_x：

$$I_x = \frac{1}{12} \times 14 \times 1500^3 + 14 \times 1500 \times (1371 - 750)^2 +$$

$$\frac{1}{12} \times 500 \times 20^3 + 500 \times 20 \times (1371 + 10)^2 +$$

$$\frac{1}{12} \times 340 \times 20^3 + 340 \times 20 \times (1500 - 1371 + 10)^2$$

$$= 1.3485 \times 10^{10} \text{mm}^4$$

按较小翼缘求出弹性截面模量 S_x：

$$S_x = I_x / y_{max} = 1.3485 \times 10^{10} / (1500 - 1371 + 20) = 1.6163 \times 10^7 \text{mm}^3$$

截面应力最大纤维达到屈服时的弯矩 M_y：

$$M_y = F_y S_x = 235 \times 1.6163 \times 10^7 = 3.7983 \times 10^9 \text{N} \cdot \text{mm}$$

塑性中和轴为面积平分轴，于是可得：

$$h_p = 2 \times \frac{0.5 \times 37800 - 500 \times 20}{14} = 1271 \text{mm}$$

塑性截面模量 Z_x：

$$Z_x = 500 \times 20 \times (1371 + 10) + 1371 \times 14 \times (1371/2) +$$

$$340 \times 20 \times (1500 - 1371 + 10) + (1500 - 1371) \times 14 \times (1500 - 1371)/2$$

$$= 2.0460 \times 10^7 \text{mm}^3$$

塑性铰弯矩 M_p：

$$M_p = F_y Z_x = 235 \times 2.0460 \times 10^7 = 4.8081 \times 10^9 \text{N} \cdot \text{mm}$$

今为单轴对称工字形截面，腹板的宽厚比应按 h_c / t_w 求出。

$$\lambda_{pw} = \frac{\dfrac{h_c}{h_p} \sqrt{\dfrac{E}{F_y}}}{\left(0.54 \dfrac{M_p}{M_y} - 0.09\right)^2} = \frac{\dfrac{1371}{1271} \sqrt{\dfrac{200 \times 10^3}{235}}}{\left(0.54 \times \dfrac{48081 \times 10^9}{3.7983 \times 10^9} - 0.09\right)^2} = 89.3$$

$$\lambda_{rw} = 5.70 \sqrt{\frac{E}{F_y}} = 5.70 \sqrt{\frac{200 \times 10^3}{235}} = 166.3$$

今 $\lambda_{pw} < h_c / t_w = 1371/14 = 98.0 < \lambda_{rw}$，腹板属于半厚实。

2.3　EN 1993-1-1 中的板件等级

2.3.1　截面的 4 个等级

EN 1993-1-1 的 5.5.2 条依据转动能力和形成塑性铰能力将截面划分为 4 个等级：
等级 1 截面能够形成塑性铰且具有塑性分析所要求的转动能力；
等级 2 截面可形成塑性铰但转动能力有限；

等级 3 截面在假定应力弹性分布时受压最大纤维可达到屈服，然而局部屈曲会阻止塑性铰的形成；

等级 4 截面在截面达到屈服应力之前会发生局部屈曲。

4 个等级的弯矩-转角特征如图 2-7 所示[12]。等级 1 截面在纯压下全部有效，在受弯时有能力达到和保持全塑性弯矩（因此可用于塑性设计）。等级 2 截面的转动能力稍低，但在纯压时全部有效，在受弯时有能力达到全塑性弯矩。等级 3 的截面在纯压时全部有效，但受弯时局部屈曲阻止达到全塑性弯矩，因此，受弯抗力限于屈服弯矩。等级 4 截面，局部屈曲在弹性范围时发生，因此，应基于各个板件的宽厚比定义有效截面进而确定截面抗力。

如何确定板件的有效宽度，在 EN 1993-1-5 中有相应规定[13]。

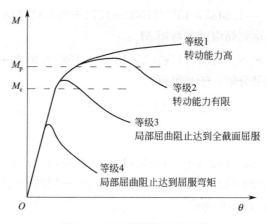

图 2-7　四个截面等级的性能

2.3.2　受压板件的等级

1. 内部受压板和凸出翼缘

根据截面组成板件的支承情况不同，将板件划分为"内部受压板"（internal compression parts）和"凸出翼缘"（outstand flanges），二者宽厚比均记作 c/t。以常用的工字形截面为例，c 与 t 按照图 2-8 取值。

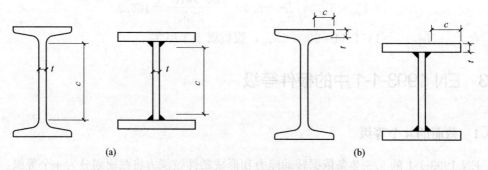

(a)　　　　　　　　　　　　　　　(b)

图 2-8　EN 1993-1-1 中的板件宽厚比所用尺寸

(a) 内部受压板；(b) 凸出翼缘

2. 工字形截面的宽厚比界限值

区分内部受压板和凸出翼缘以及受力状态（分为受弯、受压和压弯），EN 1993-1-1 的表 5.2 给出了受压板件的宽厚比界限值。今以常用的工字形截面为例，给出各等级的限值如表 2-7 和表 2-8 所示。表中，$\varepsilon = \sqrt{235/f_y}$，$f_y$ 为钢材的屈服强度。

内部受压板的宽厚比界限值 表 2-7

板件等级	受弯	受压	压弯
1	72ε	33ε	$\alpha > 0.5$ 时：$c/t \leqslant \dfrac{396\varepsilon}{13\alpha - 1}$ $\alpha \leqslant 0.5$ 时：$c/t \leqslant \dfrac{36\varepsilon}{\alpha}$
2	83ε	38ε	$\alpha > 0.5$ 时：$c/t \leqslant \dfrac{456\varepsilon}{13\alpha - 1}$ $\alpha \leqslant 0.5$ 时：$c/t \leqslant \dfrac{41.5\varepsilon}{\alpha}$
3	124ε	42ε	$\psi > -1$ 时：$c/t \leqslant \dfrac{42\varepsilon}{0.67 + 0.33\psi}$ $\psi \leqslant -1$ 时：$c/t \leqslant 62\varepsilon(1-\psi)\sqrt{-\psi}$

注：表中 ψ 为应力比，$\psi = \sigma_2/\sigma_1$。如图 2-9 所示，σ_1 为压应力较大侧的应力；σ_2 为另一侧的应力。应力以压为正。

凸出翼缘的宽厚比界限值 表 2-8

板件等级	受压	压弯	
		自由端受压	自由端受拉
1	9ε	$\dfrac{9\varepsilon}{\alpha}$	$\dfrac{9\varepsilon}{\alpha\sqrt{\alpha}}$
2	10ε	$\dfrac{10\varepsilon}{\alpha}$	$\dfrac{10\varepsilon}{\alpha\sqrt{\alpha}}$
3	14ε	$21\varepsilon\sqrt{k_\sigma}$	

注：表中 k_σ 为屈曲系数，依据 EN1993-1-5 确定。

表 2-7 和表 2-8 中的 α 为板件应力达到全塑性时受压宽度与板件宽度 c 的比值，即，αc 为塑性受压区宽度，如图 2-10 所示，图中以压应力为正、拉应力为负。注意，图中板件总高度（两翼缘内侧的距离）与 c 的范围不重合。

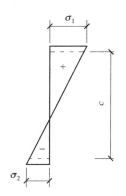

图 2-9　腹板的弹性应力状态

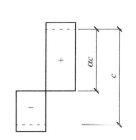

图 2-10　腹板的塑性应力状态

对于承受压力或者承受弯矩的构件而言，其截面等级有赖于所施加的内力类型，而与内力值无关。然而，对于同时承受轴力和弯矩的构件，其截面等级与 α 或 ψ 有关，即与截面的中和轴位置有关。这时，可以有两种做法：一是认为截面仅受压力，这是最不利的情况，因而是保守的；二是按施加的内力大小估算出中和轴位置进而确定板件等级。对于双轴对称工字形截面构件，当承受绕主轴的弯矩和轴压力作用且塑性中和轴在腹板内时（这是最通常的情况），参数 α 可按照下式计算[14]：

$$\alpha=\frac{1}{c}\left[\frac{h}{2}-(t_f+r)+\frac{1}{2}\frac{N_{Ed}}{t_w f_y}\right]\leqslant 1.0 \tag{2-5a}$$

$$\alpha=\frac{1}{2}+\frac{|M_{y,Ed}|}{N_{Ed}}\left[-\frac{1}{c}+\frac{1}{2c}\sqrt{\left(c\frac{N_{Ed}}{M_{y,Ed}}\right)^2+\frac{N_{Ed}^2(4W_{pl,y}-c^2 t_w)}{M_{y,Ed}^2 t_w}+4}\right]\leqslant 1.0 \tag{2-5b}$$

式中，N_{Ed} 为轴心压力设计值；h 为工字形截面的总高；t_f 为翼缘的厚度；r 为翼缘与腹板间的倒角；t_w 为腹板厚度；f_y 为钢材的屈服强度；$M_{y,Ed}$ 为绕截面 y 轴（强轴）的弯矩设计值；$W_{pl,y}$ 为截面绕 y 轴的塑性抵抗矩。

【解析】为加深理解，笔者对式(2-5)推导如下。

对于式(2-5a)：

由于两翼缘应力均达到屈服且内力平衡，因此，腹板部分的内力应与外力平衡。于是，可得

$$f_y t_w \alpha c - f_y t_w(c-\alpha c)=N_{Ed} \tag{2-6}$$

解出 α 并将式中的 c 代之以 $h-2(t_f+r)$，即可得到式(2-5a)。

对于式(2-5b)：

首先必须说明，文献［14］中给出的公式如下：

$$\alpha=\frac{1}{2}+\frac{|M_{y,Ed}|}{N_{Ed}}\left[\frac{1}{c}-\frac{1}{2c}\sqrt{\left(c\frac{N_{Ed}}{M_{y,Ed}}\right)^2+\frac{N_{Ed}^2(4W_{pl,y}-c^2 t_w)}{M_{y,Ed}^2 t_w}+4}\right]\leqslant 1.0$$

笔者通过推导得到的为式（2-5b），二者方括号内的数值有差异。

工字形截面的压弯构件，承受压力设计值 N_{Ed} 和弯矩设计值 $M_{y,Ed}$（EC 3 中，强轴记作 y 轴，弱轴记作 z 轴）。假定 N_{Ed}、$M_{y,Ed}$ 按相同比例增加，增加为原来的 n 倍时截面达到全塑性。腹板高度为 c、厚度为 t_w。腹板的应力分布如图 2-11 所示。

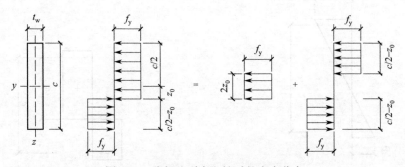

图 2-11　腹板达到全塑性时的应力分布

将该应力分布拆分成两种分布的叠加，据此列出内外力平衡方程：

$$nN_{Ed}=2z_0 t_w f_y \tag{2-7}$$

$$nM_{y,Ed}=\left(\frac{c}{2}-z_0\right)t_w f_y\left(\frac{c}{2}+z_0\right)+\left(W_{pl,y}-\frac{t_w c^2}{4}\right)f_y \tag{2-8}$$

式(2-8)中右侧第 2 项为翼缘对弯矩的贡献。

将式(2-8)除以式(2-7)消去 n，可得到一元二次方程：

$$t_w z_0^2+2t_w\frac{M_{y,Ed}}{N_{Ed}}z_0-\frac{t_w c^2}{4}-\left(W_{pl,y}-\frac{t_w c^2}{4}\right)=0$$

解方程得到

$$z_0=-\frac{M_{y,Ed}}{N_{Ed}}+\frac{M_{y,Ed}}{2N_{Ed}}\sqrt{\left(\frac{N_{Ed}c}{M_{y,Ed}}\right)^2+\frac{N_{Ed}^2(4W_{pl,y}-c^2 t_w)}{M_{y,Ed}^2 t_w}+4}$$

再根据几何关系 $\alpha c=c/2+z_0$，从而得到式(2-5b)。

由于负弯矩只是使截面的上缘受拉，并不会改变腹板的受压区高度 αc，故式(2-5b)中的弯矩取为绝对值。

实际上，式(2-5b)还可以简化，写成

$$\alpha=\frac{1}{2}+\frac{|M_{y,Ed}|}{N_{Ed}}\left[-\frac{1}{c}+\frac{1}{2c}\sqrt{\frac{4W_{pl,y}N_{Ed}^2}{t_w M_{y,Ed}^2}+4}\right]\leqslant 1.0$$

由以上推导过程可知，式（2-5a）用于构件承受轴心压力 N_{Ed} 和弯矩的情况；式(2-5b)用于构件承受轴心压力 N_{Ed} 和弯矩 $M_{y,Ed}$ 的情况（弯矩和轴力同比例增大）。

2.3.3　确定截面等级

通常，截面的等级取为所组成板件等级的最差者。例如，翼缘为等级 1 而腹板为等级 2，则截面判断为属于等级 2。应根据截面的等级确定相应的截面承载力。

有两种情况允许对板件等级予以调整：

（1）依据 EN 1993-1-1 的 5.5.2（9），截面抗力计算时所用到的截面等级，当为等级 4 时可以视为等级 3，前提条件是，将等级 3 的界限宽厚比公式中的 ε 乘以 $\sqrt{\frac{f_y/\gamma_{M0}}{\sigma_{com,Ed}}}$ 予以放大后满足要求。式中，$\sigma_{com,Ed}$ 为板件的最大压应力设计值，γ_{M0} 为截面抗力分项系数，取 1.0。验算构件屈曲抗力时不允许如此操作。

（2）腹板为等级 3 且翼缘为等级 1 或等级 2 时，截面可以视为等级 2，此时，翼缘的有效宽度按照图 2-12 取值。

2.3.4　有效宽度

对于包含等级 4 板件的截面，计算截面承载力时，应采用由有效宽度组成的有效截面。

依据 EN 1993-1-5 的 4.4（2），考虑板件屈曲的折减系数 ρ 按照以下公式确定[13]：

对于内部受压板件：

当 $\bar{\lambda}_p\leqslant 0.5+\sqrt{0.085-0.055\psi}$ 时

$$\rho = 1.0 \qquad (2\text{-}9a)$$

当 $\overline{\lambda}_p > 0.5 + \sqrt{0.085 - 0.055\psi}$ 时

$$\rho = \frac{\overline{\lambda}_p - 0.055(3+\psi)}{\overline{\lambda}_p^2} \leqslant 1.0 \qquad (2\text{-}9b)$$

对于凸出受压板件：

当 $\overline{\lambda}_p \leqslant 0.748$ 时

$$\rho = 1.0 \qquad (2\text{-}10a)$$

当 $\overline{\lambda}_p > 0.748$ 时

$$\rho = \frac{\overline{\lambda}_p - 0.188}{\overline{\lambda}_p^2} \leqslant 1.0 \qquad (2\text{-}10b)$$

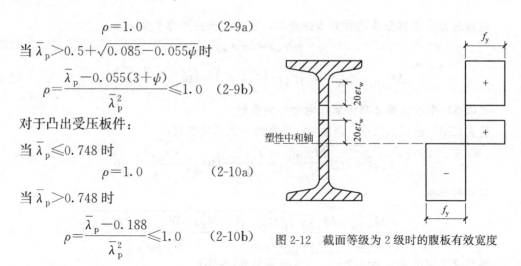

图 2-12 截面等级为 2 级时的腹板有效宽度

$$\overline{\lambda}_p = \sqrt{\frac{f_y}{\sigma_{cr}}} = \frac{\overline{b}/t}{28.4\varepsilon\sqrt{k_\sigma}} \qquad (2\text{-}11)$$

式中 ψ——应力比；

f_y——板件的屈服强度；

σ_{cr}——板件的弹性屈曲临界应力；

$\overline{b}$——确定板件宽厚比时所用的宽度，对于工字形截面，即图 2-8 中的 c；

t——板件厚度；

k_σ——与边界条件和应力比 ψ 有关的屈曲系数，可依据表 2-9 和表 2-10 确定；

ε——钢号修正系数，$\varepsilon = \sqrt{235/f_y}$，$f_y$ 以 N/mm^2 为单位。

内部受压板件的有效宽度分布与 k_σ 取值 表 2-9

应力分布(以压为正)	有效宽度
σ_1 ⬚ σ_2 b_{e1} b_{e2} $\overline{b}$	$\psi=1{:}b_{eff}=\rho\overline{b}$ $b_{e1}=0.5b_{eff}$，$b_{e2}=0.5b_{eff}$
σ_1 ⬚ σ_2 b_{e1} b_{e2} $\overline{b}$	$1>\psi\geqslant0{:}b_{eff}=\rho\overline{b}$ $b_{e1}=\dfrac{2}{5-\psi}b_{eff}$，$b_{e2}=b_{eff}-b_{e1}$
b_c b_t σ_1 ⬚ σ_2 b_{e1} b_{e2} $\overline{b}$	$\psi<0{:}b_{eff}=\rho b_c=\rho\overline{b}/(1-\psi)$ $b_{e1}=0.4b_{eff}$，$b_{e2}=0.6b_{eff}$

$\psi=\sigma_2/\sigma_1$	1	$1>\psi>0$	0	$0>\psi>-1$	-1	$-1>\psi\geqslant-3$
k_σ	4.0	$8.2/(1.05+\psi)$	7.81	$7.81-6.29\psi+9.78\psi^2$	23.9	$5.98(1-\psi)^2$

凸出受压板件的有效宽度分布与 k_σ 取值　　　　　　　　表 2-10

应力分布（以压为正）	有效宽度
	$1 \geqslant \psi \geqslant 0 : b_{\text{eff}} = \rho c$
	$\psi < 0 : b_{\text{eff}} = \rho b_c = \rho c / (1-\psi)$

$\psi = \sigma_2 / \sigma_1$	1	0	-1	$-1 \geqslant \psi \geqslant -3$
k_σ	0.43	0.57	0.85	$0.57 - 0.21\psi + 0.07\psi^2$

应力分布（以压为正）	有效宽度
	$1 \geqslant \psi \geqslant 0 : b_{\text{eff}} = \rho c$
	$\psi < 0 : b_{\text{eff}} = \rho b_c = \rho c / (1-\psi)$

$\psi = \sigma_2 / \sigma_1$	1	$1 > \psi > 0$	0	$0 > \psi > -1$	-1
k_σ	0.43	$0.578/(\psi+0.34)$	1.70	$1.7 - 5\psi + 17.1\psi^2$	23.8

【解析】需要注意的是，EN 1993-1-5 在 2009 年有局部修订，式（2-9）已按修订后版本给出。原公式记作：

对于内部受压板件：

当 $\overline{\lambda}_p \leqslant 0.673$ 时

$$\rho = 1.0 \tag{2-12a}$$

当 $\overline{\lambda}_p > 0.673$ 且 $(3+\psi) \geqslant 0$ 时

$$\rho = \frac{\overline{\lambda}_p - 0.055(3+\psi)}{\overline{\lambda}_p^2} \leqslant 1.0 \tag{2-12b}$$

顺便指出，"凸出翼缘"（outstand flanges）和"凸出受压板件"（outstand compression elements）含义相同，只不过二者分别出自 EN 1993-1-1 和 EN 1993-1-5。

【例 2-3】钢梁截面为焊接工字形，尺寸同例 2-2，翼缘与腹板之间的角焊缝焊脚尺寸为 8mm。截面承受正弯矩。已知钢材屈服强度标准值 $f_y = 235\text{N/mm}^2$，弹性模量 $E = 2.1 \times 10^5 \text{N/mm}^2$。要求：依据 EC 3 确定其翼缘和腹板的板件等级。

解：（1）判断受压翼缘的等级

$c/t = [(500-14)/2 - 8]/20 = 11.75$，在 $10\varepsilon = 10$ 和 $14\varepsilon = 14$ 之间，属于等级 3。

（2）判断腹板的等级

弹性中和轴至受压翼缘内侧的距离为：

$$z_G = \frac{500 \times 20 \times (-10) + 1500 \times 14 \times 750 + 340 \times 20 \times (1500 + 10)}{500 \times 20 + 1500 \times 14 + 340 \times 20} = 685.7 \text{mm}$$

应力比：$\psi = -\dfrac{1500 - 685.7}{685.7} = -1.1877$

由于 $c/t = \dfrac{1500 - 2 \times 8}{14} = 106 < 62\varepsilon(1 - \psi)\sqrt{-\psi} = 147.8$，故腹板属于等级 3。

【例 2-4】钢梁截面为焊接工字形，腹板尺寸为 1400mm×10mm，翼缘尺寸为 400mm× 25mm，翼缘与腹板间角焊缝焊脚尺寸为 6mm。截面承受正弯矩。已知钢材屈服强度标准值 $f_y = 355 \text{N/mm}^2$，弹性模量 $E = 2.1 \times 10^5 \text{N/mm}^2$。要求：依据 EC 3 确定该截面用来计算抗弯承载力时的惯性矩。

解： $\varepsilon = \sqrt{235/f_y} = \sqrt{235/355} = 0.814$。

（1）判断受压翼缘的等级

$$\frac{c}{t} = \frac{(400 - 10 - 2 \times 6)/2}{25} = 7.56 < 10\varepsilon = 8.14，属于等级 2$$

（2）判断腹板的等级

$$\frac{c}{t} = \frac{1400 - 2 \times 6}{10} = 138.8 > 124\varepsilon = 100.9，属于等级 4$$

上式中，6mm 为角焊缝焊脚尺寸。

（3）计算腹板有效宽度

双轴对称截面，仅承受弯矩，故应力比 $\psi = -1$。

$$\bar{\lambda}_p = \sqrt{\frac{f_y}{\sigma_{cr}}} = \frac{\bar{b}/t}{28.4\varepsilon\sqrt{k_\sigma}} = \frac{138.8}{28.4 \times 0.814\sqrt{23.9}} = 1.229$$

由于 $\bar{\lambda}_p > 0.5 + \sqrt{0.085 - 0.055\psi} = 0.874$，故

$$\rho = \frac{\bar{\lambda}_p - 0.055(3 + \psi)}{\bar{\lambda}_p^2} = \frac{1.229 - 0.055 \times (3 - 1)}{1.229^2} = 0.741$$

$$b_{eff} = \rho b_c = \frac{0.741 \times 1388}{1 + 1} = 514.3 \text{mm}$$

$$b_{e1} = 0.4 b_{eff} = 205.7 \text{mm}, b_{e2} = 0.6 b_{eff} = 308.6 \text{mm}$$

（4）计算有效截面惯性矩

翼缘受压区失效范围的高度为：$1400/2 - 514.3 = 179.7 \text{mm}$。

有效截面的中和轴与截面上边缘之距为：

$$z_0 = \frac{34000 \times 725 - 179.7 \times 10 \times 326.6}{34000 - 179.7 \times 10} = 747.2 \text{mm}$$

上式中，34000mm^2 为原截面的截面面积，326.6mm 为失效区形心至工字形截面上边缘的距离。

有效截面中和轴比全截面时下移 $(747.2 - 725) = 22.2 \text{mm}$。如图 2-13 所示，阴影部分为有效范围，以此确定有效截面惯性矩。

原截面的惯性矩为 $1.2441 \times 10^{10} \mathrm{mm}^4$，利用移轴公式，可得有效截面惯性矩为：

$$I_{ey} = 1.2441 \times 10^{10} + 34000 \times 22.2^2 - 10 \times 179.7^3/12 - (179.7 \times 10) \times (747.2 - 326.6)^2$$

$$= 1.2135 \times 10^{10} \mathrm{mm}^4$$

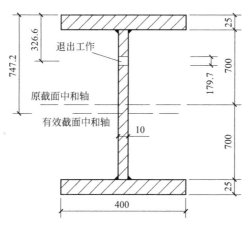

图 2-13　有效截面的尺寸（单位：mm）

【解析】由于腹板宽厚比验算时是取 $c = 1400 - 2 \times 6 = 1388\mathrm{mm}$，即扣除角焊缝焊脚尺寸，因此，确定 b_{eff} 时仍取腹板宽度为 1388mm。这时，以原截面中和轴为参照确定 b_{e1}、b_{e2} 以及失效区的位置更为方便。

另外，在确定有效截面的中和轴位置时，将整个截面视为原截面与一个"孔"的叠加，比采用各个阴影区相加会更快捷。

2.4　关于受压板件等级的讨论

2.4.1　GB 50017 的板件等级与宽厚比界限值

我国《钢结构设计标准》GB 50017—2017 按受弯和压弯两种状态对受压板件进行分级，分为 S1～S5 级。为对比说明中、美、欧三本规范关于受压板件等级的规定，今将 GB 50017—2017 的表 3.5.1 列出如下，见表 2-11。

压弯和受弯构件的截面板件宽厚比等级及限值　　　　表 2-11

构件	截面板件宽厚比等级		S1 级	S2 级	S3 级	S4 级	S5 级
压弯构件（框架柱）	H 形截面	翼缘 b/t	$9\varepsilon_k$	$11\varepsilon_k$	$13\varepsilon_k$	$15\varepsilon_k$	20
		腹板 h_0/t_w	$(33+13\alpha_0^{1.3})\varepsilon_k$	$(38+13\alpha_0^{1.39})\varepsilon_k$	$(40+18\alpha_0^{1.56})\varepsilon_k$	$(45+25\alpha_0^{1.66})\varepsilon_k$	250
	箱形截面	壁板（腹板）间翼缘 b_0/t	$30\varepsilon_k$	$35\varepsilon_k$	$42\varepsilon_k$	$45\varepsilon_k$	—
	圆钢管截面	径厚比 D/t	$50\varepsilon_k^2$	$70\varepsilon_k^2$	$90\varepsilon_k^2$	$100\varepsilon_k^2$	—
	圆钢管混凝土柱	径厚比 D/t	$70\varepsilon_k$	$85\varepsilon_k$	$90\varepsilon_k$	$100\varepsilon_k$	—
	矩形钢管混凝土截面	壁板间翼缘 b_0/t	$40\varepsilon_k$	$50\varepsilon_k$	$55\varepsilon_k$	$60\varepsilon_k$	—

构件	截面板件宽厚比等级		S1 级	S2 级	S3 级	S4 级	S5 级
受弯构件（梁）	工字形截面	翼缘 b/t	$9\varepsilon_k$	$11\varepsilon_k$	$13\varepsilon_k$	$15\varepsilon_k$	20
		腹板 h_0/t_w	$65\varepsilon_k$	$72\varepsilon_k$	$93\varepsilon_k$	$124\varepsilon_k$	250
	箱形截面	壁板（腹板）间翼缘 b_0/t	$25\varepsilon_k$	$32\varepsilon_k$	$37\varepsilon_k$	$42\varepsilon_k$	—

注：1. ε_k 为钢号修正系数，其值为 235 与钢材牌号中屈服点数值的比值的平方根。

2. b 为工字形、H 形截面的翼缘外伸宽度，t、h_0、t_w 分别是翼缘厚度、腹板净高和腹板厚度。对于轧制型截面，不包括翼缘腹板过渡处圆弧段；对于箱形截面，b_0、t 分别为壁板间的距离和壁板厚度；D 为圆管截面外径。

3. 箱形截面梁及单向受弯的箱形截面柱，其腹板限值可根据 H 形截面腹板采用。

4. 腹板的宽厚比可通过设置加劲肋减小。

5. 当按国家标准《建筑抗震设计规范》GB 50011—2010 第 9.2.14 条第 2 款的规定设计，且 S5 级截面的板件宽厚比小于 S4 级经 ε_σ 修正的板件宽厚比时，可视作 C 类截面，ε_σ 为应力修正因子，$\varepsilon_\sigma = \sqrt{f_y/\sigma_{max}}$。

表 2-11 中应力梯度 α_0 按下式确定：

$$\alpha_0 = \frac{\sigma_{max} - \sigma_{min}}{\sigma_{max}} \tag{2-13}$$

式中　σ_{max}——腹板计算边缘的最大压应力；

σ_{min}——腹板计算高度另一边缘相应的应力，压应力取正值，拉应力取负值。

2.4.2　三本规范的对比分析

1. 从实用的角度看，AISC 360-16 的规定更为简练

AISC 360-16 中，对于轴心受压构件，截面板件以宽厚比 λ_r 为界划分为 2 个等级（薄柔与非薄柔）；对于受弯构件，以 λ_p 和 λ_r 为界划分为 3 个等级（厚实、半厚实和薄柔）。如此一来，对于压弯构件，验算公式中的轴力部分按轴心受压确定板件等级，弯矩部分按受弯确定板件等级。

欧洲规范 EC 3 按轴心受压构件、受弯构件和压弯构件分成 3 类，均有 4 个等级，逻辑性好，但是从构件承载力计算来看，对于轴心受压构件，等级 1、2、3 做同样处理，本质上相当于 2 个等级，这与 AISC 360-16 殊途同归。压弯构件划分为 4 个等级，概念清楚，但使用较为烦琐。

GB 50017—2017 按受弯构件和压弯构件分成两类，均有 5 个等级，比 EC 3 增加 S3 级显然是为了与 2003 版规范衔接。对于轴心受压构件，继承了 2003 版规范的做法，仍以长细比的函数表征宽厚比限值，这与世界主流规范的做法是不一致的：美国和欧洲规范的规定前已述及，澳大利亚、加拿大、印度的钢结构规范原理类似，板件是否薄柔均与钢材屈服强度挂钩。从力学性能上看，轴心受压构件的板件宽厚比界限值以钢材屈服强度 f_y 而不是长细比来表达似乎过于严格，但是，EC 3 中用 $\sqrt{\dfrac{f_y/\gamma_{M0}}{\sigma_{com,Ed}}}$ 调整等级 3 的界限值可以较好解决这一问题。

2. 从规范整体的条理性看，欧洲规范 EC 3 做得最好

从后续的截面承载力公式看，AISC 360-16 仅使用板件的等级，无压弯构件时的板件等

级，无 EC 3 中"截面等级"的概念。这一做法一方面带来了灵活性：对压弯构件验算时，对受压项按轴心受压构件确定的等级，对弯矩项按受弯构件确定的等级；另一方面，则是使计算过程变得十分琐碎，以受弯承载力计算表现最为突出（见本书第 5 章构件受弯）。

EC 3 中，等级 1 和等级 2 的宽厚比界限值，当 $\alpha = 0.5$ 时（塑性中和轴位于腹板形心轴）由压弯构件退化为受弯构件；等级 3 时，若 $\psi = -1$ 时（弹性中和轴位于腹板形心轴）由压弯构件退化为受弯构件。而且，无论是轴心受压构件、受弯构件还是压弯构件，根据截面等级采用对应的计算公式，明确且极有条理。

GB 50017—2017 中，S1～S4 的宽厚比界限值，当应力梯度 $\alpha_0 = 2$ 时，由压弯构件退化为受弯构件。虽然宽厚比界限仅仅是一个"数字"，但由于 S1、S2 级时板件可达到全塑性，以 EC 3 中的应力矩形分布显然比按照三角形分布更合理。

3. 从细节上看，AISC 360-16 中的薄柔板件不必考虑有效宽度的分布

当受压板件为薄柔时，AISC 360-16 虽然规定此时应取有效宽度，但是却不必考虑有效宽度的分布，这是因为：对于轴心受压构件，稳定系数由原截面求出，待求的只是有效截面的面积，故与有效宽度无关；对于受弯构件，其不考虑有效宽度分布的代价是，对各种具体情况不得不详细加以规定，见本书第 5 章构件受弯。

EC 3 和 GB 50017 均考虑有效宽度的分布。GB 50017 在板件宽厚比计算时不考虑翼缘与腹板处角焊缝的影响，因此，比 EC 3 简便。

2.4.3　GB 50017—2017 有待改进之处

1. 三边简支一边自由板件是否考虑屈曲后强度应统一

第 6.1.1 条对梁的受压翼缘规定，S5 级时有效宽度可取 $15t_f\varepsilon_k$，即超出 S5 宽厚比限值部分不考虑。而第 7.3.4 条对于单角钢压杆规定了 $w/t > 15\varepsilon_k$ 时"有效截面系数 ρ"的取值。从力学性能上看，角钢的肢与工字形截面的外伸翼缘均为三边简支一边自由板件，应同样对待。

2. 应力梯度 α_0 宜给出按照毛截面求出

EC 3 中，ψ 为应力比。EN 1993-1-5 的 4.4（3）指出，ψ 应按毛截面求出，必要时还应考虑剪力滞对翼缘的影响。

3. 符号 ρ 的解释应统一

第 7.3.3 条对 ρ_i 的解释为"各板件有效截面系数"；第 8.4.2 条对 ρ 的解释为"有效宽度系数"，尽管 7.3.3 条的解释具有相同的效果，但显然 8.4.2 条概念更明确，故宜统一。

另外需要说明的是，压弯构件、H 形截面的腹板，S3 级的界限值为 $(40+18\alpha_0^{1.5})\varepsilon_k$，若以受弯时的应力梯度 $\alpha_0 = 2$ 代入，得到 $91\varepsilon_k$，与受弯构件、工字形截面腹板，S3 时的界限值为 $93\varepsilon_k$ 不协调。今表 2-11 中改为 $(40+18\alpha_0^{1.56})\varepsilon_k$ 可解决此问题。

【例 2-5】钢梁截面为焊接工字形，尺寸同例 2-2。截面承受正弯矩。已知钢材强度标准值 $f_y = 235$MPa，弹性模量 $E = 2.06 \times 10^5$ N/mm²。要求：依据 GB 50017—2017 确定其翼缘和腹板的板件等级。

解：（1）确定受压翼缘等级

$b/t = (500-14)/2/20 = 12.15$，在 $11\varepsilon_k = 11$ 和 $13\varepsilon_k = 13$ 之间，属于 S3。

（2）确定应力梯度

例 2-4 已经求出，弹性中和轴至受压翼缘内侧的距离为 685.7mm。根据三角形比例关系，可得应力梯度：

$$\alpha_0 = \frac{\sigma_{max} - \sigma_{min}}{\sigma_{max}} = \frac{685.7 + (1500 - 685.7)}{685.7} = 2.1877$$

（3）确定腹板等级

$$h_0/t_w = 1500/14 = 107.1$$

S3 级的界限值：$(40 + 18\alpha_0^{1.56})\varepsilon_k = 101.0$；S4 级的界限值：$(45 + 25\alpha_0^{1.66})\varepsilon_k = 136.7$。故腹板属于 S4。

若按照 AISC 360-16 的做法，取 $2 \times 685.7 = 1371.4$mm 作为 h_0，按照受弯构件判断，则

$$h_0/t_w = 1371.4/14 = 98.0 > 93\varepsilon_k = 93 \text{ 且} < 124\varepsilon_k = 124$$

故腹板属于 S4。

【解析】今对单轴对称工字形截面压弯构件的腹板进行研究，如图 2-14 所示，依据三角形比例关系可得：

$$\frac{\sigma_{max}}{\sigma_{max} - \sigma_{min}} = \frac{h_c/2}{h_0}$$

式中，应力 σ_{max}、σ_{min} 以压为正、以拉为负。注意到应力梯度 α_0 的定义，则可得：

$$h_c = \frac{2h_0}{\alpha_0}$$

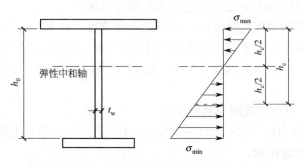

图 2-14 单轴对称工字形截面受弯时的应力梯度

为比较依据 h_c/t_w 与 h_0/t_w 确定板件等级何者更严格，令各自与 S3 级的限值相比较，即令

$$\zeta = \frac{(h_c/t_w)/(93\varepsilon_k)}{(h_0/t_w)/[(40 + 18\alpha_0^{1.56})\varepsilon_k]} = \frac{2(40 + 18\alpha_0^{1.56})}{93\alpha_0}$$

若 $\zeta > 1$，表明按照 h_c/t_w 确定板件等级更为严格。画出 ζ 与 α_0 的关系曲线，如图 2-15 所示。

构件承受弯矩作用时，对于加强受压翼缘的单轴对称工字形截面，有 $\alpha_0 > 2$；若加强受拉翼缘，则有 $\alpha_0 < 2$。从图 2-15 可以看到，通常有 $\zeta > 1$，表明按照 h_c/t_w 确定板件等级更为严格。对于例 2-5，$\alpha_0 = 2.1877$，$\zeta = 0.9933$，二者效果十分接近。

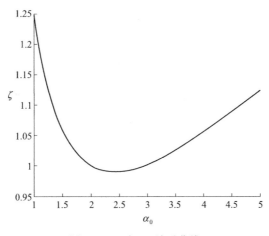

图 2-15　ζ 与 α_0 关系曲线

2.5　现行规范的稳定设计方法

AISC 360-16 规定，直接分析法（Direct Analysis Method，DAM）为结构设计分析的首选方法，此外，也可以采用有效长度法（Effective Length Method）和一阶分析法（First Order Analysis Method）。原则上，对整个结构和单元稳定性有影响的以下因素都应考虑：

（1）构件受弯、受剪、受轴力作用的变形，以及其他对结构位移有贡献的变形。

（2）二阶效应（包括 P-Δ 效应和 P-δ 效应）。

（3）几何缺陷。

（4）由于进入非弹性阶段导致的刚度折减。

（5）刚度和强度的不确定性。

所有的荷载效应应基于 LRFD 荷载组合求出。

2.5.1　直接分析法

1. 一般分析要求

结构分析应依据以下要求：

（1）分析应考虑受弯、受剪、受轴力的构件的变形，以及其他构件和连接的对结构位移有贡献的变形。分析应包含对结构稳定有贡献的所有刚度折减。

（2）分析应为二阶分析，包括 P-Δ 效应和 P-δ 效应。满足以下条件时可以忽略P-δ 效应：

①结构支承重力荷载主要通过垂直柱、墙或框架。

②对所有楼层，最大的二阶侧移与最大的一阶侧移之比应小于等于 1.7。侧移量按 LRFD 荷载组合且计入刚度调整后求得。

③不超过 1/3 的全部重力荷载被柱子支承，这些柱子是抵抗弯矩框架的一部分。

在评估单个压弯构件的性能时，有必要在所有情况下都考虑 P-δ 效应。

允许在分析时仅考虑 P-Δ 效应，这时，应在针对单个构件校核时计入"P-δ"效应，将构件的荷载效应乘以放大系数 B_1。

允许采用近似二阶分析方法。

（3）分析应考虑所有重力和其他施加于结构上可能影响结构稳定性的荷载。

（4）用 LRFD 设计，二阶分析应在 LRFD 组合下进行。

2. 初始缺陷

所有情况下，允许在分析中直接考虑缺陷，或者，按照以下规定，用概念力代替缺陷。

（1）概念力作为横向水平力施加于所有楼层，并与其他横向荷载叠加。概念力的大小为：

$$N_i = 0.002Y_i \qquad (2\text{-}14)$$

式中 Y_i——施加于第 i 层的按 LRFD 组合的重力荷载。

（2）概念水平力施加于最不利的方向。

（3）0.002 是以初始的楼层侧移为 1/500 得出的，若有不同的侧移，允许对此系数调整。

（4）在刚度调整之后，若最大的二阶侧移与最大的一阶侧移之比≥1.7，允许概念力只与重力荷载组合而不与其他水平力组合。

3. 刚度调整

确定构件内力时，应采用折减后的刚度。

（1）对结构稳定有贡献的所有刚度，折减系数为 0.8。为避免混乱，可以对没有贡献的刚度也乘以此折减系数。

（2）额外的，所有抗弯刚度对结构的侧向稳定性有贡献的构件，刚度应乘以 τ_b。对于非钢与混凝土组合构件，τ_b 按照下式确定：

$P_u/P_{ns} \leqslant 0.5$ 时

$$\tau_b = 1.0 \qquad (2\text{-}15a)$$

$P_u/P_{ns} > 0.5$ 时

$$\tau_b = 4[P_u/P_{ns}(1 - P_u/P_{ns})] \qquad (2\text{-}15b)$$

式中 P_u——按照 LRFD 算出的构件轴压力设计值；

P_{ns}——截面受压承载力，对于不含薄柔板件的截面，$P_{ns} = F_y A_g$；对于薄柔板件的截面，$P_{ns} = F_y A_e$；

A_g——毛截面面积；

A_e——有效截面面积（按"构件受压"一章求出）。

（3）$P_u/P_{ns} > 0.5$ 时，可以对所有非钢与混凝土组合构件取 $\tau_b = 1.0$，但必须在每层施加概念力 $0.001Y_i$。

4. 确定结构抗力

当采用直接分析法设计时，构件和连接的承载力应按照 AISC 360-16 第 D 章至第 K 章的规定计算，不必考虑结构整体的稳定性。所有构件受弯屈曲的有效计算长度可取为无支长度，除非分析表明可采用更小值。

用以形成无支长度的支撑，应具有足够的刚度和强度以控制构件在支撑点的活动。

2.5.2　近似二阶分析方法

AISC 360-16 的附录 8 提供了近似考虑二阶效应的方法，通过对一阶分析的荷载效应放大来实现。该方法可作为严格的二阶分析的备选。

本方法除了允许用于确定单个受压构件的 P-δ 效应之外，只限用于主要通过垂直柱、墙或框架支承重力荷载的结构。

考虑二阶效应后的弯矩设计值和轴力设计值按照下式计算：

$$M_{u}=B_{1}M_{nt}+B_{2}M_{lt} \tag{2-16}$$

$$P_{u}=P_{nt}+B_{2}P_{lt} \tag{2-17}$$

式中　B_{1}——对压弯构件考虑"P-δ"效应的放大系数，对每一个受弯方向计算；对不受压的构件，取 $B_{1}=1.0$；

B_{2}——对结构的每一层考虑"P-Δ"效应的放大系数，对楼层的每个侧移方向计算；

M_{nt}——结构的侧移被约束时产生的一阶弯矩；

M_{lt}——仅由于结构的侧移产生的一阶弯矩；

P_{nt}——结构的侧移被约束时产生的一阶轴力；

P_{lt}——仅由于结构的侧移产生的一阶轴力。

1. P-δ 效应的放大系数 B_{1}

对任一受压构件且该构件的每一个受弯方向，放大系数 B_{1} 按下式计算：

$$B_{1}=\frac{C_{m}}{1-P_{u}/P_{el}}\geqslant 1 \tag{2-18}$$

$$P_{el}=\frac{\pi^{2}EI^{*}}{L_{cl}^{2}} \tag{2-19}$$

式中　C_{m}——假定构件端部无相对平移时的等效均匀弯矩系数，按以下规定取值：

无横向荷载作用时，$C_{m}=0.6-0.4(M_{1}/M_{2})$，式中 M_{1}、M_{2} 为由一阶分析求得的端弯矩，$|M_{1}|\leqslant|M_{2}|$，当为单向曲率（single curvature）时取 M_{1}/M_{2} 为负，反向曲率（reverse curvature）时为正；有横向荷载作用时，C_{m} 由分析确定或者偏于保守地取为 1.0；

P_{el}——构件在弯矩平面内的弹性临界屈曲抗力，计算时假设构件端部无侧移；

EI^{*}——分析中采用的抗弯刚度；直接分析法时取为 $0.8\tau_{b}EI$，τ_{b} 的取值见式(2-15)；采用有效长度法和一阶分析方法时取为 EI；

L_{cl}——弯曲平面内的有效长度，基于构件端部无侧移假定计算，取等于侧向无支长度（除非分析表明可取更小的值）。

式(2-18) 中的 P_{u} 允许采用一阶分析得到的值（例如，$P_{u}=P_{nt}+P_{lt}$）。

确定 C_{m} 时所谓的"单向曲率"与"反向曲率"，如图 2-16 所示。

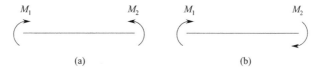

图 2-16　单向曲率与反向曲率

（a）单向曲率；（b）反向曲率

【解析】此处所说的"有横向荷载作用时，C_{m} 由分析确定"，在以往的规范条文说明中有介绍，见本书表 2-14。

《钢结构设计标准》GB 50017—2017 的 8.2.1 条规定，实腹式压弯构件在弯矩作用平面内的稳定性按下式验算：

$$\frac{N}{\varphi_x A f} + \frac{\beta_{mx} M_x}{\gamma_x W_{1x}(1-0.8N/N'_{Ex})f} \leqslant 1.0 \tag{2-20}$$

式中，$\dfrac{\beta_{mx} M_x}{(1-0.8N/N'_{Ex})}$ 可认为是考虑了 P-δ 效应之后的弯矩，等效弯矩系数 β_m 相当于 AISC 360-16 中的 C_m。对比可知，GB 50017—2017 中对于无横向荷载的情况，β_m 取值与此处 C_m 相同（因为对弯矩正负号规定不同，看起来稍有差异）。对于有横向荷载的情况，则是与表 2-14 中 C_m 的表达形式类似。从 AISC 钢结构规范的演进角度看，C_m 取值无疑是趋向于简单化，因此，GB 50017—2017 中相对烦琐的 β_m 取值规定意义不大。

2. P-Δ 效应的放大系数 B_2

对结构的每一层和每一个方向的侧移，放大系数按下式计算：

$$B_2 = \frac{1}{1-\dfrac{P_{story}}{P_{e,story}}} \geqslant 1 \tag{2-21}$$

$$P_{e,story} = R_M \frac{HL}{\Delta_H} \tag{2-22}$$

$$R_M = 1 - 0.15(P_{mf}/P_{story}) \tag{2-23}$$

式中　P_{story}——利用 LRFD 组合得到的楼层承受的全部竖向荷载，包括非抗侧力系统中的柱子所受的荷载；

　　$P_{e,story}$——在所考虑的侧移方向楼层柱的弹性临界屈曲抗力，依据侧移屈曲分析得到，或按照式(2-22)计算；

　　Δ_H——一阶分析得到的层间侧移；

　　H——计算 Δ_H 所用的侧向力产生的楼层剪力；

　　L——层高；

　　P_{mf}——楼层框架（moment frame）柱所承受的全部竖向荷载，对于有支撑框架系统，取为零。

【解析】式(2-22)中的 R_M 本质上表示楼层抗侧移刚度的折减。规范的注释指出，当楼层中包含纯框架时，R_M 可偏于安全地取为式(2-23)的下限值 0.85，这里所谓的"纯框架"是指其中的柱子依靠其弯曲来抵抗侧向力。

式(2-22)中，H/Δ_H 表示楼层的抗侧移刚度，因此，侧移 Δ_H 要与剪力 H 对应。式(2-22)的来历，见本书 4.2 节的层刚度法。

2.5.3　有效长度法

1. 适用条件

有效长度法适用于以下情况：

(1) 结构支承重力荷载主要通过垂直柱、墙或框架。

(2) 对所有楼层，最大的二阶侧移与最大的一阶侧移之比≤1.5。

2. 荷载效应

荷载效应按照弹性分析确定，所有结构钢构件应采用公称刚度（nominal stiffness），不折减。分析中采用的概念力按式(2-14)确定。

3. 结构抗力

构件和连接的抗力应按照 AISC 360-16 第 D 章至第 K 章确定。

受压构件的有效长度系数 K，应按下面的（1）或（2）确定。

（1）在支撑框架系统，剪力墙系统和其他结构系统，横向稳定和横向荷载的抗力不依靠柱子的抗弯刚度，这时，受压构件的有效长度系数 K 取为 1.0，除非可靠的分析表明可以取更小值。

（2）在纯框架体系（moment frame system）和其他结构体系中，柱子的抗弯刚度被视为抵抗横向稳定和横向荷载，这些柱子的有效长度系数 K 应按结构的侧移屈曲分析确定。对横向稳定没有贡献和对抵抗横向荷载没有贡献的柱子，取 $K=1.0$。

如果对于所有楼层，最大的二阶侧移与最大的一阶侧移之比≤1.1，允许设计中所有的柱子取 $K=1.0$。

用于定义构件的无支长度的支撑，应具有足够的刚度和强度以控制支承点的活动。

确定有效长度系数 K 的方法详见本书第 4 章。

【解析】有效长度法和直接分析法的对比见表 2-12[1]。

有效长度法和直接分析法的对比　　　　　　　　　　表 2-12

基本要求		直接分析法	有效长度法
考虑所有的变形		考虑所有的变形	考虑所有的变形
考虑二阶效应(包括 P-Δ 效应和 P-δ 效应)		考虑 P-Δ 和 P-δ 效应②	考虑 P-Δ 和 P-δ 效应
考虑几何缺陷，包括点位缺陷①和构件缺陷	体系缺陷对结构反应的影响	直接建立模型或采用概念水平荷载	采用概念水平荷载
	构件缺陷对结构反应的影响	用刚度折减计入	所有这些影响通过构件承载力校核中采用 $L_c=KL$（由侧移屈曲分析）来考虑。注意有效长度法和直接分析法的区别： 直接分析法在内力分析中采用折减刚度，且在构件承载力校核时采用 $L_c=L$； 有效长度法在内力分析中采用全刚度，且在构件承载力校核时采用由侧移屈曲分析得到的 $L_c=KL$
	构件缺陷对构件承载力的影响	在构件承载力公式计入，采用 $L_c=L$	
考虑由于非弹性导致的刚度折减，这会影响到结构反应和构件承载力	刚度折减对结构反应的影响	用刚度折减计入	
	刚度折减对构件承载力的影响	在构件承载力公式计入，采用 $L_c=L$	
考虑强度和刚度的不确定性，这会影响到结构反应和构件承载力	强度(刚度)不确定性对结构反应的影响	用刚度折减计入	
	强度(刚度)不确定性对构件承载力的影响	在构件承载力公式计入，采用 $L_c=L$	

注：①对于典型建筑结构，点位缺陷指柱子并非笔直；

②二阶效应可由软件同时考虑 P-Δ 效应和 P-δ 效应，或者用近似方法。

2.5.4　一阶分析法

1. 适用条件

一阶分析法限于以下情况使用：

（1）结构支承重力荷载主要通过垂直柱、墙或框架；

（2）对所有楼层，最大的二阶侧移与最大的一阶侧移之比≤1.5；计算时不考虑刚度折减，该比率可取为 B_2，B_2 按式（2-21）确定；

（3）所有对结构侧向稳定有贡献的构件，其受压荷载设计值应满足：

$$P_u \leqslant 0.5 P_{ns} \tag{2-24}$$

2. 荷载效应

构件的荷载效应按一阶分析确定，同时符合下面（1）、（2）的要求。分析应考虑受弯、受剪、受轴力的构件的变形，以及其他构件和连接的对结构位移（displacement）有贡献的变形。

（1）所有的组合应包含一个附加的横向荷载 N_i，与其他荷载组合后作用于结构的每一楼层标高。

$$N_i = 2.1(\Delta/L)Y_i \geqslant 0.0042Y_i \tag{2-25}$$

式中　Y_i——作用于第 i 楼层的重力荷载；

　　　Δ/L——对所有层的最大侧移比率；

　　　Δ——按一阶分析求得的层间侧移；

　　　L——楼层高度。

楼层的附加横向荷载 N_i 应施加于产生最大失稳效应的方向。

（2）压弯构件的 P-δ 效应通过将求得的杆端弯矩乘以 B_1 实现，B_1 按式（2-18）确定。

3. 结构抗力

构件和连接的抗力应按照规范各章的规定确定。

所有构件弯曲屈曲时的有效长度取为无支长度，除非分析表明可采用更小值。

用于定义构件的无支长度的支撑，应具有足够的刚度和强度以控制支承点的活动。

【解析】本节所述的 N_i 属于"概念荷载"（notional load）。依据 ASCE 7-16 的 2.6.1 条，与其他荷载按以下公式组合：

（1）$1.2D + 1.0N + L + 0.2S$

（2）$0.9D + 1.0N$

2.6　稳定设计方法的演进

AISC《钢结构设计规范》历来在第 C 章规定将结构视为一个整体时的稳定要求。以下简要介绍各版本的规定，以管窥稳定设计的发展方向。

2.6.1　LRFD 93 和 LRFD 99

LRFD 93 和 LRFD 99 的第 C 章均称作"框架和其他结构"（frame and other structures）。LRFD 99 的第 C 章包括 3 节：二阶效应、框架稳定（frame stability）和稳定支撑（stability bracing），LRFD 93 则只包含前两节内容。

1. 二阶效应

LRFD 93 和 LRFD 99 均规定，基于弹性分析进行设计时，梁-柱（即，压弯构件）、连接与连接构件应按照二阶弹性分析确定弯矩设计值 M_u，或者按照式（2-16）近似计算，为方便阅读，今列于下式：

$$M_u = B_1 M_{nt} + B_2 M_{lt}$$

LRFD 93 和 LRFD 99 中关于二阶效应的规定对比，见表2-13。

可以看到，LRFD 99 和 LRFD 93 相比，本质没有变化，P_{e1} 和 P_{e2} 的表达形式上更为简练而已。试演如下：

$$P_{e1} = \frac{A_g F_y}{\lambda_c^2} = \frac{A_g F_y}{\left(\dfrac{KL}{r\pi}\sqrt{\dfrac{F_y}{E}}\right)^2} = \frac{A_g F_y}{\dfrac{F_y}{\pi^2 E/(KL/r)^2}} = \frac{\pi^2 E}{(KL/r)^2} A_g \qquad (2\text{-}26)$$

式(2-26)中，$\dfrac{\pi^2 E}{(KL/r)^2}$ 为弹性临界应力；P_{e1} 即为柱子的弹性临界力。

LRFD 93 和 LRFD 99 条文说明均指出，在侧移框架中，M_{nt} 和 M_{lt} 这两类弯矩都可由重力荷载产生，例如，不对称的结构或者对称结构但加载不对称。有侧移框架由水平作用（例如风、地震）产生的端弯矩是 M_{lt} 的主要来源。

LRFD 93 和 LRFD 99 中的二阶效应　　　　　　　　　　表 2-13

LRFD 93	LRFD 99
$B_1 = \dfrac{C_m}{1 - P_u/P_{e1}} \geqslant 1$ $P_{e1} = \dfrac{A_g F_y}{\lambda_c^2}, \lambda_c = \dfrac{KL}{r\pi}\sqrt{\dfrac{F_y}{E}}$ K 为有效长度系数，按照有支撑(无侧移)框架取值。 当压杆在支点间无横向荷载作用时： $C_m = 0.6 - 0.4(M_1/M_2)$ M_1/M_2 为较小弯矩与较大弯矩的比值，弯矩取自所考虑的弯曲平面内无支区段的端弯矩，当为单向曲率时取 M_1/M_2 为负，反向曲率时为正。 当压杆在支点间有横向荷载作用时，C_m 由分析确定或者区分两种情况取值：杆件的端部被约束，取 $C_m = 0.85$；当杆件的端部未被约束，取 $C_m = 1.0$	$B_1 = \dfrac{C_m}{1 - P_u/P_{e1}} \geqslant 1$ $P_{e1} = \dfrac{\pi^2 EI}{(KL)^2}$ K 按照有支撑框架取值。 当压杆在支点间无横向荷载作用时： $C_m = 0.6 - 0.4(M_1/M_2)$ M_1/M_2 为较小弯矩与较大弯矩的比值，弯矩取自所考虑的弯曲平面内无支区段的端弯矩，当为单向曲率时取 M_1/M_2 为负，反向曲率时为正。 当压杆在支点间有横向荷载作用时，C_m 由分析确定或者区分两种情况取值：杆件的端部被约束，取 $C_m = 0.85$；当杆件的端部未被约束，取 $C_m = 1.0$
$B_2 = \dfrac{1}{1 - \sum P_u \left(\dfrac{\Delta_{oh}}{\sum HL}\right)}$ 或 $B_2 = \dfrac{1}{1 - \left(\dfrac{\sum P_u}{\sum P_{e2}}\right)}$ $P_{e2} = \dfrac{A_g F_y}{\lambda_c^2}, \lambda_c = \dfrac{KL}{r\pi}\sqrt{\dfrac{F_y}{E}}$ $\sum P_u$——层中所有柱承受的轴压力之和； Δ_{oh}——层间侧移； $\sum H$——产生 Δ_{oh} 的所有层水平力之和； K——有效长度系数，按照无支撑框架取值	$B_2 = \dfrac{1}{1 - \sum P_u \left(\dfrac{\Delta_{oh}}{\sum HL}\right)}$ 或 $B_2 = \dfrac{1}{1 - \left(\dfrac{\sum P_u}{\sum P_{e2}}\right)}$ $\sum P_u$——层中所有柱承受的轴压力之和； Δ_{oh}——层间侧移； $\sum H$——产生 Δ_{oh} 的所有层水平力之和； P_{e2}——柱子的弹性屈曲临界力，按照无支撑框架柱取有效长度系数确定

当柱端弯矩被放大之后，与之相连的梁的弯矩也应放大，方法是：把柱端放大后的弯矩与一阶弯矩取差值，再把这个差值按照相对刚度分配给与该柱相连的构件。梁端连接应按照放大后的弯矩来设计。

2. 框架稳定

（1）有支撑框架

在桁架以及由斜撑、剪力墙或其他方式保证侧向稳定的框架中，受压构件的有效长度系数 K 应取为 1.0，除非结构分析表明可以取更小值。

（2）无支撑框架

对于框架的侧向稳定依赖于梁与柱的刚性连接以及各自的抗弯刚度，则受压构件的有效长度系数 K 应通过结构分析确定。与框架简支相连承受重力荷载的柱子（即通常所说的摇摆柱）不仅对抵抗侧向荷载无助反而会导致稳定恶化，该影响在纯框架柱的设计中应予以计入。设计中允许计入由于柱子非弹性而导致的刚度折减。

【解析】1. 关于 C_m 的取值

LRFD 93 和 LRFD 99 的条文说明中指出，对于承受横向荷载的压弯构件，当端部简支时，C_m 可按下式确定：

$$C_m = 1 + \psi \frac{P_u}{P_{el}} \tag{2-27}$$

$$\psi = \frac{\pi^2 \delta_0 EI}{M_0 L^2} - 1 \tag{2-28}$$

式中　P_u——构件承受的轴压力；

　　　P_{el}——构件在弯矩平面内的弹性临界屈曲抗力，计算时假设构件端部无侧移；

　　　δ_0——由横向荷载引起的最大变形；

　　　L——构件的跨度；

　　　M_0——由横向荷载引起的最大弯矩。

表 2-14 列出了几种荷载情况的 C_m 取值，其中第 1、4 项为端部无约束（简支），其余为端部有约束。对于端部有约束的情况，若在计算 P_{el} 时根据端部约束取 $K<1.0$，则求得的 B_1 会更准确。尽管如此，代替这些繁杂的公式，当有横向荷载作用时，对于无约束的端取 $C_m = 1.0$，对于有约束的端部取 $C_m = 0.85$ 是偏于保守的。

放大系数 ψ 和 C_m　　　　　　　　　　　　　　　　表 2-14

项次	简图	ψ	C_m
1	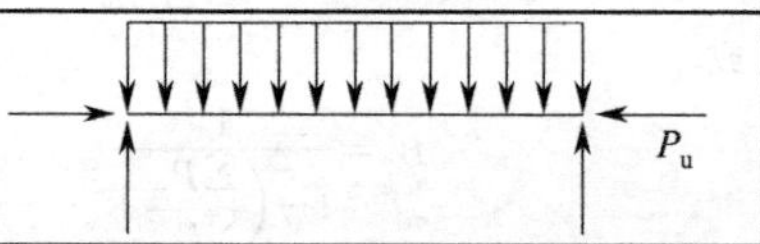	0	1.0
2	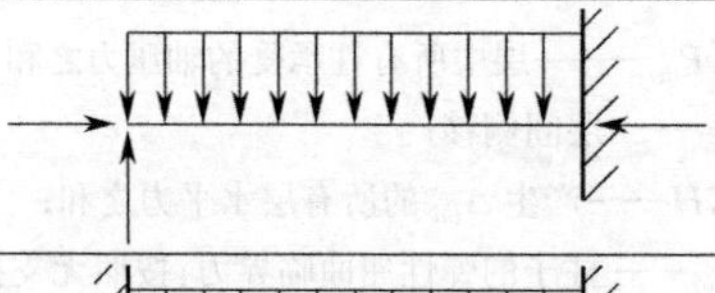	-0.4	$1-0.4P_u/P_{el}$
3	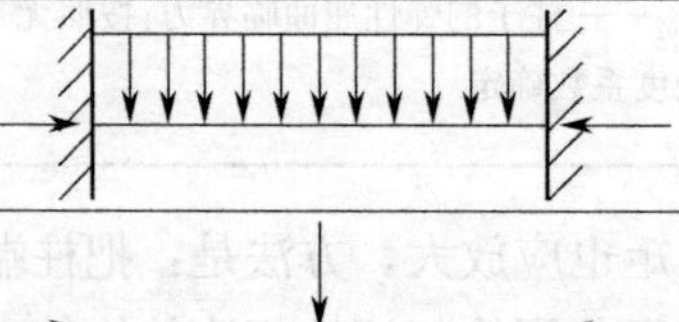	-0.4	$1-0.4P_u/P_{el}$
4	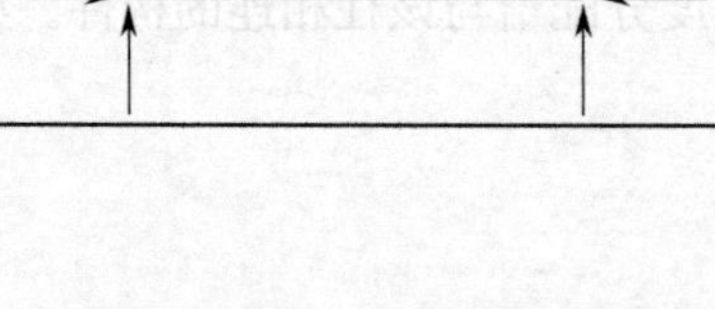	-0.2	$1-0.2P_u/P_{el}$

项次	简图	ψ	C_m
5	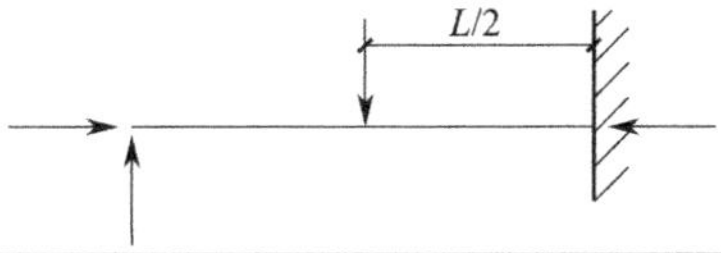	-0.3	$1-0.3P_u/P_{el}$
6	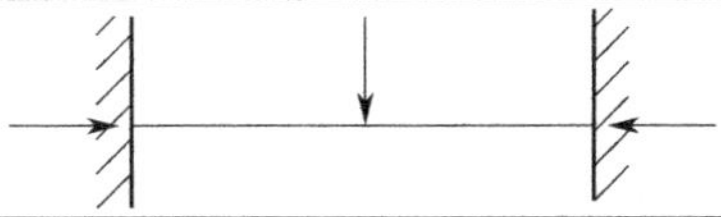	-0.2	$1-0.2P_u/P_{el}$

2. 关于摇摆柱

对于结构整体而言，同层柱子之间会相互支援。如果层中包含对层侧移刚度贡献很小或没有贡献的柱子（例如，摇摆柱），其设计时应采用 $K=1.0$，但其他柱要承受这些柱导致的对稳定不利的 $P\Delta$ 弯矩，详细情况，参见本书第 4 章 4.2 节"层屈曲法和层刚度法"。

2.6.2　AISC 360-05

AISC 360-05 第 C 章为"稳定分析与设计"，包括两节：稳定设计要求和内力计算（calculation of required strengths）。给出了两种内力计算方法：一阶分析法和二阶分析法。

1. 一阶分析法

一般应采用二阶弹性分析，也允许采用一阶分析求得杆件的内力；与此同时，所有构件的有效长度系数 K 取为 1.0。采用一阶分析的前提条件如下：

（1）所有那些抗弯刚度对结构侧向稳定有贡献的构件，其受压荷载设计值应满足：

$$P_u \leqslant 0.5P_y = 0.5F_y A \tag{2-29}$$

（2）所有的荷载组合应包含一个附加的横向荷载 N_i，作用于结构的每一层，与其他荷载组合。

$$N_i = 2.1(\Delta/L)Y_i \geqslant 0.0042Y_i \tag{2-30}$$

式中　Y_i——施加于 i 层的重力荷载；

　　　Δ/L——对结构的所有楼层的最大侧移比率；

　　　Δ——LRFD 组合的一阶层间侧移，若结构在平面上的 Δ 值是变化的，Δ 应按竖向荷载取加权平均侧移，或者，取最大侧移；

　　　L——层高。

楼层的附加横向力 N_i 按两个正交方向施加。

（3）所有构件的弯矩应乘以 B_1 予以放大。

2. 二阶分析法

任何同时考虑了 P-Δ 效应和 P-δ 效应的二阶弹性分析方法都可以采用，或者，采用对一阶弹性分析放大的方法。正文给出了对一阶弹性分析放大的方法，附录 7 给出了直接分析法，前者适用于二阶侧移与一阶侧移之比小于等于 1.5 的情况。

与 LRFD 99 相比，不但杆端弯矩需要放大，还规定轴力也要放大。具体公式同式（2-16）和式（2-17）。

对于确定 B_1 所用的 C_m，规定对有横向荷载作用的柱，可保守取为 1.0 或通过分析确定。

规定 B_2 按照下式确定：

$$B_2 = \frac{1}{1 - \left(\dfrac{\sum P_u}{\sum P_{e2}}\right)} \tag{2-31}$$

式中 $\sum P_{e2}$——侧移屈曲分析得到的整层柱的弹性临界屈曲抗力。

对于纯框架，柱的侧移屈曲有效长度系数记作 K_2，$\sum P_{e2}$ 按下式求得：

$$\sum P_{e2} = \sum \frac{\pi^2 EI}{(K_2 L)^2} \tag{2-32}$$

对于所有抗侧力体系，允许采用下式计算 $\sum P_{e2}$：

$$\sum P_{e2} = R_M \frac{\sum HL}{\Delta_H} \tag{2-33}$$

式中 R_M——对于有支撑框架体系取为 1.0；对于纯框架体系和组合体系，取为 0.85，除非分析表明可取更大值；

L——层高；

Δ_H——由于侧向力引起的一阶层间侧移，若 Δ_H 在平面内是变化的，Δ_H 应按竖向荷载取加权平均，或者取为最大侧移；

$\sum H$——由于侧向力导致的层剪力，用来计算 Δ_H。

内力分析过程中，弹性刚度不折减。

对仅有重力荷载的组合应计入一个最小的水平荷载，其大小为 $0.002Y_i$，作用于每一个楼面。Y_i 为施加于 i 层的重力荷载。这个最小的横向水平荷载按两个正交方向施加（在分析中忽略竖向构件的初始倾斜和残余应力导致的刚度折减无疑会导致误差，这个最小的横向水平荷载可将这种误差限制在合理水平）。

当二阶侧移与一阶侧移之比小于等于 1.1 时，允许构件在设计时取 $K=1.0$；否则，框架结构中的柱或梁-柱设计时采用按侧移屈曲分析得到的 K。确定 K 时允许考虑由于柱子的非弹性导致的刚度折减。对于支撑框架，受压构件可取 $K=1.0$，除非分析表明可取更小的值。

二阶侧移与一阶侧移之比可用 B_2 代表，或者，这个比率通过比较二阶分析的结果和一阶分析的结果求得，注意分析时所用的荷载要事先按照 LRFD 的要求进行组合。

2.6.3 AISC 360-10

AISC 360-10 第 C 章为"稳定设计"，包括 3 节：一般稳定要求、内力计算（calculation of required strengths）和承载力计算（calculation of available strengths）。给出了两种设计方法：用于设计的直接分析法和用于设计的可选方法。可选方法包括有效长度法和一阶分析方法，列于附录 7。这一章的规定，AISC 360-10 和 AISC 360-16 是一致的，故详见本书第 2 章第 5 节，这里不再赘述。

【解析】从 AISC 规范"稳定设计"一章的发展历程，我们可以得到以下启示：

（1）LRFD 93 和 LRFD 99 规定，P-Δ 效应的放大系数 B_2 可以由两个公式确定，一

个为层屈曲法，另一个为层刚度法（两种方法的详细介绍，见本书第 4 章 4.2 节）。AISC 360-05 和 AISC 360-10 进一步指出，层屈曲法适用于纯框架结构，而层刚度法适用于所有抗侧力体系。AISC 360-16 仅保留了适用性更广的层刚度法。以上说明，从设计方法这一层次，规范应强调概念上的准确性。

（2）等效均匀弯矩系数 C_m 与横向荷载类型（例如，集中荷载、均布荷载）以及杆端约束有关。在 AISC 360-16 中，仅考虑两种情况进行取值，即，承受横向荷载和不承受横向荷载仅有端弯矩，且取值进一步简化。因此，笔者认为，GB 50017—2017 中相对烦琐的等效均匀弯矩系数 β_m 取值规定意义不大。

（3）注意到，从 AISC 360-05 开始，确定 B_2 时所用的 $\sum P_{e2}$ 引入了楼层抗侧移刚度折减系数 R_M，而在 AISC 360-16 中，将其取为一个函数，今将式(2-23)抄录如下：

$$R_M = 1 - 0.15(P_{mf}/P_{story})$$

AISC 360-16 之前的各版本规范，在阐述有效长度系数取值的条文说明中，将 R_M 记作

$$R_M = 0.85 + 0.15R_L \tag{2-34}$$

$$R_L = \frac{\sum_{\text{leaner}} P_u/L}{\sum_{\text{all}} P_u/L} \tag{2-35}$$

式中　R_L——摇摆柱所受轴压力之和占所有柱所受轴压力之和的比例。

式(2-34)通过对包含有摇摆柱的框架进行整层稳定分析得到，见本书第 4 章 4.2 节。

在结构体系层面，按照式(2-23)确定 R_M，使其不仅仅限于包含摇摆柱的框架体系，而具有更强的适用性。

参考文献

[1] American Institute of Steel Construction（AISC）. Specification for structural steel buildings：ANSI/AISC 360-16 ［S］. Chicago：AISC，2016.

[2] American Society of Civil Engineers（ASCE）. Minimum Design Loads and Associated Criteria for Buildings and Other Structures：ASCE/SEI 7-16 ［S］. Reston：ASCE，2016.

[3] 中华人民共和国住房和城乡建设部. 工程结构可靠性设计统一标准：GB 50153—2008 ［S］. 北京：中国建筑工业出版社，2008.

[4] 中华人民共和国住房和城乡建设部. 建筑结构可靠性设计统一标准：GB 50068—2018 ［S］. 北京：中国建筑工业出版社，2018.

[5] McGrawHill. McGraw-Hill dictionary of engineering ［M］. 2nd edition. New York：McGraw-Hill，2003.

[6] American Institute of Steel Construction（AISC）. Steel construction manual ［M］. 15th edition. Chicago：AISC，2017.

[7] ZIEMIAN R D. Guide to stability design criteria for metal structure ［M］. 6th ed. New York：Wiley & Sons，2010.

[8] GERARD G，BECKER H. Handbook of structural stability. Part 1- Buckling of flat plates ［R］. Washington：National Advisory Committee for Aeronautics，1957.

[9] BLEICH F. Buckling strengthof metal structures. McGraw-Hill，1952. 中译本：F. 柏拉希. 金属结构的屈曲强度 [M]. 同济大学钢木结构教研组，译. 北京：科学出版社，1965.

[10] SALMON C G，JOHNSON J E，MALHAS F A. Steel structures design and behavior [M]. 5th ed. New Jersey：Pearson Prentice Hall，2009.

[11] TIMOSHENKO S P. Theory of Plates and Shells [M]. 2nd ed. New York：McGraw Hill，1959.

[12] GARDNER L，NETHERCOT D A. Designers' guide to EN 1993-1-1：General rules and rules for buildings [M]. London：Thomas Telford，2005.

[13] European Committee for Standardization (CEN). Eurocode 3：Design of steel structures：Part 1-5：Plated structural elements：EN 1993-1-5：2006 [S]. Brussels：CEN，2009.

[14] DA SILVA L S, SIMÕES R，GERVÁSIO H，et al. Design of steel structures [M]. 2nd ed. Brussels：ECCS，2016.

第3章
构件受拉

AISC 360-16 中，轴心受拉构件的承载力取决于"毛截面屈服"和"净截面拉断"二者的较小者。净截面拉断采用所谓的"有效净截面面积"，即，净截面面积乘以剪力滞系数。剪力滞系数表格规定了 8 种情况的取值。板件受拉应进行抗撕裂验算，承载力按可能的撕裂面确定，对受剪撕裂面取屈服和拉断的不利者，对受拉撕裂面需考虑拉应力是否均匀。

3.1 受拉构件的长细比要求与截面承载力

3.1.1 受拉构件的长细比限值

受拉构件的长细比取为其几何长度除以回转半径，即 L/r。设计时，AISC 360-16 建议长细比宜不大于 300（受拉的棒材和吊杆除外）[1]。之所以如此规定，是出于以下目的：（1）避免安装运输过程中的过度变形；（2）避免使用过程中的振动。

需要注意的是，此处的长细比应取绕两个主轴的较大长细比。

3.1.2 受拉构件的承载力

受拉构件的承载力由 3 个极限状态之一确定：（1）毛截面屈服；（2）净截面拉断；（3）在螺栓孔处撕裂。

没有孔的受拉构件（例如，通过焊缝连接）其承载力由毛截面屈服控制。对于有孔的受拉构件，其应力分布如图 3-1 所示，根据弹性理论，圆孔边缘的应力大约为净截面平均应力的 3 倍，但是，由于钢材具有很好的塑性性能，最终整个截面上所有纤维的应力均达到 F_y。

AISC 360-16 规定，构件的受拉承载力设计值为 $\phi_t P_n$，按照毛截面屈服极限状态和净截面拉断极限状态的较小者确定。

毛截面屈服：

$$\phi_t P_n = 0.9 F_y A_g \tag{3-1a}$$

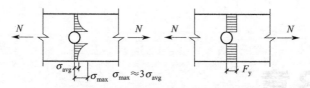

图 3-1 受拉构件有孔时的应力分布

净截面拉断：

$$\phi_t P_n = 0.75 F_u A_e \tag{3-1b}$$

式中 A_g——构件的毛截面面积；

A_e——构件的有效净截面面积；

F_y——规定的最小屈服应力；

F_u——规定的最小抗拉强度。

【解析】对于毛截面，由于应变硬化，承载力会高于 $F_y A_g$，但是，同时会导致拉伸变形过大甚至会影响正常使用，故规范要求取毛截面屈服和净截面拉断二者的较小者。又由于脆性断裂更为不利，故由净截面拉断确定的承载力取较小的抗力系数（$\phi_t = 0.75$）。为避免净截面拉断这种脆性断裂控制设计，应满足

$$0.9 F_y A_g \leqslant 0.75 F_u A_e$$

即

$$\frac{A_e}{A_g} \geqslant 1.2 \frac{F_y}{F_u}$$

3.1.3 毛截面、净截面与有效净截面

1. 毛截面面积

构件的毛截面面积 A_g，为该构件的全部横截面面积。

2. 净截面面积

构件的净截面面积 A_n，为各部分厚度乘以净宽度再求和得到。

成孔的方法有多种，冲孔是常用且经济的做法，加工时，标准孔的孔径取为螺栓公称直径加 1/16in。考虑到冲孔作业对孔边缘区域钢材的破坏（1/16in 边缘范围），AISC 360-16 在 B4.3b 条规定，确定受拉或受剪时的净截面面积，螺栓孔的孔径应比孔的公称尺寸大 1/16in（2mm）。这样，确定净截面面积时的孔径就比螺栓公称直径大 1/8in（3.2mm 或 4mm）。

对于螺栓孔错列布置的情况，构件有可能发生锯齿形破坏，如图 3-2 所示。这时，净宽度应取毛宽度减去破坏线上所有孔的直径，再加上 $\frac{s^2}{4g}$，即采用下式计算：

$$w_n = w_g - \sum d_h + \sum \frac{s^2}{4g} \tag{3-2}$$

对于角钢，其净宽度可按照"展开"后的宽度计算，展开后相邻的位于不同肢的两孔之间的距离 $g = a + b - t$，如图 3-3 所示。

需要注意的是，计算净截面面积时若遇到孔内用塞焊缝或槽焊缝连接时，此处仍应采用减去孔后的净截面。

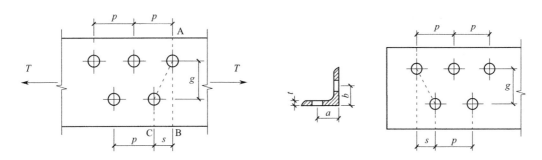

图 3-2 螺栓孔错列布置　　　　　　　　图 3-3 角钢截面展开图

【解析】 螺栓孔错列布置时计算净截面面积的方法是 Cochrane V. H. 于 1922 年提出的[2]，目前在国外钢结构设计规范中广泛采用，例如，欧洲钢结构规范 EN 1993-1-1[3]、澳大利亚钢结构规范 AS 4100[4] 等。

3. 有效净截面面积

受拉构件的有效净截面面积按下式确定：

$$A_e = A_n U \tag{3-3}$$

式中　U——剪力滞系数，按照表 3-1 确定。

受拉构件接头的剪力滞系数　　　　　　　　　　　　　　表 3-1

项次	描述		剪力滞系数 U	示例
1	所有拉杆，外拉力通过紧固件或焊缝直接传递给截面上的每一个板件(项次 4、5 和 6 除外)		$U=1.0$	—
2	除空心管截面(HSS)外的所有拉杆，当外拉力通过紧固件或侧焊缝和端焊缝的组合，传递给一些而不是全部的横截面板件(对于 W、M、S 或 HP 型钢截面，也可使用项次 7；对于角钢，可使用项次 8)		$U=1-\bar{x}/l$	图 3-4(a)
3	所有的拉杆，外拉力通过端焊缝传递给一些而不是全部截面板件		$U=1.0$，且 A_n 为直接连接板件的面积	—
4	板、角钢、槽钢，在翼缘或腹板处有焊缝，以及 W 型钢有连接板，外拉力仅通过侧焊缝传递。按项次 2 确定 $\bar{x}$		$U=\dfrac{3l^2}{3l^2+w^2}\left(1-\dfrac{\bar{x}}{l}\right)$	图 3-4(b)
5	圆形空心型材对称连接于节点板		$l \geqslant 1.3D$ 时，$U=1.0$ $D \leqslant l < 1.3D$ 时，$U=1-\bar{x}/l$ $\bar{x}=D/\pi$	图 3-4(c)
6	矩形空心型材	对称处有一块钢板	$l \geqslant H$ 时，$U=1-\bar{x}/l$ $\bar{x}=\dfrac{B^2+2BH}{4(B+H)}$	图 3-4(d)
		有两块边部钢板	$l \geqslant H$ 时，$U=1-\bar{x}/l$ $\bar{x}=\dfrac{B^2}{4(B+H)}$	图 3-4(e)

项次	描述		剪力滞系数 U	示例
7	W、M、S 或 HP 型钢截面,或从这些型钢剖分形成的 T 型钢(U 可取本项次和项次 2 计算的较大者)	在翼缘,沿受力方向每线有不少于 3 个紧固件	$b_f \geqslant 2/3d$,$U=0.90$ $b_f < 2/3d$,$U=0.85$	—
		在腹板,沿受力方向每线有不少于 4 个紧固件	$U=0.70$	—
8	单角钢和双角钢(U 可取本项次和项次 2 计算的较大者)	沿受力方向每线有不少于 4 个紧固件	$U=0.80$	—
		沿受力方向每线有 2~3 个紧固件	$U=0.60$	—

注:l 为连接长度;W 为板宽;$\bar{x}$ 为连接偏心距;B 为矩形中空截面沿垂直板方向的全宽;H 为矩形中空截面沿板平面方向的全高。

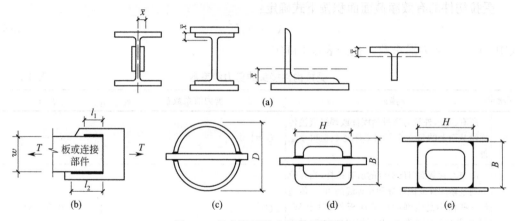

图 3-4　剪力滞系数表格中的图示

对于表 3-1 的项次 4,$l=(l_1+l_2)/2$,且 l_1、l_2 均不小于焊脚尺寸的 4 倍。

对于开口截面(例如,W、M、S、C 或 HP 型钢,由 W、S 型钢剖分形成的 T 型钢,角钢和双角钢),剪力滞系数 U 取不小于连接板件的毛面积与构件毛面积之比。此规定不适用于闭口截面,例如,中空结构截面 [即 HSS 截面,见图 3-4(e)两板之间的部分],也不适用于板。

【解析】1. 对表 3-1 中 $\bar{x}$ 的解释

对于表 3-1 的项次 2,应注意正确确定 $\bar{x}$。如图 3-5 所示,对于工字形截面,当通过腹板处相连时,所采用的 $\bar{x}$ 相当于把该工字形截面的 y 轴以左(或以右)取出,求这个槽钢的形心位置;当通过翼缘处相连时,所采用的 $\bar{x}$ 相当于把该工字形截面的 x 轴以上(或以下)取出,求这个 T 形截面的形心位置。

2. 关于剪力滞

如图 3-6 所示角钢构件与节点板的连接,角钢构件承受轴心拉力作用,截面上的应力

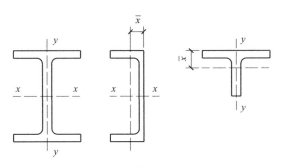

图 3-5　$\bar{x}$ 的确定

并非均匀分布，凸出的肢阴影部分应力很小，这就是"剪力滞"效应。在混凝土结构中，工字形（T 形、箱形）截面梁的受压翼缘应力分布不均匀，离肋越远，应力越小，也是剪力滞效应。

AISC 360 将"净截面面积乘以剪力滞系数"称作"有效净截面"（如果是焊缝连接而非螺栓连接，则是"毛截面面积乘以剪力滞系数"），以有效净截面确定轴心受拉构件的净截面承载力的做法由来已久，在 ASD 89 中即是如此。对于轴心受压构件，则无截面承载力的规定，仅有构件（稳定）承载力的规定。

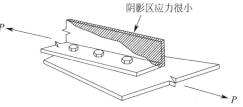

图 3-6　剪力滞效应的一个示例

如何考虑构件端部接头对截面承载力的影响，不同规范的规定差异较大。

欧洲钢结构规范 EN 1993-1-8 的 3.10.3 条规定了单边连接的角钢构件以及其他非对称连接构件受拉时的承载力，这里提到的理由不是"剪力滞"而是"偏心"。规定了单角钢端部一个边有单列 1 个螺栓、2 个螺栓、3 个螺栓及以上相连时的处理，求得的为净截面极限承载力[5]。

澳大利亚钢结构规范 AS 4100 的 7.2 节规定，受拉构件的净截面承载力按 $0.85 k_t A_n f_u$ 确定，式中，k_t 为考虑力的分布的修正系数，对于角钢、槽钢和 T 形截面，修正系数按表 3-2 确定。

修正系数 k_t　　　　表 3-2

项次	布置	k_t	项次	布置	k_t
1		不等肢角钢 短肢相连：0.75 其他：0.85	3		0.85
2		同项次 1	4		0.90

项次	布置	k_t	项次	布置	k_t
5	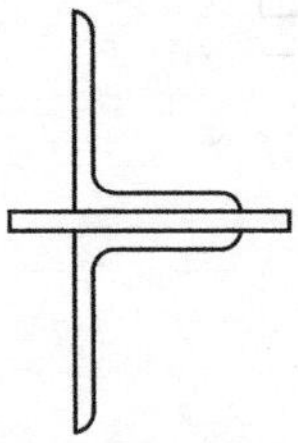	1.0	7	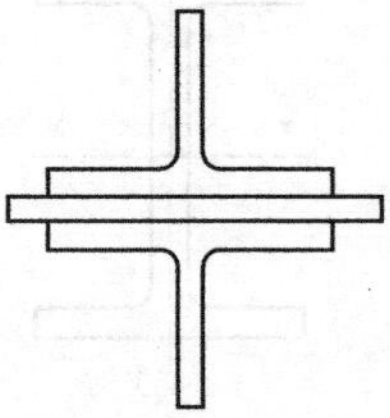	1.0
6	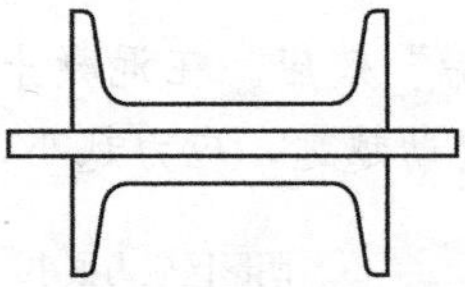	1.0	8	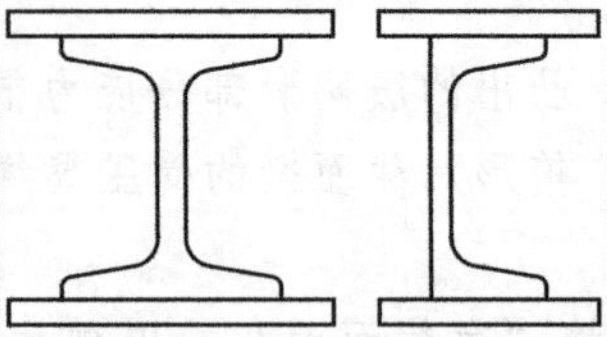	0.85

注：工字形或槽钢截面仅两个翼缘相连时，应满足：（1）一侧的螺栓连接长度或纵向焊缝长度不小于构件的高度；（2）每一个翼缘连接应至少能传递所连构件承受最大力的一半。

【例 3-1】某受拉构件的截面为角钢∟160×100×12，螺栓孔布置如图 3-7 所示。标准孔，孔径 22mm。要求：依据 AISC 360-16 确定展开后的角钢净截面面积。

解： 将角钢展开，如图 3-8 所示。图中 108 来源于 $65+55-12=108$mm。

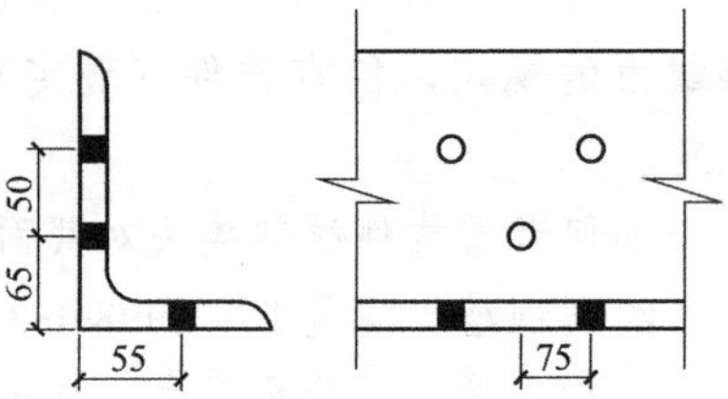

计算净截面面积时，所用孔径比实际孔径大 1.6mm，取为 23.6mm。查表，∟160×100×12 的毛截面面积为 3005.4mm^2。

针对 A-C 截面，可得

$$A_n = 3005.4 - 2 \times 23.6 \times 12 = 2439 \text{mm}^2$$

针对 A-B-C 截面，可得

$$A_n = 3005.4 - 3 \times 23.6 \times 12 + \left(\frac{75^2}{4 \times 50} + \frac{75^2}{4 \times 108}\right) \times 12 = 2649.6 \text{mm}^2$$

综上，应取 $A_n = 2439$mm^2。

图 3-7 例 3-1 的图示

【例 3-2】受拉构件的截面为角钢∟56×6，截面面积为 642.0mm^2，形心轴距离肢背外侧 16.1mm，Q235 钢材，$F_y = 235$N/mm^2，$F_u = 370$N/mm^2。仅有一肢共 2 个 M16 的螺栓连接于节点板，标准孔，孔距 60mm。要求：依据 AISC 360-16 确定该构件的承载力设计值。

解： （1）按毛截面屈服

$$\phi_t P_n = \phi_t F_y A_g = 0.9 \times 235 \times 642.0 = 135.8 \times 10^3 \text{N}$$

（2）按净截面拉断

净截面面积 $\qquad A_n = 642.0 - (16 + 3.2) \times 6 = 526.8$mm^2

剪力滞系数，按表 3-1 项次 2，可得

$$U = 1 - \bar{x}/l = 1 - 16.1/60 = 0.732 > 0.6$$

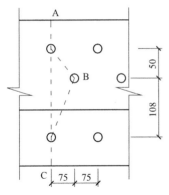

图 3-8 角钢展开后的计算简图

该值大于项次 8 的 0.6，取为 0.732。

$$\phi_t P_n = \phi_t F_u A_e = \phi_t F_u (U A_n) = 0.75 \times 370 \times (0.732 \times 526.8) = 107.0 \times 10^3 N$$

综上，受拉构件的承载力设计值为 107.0kN。

【例 3-3】 受拉构件截面为热轧剖分 T 型钢 TW150×300×10×15，其翼缘用两条侧面角焊缝与节点板相连，焊缝长度为 310mm。该 T 型钢截面面积为 5922mm²，截面形心至翼缘外侧距离为 24.7mm。钢材为 Q235，$F_y = 235N/mm^2$，$F_u = 370N/mm^2$。要求：依据 AISC 360-16 确定该构件承载力设计值。

解：（1）按毛截面屈服

$$\phi_t P_n = \phi_t F_y A_g = 0.9 \times 235 \times 5922 = 1252.5 \times 10^3 N$$

（2）按净截面拉断

由于没有螺栓孔，净截面面积 $A_n = A_g = 5922mm^2$。

剪力滞系数，按表 3-1 项次 4，可得

$$U = \frac{3l^2}{3l^2 + w^2}\left(1 - \frac{\bar{x}}{l}\right) = \frac{3 \times 310^2}{3 \times 310^2 + 300^2} \times \left(1 - \frac{24.7}{310}\right) = 0.701$$

对于开口截面，U 不小于连接部件的面积与整个毛截面面积的比值，由此得到

$$U = \frac{b_f t_f}{A_g} = \frac{300 \times 15}{5922} = 0.760$$

故取 $U = 0.760$。

$$\phi_t P_n = \phi_t F_u A_e = \phi_t F_u (U A_n) = 0.75 \times 370 \times (0.760 \times 5922) = 1248.9 \times 10^3 N$$

综上，受拉构件的承载力设计值为 1248.9kN。

3.1.4 组合构件

由一块板和一个型钢或两块板通过连续接触形成组合构件，紧固件的纵向间距要求见 AISC 360-16 的 J3.5 节（见本书"连接设计"一章螺栓最大间距和边距）。

组合受拉构件的开口侧可用缀条、有孔盖板或不带缀条的系板相连接。系板的长度不应小于将部件连为整体所用螺栓或焊缝间距的 2/3。系板厚度不应小于该螺栓或焊缝间距的 1/15。系板上断续焊缝或螺栓的纵向间距不应超过 6in（150mm）。

以连接件纵向间距为长度取任意组件研究，长细比宜不大于 300。

3.2 受拉构件的抗撕裂计算

如图 3-9（a）所示的角钢与节点板连接，端部螺栓处作为构件一部分的阴影区域可能会被撕去而发生破坏。在图 3-9（b）中，板件可能沿 A B C D 而被撕裂，这时，BC 面受拉断裂，AB 和 CD 作为受剪面，可能达到受剪屈服或者受剪断裂。

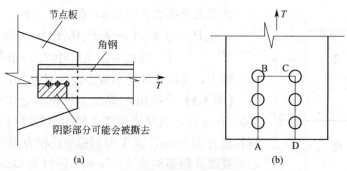

图 3-9　构件撕裂破坏

依据 AISC 360-16 的 J4.3 条，块状抗撕裂承载力标准值按下式确定，并取 $\phi_t = 0.75$：

$$R_n = 0.6F_u A_{nv} + U_{bs} F_u A_{nt} \leqslant 0.6F_y A_{gv} + U_{bs} F_u A_{nt} \tag{3-4}$$

式中　A_{gv}、A_{nv}——与拉力平行的受剪面的毛面积和净面积；

　　　A_{nt}——与拉力垂直的受拉面的净面积；

　　　U_{bs}——系数，拉应力均匀分布时取 $U_{bs} = 1.0$，非均匀分布时取 $U_{bs} = 0.5$。

几种典型情况时 U_{bs} 的取值如图 3-10 所示。

【例 3-4】确定如图 3-11 所示的角钢与节点板连接可承受的最大拉力设计值。已知钢材为 Q235，$F_y = 235\text{N/mm}^2$，$F_u = 370\text{N/mm}^2$。角钢∟100×6，截面面积为 1193.2mm²，形心轴距离肢背外侧 26.7mm。螺栓为 M22，标准孔，孔距 75mm。

解：（1）按毛截面屈服和净截面拉断确定

毛截面屈服：

$$\phi_t T_n = \phi_t F_y A_g = 0.9 \times 235 \times 1193.2 = 252.4 \times 10^3 \text{N}$$

净截面面积

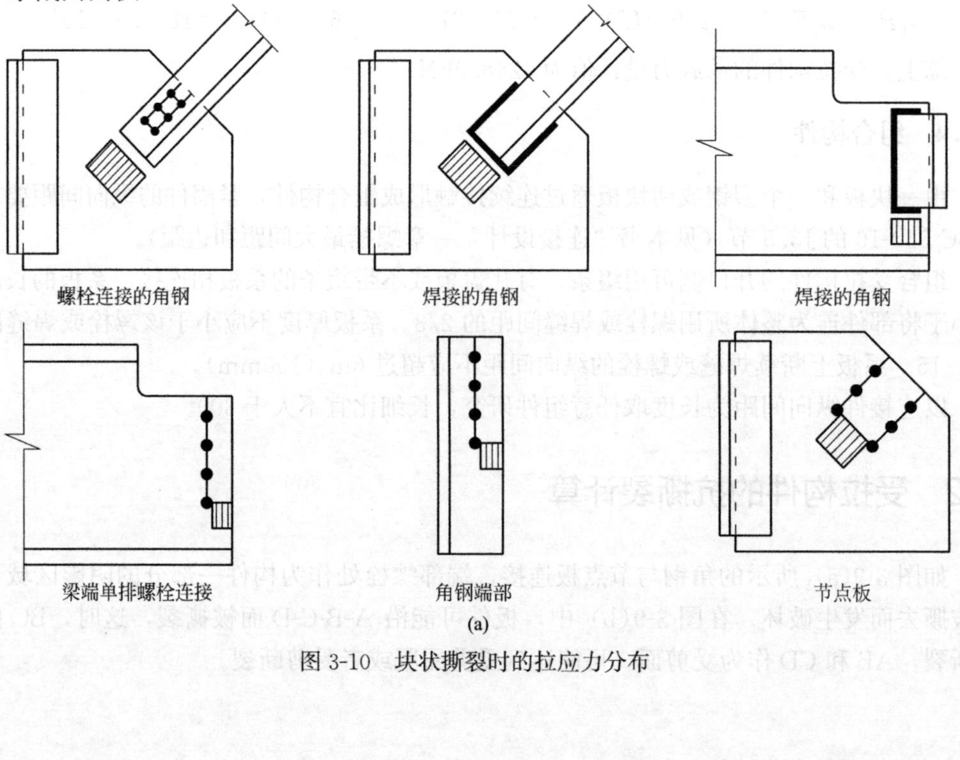

螺栓连接的角钢　　　　　焊接的角钢　　　　　焊接的角钢

梁端单排螺栓连接　　　　角钢端部　　　　　节点板

(a)

图 3-10　块状撕裂时的拉应力分布

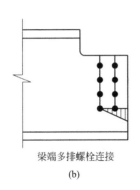

梁端多排螺栓连接

(b)

图 3-10　块状撕裂时的拉应力分布（续）

（a）均匀分布；（b）不均匀分布

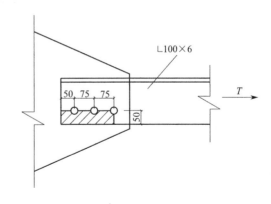

图 3-11　例 3-4 的图示

$$A_n = 1193.2 - (22+3.2) \times 6 = 1042 \text{mm}^2$$

剪力滞系数，按表 3-1 项次 2，可得

$$U = 1 - \bar{x}/l = 1 - 26.7/150 = 0.822 > 0.6$$

该值大于项次 8 的 0.6，取为 0.822。

净截面拉断：

$$\phi_t T_n = \phi_t F_u A_e = \phi_t F_u (UA_n) = 0.75 \times 370 \times (0.822 \times 1042) = 237.7 \times 10^3 \text{N}$$

（2）按块状撕裂确定

$$A_{nv} = [200 - 2.5 \times (22+3.2)] \times 6 = 822 \text{mm}^2$$

$$A_{nt} = [50 - 0.5 \times (22+3.2)] \times 6 = 224.4 \text{mm}^2$$

由于

$$0.6F_u A_{nv} = 0.6 \times 370 \times 822 = 182484\text{N} > 0.6F_y A_{gv} = 0.6 \times 235 \times (200 \times 6) = 169200\text{N}$$

因此，受拉承载力应取为：

$$T_n = 0.6F_y A_{gv} + U_{bs} F_u A_{nt} = 169200 + 370 \times 1.0 \times 224.4 = 252.2 \times 10^3 \text{N}$$

$$\phi_t T_n = 0.75 \times 252.2 = 189.2 \text{kN}$$

综上，拉力设计值应取为 237.7kN 和 189.2kN 的较小者，即 189.2kN，块状撕裂控制设计。

3.3　销栓连接构件的承载力

3.3.1　销栓连接构件的承载力与构造要求

1. 抗拉承载力

销栓连接构件的抗拉承载力 $\phi_t P_n$，依据拉断、剪坏、承压、屈服极限状态的最小者取值。

（1）有效净截面拉断

对应于有效净截面拉断的受拉承载力设计值按下式确定：

$$\phi_t P_n = 0.75 \times 2 t b_e F_u \tag{3-5}$$

（2）有效截面剪坏

对应于有效截面剪坏的受拉承载力设计值按下式确定：

$$\phi_t P_n = 0.75 \times 0.6 F_u A_{sf} \tag{3-6}$$

以上式中，b_e 若以 mm 计，取为 $b_e = 2t + 16 \leqslant b$（若以 in 计，取为 $b_e = 2t + 0.63 \leqslant b$）；$t$ 为构件厚度；$A_{sf} = 2t\ (a + d/2)$。a、b、d 的含义见图 3-12。

（3）销栓承压

承压接触面上的承压承载力设计值 ϕR_n 应根据局部受压屈服极限状态确定，且取 $\phi = 0.75$。

对于铣平加工表面，采用铰孔、钻孔或镗孔，以及承压加劲肋的端部，R_n 按下式确定：

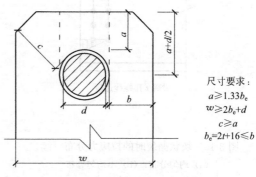

尺寸要求：
$a \geqslant 1.33 b_e$
$w \geqslant 2 b_e + d$
$c \geqslant a$
$b_e = 2t + 16 \leqslant b$

图 3-12　销栓连接尺寸要求

$$R_n = 1.8 F_y A_{pb} \tag{3-7}$$

式中　A_{pb}——承压面的投影面积；

F_y——承压构件的规定最小屈服应力。

对于滚轴支承与摇摆支承，按以下规定确定：

当 $d \leqslant 630$mm 时

$$R_n = \frac{1.2(F_y - 90) l_b d}{20} \tag{3-8a}$$

当 $d > 630$mm 时

$$R_n = \frac{30.2(F_y - 90) l_b \sqrt{d}}{20} \tag{3-8b}$$

式中，d 为直径；l_b 为承压长度。F_y 单位为 MPa。

注意，如果采用英制单位，F_y 单位为 ksi，d 和 l_b 的单位为 in，式（3-8）会不同，AISC 360-16 给出的公式为：

当 $d \leqslant 25$in 时

$$R_n = \frac{1.2(F_y - 13) l_b d}{20} \tag{3-9a}$$

当 $d > 25$in 时

$$R_n = \frac{6.0(F_y - 13) l_b \sqrt{d}}{20} \tag{3-9b}$$

（4）毛截面屈服

截面发生毛截面屈服时的承载力设计值按下式确定：

$$\phi P_n = 0.9 F_y A_g \tag{3-10}$$

2. 尺寸要求

销栓连接构件的销栓孔应位于垂直于受力方向长度的居中位置。若在满负荷下销栓可能出现相对的滑移运动，则销栓孔直径应不大于销栓直径加 1/32in（1mm）。

销栓孔位置处的板件宽度，不应小于 $2b_e+d$，销栓孔上部平行于构件轴向的最小延伸长度 a，不应小于 $1.33b_e$。

销栓孔外的转角处允许切成与构件轴线成 45°角，但在垂直切角方向提供的净截面面积，应不小于平行杆轴方向所需的净截面面积。

销栓连接构件的尺寸要求见图 3-12。

【例 3-5】如图 3-13 所示销栓连接受拉构件，已知销轴直径为 38mm，孔径为 38.6mm，厚度为 14mm，其他尺寸见图示。假定销轴的承载力足够，钢材为 Q235。要求：确定此受拉构件的承载力设计值。

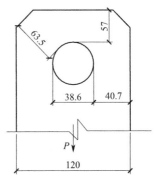

图 3-13　例 3-5 的图示

解： 根据图 3-13 可知，$a=57$mm，$b=40.7$mm，$c=63.5$mm，$d=38$mm，$d_h=38.6$mm，$t=14$mm，$w=120$mm。对其几何尺寸进行复核，结果见表 3-3。

复核尺寸要求　　　　　　　　　　　　　　　　　　　　　　表 3-3

序号	复核内容	代入数据(mm)	复核结果
1	$b_e=2t+16\leqslant b$	$2\times14+16=44>40.7$	取 $b_e=40.7$
2	$a\geqslant1.33b_e$	$57>1.33\times40.7=54.1$	满足
3	$w\geqslant2b_e+d$	$120>2\times40.7+38=119.4$	满足
4	$c\geqslant a$	$63.5>57$	满足

（1）按有效净截面拉断计算承载力
$$P_n=F_u(2tb_e)=370\times(2\times14\times40.7)=421.7\times10^3\,\text{N}$$
$$\phi_t P_n=0.75\times421.7=316.3\text{kN}$$

（2）按受拉屈服计算承载力
$$P_n=A_g F_y=(wt)F_y=(120\times14)\times235=394.8\times10^3\,\text{N}$$
$$\phi_t P_n=0.90\times394.8=355.3\text{kN}$$

（3）按剪切计算承载力
$$P_n=0.6F_u A_{sf}=0.6F_u[2t(a+d/2)]$$
$$=0.6\times370\times[2\times14\times(57+38/2)]$$
$$=472.4\times10^3\,\text{N}$$
$$\phi_{sf}P_n=0.75\times472.4=354.3\text{kN}$$

（4）按承压计算承载力
$$P_n=1.8F_y A_{pb}=1.8F_y(td)=1.8\times235\times(14\times38)=225.0\times10^3\,\text{N}$$
$$\phi P_n=0.75\times225.0=168.8\text{kN}$$

综上，受拉承载力设计值为 168.8kN，由承压极限状态控制。

3.3.2　带环杆的承载力与构造要求

1. 抗拉承载力

带环杆（又称眼杆，eyebar）的抗拉承载力按照前述 "构件的受拉承载力" 计算，

A_g 取为杆体的横截面面积。为计算目的，杆体的宽度取不大于其厚度的 8 倍。

2. 尺寸要求

带环杆应是等厚度的，在销孔处未加强，圆头与销孔同心。

圆头与杆体的过渡半径不应小于圆头的直径。

销杆直径不应小于 7/8 倍的杆体宽度。销孔直径应大于销杆直径不超过 1/32in（1mm）。

钢材 $F_y > 485N/mm^2$ 时，孔径不应大于 5 倍板厚，并且杆的宽度也相应减小。

只有配备了外螺母使销轴盖板和垫板紧密贴合，杆的厚度才允许小于 1/2in（13mm）。从孔洞边至垂直于荷载方向的板边的宽度应大于 2/3 杆体宽度，不大于 3/4 杆体宽度。

带环杆的尺寸与构造要求如图 3-14 所示。

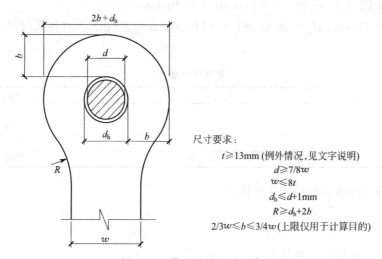

尺寸要求：

$t \geqslant 13mm$（例外情况，见文字说明）

$d \geqslant 7/8w$

$w \leqslant 8t$

$d_h \leqslant d+1mm$

$R \geqslant d_h+2b$

$2/3w \leqslant b \leqslant 3/4w$（上限仅用于计算目的）

图 3-14 带环杆的尺寸要求

【例 3-6】某带环杆轴心受拉构件，截面尺寸如图 3-15 所示，钢材为 Q235。要求：确定该构件的承载力设计值。

解：对其几何尺寸进行复核，结果见表 3-4。

复核尺寸要求 表 3-4

序号	复核内容	代入数据(mm)	复核结果
1	$t \geqslant 13mm$	$20 > 13$	满足
2	$d \geqslant 7/8w$	$80 > 7/8 \times 88 = 77$	满足
3	$w \leqslant 8t$	$88 < 8 \times 20 = 160$	满足
4	$d_h \leqslant d+1mm$	$80.6 < 80+1 = 81$	满足
5	$R \geqslant d_h+2b$	$260 > 80.6+2 \times 60.2 = 201$	满足
6	$2/3w \leqslant b \leqslant 3/4w$	$2/3 \times 88 = 59 < 60.2 < 3/4 \times 88 = 66$	满足

带环杆的受拉承载力设计值：

$$\phi_t P_n = \phi_t A_g F_y = \phi_t (wt) F_y = 0.90 \times (88 \times 20) \times 225 = 356.4 \times 10^3 N$$

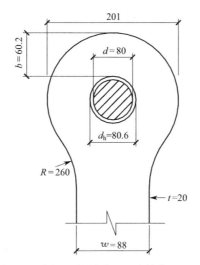

图 3-15 例 3-6 的图示（尺寸单位：mm）

参考文献

[1] American Institute of Steel Construction (AISC). Specification for structural steel buildings：ANSI/AISC 360-16 ［S］. Chicago：AISC，2016.

[2] SALMON C G，JOHNSON J E，MALHAS F A. Steel structures design and behavior ［M］. New Jersey：Pearson Prentice Hall，2009.

[3] European Committee for Standardization (CEN). Eurocode 3：Design of steel structures：Part 1-1：General rules for buildings：EN 1993-1-1：2005 ［S］. Brussels：CEN，2014.

[4] Standards Australia. Steel structures：AS 4100-1998 ［S］. Sydney：Standards Australia，2012.

第 4 章
构件受压

AISC 360-16 规定，受压构件的有效长度系数可采用"对齐图"确定，所依据的参数为柱端处柱的线刚度之和与梁的线刚度之和的比值（需首先区分结构为无侧移或有侧移）。对于框架结构也可采用层刚度法确定有效长度系数以考虑同层柱之间的相互作用。或者，采用稳定分析直接确定构件的有效长度。

确定轴心受压构件的稳定承载力时，本质上只采用一条柱子曲线。当截面板件为薄柔时，以有效宽度法代替原来的"Q 系数法"确定其承载力。

对于单面连接的单角钢受压构件，可视为轴心受压构件并取"有效长细比"确定其承载力。

4.1 有效长度系数

对于受压构件，研究其稳定性时一个重要的概念是有效长度（effective length），AISC 编写的文献通常直接将有效长度写成 KL，这里，K 为有效长度系数，L 为构件的侧向无支长度。我国习惯记作 $l_0 = \mu l$，l_0 称为计算长度。

在 AISC 360-16 中，以往规范中常用的符号 KL 被 l_c 代替，这是因为，有多种途径确定有效长度，并非只有"有效长度系数乘以侧向无支长度"一种方法。另外，对于扭转屈曲和弯扭屈曲，传统的采用 KL 来计算有效长度并非最优方法[1]。

4.1.1 独立柱的有效长度系数

独立柱的有效长度系数如表 4-1 所示。有效长度系数理论值可见于材料力学的教材。由于理论上的杆端约束在现实中不能真正实现，故表中还给出了供设计采用的 K 的建议值。

独立柱的有效长度系数 表 4-1

项　次	1	2	3	4	5	6
简图						

项　次	1	2	3	4	5	6
K 的理论值	0.50	0.70	1.0	1.0	2.0	2.0
K 的建议值	0.65	0.80	1.0	1.2	2.1	2.0
端部条件符号	无转动，无侧移	无转动，自由侧移		自由转动，无侧移		自由转动，自由侧移

注：该表最早见于 ASD 89 规范[2]。

4.1.2　框架柱的有效长度系数

1. 确定框架柱有效长度系数的理想模型

框架柱端部的约束远非图 4-1 中的理想情况，而是横梁对框架柱的转动形成弹性约束。对框架柱进行稳定分析时采用以下假定[1]：

(1) 杆件材料为完全弹性。

(2) 所有构件为常截面（非变截面）。

(3) 所有节点为刚性。

(4) 对于无侧移框架中的柱，梁两端转角相等、转向相反（单曲率受弯）。

(5) 对于有侧移框架中的柱，梁两端转角相等、转向相同（反曲率受弯）。

(6) 刚度参数 $L\sqrt{\dfrac{P}{EI}}$ 对所有的柱均相等。

(7) 节点处，横梁对上柱、下柱端点的约束与横梁线刚度 $\dfrac{EI}{L}$ 成正比。

(8) 所有的柱子同时屈曲。

(9) 梁中不存在显著的轴压力。

(10) 忽略剪切变形。

对于无侧移框架柱，其有效长度系数 K 按照下式求得：

$$\frac{G_A G_B}{4}\left(\frac{\pi}{K}\right)^2+\left(\frac{G_A+G_B}{2}\right)\left[1-\frac{\pi/K}{\tan(\pi/K)}\right]+\frac{2\tan(\pi/2K)}{\pi/K}-1=0 \tag{4-1}$$

$$G=\frac{\sum(EI/L)_柱}{\sum(EI/L)_梁} \tag{4-2}$$

式中，G_A（G_B）为汇交于柱底（顶）处柱的线刚度之和与梁的线刚度之和的比值。

对于有侧移框架柱，其有效长度系数 K 按照下式求得：

$$\frac{G_A G_B(\pi/K)^2-36}{6(G_A+G_B)}-\frac{\pi/K}{\tan(\pi/K)}=0 \tag{4-3}$$

由于公式求解比较烦琐，AISC 规定得到 G_A、G_B 后可按"对齐图"（alignment chart，也称诺谟图，nomograph）查得 K 值。如图 4-1 和图 4-2 所示，在图上以直线连接 G_A、G_B 值与中间 K 轴的交点即为对应的有效长度系数。

2. 对理想模型的修正

以上公式所依据的假定过于理想化，因此，通常需要一些调整[1]。

(1) 柱端不同约束的调整

71

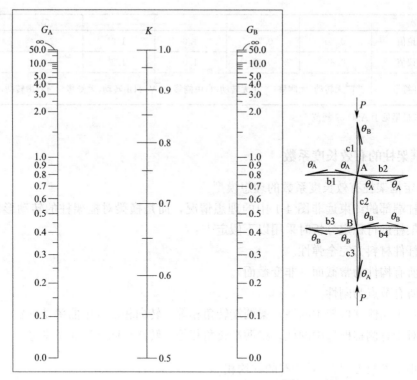

图 4-1　无侧移框架柱的对齐图[1]

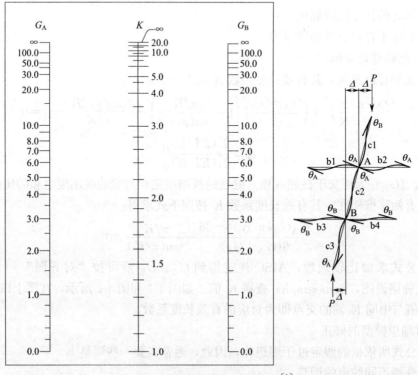

图 4-2　有侧移框架柱的对齐图[1]

若柱端为简支，设计时取 $G=10$；若为刚接，取 $G=1.0$。

（2）梁端不同约束的调整

无侧移框架：梁的远端不可转动（即，弹性嵌固），梁的线刚度乘以 2；梁的远端铰接，梁的线刚度乘以 1.5。

有侧移框架：梁的远端不可转动（即，弹性嵌固），梁的线刚度乘以 2/3；梁的远端铰接，梁的线刚度乘以 1/2。

对于有侧移框架，若梁端弯矩不等，则应以修正后的梁长 L_g' 代替实际梁长 L_g。

$$L_g' = L_g\left(2 - \frac{M_F}{M_N}\right) \tag{4-4}$$

式中，M_F、M_N 分别为梁远端和近端弯矩，该弯矩来自一阶分析。若出现 $L_g'<0$，则必须用公式求解有效长度系数 K。

（3）梁有显著轴力时的调整

无论有侧移框架还是无侧移框架，梁的线刚度均以下式调整：

$$\left(\frac{EI}{L}\right)_{梁} \times \left(1 - \frac{Q}{Q_{cr}}\right) \tag{4-5}$$

式中 Q——梁的轴力；

Q_{cr}——按 $K=1.0$ 确定的平面内屈曲荷载。

（4）柱的非弹性调整

考虑到较高压应力作用下，由于残余应力的塑性扩散以及几何缺陷，柱子的抗弯刚度会降低，因此，柱与梁的线刚度比值 G_A、G_B 表达式中的 EI 应乘以折减系数 τ_a。τ_a 可近似按下式确定[3]：

当 $P_n/P_y \leqslant 0.39$ 时

$$\tau_a = 1.0 \tag{4-6a}$$

当 $P_n/P_y > 0.39$ 时

$$\tau_a = -2.724\frac{P_n}{P_y}\ln\frac{P_n}{P_y} \tag{4-6b}$$

$$P_y = F_y A_g \tag{4-7}$$

注意到，P_n 为构件受压承载力标准值，是 F_e 的函数（具体情况见 4.3 节 P_n 的计算公式），而 F_e 涉及的弹性模量 E 应取为 $\tau_a E$，故利用以上公式确定 τ_a 是一个多次试算的过程。一个保守的做法是，以 P_u/ϕ_c 代替式中的 P_n，$\phi_c=0.9$。AISC《钢结构手册》（第 13 版）表 4-21 给出的 τ_a 值即为这种保守做法求出[4]。

（5）连接可弯曲性（flexibility）的调整

对齐图的一个很主要假定是梁柱为刚性连接（即，完全约束，fully restrained，简称 FR），当梁的远端并非刚性连接时，则应调整，前已述及。当梁柱连接仅传递剪力（也就是没有弯矩）时，那么该梁未参与约束，在柱与梁的线刚度比值 G 的公式中，表现为 $\Sigma(EI/L)_{梁}$ 项不考虑该梁的贡献。半刚性连接可以采用，但梁的刚度必须调整，具体细节见参考文献 [3]。

【解析】1. 式（4-1）、式（4-2）中的 G 本质上是转动刚度比

对于无侧移框架柱，若仅取一根柱子研究，并假定其上下端部各仅有一根横梁相连，

根据变形后平衡方程，可得到以下关系式[5]：

$$\frac{(EI/L)^2}{\alpha_A \alpha_B}\left(\frac{\pi}{K}\right)^2 + \frac{EI}{L}\left(\frac{1}{\alpha_A} + \frac{1}{\alpha_B}\right)\left[1 - \frac{\pi/K}{\tan(\pi/K)}\right] + \frac{2\tan(\pi/2K)}{(\pi/K)} - 1 = 0 \qquad (4\text{-}8)$$

式中，I、L 均为柱的指标，表示柱的惯性矩与长度；α_A、α_B 分别为柱顶面（A 点）和底面（B 点）处相连横梁的转动刚度，即，横梁端部发生单位转角所需要的弯矩值。若取相对转动刚度比：

$$G_A = \frac{(2EI/L)_c}{\alpha_{bA}}, \quad G_B = \frac{(2EI/L)_c}{\alpha_{bB}} \qquad (4\text{-}9)$$

式中，α_{bA}、α_{bB} 增加的下角标"b"表示"梁"；分子中变量的下角标"c"表示"柱"。可以看到，对于无侧移框架结构中的一个标准横梁，若其端部约束如图 4-3（a）所示，根据结构力学中的转角位移方程，左端处转动刚度为

$$\alpha_{bA} = 4\frac{EI_b}{L_b} - 2\frac{EI_b}{L_b} = 2\frac{EI_b}{L_b} \qquad (4\text{-}10)$$

式中，I_b、L_b 表示梁的惯性矩与长度。

若远端约束不同，α_{bA} 会有不同：

远端铰接：$\alpha_{bA} = 3\dfrac{EI_b}{L_b}$

远端嵌固（转角为零）：$\alpha_{bA} = 4\dfrac{EI_b}{L_b}$

若考虑到横梁承受压力 N_b，则以上转动刚度需要折减：标准框架节点、远端铰接、远端嵌固时的折减系数分别为 $\left(1 - \dfrac{N_b}{N_{Eb}}\right)$、$\left(1 - \dfrac{N_b}{N_{Eb}}\right)$ 和 $\left(1 - \dfrac{N_b}{2N_{Eb}}\right)$，$N_{Eb}$ 为将横梁视为两端铰接的压杆时的欧拉临界力。

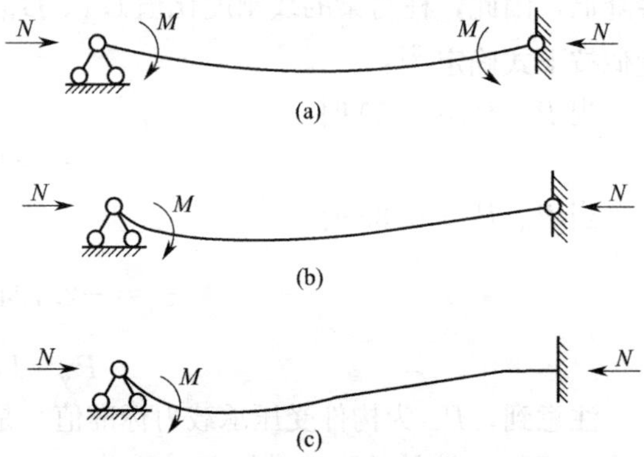

可见，对于标准情况，转动刚度比可以用抗弯刚度比或线刚度比代替，非标准情况，只需要对梁的线刚度乘以系数调整。这里，远端嵌固、远端铰接相对于标准情况线刚度要乘以 $4/2 = 2$ 和 $3/2 = 1.5$。

对于有侧移框架柱，过程类似。根据变形后平衡方程，可得到以下关系式[5]：

图 4-3　横梁的端部约束
(a) 远端正常；(b) 远端铰接；(c) 远端嵌固

$$\frac{(EI/L)^2}{\alpha_A \alpha_B}\left(\frac{\pi}{K}\right)^2 - 1 = \frac{EI}{L}\left(\frac{1}{\alpha_A} + \frac{1}{\alpha_B}\right)\frac{\pi/K}{\tan(\pi/K)} \qquad (4\text{-}11)$$

此时，相对转动刚度比：

$$G_A = \frac{(6EI/L)_c}{\alpha_{bA}}, \quad G_B = \frac{(6EI/L)_c}{\alpha_{bB}} \qquad (4\text{-}12)$$

对于标准框架结构中的横梁，根据结构力学中的转角位移方程，近端的转动刚度为

$$\alpha_{bA} = 4\frac{EI_b}{L_b} + 2\frac{EI_b}{L_b} = 6\frac{EI_b}{L_b} \tag{4-13}$$

若远端约束不同，α_{bA} 会有不同：

远端铰接：$\alpha_{bA} = 3\dfrac{EI_b}{L_b}$

远端嵌固（转角为零）：$\alpha_{bA} = 4\dfrac{EI_b}{L_b}$

于是，对于有侧移框架柱，远端嵌固、远端铰接相对于标准情况线刚度要乘以 3/6＝1/2 和 4/6＝2/3。

2. 关于刚度折减

在 LRFD 99 规范的条文说明中曾指出，当利用诺漠图确定有效长度系数 K 时，按照弹性模量 E 得到的系数 K 是偏于保守的。当考虑非弹性以 τE 代替 E 计算 G 时，τ 可按下式确定[6]：

当 $P_u/P_y \leqslant \dfrac{1}{3}$ 时

$$\tau = 1.0 \tag{4-14a}$$

当 $P_u/P_y > \dfrac{1}{3}$ 时

$$\tau = -7.38\frac{P_u}{P_y}\log\left(\frac{P_u/P_y}{0.85}\right) \tag{4-14b}$$

该公式形式上与式（4-4）不同但本质相同。注意到，在 LRFD 99 取 $\phi_c = 0.85$，这是与 AISC 360-16 中取 $\phi_c = 0.9$ 不同的。于是可以发现：

取 $\phi_c P_n = P_u$ 即 $P_n = P_u/0.85$，则 $P_u/P_y = \dfrac{1}{3}$ 等效于 $P_n/P_y = 0.39$。

$$-7.38\frac{P_u}{P_y}\log\left(\frac{P_u/P_y}{0.85}\right) = -7.38 \times \frac{0.85P_n}{P_y} \times \frac{\ln(P_n/P_y)}{\ln 10} = -2.724\frac{P_n}{P_y}\ln\frac{P_n}{P_y}$$

3. 按图形（表）确定有效长度系数

对齐图最初由起源于 O. J. Julian 和 L. S. Lawrence，由 T. C. Kavanagh 提出并予以细化[7]。使用对齐图所得 K 值的精确性取决于图的大小和视觉的敏感度（由于线刚度比范围为 0～∞，数轴实际上以对数坐标给出），但 AISC 相关文献均以对齐图给出。

澳大利亚钢结构规范 AS 4100 中，以底端梁柱线刚度比为横轴、以顶端梁柱线刚度比为纵轴给出了用于得到有效长度系数的图示，坐标轴以对数坐标给出[8]。

由于对数坐标使用相对不便，文献 [5] 采用了另一种方法，以 k_1、k_2 分别为横坐标与纵坐标确定有效长度系数，如图 4-4 所示。

这里，对于无侧移框架取

$$k_1 = \frac{2G_A}{1 + 2G_A}, k_1 = \frac{2G_B}{1 + 2G_B}$$

对于有侧移框架取

$$k_1 = \frac{G_A}{1.5 + G_A}, k_1 = \frac{G_B}{1.5 + G_B}$$

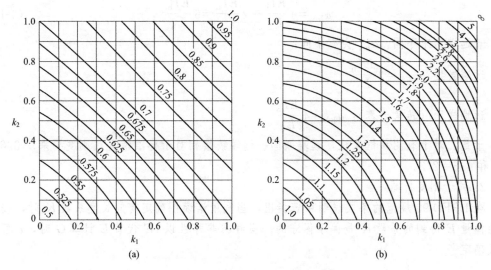

图 4-4 框架柱的有效长度系数[5]

(a) 无侧移框架柱；(b) 有侧移框架柱

《钢结构设计标准》GB 50017—2017 中，无侧移框架柱的计算长度系数 μ 按照表 E.0.1 确定，有侧移框架柱则依据表 E.0.2 确定，这在本质上与对齐图是相同的。所不同的仅仅是，这两个表格以梁与柱的线刚度比作为变量，而对齐图以柱与梁的线刚度比作为变量，二者互为倒数。

4. 按公式确定有效长度系数

针对 AISC 规范的对齐图，文献［9］给出了有效长度系数的近似公式，如表 4-2 所示。GB 50017—2017 给出的近似公式亦列于表 4-2。

有效长度系数的近似公式　　　　　　　　　　表 4-2

类型	文献[9]	GB 50017—2017
无侧移框架柱	$K=\dfrac{3G_AG_B+1.4(G_A+G_B)+0.64}{3G_AG_B+2.0(G_A+G_B)+1.28}$	$\mu=\sqrt{\dfrac{(1+0.41K_1)(1+0.41K_2)}{(1+0.82K_1)(1+0.82K_2)}}$
有侧移框架柱	$K=\sqrt{\dfrac{1.6G_AG_B+4.0(G_A+G_B)+7.5}{G_A+G_B+7.5}}$	$\mu=\sqrt{\dfrac{7.5K_1K_2+4(K_1+K_2)+1.52}{7.5K_1K_2+K_1+K_2}}$

注：K_1（K_2）为汇交于柱顶（底）处梁线刚度之和与柱线刚度之和的比值。

【例 4-1】如图 4-5 所示有侧移双层框架，图中杆件旁数字为相对线刚度。要求：依据 AISC 360-16 中的对齐图确定柱 BF 和柱 FJ 的有效长度系数 K。

解：对于柱 BF，端点 B 点铰接，端部柱与梁线刚度之比为 $G_A=10$。端点 F 点有两个梁和两个柱相交，故

$$G_B=\frac{39.8+19.6}{25.5+26.7}=1.14$$

在图 4-2 中分别找到 G_A 和 G_B 的值，然后以直线相连，与中间"K 线"的交点即为有效长度系数 K，为 1.93。

对于柱 FJ，端点 F 点有两个梁和两个柱相交，于是得到 $G_A=1.14$；端点 J 点有两个

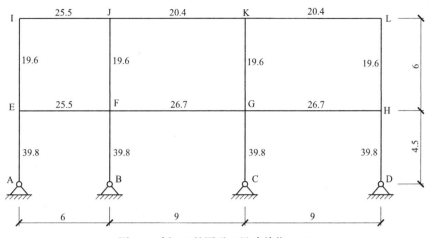

图 4-5　例 4-1 的图示（尺寸单位：m）

梁和一个柱相交，故 $G_B=0.43$，在图 4-2 中得到 $K=1.25$。

【例 4-2】 条件同上题。要求：依据 GB 50017—2017 确定柱 BF 和柱 FJ 在框架平面内的计算长度系数 μ。

解： 由于为有侧移框架，因此，应查 GB 50017—2017 的表 E.0.2 确定，或者，依据近似公式计算。

对于柱 BF，端点 B 点铰接，今按平板支座取值，得到 $K_2=0.1$。端点 F 点有两个梁和两个柱相交，故

$$K_1=\frac{25.5+26.7}{39.8+19.6}=0.879$$

查表 E.0.2 并利用内插法，可得 $\mu=1.95$。

对于柱 FJ，端点 F 点有两个梁和两个柱相交，于是得到 $K_2=0.879$；端点 J 点有两个梁和一个柱相交，故 $K_1=2.342$。查表 E.0.2 并利用双内插，可得 $\mu=1.26$。

【解析】 GB 50017—2017 给出的表格和 AISC 文献中的对齐图在本质上是相同的，之所以出现很小的误差是由于对齐图很难精确。

今假定柱 BF 的截面面积为 $13600\mathrm{mm}^2$，承受的轴压力设计值为 2624kN；柱 FJ 的截面面积为 $9420\mathrm{mm}^2$，承受的轴压力设计值为 623kN。钢材屈服强度 $F_y=345\mathrm{N/mm}^2$。依据式（4-6），考虑非弹性影响，确定柱 BF 和 FJ 的有效长度系数如下：

以 P_u/ϕ_c 代替式（4-6）中的 P_n 计算。

对于柱 BF：

$$\frac{P_n}{P_y}=\frac{P_u}{\phi_c P_y}=\frac{2624\times10^3}{0.9\times13600\times345}=0.6214>0.39$$

$$\tau_a=-2.724\frac{P_n}{P_y}\ln\frac{P_n}{P_y}=-2.724\times0.6214\ln(0.6214)=0.805$$

对于柱 FJ：

$$\frac{P_n}{P_y}=\frac{P_u}{\phi_c P_y}=0.2130<0.39$$

故 $\tau_a = 1.0$。

柱 BF 的端点 B 处铰接，取 $G_A = 10$。端点 F 处有两个梁和两个柱相交，柱的线刚度考虑非弹性折减，梁的线刚度不变，于是可得

$$G_B = \frac{0.805 \times 39.8 + 1.0 \times 19.6}{25.5 + 26.7} = 0.989$$

在图 4-2 中得到 $K = 1.88$。

柱 FJ 在端点 F 处 $G_A = 0.989$，在端点 J 处 $G_B = 0.43$，在图 4-2 中得到 $K = 1.22$。

与例 4-1 的计算结果对比可知，按照弹性确定的有效长度系数偏大，即，偏于安全。

4.1.3 受压构件的长细比限值

受压构件的长细比计算公式为 KL/r。式中，L 为构件侧向无支长度，r 为回转半径，K 为有效长度系数。

基于受压设计的构件，长细比 KL/r 不宜超过 200。

4.2 层屈曲法和层刚度法

利用对齐图确定有效长度系数的假定（8）指出，同层的柱子同时失稳，这意味着，同层柱子之间没有相互作用（每根柱子按照各自承受的压力 P 和弯矩 $P\Delta$ 设计）。实际上，同层柱子之间会按照各自的刚度将该层的 $\Sigma P\Delta$ 弯矩进行重分布。由此产生了层屈曲法和层刚度法。

4.2.1 层屈曲法[3]

层屈曲法是一个简单且保守的方法。其采用的假定为：

（1）一层中的强柱会对弱柱支援，直到达到整层的屈曲荷载；

（2）达到层屈曲荷载后，该楼层作为一个整体发生侧移屈曲。

今假定该层的柱高度均相等，则达到下式状态时发生整体侧移屈曲：

$$\lambda_{story} \sum_{all} P_u = \sum_{non-leaner} P_{cr(story)} \tag{4-15}$$

式中 　$P_{cr(story)}$ ——每根柱对侧移屈曲抗力的贡献；

　　　λ_{story} ——荷载屈曲因子，即荷载 P_u 经放大了 λ_{story} 倍达到层侧移屈曲荷载。

符号 $\sum\limits_{all}$ 表示对所有柱求和，计入摇摆柱；符号 $\sum\limits_{non-leaner}$ 表示仅对对侧移抗力有贡献的柱求和（摇摆柱两端铰接，对层侧移刚度贡献为零）。

于是，由式（4-15）可得

$$\lambda_{story} = \frac{\sum\limits_{non-leaner} P_{cr(story)}}{\sum\limits_{all} P_u} \tag{4-16}$$

对于框架中的某一根柱而言，可根据其柱顶、柱底的 G 值用对齐图确定出有效长度系数 K_n，从而

$$\sum_{\text{non-leaner}} P_{\text{cr(story)}} = \sum_{\text{non-leaner}} \frac{\pi^2 EI}{(K_n L)^2} \qquad (4-17)$$

将式（4-17）代入式（4-16），并在等式两侧同乘以 P_u，得到

$$\lambda_{\text{story}} P_u = \frac{\sum\limits_{\text{non-leaner}} \dfrac{\pi^2 EI}{(K_n L)^2}}{\sum\limits_{\text{all}} P_u} (P_u) \qquad (4-18)$$

某根柱子的屈曲荷载 $P_{e(K_n)}$，一方面可以由有效长度系数求出（此时，就是层屈曲法求得的有效长度系数，记作 K_{K_n}），另一方面可由该柱的 P_u 放大 λ_{story} 求出，即存在下式成立：

$$\left[P_{e(K_n)} = \frac{\pi^2 EI}{(K_{K_n} L)^2} \right] = \left[\lambda_{\text{story}} P_u = \frac{\sum\limits_{\text{non-leaner}} \dfrac{\pi^2 EI}{(K_n L)^2}}{\sum\limits_{\text{all}} P_u} (P_u) \right] \qquad (4-19)$$

由第 2 项与第 4 项相等，解出

$$K_{K_n} = \sqrt{\frac{1}{P_u} \frac{\pi^2 EI}{L^2} \frac{\sum\limits_{\text{all}} P_u}{\sum\limits_{\text{non-leaner}} \dfrac{\pi^2 EI}{(K_n L)^2}}} \qquad (4-20)$$

为保证安全，规范要求该系数不能太小，$K_{K_n} \geqslant \sqrt{\dfrac{5}{8}} K_n$。

此处，$P_{e(K_n)}$、K_{K_n} 的下角标 "K_n" 表示该参数是基于对齐图得到的有效长度系数 K 求出。

由式（4-19）可得按照层屈曲法确定的某根柱的屈曲荷载：

$$P_{e(K_n)} = \frac{\sum\limits_{\text{non-leaner}} \dfrac{\pi^2 EI}{(K_n L)^2}}{\sum\limits_{\text{all}} P_u} P_u \leqslant 1.6 \frac{\pi^2 EI}{(K_n L)^2} \qquad (4-21)$$

利用式（4-21），对整层的各柱子取屈曲荷载之和，则可得：

$$\sum P_{e2} = \sum_{\text{non-leaner}} \frac{\pi^2 EI}{(K_n L)^2} \qquad (4-22)$$

4.2.2 层刚度法[3]

1. 一阶层侧移抗力

如图 4-6 所示悬臂柱，其抗弯刚度为 EI，在其顶端承受侧向水平力 H，根据结构力学知识可画出其弯矩图如图 4-6（b）所示。利用图乘法（或直接查表）可知水平侧移 Δ_{oh} 按下式确定：

$$\Delta_{\text{oh}} = \frac{HL^3}{3EI} \qquad (4-23)$$

将该式变形，写成

$$H = \frac{3EI}{L^3} \Delta_{\text{oh}} \qquad (4-24)$$

这里的 $3EI/L^3$ 是发生单位侧移（$\Delta_{oh}=1$）所需的外力值，因此是悬臂柱的一阶侧移刚度。

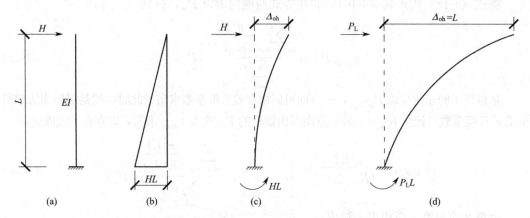

图 4-6　无轴压力悬臂柱的一阶受弯性能

概念上，假定发生单位转角（即 $\Delta_{oh}=L$），如图 4-6（d）所示，并将此时的横向力记作 P_L，则有

$$P_L=\frac{3EI}{L^3}\times L=\frac{3EI}{L^2} \tag{4-25}$$

若将 P_L 用水平力 H 和该水平力产生的一阶侧移 Δ_{oh} 表达，将是

$$P_L=\frac{HL}{\Delta_{oh}} \tag{4-26}$$

2. $P\text{-}\Delta$ 效应对层屈曲荷载的影响

如图 4-7（a）所示的单层、单跨框架，包含一个框架柱（柱子 i）和一个摇摆柱（柱子 j）。框架承受水平力 H_i，摇摆柱承受竖向力 P_{uj}。框架发生侧移 Δ_{ph} 后取各柱为隔离体，受力简图如图 4-7（b）所示。摇摆柱自身不抵抗侧移，需要依靠框架柱提供的力 $P_{uj}\Delta_{ph}/L$ 保持平衡。对于框架柱而言，该力加剧了侧移失稳。以框架柱为研究对象，可得：

$$\Delta_{ph}=\left(H_i+\frac{P_{uj}\Delta_{ph}}{L}\right)\frac{L^3}{3EI}=\left(H_i+\frac{P_{uj}\Delta_{ph}}{L}\right)\frac{1}{P_{Li}/L}=\frac{H_iL}{P_{Li}}+\frac{P_{uj}\Delta_{ph}}{P_{Li}} \tag{4-27}$$

由式（4-27）可得到 Δ_{ph} 的解：

$$\Delta_{ph}=\frac{H_iL}{P_{Li}-P_{uj}} \tag{4-28}$$

Δ_{ph} 就是该框架的二阶弹性侧移，计入了 $P\text{-}\Delta$ 效应。

假定 P_{uj} 成比例增大，当 $\lambda_{story}P_{uj}=P_{Li}$ 时，式（4-28）中的分母为零，则 Δ_{ph} 趋于无穷大，表示楼层发生屈曲，故 λ_{story} 称作层屈曲因子。因此，框架的屈曲荷载（也是柱子 i 对层屈曲抗力的贡献）为

$$P_{cri}=\lambda_{story}P_{uj}=P_{Li} \tag{4-29}$$

3. 同时考虑 $P\text{-}\Delta$ 效应和 $P\text{-}\delta$ 效应对层屈曲荷载的影响

如图 4-8 所示的单层、单跨框架，包含一个框架柱（柱子 i）和一个摇摆柱（柱子

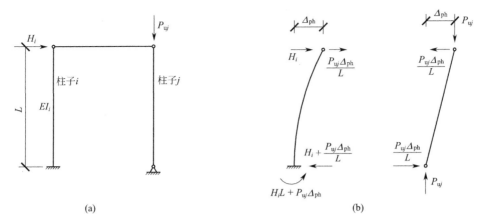

图 4-7　有摇摆柱的框架发生侧移（框架柱不受轴压力）

j）。框架承受水平力 H_i，框架柱承受竖向力 P_{ui}。框架发生侧移 Δ_{ph} 后，取框架柱为研究对象，其受力简图如图 4-9（a）所示，注意，因压力 P_{ui} 柱子发生了弯曲。假定柱子的变形形状为正弦曲线，且以柱顶点为坐标原点，向下为 x 轴正向，则侧移曲线可描述为 $\Delta_{\mathrm{ph}}\sin\left(\dfrac{\pi x}{2L}\right)$。

　　水平力引起的弯矩、侧移与变形引起的弯矩、总弯矩分别如图 4-9（b）、（c）、（d）所示。利用结构力学的图乘法，二阶柱顶侧移可按下式得到：

$$\Delta_{\mathrm{ph}}=\frac{1}{EI_i}\int_0^L\left(H_iL\,\frac{x}{L}\right)x\,\mathrm{d}x+\frac{1}{EI_i}\int_0^L\left(P_{ui}\Delta_{\mathrm{ph}}\,\frac{x}{L}\right)x\,\mathrm{d}x+$$

$$\frac{P_{ui}\Delta_{\mathrm{ph}}}{EI_i}\int_0^L\left[\sin\left(\frac{\pi x}{2L}\right)-\frac{x}{L}\right]x\,\mathrm{d}x$$

$$=\frac{H_iL^3}{3EI_i}+\frac{P_{ui}\Delta_{\mathrm{ph}}L^2}{3EI_i}+\frac{P_{ui}\Delta_{\mathrm{ph}}L^2}{3EI_i}\left[\frac{3}{(\pi/2)^2}-1\right]$$

$$(4\text{-}30)$$

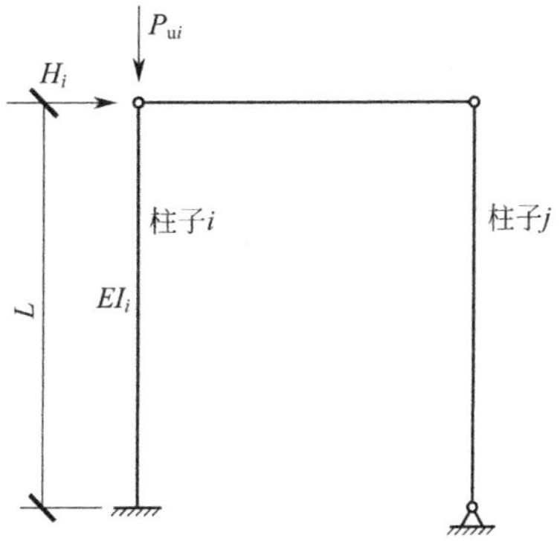

图 4-8　有摇摆柱的框架
（框架柱承受轴压力）

　　以上计算过程，对第 3 项的积分采用了分部积分法。将 Δ_{ph} 写成：

$$\Delta_{\mathrm{ph}}=\frac{H_i}{P_{Li}/L}+\frac{P_{ui}\Delta_{\mathrm{ph}}/L}{P_{Li}/L}+\frac{P_{ui}\Delta_{\mathrm{ph}}/L}{P_{Li}/L}C_{Li} \qquad (4\text{-}31)$$

　　上式中，第 2 项表示 P-Δ 效应的影响，第 3 项表示 P-δ 效应的影响。显然，第 3 项是第 2 项的一个比例，C_{Li} 称作柱子 i 的"解释系数"（clarification factor），此处，$C_{Li}=\left[\dfrac{3}{(\pi/2)^2}-1\right]=0.216$。

　　式（4-31）等号两侧均有 Δ_{ph}，可视为方程求解得到 Δ_{ph} 的值：

$$\Delta_{\mathrm{ph}}=\frac{H_i}{P_{Li}/L-P_{ui}/L-C_{Li}P_{ui}/L} \qquad (4\text{-}32)$$

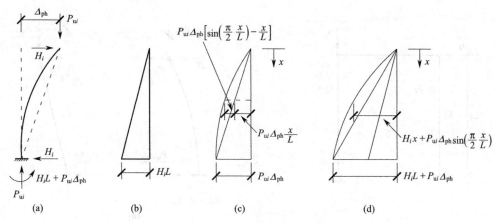

图 4-9　框架柱的受力分析

当柱子 i 的轴压力 P_{ui} 增大至式（4-32）的分母为零时，侧移为无穷大。将屈曲系数记作 λ_i，则此状态可以表达为

$$\lambda_i \frac{P_{ui}}{L} = \frac{P_{Li}}{L} - \lambda_i \frac{C_{Li} P_{ui}}{L} \tag{4-33}$$

对式（4-33）求解，可求出 λ_i，于是，得到柱子 i 的屈曲荷载为

$$P_{cri} = \lambda_i P_{ui} = \frac{\dfrac{P_{Li}}{L}}{\dfrac{P_{ui}}{L} + \dfrac{C_{Li} P_{ui}}{L}} P_{ui} = \frac{P_{Li}}{(1 + C_{Li})} \tag{4-34}$$

将 $C_{Li} = 0.216$ 代入，$1/(1+0.216) = 0.822$，此 0.822 在 LRFD99 的条文说明中出现过，见该规范的公式（C-C2-5）。

将式（4-34）和式（4-29）比较可见，考虑 P-δ 效应后，结构的屈曲荷载变小了，分母出现了（$1+C_{Li}$）。

把 $C_{Li} = \left[\dfrac{3}{(\pi/2)^2} - 1\right]$ 的第 1 项分子分母同乘以 EI_i/L^2，可得

$$C_{Li} = \frac{3EI_i/L^2}{(\pi/2)^2 EI_i/L^2} - 1 = \frac{P_{Li}}{P_{e(nomo)i}} - 1 \tag{4-35}$$

式中，$P_{e(nomo)i}$ 表示按照诺谟图确定的有效长度系数求得的柱子 i 的弹性临界力。将 C_{Li} 用式（4-35）表达会有利于简化 C_{Li} 的计算，这一点后面会看到。

以上模型，柱子 i 为悬臂柱。对于更一般的端部约束，可以通过引入刚度系数 β 来表达 P_{Li}：

$$P_{Li} = \beta_i \frac{EI_i}{L_i^2} \tag{4-36}$$

这样，C_{Li} 就能写成：

$$C_{Li} = \frac{P_{Li}}{P_{e(nomo)i}} - 1 = \frac{\beta_i \dfrac{EI_i}{L_i^2}}{\dfrac{\pi^2 EI_i}{(K_{ni} L_i)^2}} - 1 = \frac{\beta_i K_{ni}^2}{\pi^2} - 1 \tag{4-37}$$

$$\beta_i = \frac{6(G_A + G_B) + 36}{2(G_A + G_B) + G_A G_B + 3} \tag{4-38}$$

4. 基于层的有效长度系数

对于框架，框架柱和摇摆柱可能有不同的长度，由式（4-33）可得

$$\sum_{all} \lambda \frac{P_u}{L} = \sum_{non\text{-}leaner} \frac{P_L}{L} - \sum_{non\text{-}leaner} \lambda \frac{C_L P_u}{L} \tag{4-39}$$

对于整层来讲，应取 $\lambda = \lambda_{story}$，则

$$\lambda_{story} = \frac{\displaystyle\sum_{non\text{-}leaner} \frac{P_L}{L}}{\displaystyle\sum_{all} \frac{P_u}{L} + \sum_{non\text{-}leaner} \frac{C_L P_u}{L}} \tag{4-40}$$

注意到，对于摇摆柱，由于其不发生弯曲变形，$C_{Li} = 0$。因此，式（4-40）的分母第 2 项实际上可以写成对所有柱求和，即

$$\lambda_{story} = \frac{\displaystyle\sum_{non\text{-}leaner} \frac{P_L}{L}}{\displaystyle\sum_{all} \frac{P_u}{L} + \sum_{all} \frac{C_L P_u}{L}} = \frac{\displaystyle\sum_{non\text{-}leaner} \frac{P_L}{L}}{\displaystyle\sum_{all} (1 + C_L) \frac{P_u}{L}} \tag{4-41}$$

将 $1/(1 + C_L)$ 近似写成 $(0.85 + 0.15 R_L)$，并注意到 $\displaystyle\sum_{non\text{-}leaner} \frac{P_L}{L} = \frac{\displaystyle\sum_{non\text{-}leaner} H}{\Delta_{oh}}$，则

$$\left[P_{e(R_L)} = \frac{\pi^2 EI}{(K_{R_L} L)^2} \right] = \left[\lambda_{story} P_u = \frac{\displaystyle\sum_{non\text{-}leaner} \frac{P_L}{L} (0.85 + 0.15 R_L)}{\displaystyle\sum_{all} \frac{P_u}{L}} P_u \right] \tag{4-42}$$

于是，可得采用层刚度法时的有效长度系数为：

$$K_{R_L} = \sqrt{\frac{1}{P_u} \frac{\pi^2 EI}{L^2} \frac{\displaystyle\sum_{all} \frac{P_u}{L}}{\displaystyle\frac{\sum_{non\text{-}leaner} H}{\Delta_{oh}} (0.85 + 0.15 R_L)}} \tag{4-43}$$

$$R_L = \frac{\displaystyle\sum_{leaner} P_u / L}{\displaystyle\sum_{all} P_u / L} \tag{4-44}$$

为保证安全，有效长度系数不能太小，规范规定 $K_{R_L} \geqslant \sqrt{\dfrac{\pi^2 EI}{L^2} \left(\dfrac{\Delta_{oh}}{1.7 HL} \right)}$。

由式（4-43）可得屈曲荷载：

$$P_{e(R_L)} = \frac{\sum HL}{\Delta_{oh}} \frac{P_u}{\sum P_u} (0.85 + 0.15 R_L) \leqslant 1.7 \frac{HL}{\Delta_{oh}} \tag{4-45}$$

若对整层的各柱子取屈曲荷载之和，则可得

$$\sum P_{e2}=R_{M}\frac{\sum HL}{\Delta_{oh}} \tag{4-46}$$

$$R_{M}=0.85+0.15R_{L} \tag{4-47}$$

下角标"2"表示与 B_2 对应。

【解析】1. 层屈曲法和层刚度法的应用

在本书第 2 章 2.6 节讲到，$P\text{-}\Delta$ 效应的放大系数 B_2 用到 $\sum P_{e2}$，$\sum P_{e2}$ 可以由层屈曲法和层刚度法得到。另外，由层屈曲法和层刚度法得到的考虑了整层失稳的有效长度系数 K_{K_n} 和 K_{R_L} 可用于得到柱子的弹性极限屈曲应力进而确定承载力 P_n（见 4.3 节），注意在 AISC 360-16 中 R_M 的取值按照式（2-23）而非式（4-47）。

2. 解释 GB 50017—2017 的公式（8.3.1-2）

依据 GB 50017—2017 的 8.3.1 条，当无支撑框架中包含摇摆柱时，摇摆柱自身的计算长度系数取为 1.0，框架柱的计算长度系数应乘以放大系数 η，η 按公式（8.3.1-2）即下式求出：

$$\eta=\sqrt{1+\frac{\sum(N_l/h_l)}{\sum(N_f/h_f)}} \tag{4-48}$$

式中 $\sum(N_f/h_f)$——本层各框架柱轴心压力设计值与柱子高度比值之和；

$\sum(N_l/h_l)$——本层各摇摆柱轴心压力设计值与柱子高度比值之和。

该式本质上来源于 Yura 方法[10]。

如图 4-10 所示，框架发生侧移，结果产生剪力，该力使得摇摆柱 C1 趋于稳定，但加剧了框架柱 C2 的失稳。这样，当框架柱 C2 失稳时，基底弯矩为 $P_1\Delta+P_2\Delta$，此弯矩相当于一个单独的框架柱在轴压力 P_1+P_2 作用下的基底弯矩。

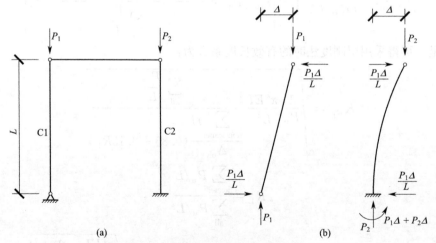

图 4-10　摇摆柱对侧移稳定的影响

可见，由于摇摆柱的存在，为保证足够的侧向抗力，框架柱 C2 需要按照一个假想的轴力 P_1+P_2 来设计。

令

$$\frac{\pi^2EI}{(KL)^2}=\lambda_{story}P_2 \tag{4-49}$$

$$\frac{\pi^2 EI}{(K'L)^2}=\lambda_{\text{story}}(P_1+P_2) \tag{4-50}$$

式中，K 为未考虑摇摆柱影响时的计算长度系数；K' 为考虑了摇摆柱影响后的计算长度系数。于是可得到：

$$\frac{K'}{K}=\sqrt{\frac{P_1+P_2}{P_2}} \tag{4-51}$$

式（4-51）的右端项即是式（4-48）的极简化，由此不难理解式（4-48）的 $\sum(N_f/h_f)$ 是对非摇摆柱求和。

3. 解释 GB 50017—2017 的公式（8.3.1-3）和公式（8.3.1-5）

当该楼层内柱子均非摇摆柱时，用层刚度法，则式（4-43）中 $R_L=0$，$1/0.85=1.18\approx 1.2$，得到

$$K_{R_L}=\sqrt{\frac{1}{P_u}\frac{\pi^2 EI}{L^2}\frac{1.2\sum\limits_{\text{all}}\frac{P_u}{L}}{\dfrac{\sum\limits_{\text{non-leaner}}H}{\Delta_{\text{oh}}}}} \tag{4-52}$$

式中，$\dfrac{\sum\limits_{\text{non-leaner}}H}{\Delta_{\text{oh}}}$ 为产生单位层间侧移所需的力，$\dfrac{\pi^2 EI}{L^2}$ 为欧拉临界力，这样，按照 GB 50017 的符号，就成为公式（8.3.1-3），即

$$\mu_i=\sqrt{\frac{N_{Ei}}{N_i}\cdot\frac{1.2}{K}\sum\frac{N_i}{h_i}} \tag{4-53}$$

注意，式中的 $\sum\frac{N_i}{h_i}$ 实际上表示"对所有柱求和"。

公式（8.3.1-5）给出的计入摇摆柱影响的柱子计算长度系数为

$$\mu_i=\sqrt{\frac{N_{Ei}}{N_i}\cdot\frac{1.2\sum(N_i/h_i)+\sum(N_{1j}/h_j)}{K}} \tag{4-54}$$

可以稍加变形，写成

$$\mu_i=\sqrt{\frac{N_{Ei}}{N_i}\cdot\frac{\sum(N_i/h_i)\left[1.2+\dfrac{\sum(N_{1j}/h_j)}{\sum(N_i/h_i)}\right]}{K}} \tag{4-55}$$

注意到，式（4-55）中的 $\dfrac{\sum(N_{1j}/h_j)}{\sum(N_i/h_i)}=0$ 即可退化为式（4-53）。

式（4-55）中的 $\dfrac{\sum(N_{1j}/h_j)}{\sum(N_i/h_i)}$ 即为式（4-44）中的 R_L（N_{1j} 的下角标"1"实际上是 leaning column 的首字母而非数字"1"）。$1.2+\dfrac{\sum(N_{1j}/h_j)}{\sum(N_i/h_i)}$ 的作用相当于式（4-43）中

的 $\dfrac{1}{0.85+0.15R_{\mathrm{L}}}$，然而二者却具有不同的变化规律：前者随 $\dfrac{\sum(N_{1j}/h_j)}{\sum(N_i/h_i)}$ 增大而增大，而后者随 R_{L} 增大而减小。

4.3 受压构件的稳定承载力

4.3.1 确定稳定承载力的基本原则

对于轴心受压构件，其整体稳定承载力可以用截面承载力（但采用毛截面面积）$A_{\mathrm{g}}F_{\mathrm{y}}$ 乘以一个折减系数得到，该折减系数一般称作"稳定系数"。稳定系数可由柱子曲线得到。图 4-11 给出了 AISC 360-16 和 GB 50017—2017 采用的柱子曲线，横坐标为正则化长细比，纵坐标为稳定系数。

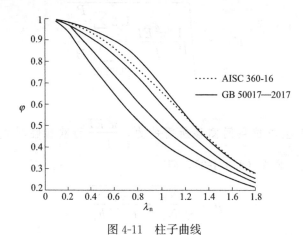

图 4-11　柱子曲线

正则化长细比的定义式为：

$$\lambda_{\mathrm{n}}=\sqrt{\dfrac{F_{\mathrm{y}}}{F_{\mathrm{e}}}} \tag{4-56}$$

式中　F_{e}——弹性屈曲临界应力，为弯曲屈曲、扭转屈曲和弯扭屈曲三种屈曲形式弹性临界应力的最小者。

AISC 360-16 规定，受压构件的承载力设计值为 $\phi_{\mathrm{c}}P_{\mathrm{n}}$，取 $\phi_{\mathrm{c}}=0.9$；承载力标准值 P_{n}，应为按照以下极限状态取得的较小者：弯曲屈曲、扭转屈曲和弯扭屈曲。

（1）对双轴对称和单轴对称构件，考虑弯曲屈曲；

（2）单轴对称和非对称构件，以及某些双轴对称构件，例如，十字形或组合截面柱，考虑扭转屈曲和弯扭屈曲。

确定 P_{n} 时需要区分组成截面的板件等级而不同对待。板件等级分为薄柔（slender）与非薄柔（nonslender），见表 2-3。

4.3.2 无薄柔板件的受压构件弯曲屈曲承载力

基于弯曲屈曲极限状态的受压承载力标准值 P_{n} 按下式确定：

$$P_n = F_{cr} A_g \tag{4-57}$$

当 $\dfrac{L_c}{r} \leqslant 4.71 \sqrt{\dfrac{E}{F_y}}$ 时（或者 $\dfrac{F_y}{F_e} \leqslant 2.25$）

$$F_{cr} = \left[0.658^{\frac{F_y}{F_e}} \right] F_y \tag{4-58a}$$

当 $\dfrac{L_c}{r} > 4.71 \sqrt{\dfrac{E}{F_y}}$ 时（或者 $\dfrac{F_y}{F_e} > 2.25$）

$$F_{cr} = 0.877 F_e \tag{4-58b}$$

$$F_e = \frac{\pi^2 E}{\left(\dfrac{L_c}{r} \right)^2} \tag{4-59}$$

式中　F_{cr}——弯曲屈曲应力；

A_g——构件的毛截面面积；

L_c——构件的有效长度；

r——回转半径；

F_e——弹性极限屈曲应力，按式（4-57）确定，或者通过弹性分析确定；

F_y——构件所用钢材的规定最小屈服应力；

E——钢材的弹性模量，取为 $2.9 \times 10^4 \mathrm{ksi}$（$2.0 \times 10^5 \mathrm{N/mm^2}$）。

【解析】 1. 稳定系数对比

将式（4-57）记作 $P_n = \varphi F_y A_g$，即，取 $\varphi = F_{cr}/F_y$，意为压杆的稳定系数，同时，令

$$\lambda_n = \sqrt{\frac{P_y}{P_{cr}}}$$

称作正则化长细比。式中，$P_y = A F_y$ 为压杆被压碎时的承载力，P_{cr} 为弹性屈曲临界力，则式（4-58）相当于给出了如下的稳定系数公式：

当 $\lambda_n \leqslant 1.5$ 时

$$\varphi = 0.658^{\lambda_n^2} \tag{4-60a}$$

当 $\lambda_n > 1.5$ 时

$$\varphi = \frac{0.877}{\lambda_n^2} \tag{4-60b}$$

通过以上变形，得到了 AISC 360-16 中压杆的稳定系数。

GB 50017—2017 中压杆的稳定系数可直接由该标准的 D.0.5 条得到。

由图 4-11 可见，AISC 360-16 中压杆的稳定系数介于 GB 50017—2017 的 a 类截面与 b 类截面之间。

2. AISC 360-16 中的非弹性刚度折减

依据 AISC 360-16 取 $E = 200 \times 10^3 \mathrm{N/mm^2}$，则 $4.71 \sqrt{\dfrac{E}{F_y}} = 137 \sqrt{\dfrac{235}{F_y}}$，因此，一般情况下，受压构件均属于 $\dfrac{l_c}{r} \leqslant 4.71 \sqrt{\dfrac{E}{F_y}}$ 的范围，即，属于非弹性屈曲。

可以将 P_n 写成一个既可用于弹性也可用于非弹性的公式如下：

$$P_n = 0.877\tau_a P_e \qquad (4\text{-}61)$$

显然，弹性时 $\tau_a = 1.0$ 而非弹性时 $\tau_a < 1.0$。把非弹性范围的 P_n 公式改写成

$$P_n = (0.658^{\frac{P_y}{P_e}})P_y \qquad (4\text{-}62)$$

联立式（4-61）和式（4-62），可得：

$$\frac{P_n}{P_y} = 0.658^{\frac{P_y}{P_n/(0.877\tau_a)}}$$

$$\ln\frac{P_n}{P_y} = \frac{P_y}{P_n/(0.877\tau_a)}\ln 0.658$$

从而解出

$$\tau_a = -2.724\frac{P_n}{P_y}\ln\frac{P_n}{P_y} \qquad (4\text{-}63)$$

这就是式（4-6）。

对 τ_a 可以这样解读：一方面，从承载力角度看，τ_a 隐含地考虑了残余应力以及柱子几何缺陷的影响；另一方面，τ_a 还可以视为非弹性阶段时由于截面部分塑性而导致的弹性模量的折减（即，切线模量与弹性模量的比值，$\tau_a = E_T/E$）。

注意到，在直接分析法中，将构件的抗弯刚度 EI 修正为 $EI^* = \tau_b EI$，这里的 τ_b 也是一个刚度折减系数，τ_b 按照以下公式确定（此处仅考虑全截面有效的情况，故与第 2 章的公式稍有差异）：

$P_u/P_y \leqslant 0.5$ 时

$$\tau_b = 1.0 \qquad (4\text{-}64a)$$

$P_u/P_y > 0.5$ 时

$$\tau_b = 4[P_u/P_y(1 - P_u/P_y)] \qquad (4\text{-}64b)$$

式中　P_u——构件的压力设计值；

　　　P_y——构件的屈服承载力，$P_y = AF_y$。

此处的 τ_b 是柱子研究会（Column Research Council，简称 CRC）最初提出的用以确定柱子切线模量的折减系数。概念上，可以认为 τ_b 仅仅计入了残余应力的影响而 τ_a 同时计入了残余应力和柱子缺陷的影响，故 $\tau_a < \tau_b$。于是可知，τ_b 用于那些显式地考虑了几何缺陷的情况（例如，使用概念水平力或模型中直接考虑了几何缺陷）。

为直观比较 τ_a 与 τ_b 的关系，今将二者的函数曲线示于图 4-12。由于 τ_a 为 P_n/P_y 的函数，而 τ_b 为 P_u/P_y 的函数，图中以 P_u/P_y 为横坐标并取 $P_n/P_y = P_u/(0.9P_y)$。

3. 我国规范中的非弹性刚度折减

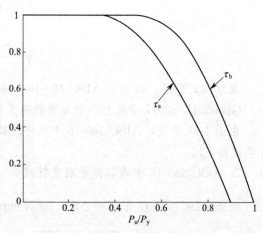

图 4-12　非弹性刚度折减系数 τ_a 与 τ_b

国内文献，在给出薄板的非弹性屈曲临界应力公式之后，指出刚度折减通常采用以下公式[11-13]：

$$\eta = 0.1013\lambda^2 \frac{f_y}{E}\left(1 - 0.0248\lambda^2 \frac{f_y}{E}\right) \leqslant 1.0 \tag{4-65}$$

式中　λ——轴心受压杆件的长细比。

同样的，可以认为该折减系数隐含在稳定系数的计算公式中，试演如下。

在《钢结构设计规范》TJ 17—74 中，对于轴心受压构件只规定了一条 $\lambda - \varphi$ 曲线[14]。该曲线由两段组成[15]：

当 $\lambda \leqslant \lambda_c$ 时

$$\varphi = \frac{1 - 0.43\left(\dfrac{\lambda}{\lambda_c}\right)^2}{K_t}, K_t = 1 + 0.28\left(\frac{\lambda}{\lambda_c}\right)^2 \tag{4-66a}$$

当 $\lambda > \lambda_c$ 时

$$\varphi = \frac{\dfrac{\pi^2 E}{\lambda^2 f_y}}{K_t}, K_t = 1.41 - 0.13\left(1 + \frac{\lambda - \lambda_c}{250 - \lambda_c}\right) \tag{4-66b}$$

式中，K_t 为安全系数；$\lambda_c = \pi\sqrt{\dfrac{E}{f_p}} = \pi\sqrt{\dfrac{E}{0.57 f_y}}$，相当于临界应力达到比例极限为 $f_p = 0.57 f_y$ 时的长细比。λ_c 是弹性和非弹性的分界点：$\lambda > \lambda_c$ 为弹性阶段，φ 用欧拉公式求出 $\left(\varphi = \dfrac{\sigma_{cr}}{f_y}\right)$ 并考虑安全系数 K_t；$\lambda \leqslant \lambda_c$ 为弹塑性阶段，φ 采用试验数据回归得到。

令 $\lambda_n = \dfrac{\lambda}{\pi}\sqrt{\dfrac{f_y}{E}}$ 表示正则化长细比，则

$$\frac{\lambda}{\lambda_c} = \frac{\sqrt{0.57}\lambda}{\pi}\sqrt{\frac{f_y}{E}} = \sqrt{0.57}\lambda_n$$

从而，φ 曲线的公式可以改写成：

$\lambda_n \leqslant 1.32$ 时

$$\varphi = \frac{1 - 0.43\left(\dfrac{\lambda}{\lambda_c}\right)^2}{1 + 0.28\left(\dfrac{\lambda}{\lambda_c}\right)^2} = \frac{1 - 0.245\lambda_n^2}{1 + 0.16\lambda_n^2} \tag{4-67a}$$

$\lambda_n > 1.32$ 时

$$\varphi = \frac{\dfrac{\pi^2 E}{\lambda^2 f_y}}{K_t} = \frac{1/\lambda_n^2}{K_t} \tag{4-67b}$$

式中的 K_t，近似按照 $\dfrac{\lambda}{\lambda_c} = 1$ 时 $K_t = 1.28$，$\dfrac{\lambda}{\lambda_c} = 2$ 时 $K_t = 1.15$，中间数值时用内插法确定，则 K_t 的公式为

$$K_t = 1.28 - \frac{1.28 - 1.15}{2.65 - 1.32}(\lambda_n - 1.32) = 1.41 - 0.098\lambda_n \tag{4-68}$$

由于式（4-67a）是弹塑性范围时的取值，而式（4-67b）为弹性范围时的取值，将式（4-67a）除以式（4-67b）并不计安全系数，得到的就是 η（因为，弹塑性状态时临界应力为弹性时临界应力的 η 倍），即

$$\eta=(1-0.245\lambda_n^2)\lambda_n^2 \tag{4-69}$$

将 $\lambda_n=\dfrac{\lambda}{\pi}\sqrt{\dfrac{f_y}{E}}$ 以及 $\pi=3.14159$ 代入式（4-69），即可得到式（4-65）。

4.3.3 无薄柔板件的受压构件扭转和弯扭屈曲承载力

对于单轴对称截面和无对称轴截面构件，以及某些双轴对称截面构件（例如，十字形）或组合截面柱，当不存在薄柔板件时，按照以下规定计算承载力。另外，不存在薄柔板件的双轴对称构件，若扭转无支长度超过侧向无支长度，也按照以下规定计算。

以下还适用于 $b/t>0.71\sqrt{E/F_y}$ 的单角钢，b 为较长肢宽度，t 为肢厚度。

此时 P_n 仍采用式（4-55）、式（4-56）确定，但弹性屈曲临界应力 F_e 按照以下公式计算：

（1）对于双轴对称构件绕剪心扭转：

$$F_e=\left(\dfrac{\pi^2 E C_w}{L_{cz}^2}+GJ\right)\cdot\dfrac{1}{I_x+I_y} \tag{4-70}$$

（2）对于单轴对称截面构件绕剪心扭转，y 轴为对称轴：

$$F_e=\left(\dfrac{F_{ey}+F_{ez}}{2H}\right)\left[1-\sqrt{1-\dfrac{4F_{ey}F_{ez}H}{(F_{ey}+F_{ez})^2}}\right] \tag{4-71}$$

$$H=1-\dfrac{x_0^2+y_0^2}{\bar{r}_0^2} \tag{4-72}$$

$$F_{ey}=\dfrac{\pi^2 E}{\left(\dfrac{L_{cy}}{r_y}\right)^2} \tag{4-73}$$

$$F_{ez}=\left(\dfrac{\pi^2 E C_w}{L_{cz}^2}+GJ\right)\cdot\dfrac{1}{A_g\bar{r}_0^2} \tag{4-74}$$

（3）对于非对称截面构件，F_e 为以下 3 次方程的最小根：

$$(F_e-F_{ex})(F_e-F_{ey})(F_e-F_{ez})-F_e^2(F_e-F_{ey})\left(\dfrac{x_0}{\bar{r}_0}\right)^2-F_e^2(F_e-F_{ex})\left(\dfrac{y_0}{\bar{r}_0}\right)^2=0 \tag{4-75}$$

$$F_{ex}=\dfrac{\pi^2 E}{\left(\dfrac{L_{cx}}{r_x}\right)^2} \tag{4-76}$$

$$\bar{r}_0^2=x_0^2+y_0^2+\dfrac{I_x+I_y}{A_g} \tag{4-77}$$

式中　　A_g——构件的毛截面面积；

C_w——翘曲常数（我国习惯写成 I_ω）；

G——钢材的剪变模量；

I_x、I_y——分别为截面绕 x 轴、y 轴的惯性矩；

J——扭转常数（我国习惯写成 I_t）；

$\overline{r}_0$——截面绕剪心的极回转半径；

x_0、y_0——截面剪心相对于形心的坐标；

L_{cx}、L_{cy}、L_{cz}——构件绕 x、y、z 轴屈曲时的有效长度。

常用的双轴对称工字形截面，取 $C_w = \dfrac{I_y h_0^2}{4}$，式中，$h_0$ 为翼缘中面线之间的距离。

对 T 形截面和双角钢截面，计算 F_{ez} 时忽略 C_w 项，且取 $x_0 = 0$。

【解析】（1）关于单轴对称截面绕剪心扭转

式（4-71）本质上是单轴对称截面绕对称轴（y 轴）弯曲并伴随扭转时的弹性屈曲应力。当截面对称轴为 x 轴（例如，槽钢截面）时，式中的 F_{ey} 应替换为 F_{ex}。

（2）关于扭转常数

AISC 360-16 在此处将 J 称作扭转常数（torsional constant），单位为 mm^4，这是常见的用法。在"构件受组合力以及扭矩作用"一章，将 HSS 截面受扭构件的承载力标准值记作 $T_n = F_{cr}C$，将 C 称作 HSS 截面的扭转常数（HSS torsional constant），单位为 mm^3。应注意区分。

（3）与扭转有关的截面特性

与扭转有关的概念，例如，扇性坐标、扇性惯性矩、翘曲常数、扭转常数等见本书附录 B。

4.3.4 截面含有薄柔板件时的整体稳定承载力

对于包含有薄柔板件的受压构件，其整体稳定承载力计算方法，在 AISC 360-10 以及以前的版本，均采用"Q 系数法"[19]。AISC 360-16 修改为国际流行的"有效宽度法"。

将式（4-57）中的毛截面面积 A_g 以有效截面面积 A_e 代替，得到受压承载力标准值 P_n 的计算公式为：

$$P_n = F_{cr}A_e \tag{4-78}$$

式中，F_{cr} 仍按照前述公式确定。在计算 A_e 时，组成截面的各板件有效宽度 b_e 按照下式确定（圆管截面除外）：

当 $\lambda \leqslant \lambda_r \sqrt{\dfrac{F_y}{F_{cr}}}$ 时

$$b_e = b \tag{4-79a}$$

当 $\lambda > \lambda_r \sqrt{\dfrac{F_y}{F_{cr}}}$ 时

$$b_e = b \left(1 - c_1 \sqrt{\dfrac{F_{el}}{F_{cr}}}\right)\sqrt{\dfrac{F_{el}}{F_{cr}}} \tag{4-79b}$$

$$F_{el} = \left(c_2 \dfrac{\lambda_r}{\lambda}\right)^2 F_y \tag{4-80}$$

式中　b——板件的宽度；

λ——板件宽厚比；

λ_r——板件宽厚比界限值；

c_1、c_2——缺陷调整系数，按照表 4-3 取值。

缺陷调整系数 c_1 和 c_2   表 4-3

项次	薄柔单元	c_1	c_2
1	除方管和矩形管截面壁板之外的加劲单元	0.18	1.31
2	方管或矩形管截面壁板	0.20	1.38
3	其他单元	0.22	1.49

对于圆管截面，A_e 按照下式确定：

当 $\dfrac{D}{t} \leqslant 0.11 \dfrac{E}{F_y}$ 时

$$A_e = A_g \tag{4-81a}$$

当 $0.11 \dfrac{E}{F_y} < \dfrac{D}{t} < 0.45 \dfrac{E}{F_y}$ 时

$$A_e = \left[\frac{0.038E}{F_y \left(\dfrac{D}{t} \right)} + \frac{2}{3} \right] A_g \tag{4-81b}$$

式中　D——圆管截面的外径；

t——壁厚。

【解析】（1）式（4-79b）的来历

AISC 360-10 以及以前版本，对于加劲单元，有效宽度 b_e 按下式求出：

$$b_e = 1.92t \sqrt{\frac{E}{f}} \left[1 - \frac{0.34}{(b/t)} \sqrt{\frac{E}{f}} \right] \leqslant b \tag{4-82}$$

式中，t 为加劲单元厚度；f 取为 F_{cr} 且 F_{cr} 按照全截面有效确定。

现在，取

$$F_{el} = \frac{K \pi^2 E}{12(1-\nu^2)} \left(\frac{t}{b} \right)^2 \tag{4-83}$$

并取屈曲系数 $K = 4.0$，泊松比 $\nu = 0.3$，则可得

$$F_{el} = 3.6152E \left(\frac{t}{b} \right)^2 \tag{4-84}$$

将式（4-82）写成以 F_{el} 表达的形式：

$$b_e = b \left[1.92 \frac{t}{b} \sqrt{\frac{E}{f}} \left(1 - 0.34 \frac{t}{b} \sqrt{\frac{E}{f}} \right) \right] = b \sqrt{\frac{F_{el}}{f}} \left(1 - 0.18 \sqrt{\frac{F_{el}}{f}} \right)$$

注意到，f 按照 F_{cr} 取值，0.18 就是缺陷调整系数 c_1，于是式（4-79b）得证。

（2）式（4-80）的来历

令 $\lambda = \lambda_r$ 时的弹性临界应力记作 $F_{el,r}$，此时，$F_{cr} = F_y$（F_{cr} 考虑了缺陷的影响）。由式（4-79）可知，显然存在

$$1 = \left(1 - c_1 \sqrt{\frac{F_{el,r}}{F_y}} \right) \sqrt{\frac{F_{el,r}}{F_y}} \tag{4-85}$$

解方程，可得

$$\frac{F_{el,r}}{F_y}=\left(\frac{1-\sqrt{1-4c_1}}{2c_1}\right)^2 \tag{4-86}$$

注意到，$F_{el,r}$ 按照下式求出：

$$F_{el,r}=\frac{K\pi^2 E}{12(1-\nu^2)}\left(\frac{t}{b}\right)^2=\frac{K\pi^2 E}{12(1-\nu^2)}\lambda_r^2 \tag{4-87}$$

联立式 (4-86) 和式 (4-87) 求得屈曲系数 K 如下：

$$K=\left(\frac{1-\sqrt{1-4c_1}}{2c_1}\right)^2 \frac{12(1-\nu^2)}{\pi^2}\frac{f_y}{E}\lambda_r^2 \tag{4-88}$$

将其代入弹性临界屈曲公式，即式 (4-83)，得到

$$F_{el}=\left(\frac{1-\sqrt{1-4c_1}}{2c_1}\right)^2 \frac{\lambda_r^2}{\lambda^2}f_y=\left(c_2\frac{\lambda_r}{\lambda}\right)^2 f_y$$

式 (4-80) 得证。同时表明，表 4-3 中 c_1 与 c_2 存在如下函数关系：

$$c_2=\frac{1-\sqrt{1-4c_1}}{2c_1} \tag{4-89}$$

（3）式 (4-79a) 的说明

按照轴心受压构件板件等级划分，当 $\lambda\leqslant\lambda_r$ 时属于非薄柔，全部截面有效。这里规定当 $\lambda\leqslant\lambda_r\sqrt{\dfrac{F_y}{F_{cr}}}$ 时，取 $b_e=b$，相当于考虑了长细比的影响而稍微放宽了条件；因为 F_{cr} 总是小于 F_y，即 $\sqrt{\dfrac{F_y}{F_{cr}}}>1$。类似的操作，可见于欧洲钢结构规范 EN 1993-1-1 的 8.5.2 条，以及《钢结构设计标准》GB 50017—2017 的 7.3.2 条。

【例 4-3】 某轴心受压构件，为焊接工字形截面，尺寸如图 4-13 所示，无孔洞削弱。钢材 $F_y=235\text{N/mm}^2$。已知构件高 $L=7\text{m}$，两端铰接。取 $E=2.0\times10^5\text{N/mm}^2$。要求：按照 AISC 360-16 确定该构件受压承载力设计值 $\phi_c P_n$。

解：（1）确定 F_{cr}

双轴对称工字形截面构件，由于绕 x 轴、y 轴有效长度相等，必然是绕弱轴（y 轴）的弯曲屈曲控制设计。

$$A=16\times500+460\times10=20600\text{mm}^2$$

$$I_y=2\times16\times500^3/12+460\times10^3/12=3.3337\times10^8\text{mm}^4$$

$$F_{ey}=\frac{\pi^2 E}{(L_{cy}/r_y)^2}=\frac{\pi^2\times200\times10^3}{(7000/\sqrt{3.3337\times10^8/20600})^2}=651.92\text{N/mm}^2$$

由于 $F_y/F_{ey}<2.25$，故

$$F_{cr}=\left(0.658^{\frac{F_y}{F_e}}\right)F_y=202.09\text{N/mm}^2$$

（2）确定翼缘的有效宽度

$$\lambda=\frac{b}{t}=\frac{500/2}{16}=15.625$$

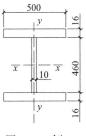

图 4-13　例 4-3 的图示

$$k_c = 4/\sqrt{h/t_w} = 4/\sqrt{460/10} = 0.5898$$

求得的 k_c 符合 $0.35 < k_c < 0.76$，以下按照 $k_c = 0.5898$ 计算。

$$\lambda_r = 0.64\sqrt{\frac{k_c E}{F_y}} = 0.64\sqrt{\frac{0.5898 \times 200 \times 10^3}{235}} = 14.34$$

由于 $\lambda = 15.625 > \lambda_r\sqrt{\dfrac{F_y}{F_{cr}}} = 14.34\sqrt{\dfrac{235}{202.09}} = 15.46$，故

$$F_{el} = \left(c_2 \frac{\lambda_r}{\lambda}\right)^2 F_y = \left(1.49 \times \frac{14.34}{15.625}\right)^2 \times 235 = 439.34 \text{N/mm}^2$$

$$b_e = b\left(1 - c_1\sqrt{\frac{F_{el}}{F_{cr}}}\right)\sqrt{\frac{F_{el}}{F_{cr}}} = 250 \times (1 - 0.22\sqrt{\frac{439.34}{202.09}})\sqrt{\frac{439.34}{202.09}} = 249 \text{mm}$$

（3）确定腹板的有效宽度

$$\lambda = \frac{h}{t_w} = \frac{460}{10} = 46$$

$$\lambda_r = 1.49\sqrt{\frac{E}{F_y}} = 1.49\sqrt{\frac{200 \times 10^3}{235}} = 43.47$$

由于 $\lambda = 46 < \lambda_r\sqrt{\dfrac{F_y}{F_{cr}}} = 43.47\sqrt{\dfrac{235}{202.09}} = 46.87$，故 $b_e = h = 460 \text{mm}$。

（4）确定承载力设计值

有效截面面积 $A_e = 249 \times 16 \times 4 + 160 \times 10 = 20539 \text{ mm}^2$。前面已经求出 $F_{cr} = 202.09 \text{N/mm}^2$。于是可得：

$$\phi_c P_n = 0.9 F_{cr} A_e = 3735.6 \times 10^3 \text{N} = 3735.6 \text{kN}$$

【解析】本例若依据 AISC 360-10 计算会得到最后结果为 $\phi_c P_n = 3623.5 \text{kN}$，计算过程如下：

（1）计算截面特性

$$A = 2 \times 500 \times 16 + 460 \times 10 = 20600 \text{mm}^2$$

$$I_x = (500 \times 492^3 - 490 \times 460^3)/12 = 987.8 \times 10^6 \text{mm}^4$$

$$r_x = \sqrt{I_x/A} = \sqrt{987.8 \times 10^6/2.06 \times 10^4} = 219.0 \text{mm}$$

$$I_y = (2 \times 16 \times 500^3 + 460 \times 10^3)/12 = 333.4 \times 10^6 \text{mm}^4$$

$$r_y = \sqrt{I_y/A} = \sqrt{333.4 \times 10^6/2.06 \times 10^4} = 127.2 \text{mm}$$

因为绕 x 轴、y 轴的无支长度相等，且绕 y 轴回转半径 r_y 较小，故绕 y 轴控制设计。

$$KL_y/r_y = 7000/127.2 = 55$$

（2）对翼缘计算 Q_s

$$\frac{b}{t} = \frac{500/2}{16} = 15.6$$

$$k_c = \frac{4}{\sqrt{h/t_w}} = \frac{4}{\sqrt{460/10}} = 0.590, k_c < 0.76 \text{ 且} > 0.35, \text{取} k_c = 0.590$$

$$\lambda_r = 0.64\sqrt{\frac{k_c E}{F_y}} = 0.64\sqrt{\frac{0.590 \times 200 \times 10^3}{235}} = 14.3$$

$\frac{b}{t} = 15.6 > 0.64\sqrt{k_c E / F_y} = 14.3$，翼缘等级为薄柔。

由于 $0.64\sqrt{\frac{Ek_c}{F_y}} < \frac{b}{t} \leqslant 1.17\sqrt{\frac{Ek_c}{F_y}} = 26.2$，故

$$Q_s = 1.415 - 0.65\left(\frac{b}{t}\right)\sqrt{\frac{F_y}{Ek_c}} = 0.9617$$

（3）对腹板计算 Q_a

$\frac{h}{t_w} = \frac{460}{10} = 46 > 1.49\sqrt{\frac{E}{F_y}} = 43.5$，属于薄柔板件。

假定 $Q_a = 1$，即取 $Q = Q_s = 0.9617$ 进行试算。

$$F_e = \frac{\pi^2 E}{\left(\frac{KL}{r}\right)^2} = \frac{3.14^2 \times 200 \times 10^3}{55^2} = 651.3 \text{ N/mm}^2 > 0.44QF_y$$

$$F_{cr} = Q\left(0.658^{\frac{QF_y}{F_e}}\right)F_y = 0.9617 \times 0.658^{\frac{0.9617 \times 235}{651.9}} \times 235 = 195.4 \text{ N/mm}^2$$

$$b_e = 1.92t\sqrt{\frac{E}{f}}\left[1 - \frac{0.34}{(b/t)}\sqrt{\frac{E}{f}}\right]$$

$$= 1.92 \times 10\sqrt{\frac{200 \times 10^3}{195.4}}\left(1 - \frac{0.34}{460/10}\sqrt{\frac{200 \times 10^3}{195.4}}\right)$$

$$= 469\text{mm} > h = 460\text{mm}$$

由于超过了腹板实际高度 460mm，只能取 $b_e = 460$mm。于是：

$$Q_a = \frac{A_{eff}}{A} = \frac{b_e t_w + 2b_f t_f}{A} = 1.0$$

（4）计算 $\phi_c P_n$

$Q = Q_s Q_a = 0.9617$，前面已经求出 $Q = 0.9617$ 时，$F_{cr} = 195.4$ N/mm^2。

$$\phi_c P_n = 0.9 \times 195.4 \times 2.0 \times 10^5 = 3.6235 \times 10^6 \text{N} = 3623.5\text{kN}$$

可见，按 AISC 360-16 计算得到承载力为 3735.6kN，按 AISC 360-10 计算得到承载力为 3623.5kN，前者比后者提高了（3735.6−3623.5）/3623.5 = 3.09%。事实上，由于 2016 年版规范以"有效宽度法"代替了"Q 系数法"，无论是翼缘为薄柔还是腹板为薄柔，求得的承载力均比 2010 年版规范有所提高，且翼缘为薄柔时提高幅度更大。

同一轴心受压杆件，分别依据 AISC 360-16 与 EC3 计算整体稳定承载力设计值，发现，二者求得的结果相当。

本算例若依据 GB 50017—2017 计算，则是

翼缘自由外伸宽度与厚度之比

$$\frac{b}{t} = \frac{(500 - 10)/2}{16} = 15.3 < (10 + 0.1\lambda)\sqrt{235/f_y} = 10 + 0.1 \times 55 = 15.5$$

腹板高厚比

$$\frac{h_0}{t_w}=\frac{460}{10}=46<(25+0.5\lambda)\sqrt{235/f_y}=25+0.5\times55=52.5$$

因此，局部稳定满足要求。

由 $\lambda_y=55$ 按 b 类查表，得 $\varphi=0.833$，于是，受压承载力设计值为：

$$N=\varphi Af=0.833\times20600\times215=3689\times10^3\text{N}=3689\text{kN}$$

【例 4-4】某轴心受压构件，为焊接工字形截面，翼缘采用 -200×18 和 -130×18，腹板为 -270×10，无孔洞削弱。钢材 $F_y=235\text{N/mm}^2$。已知构件高 $L=4.2\text{m}$，两端铰接。取 $E=2.0\times10^5\text{N/mm}^2$，$G=7.72\times10^4\text{N/mm}^2$。要求：按照 AISC 360-16 确定该构件受压承载力设计值 $\phi_c P_n$。

解：（1）确定截面特性

今将截面板件的尺寸以符号记作：

$b_1=200\text{mm}$，$t_1=18\text{mm}$，$b_2=130\text{mm}$，$t_2=18\text{mm}$，$h_w=270\text{mm}$，$t_w=10\text{mm}$。

容易求得截面特性如下：

$A_g=8640\text{mm}^2$，$I_x=1.3592\times10^8\text{mm}^4$，$I_y=1.5318\times10^7\text{mm}^4$，$r_x=125.4\text{mm}$，$r_y=42.1\text{mm}$。

由于为单轴对称截面，因此应考虑弯扭屈曲。与扭转有关的截面特性如下：

以 -200×18 作为上翼缘，形心距离截面上边缘为 132mm。

剪心至上翼缘中面线距离为：

$$h_s=\frac{b_2^3 t_2}{b_1^3 t_1+b_2^3 t_2}(h_w+\frac{t_1}{2}+\frac{t_2}{2})=62.1\text{mm}$$

形心相对于剪心的距离：$x_0=0$，$y_0=132-18/2-62.1=60.9\text{mm}$。

$$\overline{r}_0^2=x_0^2+y_0^2+\frac{I_x+I_y}{A_g}=2.1220\times10^4\text{mm}^2$$

$$J=\frac{1}{3}(b_1 t_1^3+b_2 t_2^3+h_w t_w^3)=7.3152\times10^5\text{mm}^4$$

$$C_w=\frac{\left(h_w+\frac{t_1}{2}+\frac{t_2}{2}\right)^2}{12}\frac{b_1^3 t_1 b_2^3 t_2}{b_1^3 t_1+b_2^3 t_2}=2.1445\times10^{11}\text{mm}^6$$

$$H=1-\frac{x_0^2+y_0^2}{\overline{r}_0^2}=0.8249$$

（2）确定 F_{cr}

$$F_{ey}=\frac{\pi^2 E}{\left(\dfrac{L_{cy}}{r_y}\right)^2}=198.4\text{N/mm}^2$$

$$F_{ez}=\left(\frac{\pi^2 EC_w}{L_{cz}^2}+GJ\right)\cdot\frac{1}{A_g\overline{r}_0^2}=438.9\text{N/mm}^2$$

$$F_e=\left(\frac{F_{ey}+F_{ez}}{2H}\right)\left[1-\sqrt{1-\frac{4F_{ey}F_{ez}H}{(F_{ey}+F_{ez})^2}}\right]=177.3\text{ N/mm}^2$$

可见，弯扭屈曲控制设计。

由于 $\dfrac{F_y}{F_e}=1.3251<2.25$，因此

$$F_{cr}=\left(0.658^{\frac{F_y}{F_e}}\right)F_y=135.0\ \text{N/mm}^2$$

（3）确定翼缘的有效宽度

对上翼缘计算：

$$\lambda=\frac{b}{t}=\frac{200/2}{18}=6.25$$

$$k_c=4/\sqrt{h/t_w}=4/\sqrt{270/10}=0.7698$$

由于 $k_c=0.7698>0.76$，取 $k_c=0.76$ 进行下面的计算。

$$\lambda_r=0.64\sqrt{\frac{k_c E}{F_y}}=0.64\sqrt{\frac{0.76\times200\times10^3}{235}}=16.28$$

由于 $\lambda=6.25<\lambda_r=16.28$，故上翼缘属于非薄柔。

下翼缘的自由外伸宽度与厚度之比更小，故属于非薄柔。

（4）确定腹板的有效宽度

$$\lambda=\frac{h}{t_w}=\frac{270}{10}=27$$

$$\lambda_r=1.49\sqrt{\frac{E}{F_y}}=1.49\sqrt{\frac{200\times10^3}{235}}=43.47$$

由于 $\lambda=27<\lambda_r=46.87$，故腹板属于非薄柔。

（5）承载力设计值

由于截面组成板件均为非薄柔，故取 A_g 确定稳定承载力设计值：

$$\phi_c P_n=0.9F_{cr}A_g=1142.7\times10^3\text{N}=1142.7\text{kN}$$

【解析】为对比，以下依据 GB 50017—2017 计算。

翼缘自由外伸宽度与厚度之比 $\dfrac{b}{t}=\dfrac{(200-10)\ /2}{18}=5.3$，小于最严格的限值 $13\varepsilon_k=$ 13，局部稳定满足要求。

腹板高厚比 $\dfrac{h_0}{t_w}=\dfrac{270}{10}=27$，小于最严格的限值 $40\varepsilon_k=40$，局部稳定满足要求。

因此，可取全部截面有效确定整体稳定承载力。

由于为单轴对称工字形截面，因此应依据该规范公式（7.2.2-4）计算换算长细比。

$$\lambda_y=\frac{l_{0y}}{i_y}=99.7,l_\omega=4.2\text{m},I_0=I_x+I_y=1.5124\times10^8\text{mm}^4$$

扭转常数 I_t 与翘曲常数 I_ω 在 AISC 规范中记作 J 和 C_w，前已求出，故 $I_t=7.3152\times10^5\text{mm}^4$，$I_\omega=2.1445\times10^{11}\text{mm}^6$。

形心相对于剪心的距离 y_s 在 AISC 规范中记作 y_0，故 $y_s=60.9\text{mm}$。

i_0^2 在 AISC 规范中记作 $\overline{r}_0^2$，故 $i_0^2=2.1220\times10^4\ \text{mm}^2$。

$$\lambda_z = \sqrt{\frac{I_0}{I_t/25.7 + I_\omega/l_\omega^2}} = 61.0$$

$$\lambda_{yz} = \left[\frac{(\lambda_y^2 + \lambda_z^2) + \sqrt{(\lambda_y^2 + \lambda_z^2)^2 - 4(1 - y_s^2/i_0^2)\lambda_y^2\lambda_z^2}}{2} y_0\right]^{1/2} = 104.2$$

以 $\lambda_{yz} = 104.2$ 按弯曲屈曲求得的弹性临界应力为 $\frac{\pi^2 E}{\lambda_{yz}^2} = 181.8\text{N/mm}^2$，与按 AISC 方法求得的 $F_e = 177.3\text{N/mm}^2$ 稍有差别（理论上应相等），原因在于 GB 50017 给出的 λ_z 计算式存在近似。

GB 50017—2017 未规定按换算长细比 λ_{yz} 确定稳定系数时应查 a、b、c、d 哪条柱子曲线，今按照 b 曲线、$\lambda_{yz}/\varepsilon_k \approx 104$ 得到 $\varphi = 0.529$，于是稳定承载力设计值为：

$$\varphi A f = 0.529 \times 8640 \times 215 = 982.7 \times 10^3 \text{N} = 982.7\text{kN}$$

4.4 单角钢受压构件

AISC 曾针对单角钢构件编制有专门的规范，例如，1993 年版《单角钢构件按照荷载和抗力分项系数设计规范》，该规范对热轧等边和不等边角钢构件的拉、压、剪、弯以及组合受力等给出了规定[16]。这些专门的规定用以代替 1993 年版《钢结构设计规范——基于荷载和抗力分项系数设计法》中一般性的规定[17]。2000 年单角钢构件规范又更新了一次，直至 2005 年 AISC 360-05 将其纳入。

4.4.1 单角钢受压构件的受力特点

1. 单角钢的几何特性

将单角钢截面的轴线、尺寸等以 AISC《钢结构手册》中的符号表达，如图 4-14 所示。图中，x 轴和 y 轴为几何轴，z 轴为最小回转半径轴。

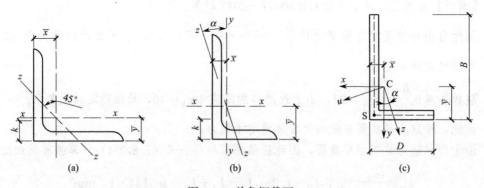

图 4-14 单角钢截面

(a) 等边角钢；(b) 不等边角钢；(c) 计算简图

从《钢结构手册》得到角钢的截面特性指标 α、$\bar{x}$、$\bar{y}$、I_x、I_y、r_z、A 后，可按照图（c）作为计算简图利用以下公式求得其他截面特性[18]。图中，C 点为形心，形心坐标 $(0, 0)$，S 点为剪心，剪心坐标 (u_0, z_0)。对于等边角钢，部分公式可以得到简化。

$$x_0 = \bar{x} - t/2, y_0 = \bar{y} - t/2$$

$$u_0 = y_0 \sin\alpha + x_0 \cos\alpha$$

$$z_0 = y_0 \cos\alpha - x_0 \sin\alpha$$

$$d = D - t/2, b = B - t/2$$

$$I_z = Ar_z^2, I_u = I_x + I_y - I_z, J = \frac{At^2}{3}$$

$$r_0^2 = u_0^2 + z_0^2 + \frac{I_u + I_z}{A}$$

$$C_1 = \frac{x_0^2}{2}\left[y_0^2 - (y_0 - b)^2\right] + \frac{y_0^4 - (y_0 - b)^4}{4} + \frac{y_0}{3}\left[x_0^3 - (x_0 - d)^3\right] + y_0^3 d$$

$$C_2 = \frac{x_0}{3}\left[y_0^3 - (y_0 - b)^3\right] + x_0^3 b + \frac{x_0^4 - (x_0 - d)^4}{4} + \frac{y_0^2}{2}\left[x_0^2 - (x_0 - d)^2\right]$$

$$\beta_z = \frac{t(C_1 \sin\alpha + C_2 \cos\alpha)}{I_z} - 2u_0$$

$$\beta_u = \frac{t(C_1 \cos\alpha - C_2 \sin\alpha)}{I_u} - 2z_0$$

式中　　　　　t——角钢肢厚度；

　　　　　α——主轴与形心轴之间的夹角；

I_x、I_y——角钢截面绕 x 轴、y 轴的惯性矩，x、y 轴为与肢边平行的形心轴；

I_u、I_z——角钢截面绕 u 轴、z 轴的惯性矩，u、z 轴为截面主轴；

　　　r_z——绕 z 轴的回转半径；

　　　r_0——极回转半径；

　　　　A——角钢截面面积；

C_1、C_2、β_z、β_u——对角钢进行计算时可能用到的参数。

B、D、$\bar{x}$、$\bar{y}$ 的含义见图 4-14（c）。

2. 单角钢受压构件的受力性能

实际使用中，单角钢构件的两端通常与节点板用焊缝相连，这时，由于只有一个肢连于节点板，于是形成所谓的"单边（面）连接的单角钢构件"。

单边连接的单角钢受压构件力学性能十分复杂，表现在：

（1）视为理想轴心受压构件时，可能发生弯扭屈曲而并非只是弯曲屈曲。

（2）轴心受压构件假定力通过截面的纵轴，由于仅单边相连，力存在偏心；或者，从另一个角度看，无论受拉或受压，传力均存在"剪力滞"，并非全部截面传力。

（3）端部约束难以准确表达，从而难以确定其有效长度。

4.4.2　单角钢受压构件的承载力

1. AISC 360-16 的规定

对于如图 4-15 所示单面连接的单角钢，与节点板连

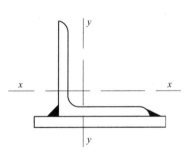

图 4-15　单边连接的单角钢

接肢由于焊缝的原因会对截面绕 y 轴弯曲形成较大的约束，导致构件受压时主要趋向于绕 x 轴发生屈曲。

当符合下列条件时，偏心受力的影响允许被忽略，即，可视为轴心受压构件进行设计，但绕 x 轴的长细比需要以修正后的"有效长细比"代替。

（1）构件在端部所受压力作用于同一肢；

（2）构件端部以焊缝相连，或最少以 2 个螺栓相连；

（3）构件中间没有横向荷载；

（4）按下述方法确定的有效长细比 L_c/r 不超过 200；

（5）对不等肢角钢，长肢宽度/短肢宽度<1.7。

有效长细比按照下列规定确定：

（1）等肢角钢（或不等肢角钢以长肢相连）作为单独构件使用，或者，用于平面桁架的腹杆（端部连接于弦杆或节点板的同一侧）：

当 $\dfrac{L}{r_a} \leqslant 80$ 时

$$\frac{L_c}{r} = 72 + 0.75 \frac{L}{r_a} \tag{4-90a}$$

当 $\dfrac{L}{r_a} > 80$ 时

$$\frac{L_c}{r} = 32 + 1.25 \frac{L}{r_a} \tag{4-90b}$$

当不等肢角钢以短肢相连时，按以上公式求得的 L_c/r 还应增加 $4\left[\left(\dfrac{b_l}{b_s}\right)^2 - 1\right]$，且计算结果不应小于 $0.95\dfrac{L}{r_z}$。

（2）等肢角钢（或不等肢角钢以长肢相连）用于箱形或空间桁架的腹杆（端部连接于弦杆或节点板的同一侧）：

当 $\dfrac{L}{r_a} \leqslant 75$ 时

$$\frac{L_c}{r} = 60 + 0.8 \frac{L}{r_a} \tag{4-91a}$$

当 $\dfrac{L}{r_a} > 75$ 时

$$\frac{L_c}{r} = 45 + \frac{L}{r_a} \tag{4-91b}$$

当不等肢角钢以短肢相连时，按上式求得的 L_c/r 还应增加 $6\left[\left(\dfrac{b_l}{b_s}\right)^2 - 1\right]$，但计算结果不应小于 $0.82\dfrac{L}{r_z}$。

式中　L——桁架弦杆中心线之间的构件长度；

$\quad\quad L_c$——构件绕弱轴屈曲时的有效长度；

b_l、b_s——分别为长肢与短肢宽度；

r_a——绕平行于连接肢的几何轴的回转半径；

r_z——角钢绕弱主轴的回转半径。

当偏心受力的影响不能忽略时，单角钢构件应按弯曲屈曲（绕最小回转半径轴）和弯扭屈曲两种状态的不利者确定单角钢轴心受压构件的稳定承载力。当 $b/t \leqslant 0.71\sqrt{E/F_y}$ 时可不必考虑弯扭屈曲。然后，按照"构件承受组合力以及扭矩"一章进行承载力复核。

【解析】1. 关于有效长细比

有效长细比本质上是以绕图 4-14 中 x 轴的长细比为参数加以修正得到，不过，对于不等肢角钢，可能长肢相连也可能短肢相连，这样，平行于节点板的形心轴按 AISC《钢结构手册》或许并非记作 x 轴，故式（4-88）、式（4-89）中以 L/r_a 表达。

另外，规范没有对 L_c/r 中的 r 作出解释。这是因为，L_c/r 实际上是作为一个整体使用的（即，我国习惯中的长细比 λ），而且，此处 L_c/r 表示"有效长细比"（effctive slenderness ratio），所以，并不能具体指出 r 是绕哪个轴的回转半径。

2. 单角钢构件偏心受力

当不满足规范给出的 5 个前提条件时，单角钢构件尽管在端部单边连接，仍应按偏心受力计算，此时应符合"构件受组合力以及扭矩作用"一章的要求。当角钢肢宽厚比出现 $\lambda > \lambda_r\sqrt{\dfrac{F_y}{F_{cr}}}$ 时，应按表 4-3 取 $c_1 = 0.22$、$c_2 = 1.49$ 确定 b_e 的值[20]。

2. GB 50017—2017 的规定

我国《钢结构设计规范》GBJ 17—88 和 GB 50017—2003 采用强度设计值折减的方法考虑单边连接单角钢构件受力的复杂性，折减系数取值如表 4-4 所示。

单边连接的单角钢强度设计值的折减系数 表 4-4

工况	连接状态		折减系数
强度验算	—		0.85
稳定性验算	等边角钢		$0.6 + 0.0015\lambda \leqslant 1.0$
	不等边角钢	短边相连	$0.5 + 0.0025\lambda \leqslant 1.0$
		长边相连	0.70

注：λ 为长细比，对中间无联系的单角钢缀条，按最小回转半径计算，当 $\lambda < 20$ 时，取 $\lambda = 20$。

《钢结构设计标准》GB 50017—2017 摒弃了对强度设计值折减的做法，在强度验算时，引入"有效截面系数"，见 7.1.3 条。7.6.1 条规定的单边连接单角钢受压构件的稳定性验算，思路与原来相同。而 7.6.2 条规定的塔架单边连接单角钢交叉斜杆中的压杆，其平面外稳定性验算，采用等效长细比，可以认为借鉴了 AISC 360 或欧洲钢结构规范 EC 3。

【例 4-5】格构式构件中缀条，截面采用∟45×4，端部与柱肢以焊缝相连。已知斜缀条长度为 400mm，采用 Q235 钢材，取 $F_y = 235\text{N/mm}^2$，$E = 2.0 \times 10^5 \text{N/mm}^2$。要求：依据 AISC 360-16 确定该轴心受压构件的承载力设计值。

解：查《热轧型钢》GB/T 706—2016，可得∟45×4 的截面特性如下：

$A_g = 348.6\text{mm}^2$，$r_x = 13.8\text{mm}$，$r_z = 8.9\text{mm}$。

由于 $\dfrac{L}{r_a} = \dfrac{L}{r_x} = \dfrac{400}{13.8} = 30.0 < 80$，故

$$\frac{L_c}{r} = 72 + 0.75\frac{L}{r_a} = 75 + 0.75 \times \frac{400}{13.8} = 96.7$$

$$F_e = \frac{\pi^2 E}{(L_c/r)^2} = \frac{\pi^2 \times 2.00 \times 10^5}{96.7^2} = 211.09\text{N/mm}^2$$

由于 $F_y/F_{ey} < 2.25$，故

$$F_{cr} = \left(0.658^{\frac{F_y}{F_e}}\right)F_y = 147.5\text{N/mm}^2$$

由于 $\lambda = b/t = 45/4 = 11.25 < 0.45\sqrt{E/F_y} = 13.1$，因此，角钢板件属于非薄柔，承载力按照全截面计算。

$$\phi_c P_n = 0.9 F_{cr} A_g = 0.9 \times 147.5 \times 348.6 = 46.3\text{kN}$$

【解析】若依据 GB 50017—2017 计算，过程如下：

假定角钢端部直接与柱分肢相连，计算长度系数取 1.0，则角钢的最大长细比（按最小回转半径求出）：

$$\lambda_{max} = 400/8.9 = 44.9$$

按 b 类截面查表，可得稳定系数 $\varphi = 0.878$。

折减系数：$\eta = 0.6 + 0.0015\lambda = 0.6 + 0.0015 \times 44.9 = 0.667$。

角钢肢件宽厚比 $w/t = (45 - 2 \times 4)/4 = 9.25 < 14\varepsilon_k = 14$，故采用全截面面积计算承载力。

$$\eta\varphi A f = 0.667 \times 0.878 \times 348.6 \times 215 = 43.9\text{kN}$$

4.5　组合构件

AISC 360-16 中所谓的组合构件（built-up member）是一个较大的分类，可以认为包括了《钢结构设计标准》GB 50017—2017 中的格构式构件（分肢通过缀材的联系而形成整体受力）和 7.2.6 条所说的通过填板连接而成的构件（通常视为整体受力）。

必须指出的是，AISC 360 中所说的"composite member"通常也被译作"组合构件"，实际指的是"钢与混凝土组合构件"，这部分内容，见本书第 9 章。

4.5.1　修正的长细比

由两个型钢通过螺栓或焊缝组合为一个整体而形成的组合构件，若屈曲时两个被连接的型钢存在由于剪力而引起的相对变形，那么，应考虑剪力的影响而采用修正的长细比。修正的长细比以原始长细比求得，公式为：

当以螺栓连接且为一般拧紧时：

$$\left(\frac{L_c}{r}\right)_m = \sqrt{\left(\frac{L_c}{r}\right)_o^2 + \left(\frac{a}{r_i}\right)^2} \tag{4-92}$$

当以焊缝连接，或以施加了预加力的螺栓连接时：

当 $a/r_i \leqslant 40$ 时

$$\left(\frac{L_c}{r}\right)_m = \left(\frac{L_c}{r}\right)_o \tag{4-93a}$$

当 $a/r_i > 40$ 时

$$\left(\frac{L_c}{r}\right)_m = \sqrt{\left(\frac{L_c}{r}\right)_o^2 + \left(\frac{K_i a}{r_i}\right)^2} \tag{4-93b}$$

式中　a——连接件的距离；

$\quad\quad r_i$——一个组件的最小回转半径。

$\quad\quad K_i$——背对背角钢，取 0.50；背对背槽钢，取 0.75；其他情况取 0.86。

【解析】（1）所谓"一般拧紧"（snug-tight），指的是未施加预拉力，相当于 GB 50017—2017 中对普通螺栓连接的处理。

（2）修正后的长细比根号内第一项，按 GB 50017—2017 的概念，为绕虚轴的长细比。只不过，此处概念更为宽泛，不仅包括格构式构件还包括用填板连接而成的构件。即，此处的"组件"（component）可以表示用填板连接的两个型钢中的一个，也可以表示格构式构件中的一个"分肢"。

（3）注意到，GB 50017—2017 的 7.2.6 条规定，用填板连接而成的双角钢或双槽钢构件，采用普通螺栓连接时应按格构式构件进行计算。当按照实腹式构件计算时，要求受压构件填板的距离不应超过 $40i$，与式（4-93a）相似但稍有差别：GB 50017—2017 规定此处的回转半径 i 按单个构件规定轴取值，如图 4-16 所示；而 AISC 360-16 在式（4-93a）中均取单个构件的最小回转半径。

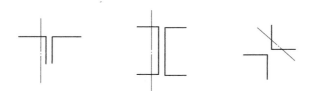

图 4-16　回转半径所用的轴线（依据 GB 50017—2017）

对于格构式轴心受压柱，《金属结构的屈曲强度》一书中有比较详尽的介绍[21]。《金属结构稳定设计指南》（第 6 版）建议，考虑到剪力的影响，对于缀条柱，可偏于安全地将根据端部约束确定的 K 予以修正，用一个新的系数 K' 表达[18]：

当 $KL/r \leqslant 40$ 时

$$K' = 1.1 \tag{4-94a}$$

当 $KL/r > 40$ 时

$$K' = K\sqrt{1 + \frac{300}{(KL/r)^2}} \tag{4-94b}$$

4.5.2　构造要求

1. 受压组合构件可以由两个或两个以上型钢组成，采用连接件将其联系在一起，连

接件的间距 a，应能保证 a/r_i 不超过组合构件控制长细比（即，绕两个主轴长细比的较大者）的 $3/4$，r_i 为一个组件的最小回转半径。

【解析】 此处可以与 GB 50017—2017 的 7.2.4 条对照：缀条柱的分肢长细比 λ_1 不应大于构件两方向长细比较大值 $\lambda_{\max}$ 的 0.7 倍。

2. 受压组合构件的端部支承于柱脚板或机加工表面时，所有互相联系的组件应采用焊缝相连，且焊缝长度不小于构件的最大宽度；或者采用螺栓相连，且沿受力方向的螺栓间距不大于 4 倍栓径，连接长度不应小于构件最大宽度的 1.5 倍。

受压组合构件的长度方向上，上述端部连接之间的间断焊缝或螺栓的纵向间距应能满足承载力要求。紧固件的纵向间距，应满足"连接设计"一章的要求。

当组合构件的一个组件包含外伸板时，若沿组件边缘采用断续焊缝或非错列布置的紧固件，连接的最大间距不超过外伸板最小厚度的 $0.75\sqrt{E/F_y}$ 倍且不得超过 300mm；若紧固件采用错列布置，每一行紧固件的最大间距不得超过外伸板最小厚度的 $1.12\sqrt{E/F_y}$ 倍且不得超过 460mm。

3. 受压组合构件的敞开侧可以采用带检查孔的连续的盖板与分肢相连，盖板形状如图 4-17 所示。当满足以下要求时，受压承载力设计值可按照具有最大检查孔的净截面面积求出：

（1）板件宽厚比满足表 2-3 项次 7 的限值要求。此时，b 取最近的两列紧固件之间的横向距离。

（2）孔洞的长宽比不超过 2。此处，"长"指的是检查孔沿压力方向的尺寸。

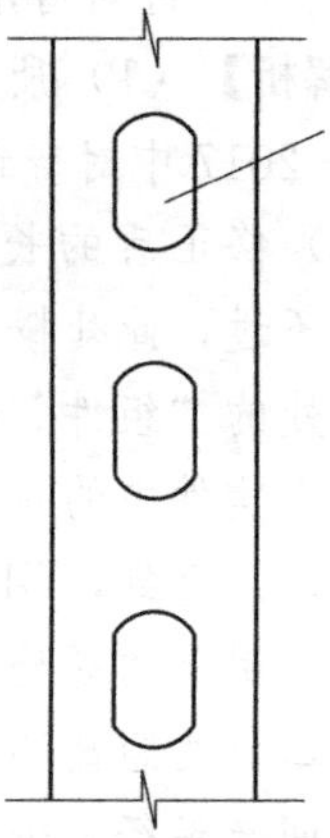

图 4-17 带检查孔的盖板

（3）沿压力方向，孔的净距应不小于两列紧固件或两条焊缝之间的横向最小距离。

（4）孔外缘任意点处的曲率半径不小于 38mm。

4. 带孔盖板也可以用缀条或缀板代替。当采用缀板时，端部缀板应尽可能靠近构件端部且应加强，使其沿构件方向的高度不小于其宽度（即，其与左右端分肢相连的焊缝或紧固件之间的距离），中间缀板的高度不得小于该宽度的 $1/2$，缀板厚度不得小于该宽度的 $1/50$。缀板与分肢采用焊接时，焊缝长度应不小于缀板高度的 $1/3$；采用紧固件连接时，缀板与一个分肢相连的螺栓数不少于 3 个且螺栓间距不大于 6 倍栓径。

5. 可采用扁铁、角钢或其他型钢作为缀条。如图 4-18 所示，缀条与构件轴线的夹角，单缀条时 θ 不宜小于 $60°$，双缀条时 θ 不宜小于 $45°$，缀条的布置应使图中 l_1/r_1 不大于整体长细比较大者的 $3/4$ 倍。缀条应按承受横向力为 2% 构件承载力设计（即 2% $\phi F_{cr} A_g$，我国 GB 50017—2017 取为 $\dfrac{Af}{85\varepsilon_k} = 1.2\% Af \sqrt{f_y/235}$）。对单缀条体系，缀条的长细比 L/r 不应超过 140，对双缀条体系则不应超过 200。双缀条在交叉点处应相互连接。当缀条受压时，对单缀条体系，L 取缀条两端焊缝或紧固件间的距离；对双缀条体系，取上述长度的 70%。

当组合构件翼缘上的焊缝或紧固件之间的距离大于 380mm 时，缀条宜采用双缀条或采用角钢制作。

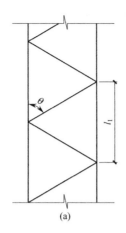 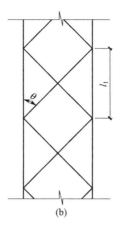

图 4-18　缀条式组合构件

（a）单缀条体系；（b）双缀条体系

【例 4-6】 由 2∟50×32×4 组成的轴心压杆，长度为 3m，两端铰接。填板间距为 1m，厚度为 8mm。钢材 $F_y = 235\text{N/mm}^2$。要求：依据 AISC 360-16 确定其受压承载力设计值。

解： 单角钢、双角钢组合截面以及形成的 T 形"等效截面"如图 4-19 所示。

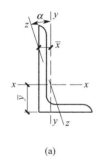 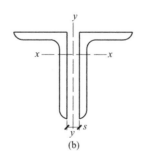 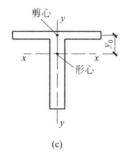

图 4-19　例 4-6 的图示

（1）确定截面特性

查《热轧型钢》GB/T 706—2016 表 A.4，可得单个角钢的截面特性如下：

$A = 317.7\text{mm}^2$，$I_x = 8.02 \times 10^4 \text{mm}^4$，$I_y = 2.58 \times 10^4 \text{mm}^4$，$r_x = 15.9\text{mm}$，$r_z = 6.9\text{mm}$。形心的位置：$\bar{x} = 7.7\text{mm}$，$\bar{y} = 16.0\text{mm}$。

该表格未给出扭转常数 J，今近似按照两个矩形计算：

$$J = \frac{1}{3} \sum b_i t_i^3 = \frac{1}{3}(50 \times 4^3 + 32 \times 4^3) = 1.7493 \times 10^3 \text{mm}^4$$

双角钢形成的 T 形组合截面，截面特性按照图 4-19（b）求出：

$$A_g = 2 \times 317.7 = 635.4 \text{ mm}^2$$

$$I_x = 2 \times 8.02 \times 10^4 = 1.604 \times 10^5 \text{mm}^4$$

$$I_y = 2 \times [2.58 \times 10^4 + 317.7 \times (7.7 + 8/2)^2] = 1.3858 \times 10^5 \text{mm}^4$$

$\bar{r}_0$ 按照图 4-19（c）所示的 T 形"等效截面"求出，此时，沿 x 轴剪心到形心的距离 $x_0=0$。

$$\bar{r}_0=\sqrt{x_0^2+y_0^2+\frac{I_x+I_y}{A_g}}=\sqrt{0+(16.0-4/2^2)+\frac{1.604\times10^5+1.3858\times10^5}{635.4}}=25.8\text{mm}$$

$$H=1-\frac{x_0^2+y_0^2}{\bar{r}_0^2}=0.7059$$

（2）判断截面板件等级

$$\lambda=\frac{b}{t}=\frac{50}{4}=12.5<\lambda_r=0.45\sqrt{\frac{E}{F_y}}=0.45\sqrt{\frac{200\times10^3}{235}}=13.1$$

因此，属于非薄柔。

（3）确定弹性弯曲屈曲临界应力（F_{ex} 与 F_{ey}）

$$L_{cx}/r_x=3000/15.9=188.7$$

$$F_{ex}=\frac{\pi^2E}{(L_{cx}/r_x)^2}=\frac{\pi^2\times200\times10^3}{(188.7)^2}=55.4\text{N/mm}^2$$

对于绕 y 轴，可得：

$$r_y=\sqrt{I_y/A_g}=14.8\text{mm}$$

$$L_{cy}/r_y=3000/14.8=203.1$$

由填板分隔而形成的 $a/r_i=1000/6.9=144.9<3/4\times203.1=152.3$，满足构造要求。由于 $a/r_i>40$，故

$$\left(\frac{L_c}{r}\right)_m=\sqrt{\left(\frac{L_c}{r}\right)_o^2+\left(\frac{K_ia}{r_i}\right)^2}=\sqrt{203.1^2+\left(\frac{0.5\times1000}{6.9}\right)^2}=215.7$$

$$F_{ey}=\frac{\pi^2\times200\times10^3}{(215.7)^2}=42.4\text{N/mm}^2$$

（4）确定扭转屈曲和弯扭屈曲临界应力（F_{ez} 与 F_e）

双角钢组成的 T 形截面，可取 $C_w=0$。

弹性扭转屈曲临界应力为：

$$F_{ez}=\left(\frac{\pi^2EC_w}{L_{cz}^2}+GJ\right)\frac{1}{A_g\bar{r}_0^2}$$

$$=(0+7.72\times10^4\times1.7493\times10^3\times2)\times\frac{1}{635.4\times25.8^2}$$

$$=637.7\text{ N/mm}^2$$

弹性弯扭屈曲临界应力为：

$$F_e=\left(\frac{F_{ey}+F_{ez}}{2H}\right)\left[1-\sqrt{1-\frac{4F_{ey}F_{ez}H}{(F_{ey}+F_{ez})^2}}\right]$$

$$=\left(\frac{42.4+637.7}{2\times0.7059}\right)\left[1-\sqrt{1-\frac{4\times42.4\times637.7\times0.7059}{(42.4+637.7)^2}}\right]$$

$$=41.5\text{ N/mm}^2$$

（5）确定杆件的受压承载力设计值

取以上弯曲屈曲、扭转屈曲、弯扭屈曲三种屈曲形式的弹性临界应力最小者，为 $41.5\mathrm{N/mm^2}$（弯扭屈曲控制）。由于 $F_y/F_e = 235/41.5 = 5.6571 > 2.25$，故 $F_{cr} = 0.877F_e = 0.877 \times 41.5 = 36.43\ \mathrm{N/mm^2}$。

$$\phi_c P_n = 0.9 F_{cr} A_e = 0.9 \times 36.43 \times 635.4 = 2.08 \times 10^4\ \mathrm{N}$$

【解析】若按照 AISC 360-05 计算，修正的长细比计算公式有差异，其他步骤相同。试演如下：

$$\alpha = \frac{h}{2r_{ib}} = \frac{2\bar{x}+8}{2r_{ib}} = \frac{2\times7.7+8}{2\times9.0} = 1.30$$

式中，h、$\bar{x}$ 的含义见图 4-20，其中 1-1 轴为单肢平行于 y 轴的形心轴；r_{ib} 为单肢绕 1-1 轴的回转半径。

$$\left(\frac{L_c}{r}\right)_m = \sqrt{\left(\frac{L_c}{r}\right)_o^2 + 0.82\frac{\alpha^2}{1+\alpha^2}\left(\frac{a}{r_{ib}}\right)^2}$$

$$= \sqrt{203.1^2 + 0.82 \times \frac{1.3^2}{1+1.3^2}\left(\frac{1000}{9.0}\right)^2} = 218.2$$

据此可得组合截面绕 y 轴的弹性弯曲屈曲临界应力 $F_{ey} = 41.4\mathrm{N/mm^2}$，弹性弯扭屈曲临界应力 $F_e = 40.6\ \mathrm{N/mm^2}$。

取弯曲屈曲、扭转屈曲、弯扭屈曲三种屈曲形式的弹性临界应力最小者，为 $40.6\mathrm{N/mm^2}$（弯扭屈曲控制）。进一步求出 $F_{cr} = 35.60\mathrm{N/mm^2}$，$\phi_c P_n = 20.4\mathrm{kN}$。

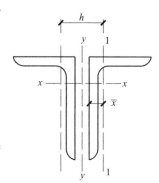

图 4-20　双角钢组合构件截面

参考文献

［1］ American Institute of Steel Construction（AISC）. Specification for structural steel buildings：ANSI/AISC 360-16［S］. Chicago：AISC，2016.

［2］ American Institute of Steel Construction（AISC）. Specification for structural steel buildings—Allowable stress design and plastic design［S］. Chicago：AISC，1989.

［3］ American Society of Civil Engineers（ASCE）. Effective length and notional load approaches for assessing frame stability：Implications for American steel design［M］. New York：ASCE，1997.

［4］ American Institute of Steel Construction（AISC）. Steel construction manual［M］. 13th edition. Chicago：AISC，2005.

［5］ TRAHAIR N S，NETHERCOT D A. The behaviour and design of steel structures to EC3［M］. 4th ed. London：Taylor & Francis，2008.

［6］ American Institute of Steel Construction（AISC）. Load and resistance factor design specification for Structural Steel Buildings［S］. Chicago：AISC，1999.

［7］ SALMON C G，JOHNSON J E，MALHAS F A. Steel structures design and behavior［M］. New Jersey：Pearson Prentice Hall，2009.

［8］ Standards Australia. Steel structures：AS 4100—1998［S］. Sydney：Standards Australia，2012.

［9］ DUMONTEIL P. Simple equations for effective length factor［J］. AISC Engineering Journal，1992，

29 (3)：111-115.

[10] YURA J A. The effective length of columns in unbraced frames [J]. AISC Enginering Journal, 1971 (2)：37-42.

[11] 陈骥. 钢结构稳定理论与设计 [M]. 6 版. 北京：科学出版社, 2015.

[12] 陈绍蕃, 顾强. 钢结构基础 [M]. 3 版. 北京：中国建筑工业出版社, 2014.

[13] 魏明钟. 钢结构 [M]. 武汉：武汉理工大学出版社, 1991.

[14] 中华人民共和国冶金工业部. 钢结构设计规范：TJ 17—74 [S]. 北京：中国建筑工业出版社, 1975.

[15] 魏明钟. 钢结构设计新规范应用讲评 [M]. 北京：中国建筑工业出版社, 1991.

[16] American Institute of Steel Construction (AISC). Specification for load and resistance factor design of single-angle members [S]. Chicago：AISC, 1993.

[17] American Institute of Steel Construction (AISC). Load and resistance factor design specification for Structural Steel Buildings [S]. Chicago：AISC, 1993.

[18] ZIEMIAN R D. Guide to stability design criteria for metal structures [M]. 6th ed. New Jersey：John Wiley & Sons, 2010.

[19] American Institute of Steel Construction (AISC). Specification for structural steel buildings：ANSI/AISC 360-10 [S]. Chicago：AISC, 2010.

[20] American Institute of Steel Construction (AISC). Design examples companion to the AISC steel construction manual [M]. Chicago：AISC, 2017.

[21] BLEICH F. Buckling strength of metal structures. New York：McGraw-Hill, 1952. 中译本：F. 柏拉希. 金属结构的屈曲强度 [M]. 同济大学钢木结构教研组, 译. 北京：科学出版社, 1965.

第5章
构件受弯

梁的侧扭屈曲承载力与侧向支承点之间的距离 L_b 有关，为此，AISC 360-16 采用的原则是：以 L_p 和 L_r 作为分界点，当 $L_b \leqslant L_p$ 时，不会发生侧扭屈曲，承载力由屈服承载力确定；当 $L_b > L_r$ 时，发生弹性侧扭屈曲，给出具体的计算式；当 $L_p < L_b \leqslant L_r$ 时，按照线性内插确定受弯承载力。

截面受压板件可能是厚实、半厚实或薄柔，则在给出厚实时承载力和薄柔时承载力的基础上，按板件宽厚比线性内插得到半厚实时的承载力。

受弯承载力与沿构件纵向的弯矩分布有关，以纯弯曲求得的梁的侧扭屈曲承载力应乘以系数 C_b 考虑此影响。

5.1 概述

5.1.1 构件受弯承载力计算时的极限状态

与轴心受压构件相比，受弯构件由于截面上应力非均匀分布，故情况相对复杂。在欧洲钢结构规范 EN 1993-1-1 中，由于采用截面等级的同时还采用了"有效宽度法"，这使得受弯构件承载力的计算公式十分统一，无论是确定截面承载力还是构件承载力，公式只有一个。所不同的，只是根据截面等级的不同，代入相应的截面特性：对于等级 1、2，用塑性截面模量；对于等级 3，用弹性截面模量；对于等级 4，用有效截面模量[1]。

AISC 360-16 虽然对于轴心受压构件引入了有效宽度法，但是对于受弯构件，仍采用 AISC 360-10 的做法。具体而言，就是对各种截面形式和板件等级，共提出了 8 种极限状态，如表 5-1 所示[2]。

AISC 360-16 对受弯构件采用的极限状态　　　　　　表 5-1

名称	含义	适用的截面
Y(yielding)	屈服	全部
LTB(lateral-torsional buckling)	侧扭屈曲	工字形、槽形、箱形、T 形、矩形
FLB(flange local buckling)	翼缘局部屈曲	工字形、槽形、箱形、T 形、矩形

续表

名称	含义	适用的截面
CFY(compression flange yielding)	受压翼缘屈服	工字形
TFY(tension flange yielding)	受拉翼缘屈服	工字形
WLB(web local buckling)	腹板局部屈曲	工字形、箱形、T形、
LB(local buckling)	局部屈曲	圆管
LLB(leg local buckling)	肢局部屈曲	角钢

为便于快速定位某个截面的相应规定，AISC 360-16 在第 F 章还给出了一个表格，如表 5-2 所示。

各种截面受弯构件应考虑的极限状态　　　　　　　　　　表 5-2

项次	截面	翼缘等级	腹板等级	极限状态	章节
1		厚实	厚实	Y, LTB	F2
2		半厚实，薄柔	厚实	LTB, FLB	F3
3		全部	厚实，半厚实	CFY, LTB, FLB, TFY	F4
4		全部	薄柔	CFY, LTB, FLB, TFY	F5
5		全部	—	Y, FLB	F6
6		全部	全部	Y, FLB, WLB, LTB	F7
7		—	—	Y, LB	F8
8		全部	—	Y, LTB, FLB, WLB	F9
9				Y, LTB, LLB	F10
10				Y, LTB	F11
11	非对称型钢(单角钢除外)	—	—	所有	F12

需要注意的是，像表中项次 10 这样，圆棒和矩形棒放在一起规定，是因为二者有部

分相似之处，尽管极限状态一栏写明"屈服，侧扭屈曲"，并不表明圆棒一定要按照侧扭屈曲极限状态确定承载力，事实上，圆棒和矩形棒绕弱轴弯矩均不必考虑侧扭屈曲，这在具体规定部分是明确的。

5.1.2　受弯承载力的计算原则

AISC 360-16 在确定梁的承载力时，假定梁绕一个主轴弯曲，构件承受平行于主轴且通过剪心的荷载，或者，在荷载作用点和支座有抗扭约束。受弯承载力设计值为 $\phi_b M_n$，所有情况均取系数 $\phi_b = 0.9$，M_n 为受弯承载力标准值，M_n 应取各种可能的极限状态下承载力的最小者。

从表 5-2 来看，确定受弯构件的承载力十分繁杂，但实际上却是有规律可循的。总体思路可以概述为：

1. 梁的承载力标准值 M_n 与侧向支承点间的距离有关

梁受弯后一般认为经历了 3 个阶段：弹性阶段、弹塑性阶段和塑性阶段。弹性阶段，截面应力为三角形分布，最终边缘纤维达到屈服进入弹塑性阶段；在弹塑性阶段，塑性区不断向内部扩展，最终全截面均达到塑性而进入塑性阶段；截面应力全部达到塑性后，可承受的弯矩不变而梁的变形会持续增大，称作形成了"塑性铰"，塑性铰弯矩记作 M_p。如果考虑应变硬化，梁可承受的弯矩还会更大，AISC 360-16 通常将其限制在 1.6 倍弹性受弯承载力之内。

侧扭屈曲的整体稳定承载力与侧向支承点之间的距离 L_b 的关系曲线如图 5-1 所示。当 L_b 足够小，$L_b \leqslant L_p$ 时，承载力可达到 M_p；以 0.7 倍弹性受弯承载力对应的 L_b 作为弹塑性和弹性的分界点 L_r，$L_b \geqslant L_r$ 时发生弹性侧扭屈曲，$L_p < L_b < L_r$ 时发生弹塑性侧扭屈曲。弹塑性侧扭屈曲受弯承载力按照线性内插得到，表现为图中的直线。以上就是截面为厚实时受弯承载力标准值 M_n 的计算原则。

2. 以纯弯曲时梁的承载力为基准，侧扭屈曲承载力乘以 C_b

根据梁的弹性稳定理论，纯弯曲（均匀弯矩）时梁的弹性临界弯矩最小。各国规范通常以均匀弯矩时的侧扭屈曲承载力为基准，当区段内弯矩沿构件纵轴向为非均匀弯矩时，考虑弯矩图的分布情况乘以一个系数加以调整，AISC 360-16 将该修正系数记作 C_b，其影响如图 5-1 中虚线所示。C_b 按照下式计算：

$$C_b = \frac{12.5 M_{max}}{2.5 M_{max} + 3 M_A + 4 M_B + 3 M_C} \tag{5-1}$$

式中　　M_{max}——无支区段（unbraced segment）最大弯矩的绝对值；

M_A、M_B、M_C——分别为无支区段 1/4、1/2、3/4 跨度位置处的弯矩绝对值。

对自由端无支承的悬臂梁，取 $C_b = 1.0$。

3. 梁的承载力标准值 M_n 与受压翼缘的等级有关

国外钢结构文献中，梁分为一般的热轧型钢梁（beam）和钢板焊接组合而成的梁（girder），后者有时候译作"大梁"。本书对二者不做详细区分，统称为"梁"。

在 ASTM 型钢表中的工字钢，当 $F_y \leqslant 345\text{MPa}$ 时所有的型钢腹板等级属于厚实；当 $F_y = 345\text{MPa}$ 时只有极少的 W 型钢翼缘等级不属于厚实，因此，翼缘属于薄柔通常只出现于焊接截面梁。

如图 5-2 所示，当受压翼缘宽厚比小于 λ_p 时其等级属于厚实，受弯承载力最大可达到塑性铰弯矩 M_p；当受压翼缘宽厚比大于 λ_r 时其等级属于薄柔，此时，其弹性屈曲临界应力 F_{cr} 可根据薄板弹性稳定理论求出，以 $F_{cr}S_x$ 作为受弯承载力；受压翼缘宽厚比处于 λ_p 和 λ_r 二者之间时，承载力按线性内插得到。

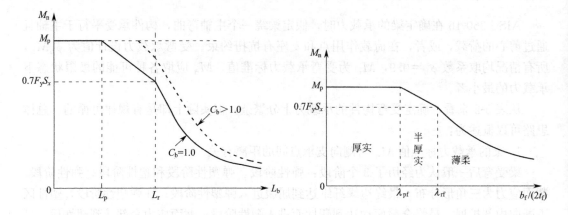

图 5-1　受弯承载力标准值与无支长度的关系　　图 5-2　受弯承载力标准值与受压翼缘宽厚比的关系

【解析】1. 关于如何确定 C_b

AISC 360-16 的 F1 节条文说明指出，正文给出的 C_b 公式适用于双轴对称以及单轴对称截面且为单向曲率情况。更为一般的情况是：

$$C_b = \frac{12.5M_{\max}}{2.5M_{\max} + 3M_A + 4M_B + 3M_C} R_m \leqslant 3$$

式中　R_m——截面对称性参数；双轴对称，$R_m = 1.0$；

　　　　　　单轴对称，承受单向曲率，$R_m = 1.0$；

　　　　　　单轴对称，承受反向曲率，$R_m = 0.5 + 2\left(\dfrac{I_{y\text{Top}}}{I_y}\right)^2$；

　　　I_y——对主轴 y 轴的惯性矩；

　　　$I_{y\text{Top}}$——上翼缘对位于腹板平面轴的惯性矩。此处的"上翼缘"，更为一般的，指与横向力方向相反一侧的翼缘。

在 ASD 89 中，还曾应用以下公式确定 C_b[3]：

$$C_b = 1.75 + 1.05\left(\frac{M_1}{M_2}\right) + 0.3\left(\frac{M_1}{M_2}\right)^2 \leqslant 2.3$$

式中，M_1、M_2 为无支长度端部绕截面强轴的弯矩，$|M_2| \geqslant |M_1|$。当端弯矩导致单向曲率时，M_1/M_2 取为负；当端弯矩导致反向曲率时，M_1/M_2 取为正。当无支长度区间内某点的弯矩大于端弯矩时（取绝对值比较），取 $C_b = 1.0$。

必须指出，当梁的截面为单轴对称且内力引起反向曲率时，应对两个翼缘均复核侧扭屈曲承载力。如图 5-3 所示，计算侧扭屈曲承载力时，负弯矩区段，应对下翼缘计算；正弯矩区段，应对上翼缘计算。

2. GB 50017—2017 中的等效弯矩系数 β_b[4]

GB 50017—2017 规定，梁的稳定承载力验算采用下面的公式：

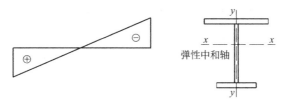

图 5-3 梁承受异号弯矩

$$\frac{M_x}{\varphi_b W_x f} \leqslant 1.0$$

式中，分母 $\varphi_b W_x f$ 为以整体稳定准则确定的受弯承载力；W_x 为按照截面受压边缘求得的截面模量，当为 S5 截面时按有效截面确定；φ_b 为稳定系数，其取值除了与截面尺寸有关外，还与以下因素有关：

（1）侧向支承点之间的距离；

（2）荷载的类型以及作用位置。

影响因素（2）以等效弯矩系数 β_b 体现。值得注意的是，依据 GB 50017—2017 表 C.0.1 确定 β_b 时，条件十分苛刻，实际情况可能会不能严格满足表格中的条件，造成取值困难。

AISC 360-16 以 C_b 考虑荷载引起的弯矩图对受弯承载力的影响，相对方便，但未考虑荷载作用位置（相对于截面剪心）的影响，可以认为其默认荷载作用于梁上表面。

【例 5-1】某双轴对称截面钢梁在无支区段内的弯矩图如图 5-4 所示。要求：依据 AISC 360-16 确定 C_b。

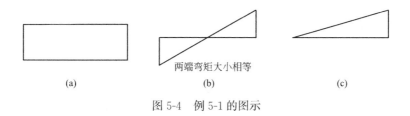

两端弯矩大小相等

(a)　　　　　　　　(b)　　　　　　　　(c)

图 5-4　例 5-1 的图示

解：图 5-4（a）为均匀弯矩，是标准情况，$C_b = 1.0$。

图 5-4（b），以 M_{max} 作为 1，则 $M_A = 0.5$，$M_B = 0$，$M_C = 0.5$，于是可得

$$C_b = \frac{12.5 M_{max}}{2.5 M_{max} + 3 M_A + 4 M_B + 3 M_C} = \frac{12.5 \times 1}{2.5 \times 1 + 3 \times 0.5 + 0 + 3 \times 0.5} = 2.27$$

图 5-4（c），以 M_{max} 作为 1，则 $M_A = 0.25$，$M_B = 0.5$，$M_C = 0.75$，于是可得

$$C_b = \frac{12.5 M_{max}}{2.5 M_{max} + 3 M_A + 4 M_B + 3 M_C} = \frac{12.5 \times 1}{2.5 \times 1 + 3 \times 0.25 + 4 \times 0.5 + 3 \times 0.75} = 1.67$$

5.2　工字形截面梁和槽钢梁的受弯承载力

5.2.1　双轴对称工字形截面（板件属于厚实）梁以及槽钢梁绕强轴弯曲

以下规定适用于：

（1）双轴对称工字形截面且截面板件属于厚实，绕强轴弯曲；

（2）热轧槽钢截面梁绕强轴弯曲。

受弯承载力标准值 M_n 取屈服极限状态（塑性弯矩）和侧扭屈曲极限状态二者承载力的较小者。

1. 屈服

屈服极限状态受弯承载力标准值按下式确定：

$$M_n = M_p = F_y Z_x \tag{5-2}$$

式中 M_p——梁截面应力全部达到屈服时的弯矩（塑性铰弯矩）；

        F_y——所使用钢材的规定最小屈服应力；

        Z_x——对 x 轴的塑性截面模量（相当于 GB 50017 中的 W_{px}）。

2. 侧扭屈曲

依据侧向支承点之间的距离分为三段：

当 $L_b \leqslant L_p$ 时，不会发生侧扭屈曲。

当 $L_p < L_b \leqslant L_r$ 时

$$M_n = C_b \left[M_p - (M_p - 0.7 F_y S_x) \left(\frac{L_b - L_p}{L_r - L_p} \right) \right] \leqslant M_p \tag{5-3a}$$

当 $L_b > L_r$ 时

$$M_n = F_{cr} S_x \leqslant M_p \tag{5-3b}$$

$$L_p = 1.76 r_y \sqrt{\frac{E}{F_y}} \tag{5-4}$$

$$L_r = 1.95 r_{ts} \frac{E}{0.7 F_y} \sqrt{\frac{Jc}{S_x h_0} + \sqrt{\left(\frac{Jc}{S_x h_0} \right)^2 + 6.76 \left(\frac{0.7 F_y}{E} \right)^2}} \tag{5-5}$$

$$r_{ts}^2 = \frac{\sqrt{I_y C_w}}{S_x} \tag{5-6}$$

式中 L_b——支承点之间的距离，这些支承点用以防止受压翼缘的侧向位移或防止截面的扭转；

       L_p——对应于屈服极限状态的界限侧向无支长度；

       L_r——对应于非弹性侧扭屈曲的界限无支长度；

        J——扭转常数（相当于 GB 50017—2017 的 I_t）；

      C_w——翘曲常数（相当于 GB 50017—2017 的 I_ω）；

      F_{cr}——弹性侧扭屈曲临界应力，按照下式求出，F_{cr} 的根号项可以偏于保守地取为 1.0：

$$F_{cr} = \frac{C_b \pi^2 E}{\left(\frac{L_b}{r_{ts}} \right)^2} \sqrt{1 + 0.078 \frac{Jc}{S_x h_0} \left(\frac{L_b}{r_{ts}} \right)^2} \tag{5-7}$$

      S_x——对 x 轴的弹性截面模量（相当于 GB 50017 的 W_x）。

对双轴对称工字形截面：

$$c = 1.0 \tag{5-8a}$$

对槽钢：

$$c = \frac{h_0}{2}\sqrt{\frac{I_y}{C_w}} \qquad (5\text{-}8b)$$

对于双轴对称工字形截面，$C_w = \frac{I_y h_0^2}{4}$，于是，$r_{ts}^2 = \frac{I_y h_0}{2 S_x}$。此时，$r_{ts}$ 可以近似且偏于安全地取为受压翼缘加相邻 1/6 腹板高度范围这一假想截面的回转半径，即采用下式确定 r_{ts}：

$$r_{ts} = \frac{b_f}{\sqrt{12\left(1 + \frac{1}{6}\dfrac{h t_w}{b_f t_f}\right)}} \qquad (5\text{-}9)$$

以上公式中用到的截面尺寸，如图 5-5 所示。

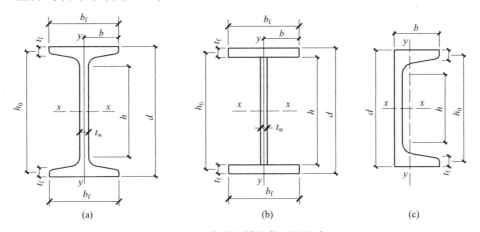

图 5-5 工字形和槽钢截面的尺寸

【解析】(1) M_{cr} 的表达

简支的双轴对称截面梁在均匀弯矩作用下的弹性侧扭屈曲临界弯矩 M_{cr}，有各种不同的表达形式，今汇总于表 5-3。表中同时列出了弹性临界应力 σ_{cr} 的表达。

弹性侧扭屈曲临界弯矩 M_{cr} 或临界应力 σ_{cr} 表 5-3

项次	公式	说明
1	$M_{cr} = \dfrac{\pi^2 EI_y}{l^2}\sqrt{\dfrac{I_\omega}{I_y}\left(1 + \dfrac{GI_t l^2}{\pi^2 EI_\omega}\right)}$	符号按 GB 50017—2017
2	$M_{cr} = \sqrt{\dfrac{\pi^2 EI_y}{l^2}\left(GI_t + \dfrac{\pi^2 EI_\omega}{l^2}\right)}$	符号按 GB 50017—2017
3	$M_{cr} = \dfrac{\pi}{L_b}\sqrt{EI_y GJ_t}\sqrt{1 + W^2}$ $W = \dfrac{\pi}{L_b}\sqrt{\dfrac{EC_u}{GJ}}$	符号按 AISC 360-16
4	$M_{cr} = \dfrac{\pi^2 EI_y}{L_b^2}\dfrac{h_0}{2}\sqrt{1 + \dfrac{1}{W^2}}$ $W = \dfrac{\pi}{L_b}\sqrt{\dfrac{EC_u}{GJ}}$	符号按 AISC 360-16 薄腹且翼缘宽度较窄时，$\dfrac{1}{W^2}$ 相对于 1 是一个小量，根号项可忽略。厚实的腹板且翼缘宽度与截面高度接近时，W^2 相对于 1 来说是小量，根号项不可忽略

项次	公式	说明
5	$F_{cr}=\dfrac{\pi^2 E}{(L_b/r_{ts})^2}\sqrt{1+0.078\dfrac{Jc}{S_x h_0}\left(\dfrac{L_b}{r_{ts}}\right)^2}$	AISC 360-16 采纳的形式
6	$\sigma_{cr}=\dfrac{Ai_0}{W_{xc}}\sqrt{\sigma_{ey}\sigma_t}$ 式中，$\sigma_{ey}=\dfrac{\pi^2 E}{(l_{0y}/i_y)^2}$，$\sigma_t=\dfrac{1}{Ai_0^2}\left(GI_t+\dfrac{\pi^2 EI_\omega}{l_\omega^2}\right)$	符号按 GB 50017—2017 由项次 2 公式容易得到
7	$\sigma_{cr}=\dfrac{M_{cr}h}{2I_x}=\dfrac{\pi^2 E}{2(l/h)^2}\sqrt{\left(\dfrac{I_y}{2I_x}\right)^2+\dfrac{I_y I_t}{2(1+\nu)I_x^2}\left(\dfrac{l}{\pi h}\right)^2}$	符号按 GB 50017—2017
8	$\sigma_{cr}=\dfrac{\pi^2 Eh}{2l^2 W_{xc}}\times 2I_{yc}=\dfrac{\pi^2 EI_{yc}h}{l^2 W_{xc}}$	符号按 GB 50017—2017 1996 年 AISI 规范中使用。是项次 4 公式的简化

注：l 为梁的跨度；h 为截面高度；A 为截面面积；i_0 为极回转半径，$i_0=\sqrt{i_x^2+i_y^2+x_0^2}$，式中，$i_x$、$i_y$ 分别为截面绕 x、y 轴的回转半径；x_0 为剪心至形心的距离；ν 为泊松比；I_{yc} 为受压翼缘绕截面 y 轴的惯性矩；W_{xc} 为受压最大纤维的截面模量。

（2）F_{cr} 计算式的来历

为表达一致，今将表 5-3 中项次 1 的公式符号以 AISC 360-16 形式表达，并加以变形，得到：

$$M_{cr}=\frac{\pi^2 EI_y}{L_b^2}\sqrt{\frac{C_w}{I_y}\left(1+\frac{GJL_b^2}{\pi^2 EC_w}\right)}=\frac{\pi^2 E\sqrt{I_y C_w}}{L_b^2}\sqrt{1+\frac{GJL_b^2}{\pi^2 EC_w}} \tag{5-10}$$

注意到，对于双轴对称工字形截面，有

$$C_w=\sqrt{C_w\times\frac{I_y h_0^2}{4}} \tag{5-11}$$

式中，h_0 为翼缘中面线之间的距离。

将 $G=\dfrac{E}{2(1+\nu)}$，$\nu=0.3$，常数 π 以及式（5-11）代入式（5-10），可得到

$$M_{cr}=\frac{\pi^2 E\sqrt{I_y C_w}}{L_b^2}\sqrt{1+0.078\frac{JL_b^2}{h_0\sqrt{I_y C_w}}} \tag{5-12}$$

将上式除以弹性截面模量 S_x，得到临界应力：

$$F_{cr}=\frac{\pi^2 E}{(L_b/r_{ts})^2}\sqrt{1+0.078\frac{J}{S_x h_0}\left(\frac{L_b}{r_{ts}}\right)^2} \tag{5-13}$$

式中，$r_{ts}^2=\dfrac{\sqrt{I_y C_w}}{S_x}$。

若将式（5-13）中的 L_b/r_{ts} 视为长细比，则 $\dfrac{\pi^2 E}{(L_b/r_{ts})^2}$ 类似于用欧拉公式求弹性临界应力。该公式的物理含义为，梁的整体屈曲可以比拟为截面上部部分截面如同压杆一样发生弯矩作用平面外的弯曲屈曲。此部分截面为受压翼缘加相邻的 1/6 腹板高度。

对于槽钢截面，由于 $C_w = \sqrt{C_w \times \dfrac{I_y h_0^2}{4}}$ 不成立，因此，需要对式（5-13）有一个修正：

$$F_{cr} = \frac{\pi^2 E}{(L_b/r_{ts})^2} \sqrt{1 + 0.078 \frac{Jc}{S_x h_0} \left(\frac{L_b}{r_{ts}}\right)^2} \tag{5-14}$$

式中，$c = \sqrt{\dfrac{I_y h_0^2/4}{C_w}} = \dfrac{h_0}{2}\sqrt{\dfrac{I_y}{C_w}}$，相当于在推导过程中对 $\dfrac{GJL_b^2}{\pi^2 E C_w}$ 的分子、分母分别乘以 c 和 $\sqrt{\dfrac{I_y h_0^2/4}{C_w}}$。

（3）r_{ts} 计算式的推导

参照图 5-5 中的截面尺寸符号，根据 r_t 的定义式，推导如下：

$$r_{ts}^2 = \frac{I_y h_0}{2S_x} = \frac{2 \times \frac{1}{12} b_f^3 t_f^3 \times h_0}{2 \times \frac{I_x}{d/2}} = \frac{\frac{1}{24} \times b_f^3 t_f^3 \times d h_0}{\frac{1}{12} h^3 t_w + \frac{1}{2} b_f t_f h_0^2}$$

将 h_0、h、d 近似取为相等，则可得

$$r_{ts}^2 = \frac{b_f^3 t_f^3}{2h t_w + 12 b_f t_f} = \frac{b_f^2}{12(1 + \frac{1}{6} \frac{h t_w}{b_f t_f})} \tag{5-15}$$

如果按"受压翼缘加相邻 1/6 腹板高度范围"这一假想截面计算绕 y 轴的回转半径，如图 5-6 所示，则可得

$$r_y = \sqrt{\frac{I_y}{A}} = \sqrt{\frac{b_f^3 t_f/12}{b_f t_f + \frac{h t_w}{6}}} = \sqrt{\frac{b_f^2}{12(1 + \frac{1}{6} \frac{h t_w}{b_f t_f})}} \tag{5-16}$$

以上计算忽略了 1/6 腹板高度范围绕 y 轴的惯性矩。

比较式（5-15）和式（5-16），可见二者相等。

（4）关于扭转常数 J 和翘曲常数 C_w

AISC《钢结构手册》中给出了型钢的截面特性，可查表得到某个截面的扭转常数 J 和翘曲常数 C_w[5]。

对于 3 块钢板焊接而成的工字形截面，J 为各个矩形块的宽度乘以厚度的 3 次方之后求和，然后除以 3，公式表达为：

$$J = \frac{1}{3} \sum b_i t_i^3 \tag{5-17}$$

C_w 按下式计算：

$$C_w = \frac{h^2}{12} \left(\frac{b_1^3 t_1 b_2^3 t_2}{b_1^3 t_1 + b_2^3 t_2} \right) \tag{5-18}$$

式中各符号的含义如图 5-7 所示。

计算翘曲常数 C_w 所用到的基础知识见附录 B。考虑到我国标准《热轧型钢》GB/T

706—2016 未给出热轧工字钢的扭转常数和翘曲常数，而这些截面因为有倒角与翼缘斜坡的存在，不易用公式求得，故在附录 C 给出了热轧工字钢和槽钢以 ANSYS 求出的 J 和 C_w（按我国习惯表达，分别为 I_t 和 I_ω）。

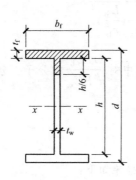

图 5-6　r_{ts} 计算简图

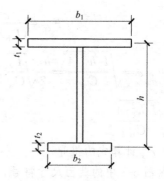

图 5-7　计算 C_w 所用的尺寸

【**例 5-2**】某两端简支钢梁，采用热轧工字钢 I32a，跨度为 6m，跨中有一个侧向支承点。承受均布荷载作用。取 $E = 200 \times 10^3 \, \text{N/mm}^2$，$F_y = 235 \, \text{N/mm}^2$。要求：计算该梁的受弯承载力设计值 $\phi_b M_n$。

解：查《热轧型钢》GB/T 706—2016 表 A.1，可得 I32a 的截面尺寸为：$d = 320\text{mm}$，$b_f = 130\text{mm}$，$t_w = 9.5\text{mm}$，$t_f = 15\text{mm}$。翼缘与腹板之间的倒角半径 $r = 11.5\text{mm}$。

截面特性：截面面积 $A = 6715.6\text{mm}^2$，绕 y 轴惯性矩 $I_y = 459.0\text{cm}^4$，绕 y 轴回转半径 $r_y = 2.62\text{cm}$，绕 x 轴的弹性截面模量 $S_x = 692\text{cm}^3$。

查本书附录可得 I32a 的翘曲常数 $C_w = 101650\text{cm}^6$，扭转常数 $J = 47.84\text{cm}^4$。

（1）判断板件等级

受压翼缘：$b/t = 130/2/15 = 4.3 < 0.38\sqrt{\dfrac{E}{F_y}} = 0.38\sqrt{\dfrac{200 \times 10^3}{235}} = 11.1$，受压翼缘属于厚实。

腹板：$h/t_w = (320 - 2 \times 15 - 2 \times 11.5)/9.5 = 28.1 < 3.76\sqrt{\dfrac{E}{F_y}} = 3.76\sqrt{\dfrac{200 \times 10^3}{235}}$
$= 109.7$，腹板属于厚实。

（2）确定 C_b

画出该梁在均布荷载作用下的弯矩图，如图 5-8 所示。由于跨中有一个侧向支承点，因此，取 AC 段进行研究。

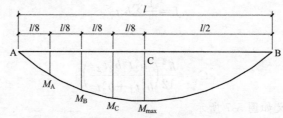

图 5-8　梁的弯矩图

距离左端为 x 处的弯矩为 $qx(l-x)/2$，今以 $M_{max}=1$，则可求得

$$M_A = \frac{\frac{1}{8} \times \frac{7}{8}}{\frac{1}{2} \times \frac{1}{2}} = 0.4375$$

同理可求得 $M_B=0.75$，$M_C=0.9375$。于是

$$C_b = \frac{12.5 M_{max}}{2.5 M_{max} + 3M_A + 4M_B + 3M_C}$$

$$= \frac{12.5 \times 1}{2.5 \times 1 + 3 \times 0.4375 + 4 \times 0.75 + 3 \times 0.9375}$$

$$= 1.30$$

（3）确定截面屈服极限状态的 M_n

由于《热轧型钢》GB/T 706—2016 中未提供塑性截面模量 Z_x，因此，忽略翼缘与腹板之间的倒角，按照如图 5-9 所示的截面近似计算 Z_x。图中 O_1 点为 x 轴以上截面的形心。

$$y_1 = \frac{130 \times 15 \times (320/2 - 15/2) + 145 \times 9.5 \times 145/2}{130 \times 15 + 145 \times 9.5} = 119.4 \text{mm}$$

$$Z_x = Ay_1 = 6715.6 \times 119.4 = 8.0172 \times 10^5 \text{mm}^3$$

于是

$$M_p = F_y Z_x = 235 \times 8.0172 \times 10^5$$

$$= 1.8840 \times 10^8 \text{N} \cdot \text{mm} = 188.40 \text{kN} \cdot \text{m}$$

（4）确定 L_p

$$L_p = 1.76 r_y \sqrt{\frac{E}{F_y}} = 1.76 \times 26.2 \sqrt{\frac{200 \times 10^3}{235}} = 1345 \text{mm}$$

（5）确定 L_r

$$r_{ts}^2 = \frac{\sqrt{I_y C_w}}{S_x} = \frac{\sqrt{459.0 \times 10^4 \times 101650 \times 10^6}}{692 \times 10^3} = 988.2 \text{mm}^2$$

$$r_{ts} = 31.4 \text{mm}$$

$$h_0 = 320 - 15 = 305 \text{mm}, c = 1.0$$

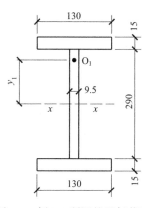

图 5-9 例 5-2 所用的近似截面

$$L_r = 1.95 r_{ts} \frac{E}{0.7 F_y} \sqrt{\frac{Jc}{S_x h_0} + \sqrt{\left(\frac{Jc}{S_x h_0}\right)^2 + 6.76 \left(\frac{0.7 F_y}{E}\right)^2}}$$

$$= 1.95 \times 31.4 \times \frac{200 \times 10^3}{0.7 \times 235} \times \sqrt{\frac{47.84 \times 10^4 \times 1.0}{692 \times 10^3 \times 305} + \sqrt{\left(\frac{47.84 \times 10^4 \times 1.0}{692 \times 10^3 \times 305}\right)^2 + 6.76 \times \left(\frac{0.7 \times 235}{200 \times 10^3}\right)^2}}$$

$$= 5468 \text{mm}$$

（6）确定侧扭屈曲极限状态的 M_n

今 $L_b = 6/2 = 3\text{m}$，满足 $L_p < L_b < L_r$，故

$$M_n = C_b \left[M_p - (M_p - 0.7 F_y S_x)\left(\frac{L_b - L_p}{L_r - L_p}\right) \right]$$

$$= 1.3 \times \left[1.884 \times 10^8 - (1.884 \times 10^8 - 0.7 \times 235 \times 692 \times 10^3) \times \frac{3000 - 1345}{5468 - 1345} \right]$$

$$= 2.0602 \times 10^8 \text{N} \cdot \text{mm} = 206.02 \text{kN} \cdot \text{m}$$

M_n 取以上两种极限状态承载力的较小者，为 188.4kN·m，截面屈服控制设计。

最终受弯承载力设计值为 $\phi_b M_n=0.9\times188.4=169.6$kN·m。

【解析】由解答过程可见，由于侧扭屈曲极限状态在计算承载力时考虑了弯矩的分布（即，乘以大于等于1的系数 C_b），因此，求得的结果可能比全截面塑性时大（这时，表明侧扭屈曲不控制设计）。

在欧洲钢结构规范 EN 1993-1-1 中，确定侧扭屈曲受弯承载力时所采用的截面模量与截面等级有关，当截面等级为 1、2 级时可采用塑性截面模量，此时得到的结果可能会比边缘纤维屈服时对应的承载力要大。

依据 GB 50017—2017 第 6 章，梁整体稳定受弯承载力为 $\varphi_b W_x f$，假定无孔洞削弱（存在 $W_x=W_{nx}$），由于稳定系数 $\varphi_b \leqslant 1.0$，故整体稳定受弯承载力不会超过边缘纤维屈服时对应的承载力，与截面承载力 $\gamma_x W_{nx} f$ 相比，总是侧扭屈曲控制设计。

对此算例，依据 GB 50017—2017 计算如下。

依据表 3.5.1 可知，I32a、Q235 钢材，翼缘与腹板的等级均不低于 S4。因此，可采用全截面计算受弯承载力。

查表 C.0.2，自由长度 3m，跨中有侧向支承点的梁，工字钢型号 32 属于 22~40，故 $\varphi_b=1.80$。

$$\varphi_b'=1.07-\frac{0.282}{\varphi_b}=1.07-\frac{0.282}{1.80}=0.9133$$

按整体稳定确定的受弯承载力设计值为

$$\varphi_b' W_x f=0.9133\times692\times10^3\times215=135.9\times10^6\text{N·mm}=139.9\text{kN·m}$$

5.2.2 双轴对称工字形截面（腹板属于厚实、翼缘属于半厚实或薄柔）梁绕强轴弯曲

受弯承载力标准值 M_n 取侧扭屈曲和受压翼缘局部屈曲的较小者。

1. 侧扭屈曲

式（5-3）在此仍然适用。

2. 受压翼缘局部屈曲

翼缘属于半厚实时

$$M_n=M_p-(M_p-0.7F_y S_x)\left(\frac{\lambda-\lambda_{pf}}{\lambda_{rf}-\lambda_{pf}}\right) \tag{5-19a}$$

翼缘属于薄柔时

$$M_n=\frac{0.9Ek_c S_x}{\lambda^2} \tag{5-19b}$$

式中 λ——受压翼缘宽厚比，$\lambda=\frac{b_f}{2t_f}$；

λ_{pf}——翼缘属于半厚实时的长细比限值；

λ_{rf}——翼缘属于薄柔时的长细比限值；

$k_c=\frac{4}{\sqrt{h/t_w}}$，为计算目的，在 0.35~0.76 之间取值。

【解析】（1）式（5-19b）的来历。

取翼缘自由外伸部分作为薄板研究，其弹性屈曲临界应力为

$$F_{\text{cr}} = \frac{k\pi^2 E}{12(1-\nu^2)[b_{\text{f}}/(2t_{\text{f}})]^2} \tag{5-20}$$

取泊松比 $\nu=0.3$，并将常数 π 代入，得到

$$F_{\text{cr}} = \frac{0.9kE}{[b_{\text{f}}/(2t_{\text{f}})]^2} b_{\text{f}}/(2t_{\text{f}}) \tag{5-21}$$

式(5-21) 乘以 S_x 得到临界弯矩。AISC 360-16 将其中的屈曲系数取为 $k_{\text{c}}=\dfrac{4}{\sqrt{h/t_{\text{w}}}}$，这就形成了式(5-19b)。

(2) 尽管这里仅列出了两种极限状态，事实上，由于侧扭屈曲极限状态的承载力要求不大于 M_{p}，故本质上是根据 3 种极限状态确定最小者作为承载力。由于乘以 C_{b} 考虑了弯矩分布的影响，按式(5-3) 求得的 M_{n} 可能会大于 M_{p}。

【例 5-3】 某两端简支钢梁，跨度为 5m，采用双轴对称的焊接工字形截面，翼缘板为 -400×16，腹板为 -1200×12，截面无孔。承受均布荷载作用。取 $E=200\times10^3\,\text{N/mm}^2$，$F_{\text{y}}=235\,\text{N/mm}^2$。要求：计算该梁的受弯承载力设计值 $\phi_{\text{b}}M_{\text{n}}$。

解： 该截面的几何特性如下：

$A=27200\,\text{mm}^2$，$I_x=6.4600\times10^9\,\text{mm}^4$，$I_y=1.7084\times10^8\,\text{mm}^4$，$S_x=1.0487\times10^7\,\text{mm}^3$，$Z_x=1.2102\times10^7\,\text{mm}^3$，$r_y=79.3\,\text{mm}$，$C_{\text{w}}=6.3089\times10^{13}\,\text{mm}^6$，$J=1.7835\times10^6\,\text{mm}^4$。

(1) 判断板件等级

受压翼缘：$b/t=400/2/16=12.5$

$$\lambda_{\text{pf}}=0.38\sqrt{\frac{E}{F_{\text{y}}}}=0.38\sqrt{\frac{200\times10^3}{235}}=11.1$$

$$\lambda_{\text{rf}}=1.0\sqrt{\frac{E}{F_{\text{y}}}}=1.0\sqrt{\frac{200\times10^3}{235}}=29.2$$

$\lambda_{\text{pf}}<b/t<\lambda_{\text{rf}}$，受压翼缘属于半厚实。

腹板：$h/t_{\text{w}}=1200/12=100$

$$\lambda_{\text{pw}}=3.76\sqrt{\frac{E}{F_{\text{y}}}}=3.76\sqrt{\frac{200\times10^3}{235}}=109.7$$

$h/t_{\text{w}}<\lambda_{\text{pw}}$，腹板属于厚实。

(2) 确定 C_{b}

距离左端为 x 处的弯矩为 $qx(l-x)/2$，今以 $M_{\max}=1$，则可求得

$$M_A=\frac{\frac{1}{4}\times\frac{3}{4}}{\frac{1}{2}\times\frac{1}{2}}=0.75$$

同理可求得 $M_B=1.0, M_C=0.75$。于是

$$C_{\text{b}}=\frac{12.5M_{\max}}{2.5M_{\max}+3M_A+4M_B+3M_C}=\frac{12.5\times1}{2.5\times1+3\times0.75+4\times1.0+3\times0.75}=1.136$$

121

（3）确定 L_p 与 L_r

$$L_p = 1.76 r_y \sqrt{\frac{E}{F_y}} = 1.76 \times 79.3 \sqrt{\frac{200 \times 10^3}{235}} = 4069\text{mm}$$

$$r_{ts}^2 = \frac{\sqrt{I_y C_w}}{S_x} = \frac{\sqrt{1.7084 \times 10^8 \times 6.3089 \times 10^{13}}}{1.0487 \times 10^7} = 9899.7\text{mm}^2$$

$$r_{ts} = 99.5\text{mm}, \ h_0 = 1200 + 16 = 1216\text{mm}$$

$$L_r = 1.95 r_{ts} \frac{E}{0.7 F_y} \sqrt{\frac{J}{S_x h_0} + \sqrt{\left(\frac{J}{S_x h_0}\right)^2 + 6.76\left(\frac{0.7 F_y}{E}\right)^2}}$$

$$= 1.95 \times 99.5 \times \frac{200 \times 10^3}{0.7 \times 235} \sqrt{\frac{1.7835 \times 10^6}{1.0487 \times 10^7 \times 1216} + \sqrt{\left(\frac{1.7835 \times 10^6}{1.0487 \times 10^7 \times 1216}\right)^2 + 6.76 \times \left(\frac{0.7 \times 235}{200 \times 10^3}\right)^2}}$$

$$= 11271\text{mm}$$

（4）侧扭屈曲时的 M_n

今 $L_b = 5\text{m}$，满足 $L_p < L_b < L_r$，故

$$M_p = F_y Z_x = 235 \times 1.2102 \times 10^7 = 2.8441 \times 10^9 \text{N} \cdot \text{mm}$$

$$M_n = C_b \left[M_p - (M_p - 0.7 F_y S_x)\left(\frac{L_b - L_p}{L_r - L_p}\right) \right]$$

$$= 1.136 \times \left[2.8441 \times 10^9 - (2.8441 \times 10^9 - 0.7 \times 235 \times 1.0487 \times 10^7) \times \frac{5000 - 4069}{11271 - 4069} \right]$$

$$= 3.0666 \times 10^9 \text{N} \cdot \text{mm} = 3066.6\text{kN} \cdot \text{m} > M_p = 2844.1\text{kN} \cdot \text{m}$$

侧扭屈曲时，取 $M_n = 2844.1\text{kN} \cdot \text{m}$。

（5）受压翼缘局部屈曲时的 M_n

$$M_n = M_p - (M_p - 0.7 F_y S_x)\left(\frac{\lambda - \lambda_{pf}}{\lambda_{rf} - \lambda_{pf}}\right)$$

$$= 2.8441 \times 10^9 - (2.8441 \times 10^9 - 0.7 \times 235 \times 1.0487 \times 10^7) \times \frac{12.5 - 11.1}{29.2 - 11.1}$$

$$= 1.8126 \times 10^9 \text{N} \cdot \text{mm} = 1812.6\text{kN} \cdot \text{m}$$

M_n 取以上两种极限状态承载力的较小者，为 1812.6kN·m，受压翼缘局部屈曲控制设计。

最终受弯承载力设计值为 $\phi_b M_n = 0.9 \times 1812.6 = 1631\text{kN} \cdot \text{m}$。

5.2.3　其他工字形截面梁绕强轴弯曲

以下规定适用于：

（1）双轴对称工字形构件，腹板属于半厚实，绕强轴弯曲；

（2）单轴对称工字形构件，腹板属于厚实或半厚实，绕强轴弯曲。

这些截面也可以保守地按腹板属于薄柔进行计算。

受弯承载力标准值 M_n 取以下状态的最小者：受压翼缘屈服；侧扭屈曲；受压翼缘局部屈曲；受拉翼缘屈服。

1. 受压翼缘屈服

$$M_n = R_{pc} M_{yc} \tag{5-22}$$

式中，M_{yc} 为按照受压翼缘屈服求得的截面受弯承载力，$M_{yc} = F_y S_{xc}$。

2. 侧扭屈曲

当 $L_b \leqslant L_p$ 时，不会发生侧扭屈曲。

当 $L_p < L_b \leqslant L_r$ 时

$$M_n = C_b \left[R_{pc} M_{yc} - (R_{pc} M_{yc} - F_L S_{xc}) \left(\frac{L_b - L_p}{L_r - L_p} \right) \right] \leqslant R_{pc} M_{yc} \tag{5-23a}$$

当 $L_b > L_r$ 时

$$M_n = F_{cr} S_{xc} \leqslant R_{pc} M_{yc} \tag{5-23b}$$

$$L_p = 1.1 r_t \sqrt{\frac{E}{F_y}} \tag{5-24}$$

$$L_r = 1.95 r_t \frac{E}{F_L} \sqrt{\frac{J}{S_{xc} h_0} + \sqrt{\left(\frac{J}{S_{xc} h_0} \right)^2 + 6.76 \left(\frac{F_L}{E} \right)^2}} \tag{5-25}$$

式中 R_{pc} ——腹板塑性发展系数；

     F_L ——受压翼缘的应力，超过该值时发生非弹性屈曲；

     r_t ——侧扭屈曲的有效回转半径；

     S_{xc} ——按受压翼缘边缘纤维确定的弹性截面模量。

R_{pc} 按照以下规定取值：

当 $I_{yc}/I_y \leqslant 0.23$ 时

$$R_{pc} = 1.0 \tag{5-26a}$$

当 $I_{yc}/I_y > 0.23$ 且 $h_c/t_w \leqslant \lambda_{pw}$ 时

$$R_{pc} = \frac{M_p}{M_{yc}} \tag{5-26b}$$

当 $I_{yc}/I_y > 0.23$ 且 $h_c/t_w > \lambda_{pw}$ 时

$$R_{pc} = \frac{M_p}{M_{yc}} - \left(\frac{M_p}{M_{yc}} - 1 \right) \left(\frac{\lambda - \lambda_{pw}}{\lambda_{rw} - \lambda_{pw}} \right) \leqslant \frac{M_p}{M_{yc}} \tag{5-26c}$$

式中，h_c 的取值见图 5-10（图中，以上翼缘为受压翼缘）；腹板高厚比取为 $\lambda = h_c/t_w$；λ_{pw}、λ_{rw} 分别为构件受弯时截面腹板属于厚实和半厚实时的限值。

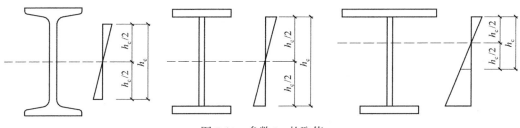

图 5-10 参数 h_c 的取值

M_p 为塑性铰弯矩但有限值，即，应满足下式要求：

$$M_p = F_y Z_x \leqslant 1.6 S_{xc} F_y \tag{5-27}$$

由于是受压翼缘屈服，故式中 S_{xc} 为对受压翼缘而言的弹性截面模量。

应力 F_L 按以下公式取值：

当 $\dfrac{S_{xt}}{S_{xc}} \geqslant 0.7$ 时

$$F_L = 0.7F_y \tag{5-28a}$$

当 $\dfrac{S_{xt}}{S_{xc}} < 0.7$ 时

$$F_L = F_y \frac{S_{xt}}{S_{xc}} \geqslant 0.5F_y \tag{5-28b}$$

侧扭屈曲的有效回转半径 r_t 按以下规定取值：

当受压翼缘为矩形板时

$$r_t = \frac{b_{fc}}{\sqrt{12\left(1 + \dfrac{1}{6}\alpha_w\right)}} \tag{5-29}$$

$$\alpha_w = \frac{h_c t_w}{b_{fc} t_{fc}} \tag{5-30}$$

当受压翼缘为槽钢或有盖板连接于受压翼缘时，r_t 取为受压翼缘加 1/3 腹板受压区（该受压区仅由绕强轴的弯矩产生）所组成面积的回转半径。

式（5-30）中的 b_{fc}、t_{fc} 分别为受压翼缘的宽度与厚度。

式（5-23b）中的弹性侧扭屈曲临界应力 F_{cr} 按下式计算：

$$F_{cr} = \frac{C_b \pi^2 E}{\left(\dfrac{L_b}{r_t}\right)^2} \sqrt{1 + 0.078 \frac{J}{S_{xc} h_0}\left(\frac{L_b}{r_t}\right)^2} \tag{5-31}$$

式中，对于 $\dfrac{I_{yc}}{I_y} \leqslant 0.23$ 的情况，可取 $J = 0$。

3. 受压翼缘局部屈曲

受压翼缘属于厚实时，不会发生局部屈曲。

受压翼缘属于半厚实时

$$M_n = R_{pc} M_{yc} - (R_{pc} M_{yc} - F_L S_{xc})\left(\frac{\lambda - \lambda_{pf}}{\lambda_{rf} - \lambda_{pf}}\right) \tag{5-32}$$

受压翼缘属于薄柔时

$$M_n = \frac{0.9 E k_c S_{xc}}{\lambda^2} \tag{5-33}$$

式中，λ、λ_{pf}、λ_{rf}、S_{xc} 均为针对受压翼缘的指标。

4. 受拉翼缘屈服

当 $S_{xt} \geqslant S_{xc}$ 时，受拉翼缘不会发生屈服。

当 $S_{xt} < S_{xc}$ 时

$$M_n = R_{pt} M_{yt} \tag{5-34}$$

R_{pt} 为相应于受拉翼缘屈服的腹板塑性发展系数，当 $I_{yc}/I_y \leqslant 0.23$ 时取 $R_{pt} = 1.0$；当 $I_{yc}/I_y > 0.23$ 时按下式计算：

当 $\dfrac{h_c}{t_w} \leqslant \lambda_{pw}$ 时

$$R_{pt} = \frac{M_p}{M_{yt}} \qquad (5\text{-}35a)$$

当 $\dfrac{h_c}{t_w} > \lambda_{pw}$ 时

$$R_{pt} = \frac{M_p}{M_{yt}} - \left(\frac{M_p}{M_{yt}} - 1\right)\left(\frac{\lambda - \lambda_{pw}}{\lambda_{rw} - \lambda_{pw}}\right) \leqslant \frac{M_p}{M_{yt}} \qquad (5\text{-}35b)$$

式中，M_{yt} 为受拉翼缘屈服时的弹性受弯承载力，$M_{yt} = F_y S_{xt}$；λ、λ_{pw}、λ_{rw} 为针对腹板高厚比的指标。

【例 5-4】某两端简支钢梁，跨度为 5m，采用双轴对称的焊接工字形截面，翼缘板为 -350×16，腹板为 -1500×12，截面无孔。承受均布荷载作用。取 $E = 200 \times 10^3 \text{N/mm}^2$，$F_y = 235 \text{N/mm}^2$。要求：计算该梁的受弯承载力设计值 $\phi_b M_n$。

解： 该截面的几何特性如下：

$A = 29200 \text{mm}^2$，$I_x = 9.8104 \times 10^9 \text{mm}^4$，$I_y = 1.1455 \times 10^8 \text{mm}^4$，$S_x = 1.2807 \times 10^7 \text{mm}^3$，$Z_x = 1.5240 \times 10^7 \text{mm}^3$，$r_y = 62.6\text{mm}$，$C_w = 6.5692 \times 10^{13} \text{mm}^6$，$J = 1.8197 \times 10^6 \text{mm}^4$。

（1）判断板件等级

受压翼缘：$b/t = 350/2/16 = 10.9$

$$\lambda_{pf} = 0.38\sqrt{\frac{E}{F_y}} = 0.38\sqrt{\frac{200 \times 10^3}{235}} = 11.1$$

$b/t < \lambda_{pf}$，受压翼缘属于厚实。

腹板：$h/t_w = 1500/12 = 125$

$$\lambda_{pw} = 3.76\sqrt{\frac{E}{F_y}} = 3.76\sqrt{\frac{200 \times 10^3}{235}} = 109.7$$

$$\lambda_{rw} = 5.70\sqrt{\frac{E}{F_y}} = 5.70\sqrt{\frac{200 \times 10^3}{235}} = 166.3$$

今 $\lambda_{pw} < h/t_w < \lambda_{rw}$，腹板属于半厚实。

（2）确定 C_b

由例 5-3 可知，承受均布荷载的简支梁，$C_b = 1.136$。

（3）确定受压翼缘屈服时的 M_n

$$I_{yc} = \frac{16 \times 350^3}{12} = 5.7167 \times 10^7 \text{mm}^4$$

$$I_{yc}/I_y = 5.7167 \times 10^7 / 1.1455 \times 10^8 = 0.4991$$

由于 $I_{yc}/I_y > 0.23$ 且 $\lambda_{pw} < h_c/t_w < \lambda_{rw}$（双轴对称截面，$h_c = h$），因此，采用内插法确定 R_{pc}。

$$M_p = F_y Z_x = 235 \times 1.5240 \times 10^7 = 3.5813 \times 10^9 \text{N} \cdot \text{mm}$$

$$M_{yc} = F_y S_{xc} = 235 \times 1.2807 \times 10^7 = 3.0097 \times 10^9 \text{N} \cdot \text{mm}$$

$$R_{pc} = \frac{M_p}{M_{yc}} - \left(\frac{M_p}{M_{yc}} - 1\right)\left(\frac{\lambda - \lambda_{pw}}{\lambda_{rw} - \lambda_{pw}}\right)$$

$$= \frac{3.5813 \times 10^9}{3.0097 \times 10^9} - \left(\frac{3.5813 \times 10^9}{3.0097 \times 10^9} - 1\right) \times \frac{125 - 109.7}{166.3 - 109.7}$$

$$= 1.1385$$

上式中，λ 为腹板的宽厚比，今为双轴对称截面，$\lambda = h/t_w$。

按受压翼缘屈服得到承载力标准值：

$$M_n = R_{pc}M_{yc} = 1.1385 \times 3009.7 = 3426.7 \text{kN} \cdot \text{m}$$

（4）确定 L_p 和 L_r

$$\alpha_w = \frac{h_c t_w}{b_{fc} t_{fc}} = \frac{1500 \times 12}{350 \times 16} = 3.2143$$

$$r_t = \frac{b_{fc}}{\sqrt{12 \times \left(1 + \frac{1}{6}\alpha_w\right)}} = \frac{350}{\sqrt{12 \times \left(1 + \frac{1}{6} \times 3.2143\right)}} = 81.5 \text{mm}$$

$$L_p = 1.1 r_t \sqrt{\frac{E}{F_y}} = 1.1 \times 81.5 \sqrt{\frac{200 \times 10^3}{235}} = 2616 \text{mm}$$

$$F_L = 0.7 F_y = 0.7 \times 235 = 164.5 \text{N/mm}^2$$

$$L_r = 1.95 r_t \frac{E}{F_L} \sqrt{\frac{J}{S_{xc}h_0} + \sqrt{\left(\frac{J}{S_{xc}h_0}\right)^2 + 6.76\left(\frac{F_L}{E}\right)^2}}$$

$$= 1.95 \times 81.5 \times \frac{200 \times 10^3}{164.5} \sqrt{\frac{1.8197 \times 10^6}{1.2807 \times 10^7 \times 1516} + \sqrt{\left(\frac{1.8197 \times 10^6}{1.2807 \times 10^7 \times 1516}\right)^2 + 6.76 \times \left(\frac{164.5}{200 \times 10^3}\right)^2}}$$

$$= 9137 \text{mm}$$

（5）确定侧扭屈曲时的 M_n

今 $L_b = 3$m，满足 $L_p < L_b < L_r$，因此，M_n 应按下式确定：

$$M_n = C_b\left[R_{pc}M_{yc} - (R_{pc}M_{yc} - F_L S_{xc})\left(\frac{L_b - L_p}{L_r - L_p}\right)\right]$$

$$= 1.136 \times \left[3.4267 \times 10^9 - (3.4267 \times 10^9 - 164.5 \times 1.2807 \times 10^7) \times \frac{5000 - 2616}{9137 - 2616}\right]$$

$$= 3.3446 \times 10^9 \text{N} \cdot \text{mm} = 3344.6 \text{kN} \cdot \text{m}$$

（6）确定受压翼缘局部屈曲时的 M_n

由于翼缘属于厚实，故不必考虑。

（7）确定受拉翼缘屈服时的 M_n

由于双轴对称，$S_{xt} = S_{xc}$，故不必考虑。

M_n 取以上 4 种极限状态的最小者，为 3344.6kN·m，侧扭屈曲控制设计。

最终受弯承载力设计值：$\phi_b M_n = 0.9 \times 3344.6 = 3010 \text{kN} \cdot \text{m}$。

【解析】依据 GB 50017—2017 计算如下：

$$\lambda_y = l_1/i_y = 5000/62.6 = 79.9$$

$$\xi = \frac{l_1 t_1}{b_1 h} = \frac{5000 \times 16}{350 \times 1532} = 0.1492 < 2$$

查表 C.0.1，跨中无侧向支承，均布荷载作用于上翼缘，$\xi \leqslant 2$，可得

$$\beta_b = 0.69 + 0.13\xi = 0.7094$$

双轴对称截面，$\eta_b = 0$；Q235 钢材，$\varepsilon_k = 1.0$。

$$\varphi_b = \beta_b \frac{4320}{\lambda_y^2} \frac{Ah}{W_x} \left(\sqrt{1 + \left(\frac{\lambda_y t_1}{4.4h}\right)^2} + \eta_b \right) \varepsilon_k^2$$

$$= 0.7094 \times \frac{4320}{79.9^2} \times \frac{29200 \times 1532}{1.2807 \times 10^7} \times \left(\sqrt{1 + \left(\frac{79.9 \times 16}{4.4 \times 1532}\right)^2} + 0 \right)$$

$$= 1.7096$$

$$\varphi_b' = 1.07 - \frac{0.282}{\varphi_b} = 1.07 - \frac{0.282}{1.7096} = 0.9050$$

按整体稳定确定的受弯承载力设计值为

$$\varphi_b' W_x f = 0.9050 \times 1.2807 \times 10^7 \times 215 = 2.4921 \times 10^9 \text{N} \cdot \text{mm} = 2492.1 \text{kN} \cdot \text{m}$$

【例 5-5】 某两端简支钢梁，截面如图 5-11 所示。跨度 6m，跨中作用一集中荷载（忽略梁的自重），且在跨中设置侧向支承点。取 $E = 200 \times 10^3 \text{N/mm}^2$，$F_y = 235 \text{N/mm}^2$。要求：计算该梁的受弯承载力设计值 $\phi_b M_n$。

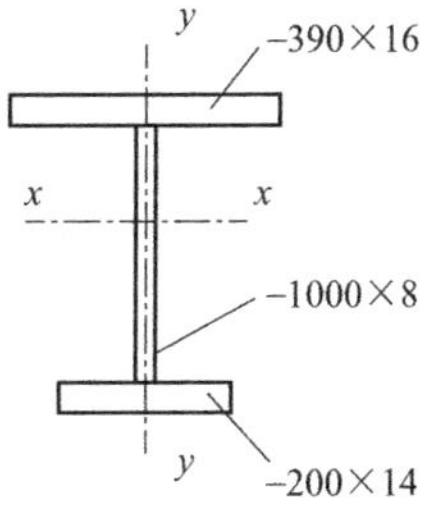

解： 该截面的几何特性如下：

$A = 17040 \text{mm}^2$，$I_x = 2.8171 \times 10^9 \text{mm}^4$，$I_y = 8.8468 \times 10^7 \text{mm}^4$，$S_x = 4.5679 \times 10^6 \text{mm}^3$，$S_{xc} = 6.8164 \times 10^6 \text{mm}^3$，$S_{xt} = 4.5679 \times 10^6 \text{mm}^3$，$Z_x = 6.2197 \times 10^6 \text{mm}^3$，$r_y = 72.1 \text{mm}$，$C_w = 8.6005 \times 10^{12} \text{mm}^6$，$J = 886080 \text{mm}^4$。

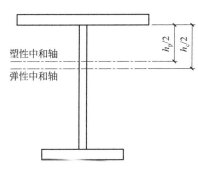

图 5-11　例 5-5 的截面

（1）判断板件等级

受压翼缘：$b/t = 390/2/16 = 12.2$

$$\lambda_{pf} = 0.38\sqrt{\frac{E}{F_y}} = 0.38\sqrt{\frac{200 \times 10^3}{235}} = 11.1$$

$$\lambda_{rf} = 1.0\sqrt{\frac{E}{F_y}} = 1.0\sqrt{\frac{200 \times 10^3}{235}} = 29.2$$

翼缘属于半厚实。

今为单轴对称工字形截面，腹板的宽厚比应按 h_c/t_w 求出。λ_{pw} 的计算式为：

$$\lambda_{pw} = \frac{\frac{h_c}{h_p}\sqrt{\frac{E}{F_y}}}{\left(0.54\frac{M_p}{M_y} - 0.09\right)^2} \leqslant \lambda_{rw}$$

式中，h_c、h_p 的含义如图 5-12 所示。

弹性中和轴为形心轴，h_c 为腹板受压区高度的 2

图 5-12　单轴对称工字形
截面的 h_c 和 h_p

127

倍。可求得 $h_c = 794.6$mm。

塑性中和轴为面积平分轴，可求得 $h_p = 570$mm。

$$M_p = F_y Z_x = 235 \times 6.2197 \times 10^6 = 1.4616 \times 10^9 \text{N} \cdot \text{mm}$$

M_y 为应力最大纤维达到屈服时的承载力，应按较小翼缘求出。

$$M_y = F_y S_x = 235 \times 4.5679 \times 10^6 = 1.0735 \times 10^9 \text{N} \cdot \text{mm}$$

$$\lambda_{pw} = \frac{\dfrac{h_c}{h_p}\sqrt{\dfrac{E}{F_y}}}{\left(0.54\dfrac{M_p}{M_y}-0.09\right)^2} = \frac{\dfrac{794.6}{570}\sqrt{\dfrac{200 \times 10^3}{235}}}{\left(0.54 \times \dfrac{1.4616 \times 10^9}{1.0735 \times 10^9}-0.09\right)^2} = 97.7$$

$$\lambda_{rw} = 5.70\sqrt{\frac{E}{F_y}} = 5.70\sqrt{\frac{200 \times 10^3}{235}} = 166.3$$

今 $\lambda_{pw} < h_c/t_w = 99.3 < \lambda_{rw}$，腹板属于半厚实。

（2）确定 C_b

取左半跨作为研究对象，今以 $M_{max} = 1$，则可求得 $M_A = 0.25$，$M_B = 0.5$，$M_C = 0.75$。于是

$$C_b = \frac{12.5 M_{max}}{2.5 M_{max} + 3M_A + 4M_B + 3M_C} = \frac{12.5 \times 1}{2.5 \times 1 + 3 \times 0.25 + 4 \times 0.5 + 3 \times 0.75} = 1.667$$

（3）确定受压翼缘屈服时的 M_n

$$I_{yc} = \frac{16 \times 390^3}{12} = 79092000 \text{mm}^4$$

$$I_{yc}/I_y = 79092000/8.8468 \times 10^7 = 0.8940 > 0.23$$

由于 $h_c/t_w = 794.6/8 = 99.3 > \lambda_{pw} = 97.7$，因此，$R_{pc}$ 应用内插法确定。

M_p 在步骤（1）已求出，$M_p = 1.4616 \times 10^9 \text{N} \cdot \text{mm}$。

$$M_{yc} = F_y S_{xc} = 235 \times 6.8164 \times 10^6 = 1.6019 \times 10^9 \text{N} \cdot \text{mm}$$

$$\begin{aligned}
R_{pc} &= \frac{M_p}{M_{yc}} - \left(\frac{M_p}{M_{yc}} - 1\right)\left(\frac{\lambda - \lambda_{pw}}{\lambda_{rw} - \lambda_{pw}}\right) \\
&= \frac{1.4616 \times 10^9}{1.6019 \times 10^9} - \left(\frac{1.4616 \times 10^9}{1.6019 \times 10^9} - 1\right) \times \frac{99.3 - 97.7}{166.3 - 97.7} \\
&= 0.9146
\end{aligned}$$

按受压翼缘屈服得到承载力标准值：

$$M_n = R_{pc} M_{yc} = 0.9146 \times 1601.9 = 1465.0 \text{kN} \cdot \text{m}$$

（4）确定 L_p 和 L_r

$$\alpha_w = \frac{h_c t_w}{b_{fc} t_{fc}} = \frac{794.6 \times 8}{390 \times 16} = 1.0187$$

$$r_t = \frac{b_{fc}}{\sqrt{12 \times \left(1 + \dfrac{1}{6}\alpha_w\right)}} = \frac{390}{\sqrt{12 \times \left(1 + \dfrac{1}{6} \times 1.0187\right)}} = 104.1 \text{mm}$$

$$L_p = 1.1 r_t \sqrt{\frac{E}{F_y}} = 1.1 \times 104.1\sqrt{\frac{200 \times 10^3}{235}} = 3340 \text{mm}$$

由于 $L_b = 3m < L_p = 3340mm$，故不必计算 L_r。

（5）确定侧扭屈曲时的 M_n

由于 $L_b < L_p$，因此，不会发生侧扭屈曲。

（6）确定受压翼缘局部屈曲时的 M_n

翼缘属于半厚实，M_n 计算如下：

步骤（3）已经求得 $R_{pc} = 0.9146$，$M_{yc} = 1.6019 \times 10^9 N \cdot mm$。

由于 $\dfrac{S_{xt}}{S_{xc}} = \dfrac{4.5679 \times 10^6}{6.8164 \times 10^6} = 0.6701 < 0.7$，故

$$F_L = F_y \frac{S_{xt}}{S_{xc}} = 235 \times 0.6701 = 157.5 N/mm^2$$

$$M_n = R_{pc} M_{yc} - (R_{pc} M_{yc} - F_L S_{xc}) \left(\frac{\lambda - \lambda_{pf}}{\lambda_{rf} - \lambda_{pf}} \right)$$

$$= 0.9146 \times 1.6019 \times 10^9 - (0.9146 \times 1.6019 \times 10^9 - 157.5 \times 6.8164 \times 10^6) \times \frac{12.2 - 11.1}{29.2 - 11.1}$$

$$= 1.4412 \times 10^9 N \cdot mm$$

（7）确定受拉翼缘屈服时的 M_n

由于 $S_{xt} < S_{xc}$，故 $M_n = R_{pt} M_{yt}$。

由于 $h_c / t_w = 794.6 / 8 = 99.3 > \lambda_{pw} = 97.7$，因此，$R_{pt}$ 应用内插法确定。

$$M_{yt} = F_y S_{xt} = 235 \times 4.5679 \times 10^6 = 1.0735 \times 10^9 N \cdot mm$$

$$R_{pt} = \frac{M_p}{M_{yt}} - \left(\frac{M_p}{M_{yt}} - 1 \right) \left(\frac{\lambda - \lambda_{pw}}{\lambda_{rw} - \lambda_{pw}} \right)$$

$$= \frac{1.4616 \times 10^9}{1.0735 \times 10^9} - \left(\frac{1.4616 \times 10^9}{1.0735 \times 10^9} - 1 \right) \times \frac{99.3 - 97.7}{166.3 - 97.7}$$

$$= 1.3529$$

$$M_n = R_{pt} M_{yt} = 1.3529 \times 1.0735 \times 10^9 = 1.4523 \times 10^9 N \cdot mm$$

M_n 取以上 4 种极限状态的最小者，为 1441.2kN·m，受压翼缘局部屈曲控制设计。

最终受弯承载力设计值 $\phi_b M_n = 0.9 \times 1441.2 = 1297.0 kN \cdot m$。

【例 5-6】将例 5-5 所用截面旋转 180°，即采用如图 5-13 所示加强受拉翼缘的截面，其他条件不变。要求：按 AISC 360-16 确定该梁的受弯承载力设计值 $\phi_b M_n$。

解：该截面的几何特性如下：

$A = 17040mm^2$，$I_x = 2.8171 \times 10^9 mm^4$，$I_y = 8.8468 \times 10^7 mm^4$，$S_x = 4.5679 \times 10^6 mm^3$，$S_{xc} = 4.5679 \times 10^6 mm^3$，$S_{xt} = 6.8164 \times 10^6 mm^3$，$Z_x = 6.2197 \times 10^6 mm^3$，$r_y = 72.1mm$，$C_w = 8.6005 \times 10^{12} mm^6$，$J = 886080 mm^4$。

（1）判断板件等级

受压翼缘：$b/t = 200/2/14 = 7.1$

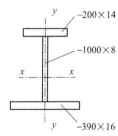

图 5-13　例 5-6 的截面

$$\lambda_{pf} = 0.38 \sqrt{\frac{E}{F_y}} = 0.38 \sqrt{\frac{200 \times 10^3}{235}} = 11.1$$

$b/t < \lambda_{pf}$，翼缘属于厚实。

今为单轴对称工字形截面，腹板的宽厚比应按 h_c/t_w 求出。h_c 为腹板受压区高度的 2 倍，$h_c = 1205.4$mm。$h_c/t_w = 1205.4/8 = 150.7$。

塑性中和轴为面积平分轴，可求得 $h_p = 1430$mm。

$$M_p = F_y Z_x = 235 \times 6.2197 \times 10^6 = 1.4616 \times 10^9 \text{N} \cdot \text{mm}$$

M_y 为应力最大纤维达到屈服时的承载力，应按较小翼缘求出。

$$M_y = F_y S_x = 235 \times 4.5679 \times 10^6 = 1.0735 \times 10^9 \text{N} \cdot \text{mm}$$

$$\lambda_{pw} = \frac{\dfrac{h_c}{h_p}\sqrt{\dfrac{E}{F_y}}}{\left(0.54\dfrac{M_p}{M_y} - 0.09\right)^2} = \frac{\dfrac{1205.4}{1430}\sqrt{\dfrac{200 \times 10^3}{235}}}{\left(0.54 \times \dfrac{1.4616 \times 10^9}{1.0735 \times 10^9} - 0.09\right)^2} = 59.1$$

$$\lambda_{rw} = 5.70\sqrt{\frac{E}{F_y}} = 5.70\sqrt{\frac{200 \times 10^3}{235}} = 166.3$$

今 $\lambda_{pw} < h_c/t_w = 150.7 < \lambda_{rw}$，腹板属于半厚实。

（2）确定 C_b

与上题相同，$C_b = 1.667$。

（3）确定受压翼缘屈服时的 M_n

$$I_{yc} = \frac{14 \times 200^3}{12} = 9.3333 \times 10^6 \text{mm}^4$$

$$I_{yc}/I_y = 9.3333 \times 10^6 / 8.8468 \times 10^7 = 0.1055 < 0.23$$

故 $R_{pc} = 1.0$。

$$M_{yc} = F_y S_{xc} = 235 \times 4.5679 \times 10^6 = 1.0735 \times 10^9 \text{N} \cdot \text{mm}$$

按受压翼缘屈服得到承载力标准值：

$$M_n = R_{pc}M_{yc} = 1.0 \times 1073.5 = 1073.5 \text{kN} \cdot \text{m}$$

（4）确定 L_p 和 L_r

$$\alpha_w = \frac{h_c t_w}{b_{fc} t_{fc}} = \frac{1205.4 \times 8}{200 \times 14} = 3.4441$$

$$r_t = \frac{b_{fc}}{\sqrt{12 \times \left(1 + \dfrac{1}{6}\alpha_w\right)}} = \frac{200}{\sqrt{12 \times \left(1 + \dfrac{1}{6} \times 3.4441\right)}} = 46.0\text{mm}$$

$$L_p = 1.1 r_t \sqrt{\frac{E}{F_y}} = 1.1 \times 46.0\sqrt{\frac{200 \times 10^3}{235}} = 1477\text{mm}$$

$$\frac{S_{xt}}{S_{xc}} = \frac{6.8164 \times 10^6}{4.5679 \times 10^6} = 1.4922 > 0.7，\text{故}$$

$$F_L = 0.7F_y = 0.7 \times 235 = 164.5\text{N/mm}^2$$

$$L_r = 1.95 r_t \frac{E}{F_L}\sqrt{\frac{J}{S_{xc}h_0} + \sqrt{\left(\frac{J}{S_{xc}h_0}\right)^2 + 6.76\left(\frac{F_L}{E}\right)^2}}$$

$$= 1.95 \times 46.0 \times \frac{200 \times 10^3}{164.5} \sqrt{\frac{886080}{4.5679 \times 10^6 \times 1015} + \sqrt{\left(\frac{886080}{4.5679 \times 10^6 \times 1015}\right)^2 + 6.76 \times \left(\frac{164.5}{200 \times 10^3}\right)^2}}$$

$$= 5276 \text{mm}$$

（5）确定侧扭屈曲时的 M_n

$$M_n = C_b \left[R_{pc} M_{yc} - (R_{pc} M_{yc} - F_L S_{xc}) \left(\frac{L_b - L_p}{L_r - L_p} \right) \right]$$

$$= 1.667 \times \left[1.0735 \times 10^9 - (1.0735 \times 10^9 - 164.5 \times 4.5679 \times 10^6) \times \frac{3000 - 1477}{5276 - 1477} \right]$$

$$= 1.5742 \times 10^9 \text{N} \cdot \text{mm} = 1574.2 \text{kN} \cdot \text{m}$$

（6）确定受压翼缘局部屈曲时的 M_n

受压翼缘属于厚实，局部屈曲不必计算。

（7）确定受拉翼缘屈服时的 M_n

由于 $S_{xt} > S_{xc}$，受拉翼缘不会屈服，不必计算。

M_n 取以上 4 种极限状态的最小者，为 1073.5kN·m，受压翼缘屈服控制设计。

最终受弯承载力设计值：$\phi_b M_n = 0.9 \times 1073.5 = 966.1 \text{kN} \cdot \text{m}$。

5.2.4　双轴对称和单轴对称工字形截面（腹板属于薄柔）梁绕强轴弯曲

受弯承载力标准值 M_n 取以下状态的最小者：受压翼缘屈服、侧扭屈曲、受压翼缘局部屈曲、受拉翼缘屈服。

1. 受压翼缘屈服

受压翼缘屈服极限状态时受弯承载力标准值按下式确定：

$$M_n = R_{pg} F_y S_{xc} \tag{5-36}$$

式中，R_{pg} 为抗弯承载力折减系数，按照下式确定：

$$R_{pg} = 1 - \frac{\alpha_w}{1200 + 300\alpha_w} \left(\frac{h_c}{t_w} - 5.7\sqrt{\frac{E}{F_y}} \right) \leqslant 1.0 \tag{5-37}$$

式中，$\alpha_w = \dfrac{h_c t_w}{b_{fc} t_{fc}}$，即同式（5-30），但取值不应大于 10；$h_c$ 含义同前。

2. 侧扭屈曲

侧扭屈曲极限状态时受弯承载力标准值按下式确定：

$$M_n = R_{pg} F_{cr} S_{xc} \tag{5-38}$$

当 $L_b \leqslant L_p$ 时，不会发生侧扭屈曲。

当 $L_p < L_b \leqslant L_r$ 时

$$F_{cr} = C_b \left[F_y - 0.3 F_y \left(\frac{L_b - L_p}{L_r - L_p} \right) \right] \leqslant F_y \tag{5-39a}$$

当 $L_b > L_r$ 时

$$F_{cr} = \frac{C_b \pi^2 E}{\left(\dfrac{L_b}{r_t} \right)^2} \leqslant F_y \tag{5-39b}$$

$$L_r = \pi r_t \sqrt{\frac{E}{0.7F_y}} \tag{5-40}$$

式中，L_p 按式（5-24）确定；r_t 按式（5-29）确定。

3. 受压翼缘局部屈曲

受压翼缘局部屈曲极限状态时受弯承载力标准值按下式确定：

$$M_n = R_{pg}F_{cr}S_{xc} \tag{5-41}$$

翼缘属于厚实时，不会发生局部屈曲。

翼缘属于半厚实时

$$F_{cr} = F_y - 0.3F_y\left(\frac{\lambda - \lambda_{pf}}{\lambda_{rf} - \lambda_{pf}}\right) \tag{5-42a}$$

翼缘属于薄柔时

$$F_{cr} = \frac{0.9Ek_c}{\left(\frac{b_f}{2t_f}\right)^2} \tag{5-42b}$$

4. 受拉翼缘屈服

当 $S_{xt} \geqslant S_{xc}$ 时，受拉翼缘不会发生屈服。

当 $S_{xt} < S_{xc}$ 时

$$M_n = F_y S_{xt} \tag{5-43}$$

5.2.5 工字形截面梁和槽钢梁绕弱轴弯曲

受弯承载力标准值 M_n，应取以下状态的较小者：屈服极限状态（塑性弯矩）、翼缘局部屈曲。

1. 屈服

整个截面应力达到屈服时，受弯承载力标准值按下式确定：

$$M_n = M_p = F_y Z_y \leqslant 1.6 S_y F_y \tag{5-44}$$

2. 翼缘局部屈曲

翼缘属于厚实时，不会发生局部屈曲。

翼缘属于半厚实时

$$M_n = M_p - (M_p - 0.7F_y S_y)\left(\frac{\lambda - \lambda_{pf}}{\lambda_{rf} - \lambda_{pf}}\right) \tag{5-45a}$$

翼缘属于薄柔时

$$M_n = F_{cr}S_y \tag{5-45b}$$

$$F_{cr} = \frac{0.69E}{\left(\frac{b}{t_f}\right)^2} \tag{5-46}$$

式中，$\lambda = b/t_{\mathrm{f}}$。如图 5-14 所示，对工字形截面，$b$ 为翼缘总宽度 b_{f} 的一半；对槽钢，取整个的翼缘尺寸。S_y 为绕弱轴（y 轴）的弹性截面模量，对于槽钢，取最小截面模量。

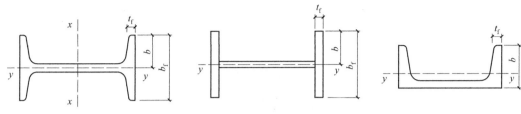

图 5-14　尺寸 b 的取值

【解析】（1）关于板件的等级

板件等级划分的本质在于板件的局部屈曲临界应力，而局部屈曲临界应力与板件的周边约束情况和应力状态有关。严格来讲，工字形截面绕强轴弯曲和绕弱轴弯曲，翼缘自由外伸部分的应力状况并不相同，不过，查截面板件等级划分表（本书表 2-4），尽管工字形截面绕弱轴时的翼缘为项次 13，不同于工字形截面绕强轴时为项次 10，但规定的分界值 λ_{p} 和 λ_{r}，二者均相同。对于腹板，由于绕弱轴受弯时其在中和轴附近，应力很小，故这里不必划分等级。

（2）关于侧扭屈曲

梁发生侧扭屈曲的原因在于，弯矩绕强轴（x 轴）作用，y 轴为弱轴。今弯矩绕弱轴作用，则不会发生侧扭屈曲，故这里只规定了截面屈服和翼缘局部屈曲。

【例 5-7】 某两端简支钢梁，采用热轧工字钢 I32a，跨度为 6m，绕弱轴受弯。取 $E = 200 \times 10^3 \mathrm{N/mm^2}$，$F_y = 235 \mathrm{N/mm^2}$。要求：计算该梁的受弯承载力设计值 $\phi_{\mathrm{b}} M_{\mathrm{n}}$。

解： 例 5-2 已经确定翼缘均为厚实，这里仍如此。

查《热轧型钢》GB/T 706—2016 表 A.1，绕 y 轴的弹性截面模量 $S_y = 70.8 \mathrm{cm^3}$。

（1）确定截面屈服极限状态的 M_{n}

由于《热轧型钢》GB/T 706—2016 中未提供塑性截面模量 Z_y，因此，忽略翼缘与腹板之间的倒角，按照如图 5-15 所示的截面近似计算 Z_y。

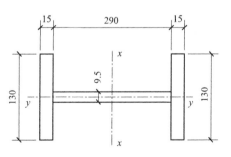

图 5-15　例 5-7 所用的近似截面

忽略腹板的贡献，可得

$$Z_y = 2 \times \frac{16 \times 130^2}{4} = 135200 \mathrm{mm^3}$$

于是

$$M_{\mathrm{p}} = F_y Z_y = 235 \times 135200 = 31.772 \times 10^6 \mathrm{N \cdot mm} = 31.772 \mathrm{kN \cdot m}$$

$$1.6 S_y F_y = 1.6 \times 70.8 \times 10^3 \times 235 = 26.62 \times 10^6 \mathrm{N \cdot mm} = 26.62 \mathrm{kN \cdot m}$$

故取 $M_{\mathrm{n}} = 26.62 \mathrm{kN \cdot m}$。

（2）确定翼缘局部屈曲极限状态的 M_{n}

翼缘属于厚实时，不会发生局部屈曲。

综上，$M_{\mathrm{n}} = 26.62 \mathrm{kN \cdot m}$，最终受弯承载力设计值 $\phi_{\mathrm{b}} M_{\mathrm{n}} = 0.9 \times 26.62 = 24.0 \mathrm{kN \cdot m}$。

5.3 其他截面形式梁的受弯承载力

5.3.1 方管、矩形管以及箱形截面构件的承载力

以下规定适用于：

（1）方管或矩形管截面，双轴对称箱形截面；

（2）腹板属于厚实或半厚实，翼缘可为任意等级；

（3）构件绕任意轴弯曲。

受弯承载力标准值 M_n，应取以下极限状态时的最小者：屈服（塑性弯矩）、翼缘局部屈曲、腹板局部屈曲、侧扭屈曲。

1. 屈服

整个截面应力达到屈服时，受弯承载力标准值按下式确定：

$$M_n = M_p = F_y Z \qquad (5-47)$$

式中 Z——绕弯曲轴的塑性截面模量。

2. 翼缘局部屈曲

假定弯矩绕 x 轴作用，此处的"翼缘"指截面中与 x 轴平行的板。

翼缘属于厚实时，翼缘局部屈曲不会发生。

翼缘属于半厚实时

$$M_n = M_p - (M_p - F_y S)\left(3.57\frac{b}{t_f}\sqrt{\frac{F_y}{E}} - 4.0\right) \leqslant M_p \qquad (5-48a)$$

翼缘属于薄柔时

$$M_n = F_y S_e \qquad (5-48b)$$

式中 S——绕弯曲轴的弹性截面模量；

b——受压翼缘宽度，按表 2-4 取值；

S_e——按受压翼缘的有效宽度 b_e 确定的有效截面模量，b_e 按以下公式计算：

对于中空截面：

$$b_e = 1.92t_f\sqrt{\frac{E}{F_y}}\left[1 - \frac{0.38}{(b/t_f)}\sqrt{\frac{E}{F_y}}\right] \leqslant b \qquad (5-49a)$$

对于箱形截面：

$$b_e = 1.92t_f\sqrt{\frac{E}{F_y}}\left[1 - \frac{0.34}{(b/t_f)}\sqrt{\frac{E}{F_y}}\right] \leqslant b \qquad (5-49b)$$

3. 腹板局部屈曲

腹板属于厚实时，腹板局部屈曲不会发生。

腹板属于半厚实时

$$M_n = M_p - (M_p - F_y S_x)\left(0.305\frac{h}{t_w}\sqrt{\frac{F_y}{E}} - 0.738\right) \leqslant M_p \qquad (5-50)$$

腹板属于薄柔时

受压翼缘屈服：

$$M_n = R_{pg} F_y S \qquad (5-51a)$$

受压翼缘局部屈曲：

$$M_n = R_{pg} F_{cr} S_{xc} \tag{5-51b}$$

$$F_{cr} = \frac{0.9 E k_c}{\left(\dfrac{b}{t_f}\right)^2} \tag{5-52}$$

式中，取 $k_c = 4.0$；R_{pg} 计算时取 $\alpha_w = \dfrac{2 h t_w}{b t_f}$，见式(5-32)。

4. 侧扭屈曲

当 $L_b \leqslant L_p$ 时，不会发生侧扭屈曲。

当 $L_p < L_b \leqslant L_r$ 时

$$M_n = C_b \left[M_p - (M_p - 0.7 F_y S_x)\left(\frac{L_b - L_p}{L_r - L_p}\right)\right] \leqslant M_p \tag{5-53a}$$

当 $L_b > L_r$ 时

$$M_n = 2 E C_b \frac{\sqrt{J A_g}}{L_b / r_y} \leqslant M_p \tag{5-53b}$$

$$L_p = 0.13 E r_y \frac{\sqrt{J A_g}}{M_p} \tag{5-54}$$

$$L_r = 2 E r_y \frac{\sqrt{J A_g}}{0.7 F_y S_x} \tag{5-55}$$

式中　A_g——构件毛截面面积。

构件绕截面弱轴受弯不会发生侧扭屈曲。方管不会发生侧扭屈曲。箱形截面也是如此规律。通常，这些截面的受弯构件由挠度控制而不是侧扭屈曲控制（仅在截面具有很大的高宽比时，侧扭屈曲才有必要考虑）。

5.3.2　圆管构件的承载力

以下规定适用于 $D/t < \dfrac{0.45 E}{F_y}$ 的圆管构件。

受弯承载力标准值 M_n，应取以下极限状态时的较小者：屈服（塑性弯矩）、局部屈曲。

1. 屈服

整个截面应力达到屈服时，受弯承载力标准值按下式确定：

$$M_n = M_p = F_y Z \tag{5-56}$$

2. 局部屈曲

截面属于厚实时，局部屈曲不会发生。

截面属于半厚实时

$$M_n = \left(\frac{0.021 E}{D/t} + F_y\right) S \tag{5-57a}$$

截面属于薄柔时

$$M_n = F_{cr} S \tag{5-57b}$$

$$F_{cr} = \frac{0.33 E}{D/t} \tag{5-58}$$

式中 S——弹性截面模量；

D——外径；

t——壁厚。

5.3.3 T形和双角钢截面构件在对称轴平面内承受荷载

如图 5-16 所示，所谓"对称轴平面内弯曲"指绕图中的 x 轴弯曲。

受弯承载力标准值 M_n，应取以下极限状态时的最小者：屈服（塑性弯矩）、侧扭屈曲、翼缘局部屈曲和腹板局部屈曲。

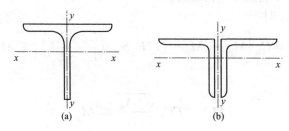

图 5-16　T形和双角钢截面

1. 屈服

此时，受弯承载力标准值 M_n 按下式确定：

$$M_n = M_p \tag{5-59}$$

以图 5-16 为例，M_p 按下列公式确定：

承受正弯矩时

$$M_p = F_y Z_x \leqslant 1.6 M_y \tag{5-60a}$$

T形截面承受负弯矩时

$$M_p = M_y \tag{5-60b}$$

双角钢截面承受负弯矩时

$$M_p = 1.5 M_y \tag{5-60c}$$

以上式中，M_y 为绕弯曲轴的屈服弯矩，按下式确定：

$$M_y = F_y S_x \tag{5-61}$$

2. 侧扭屈曲

（1）以图 5-16 为例，承受正弯矩时，按以下规定确定 M_n：

当 $L_b \leqslant L_p$ 时，不会发生侧扭屈曲。

当 $L_p < L_b \leqslant L_r$ 时

$$M_n = M_p - (M_p - M_y)\left(\frac{L_b - L_p}{L_r - L_p}\right) \tag{5-62a}$$

当 $L_b > L_r$ 时

$$M_n = M_{cr} \tag{5-62b}$$

$$L_p = 1.76 r_y \sqrt{\frac{E}{F_y}} \tag{5-63}$$

$$L_r = 1.95\left(\frac{F_y}{E}\right)\frac{\sqrt{I_y J}}{S_x}\sqrt{2.36\left(\frac{F_y}{E}\right)\frac{d S_x}{J} + 1} \tag{5-64}$$

$$M_{cr}=\frac{1.95E}{L_b}\sqrt{I_y J}\left(B+\sqrt{1+B^2}\right) \tag{5-65}$$

$$B=2.3\left(\frac{d}{L_b}\right)\sqrt{\frac{I_y}{J}} \tag{5-66}$$

（2）以图 5-16 为例，承受负弯矩时，M_{cr} 仍按式（5-65）计算，但式中的 B 取为：

$$B=-2.3\left(\frac{d}{L_b}\right)\sqrt{\frac{I_y}{J}} \tag{5-67}$$

对于 T 形截面：

$$M_n=M_{cr}\leqslant M_y \tag{5-68}$$

对于双角钢截面，M_n 应按单角钢截面受弯构件确定，见式（5-73），但其中的 M_{cr} 仍按式（5-65）求得，M_y 仍按式（5-61）求得。

以上式中，d 为 T 形截面的高度，或与 x 轴垂直肢的宽度。

3. 翼缘局部屈曲

（1）对于 T 形截面

因构件受弯而受压的翼缘，若属于厚实，局部屈曲不会发生。

翼缘属于半厚实时

$$M_n=M_p-(M_p-0.7F_y S_{xc})\left(\frac{\lambda-\lambda_{pf}}{\lambda_{rf}-\lambda_{pf}}\right)\leqslant 1.6M_y \tag{5-69a}$$

翼缘属于薄柔时

$$M_n=\frac{0.7ES_{xc}}{\left(\frac{b_f}{2t_f}\right)^2} \tag{5-69b}$$

式中　S_{xc}——对受压翼缘而言的弹性截面模量；

λ——翼缘宽厚比，$\lambda=\frac{b_f}{2t_f}$。

（2）对于双角钢截面

截面承受正弯矩 M_x，M_n 按照单角钢分肢局部屈曲确定，S_c 指的是受压翼缘。

4. 腹板局部屈曲

（1）对于 T 形截面

$$M_n=F_{cr}S_x \tag{5-70}$$

式中　S_x——绕 x 轴的弹性截面模量；

　　　F_{cr}——临界应力按照下列公式确定：

当 $\frac{d}{t_w}\leqslant 0.84\sqrt{\frac{E}{F_y}}$ 时

$$F_{cr}=F_y \tag{5-71a}$$

当 $0.84\sqrt{\frac{E}{F_y}}<\frac{d}{t_w}\leqslant 1.52\sqrt{\frac{E}{F_y}}$ 时

$$F_{cr}=\left(1.43-0.515\frac{d}{t_w}\sqrt{\frac{F_y}{E}}\right)F_y \tag{5-71b}$$

当 $\dfrac{d}{t_\mathrm{w}} > 1.52\sqrt{\dfrac{E}{F_\mathrm{y}}}$ 时

$$F_\mathrm{cr} = \dfrac{1.52E}{\left(\dfrac{d}{t_\mathrm{w}}\right)^2} \qquad (5\text{-}71\mathrm{c})$$

（2）对于双角钢截面

截面承受负弯矩 M_x，M_n 按照单角钢分肢局部屈曲确定，S_c 指的是弹性截面模量。

5.3.4 单角钢截面梁的承载力

以下规定，适用于单角钢截面梁沿长度有或没有连续的侧向约束。

单角钢截面梁沿长度有连续侧扭约束时允许按绕几何轴（x、y 轴）设计。单角钢截面梁沿长度没有连续侧扭约束应按绕主轴（z、w）弯曲设计，除非规范规定允许按绕几何轴弯曲设计。单角钢的几何轴与主轴如图 5-17 所示。

这里所谓"按几何轴设计"，是用绕 x、y 轴计算截面特性，这些轴平行或垂直于分肢。而"按主轴设计"，则使用角钢绕最大或最小轴计算出的截面特性。

如果绕两个主轴有弯矩分量，有或者没有轴力作用，都要采用 AISC 360-16 的 H2 节的应力率方法校核。绕一个主轴有弯矩且有轴力作用，亦采用应力率方法校核。见本书第 7 章 7.1 节。

受弯承载力标准值 M_n，应取以下极限状态时的最小者：屈服（塑性弯矩）、侧扭屈曲、肢局部屈曲。当绕弱主轴弯曲时，仅需要考虑屈服和肢局部屈曲。

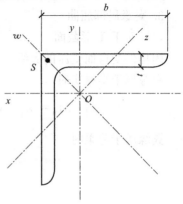

图 5-17　单角钢的几何轴与主轴

1. 屈服

此时，受弯承载力标准值 M_n 按下式确定：

$$M_n = 1.5M_y \qquad (5\text{-}72)$$

式中　M_y ——绕弯曲轴的屈服弯矩。

2. 侧扭屈曲

用于单角钢沿长度没有连续侧扭约束。

当 $\dfrac{M_y}{M_\mathrm{cr}} \leqslant 1.0$ 时

$$M_n = \left(1.92 - 1.17\sqrt{\dfrac{M_y}{M_\mathrm{cr}}}\right)M_y \leqslant 1.5M_y \qquad (5\text{-}73\mathrm{a})$$

当 $\dfrac{M_y}{M_\mathrm{cr}} > 1.0$ 时

$$M_n = \left(0.92 - \dfrac{0.17M_y}{M_\mathrm{cr}}\right)M_\mathrm{cr} \qquad (5\text{-}73\mathrm{b})$$

式中　M_cr ——弹性侧扭屈曲弯矩，有以下两种情况。

（1）单角钢绕强主轴弯曲

$$M_\mathrm{cr} = \dfrac{9EAr_z t C_\mathrm{b}}{8L_\mathrm{b}}\left[\sqrt{1 + \left(4.4\dfrac{\beta_w r_z}{L_\mathrm{b} t}\right)^2} + 4.4\dfrac{\beta_w r_z}{L_\mathrm{b} t}\right] \qquad (5\text{-}74)$$

式中 C_b——弯矩分布的影响系数，见式(5-1)，但不超过 1.5；

     A——角钢的截面面积；

   L_b——构件侧向无支长度；

   r_z——截面弱主轴的回转半径；

    t——角钢肢厚；

  β_w——不等肢角钢的截面特性，短肢受压为正，长肢受压为负。等肢角钢 $\beta_w=0$。

β_w 的影响与单轴对称工字形截面梁的行为一致：较大的翼缘受压时更稳定。β_w 的取值与肢厚无关，主要是肢宽的函数。β_w 的公式如下：

$$\beta_w = \frac{1}{I_w}\int_A z(w^2 + z^2)\mathrm{d}A - 2z_0 \tag{5-75}$$

式中 I_w——角钢截面绕 w 轴的惯性矩；

   z_0——沿 z 轴剪心相对于形心的坐标（等肢角钢时 $z_0=0$）。

（2）无轴压，等边角钢绕一个几何轴弯曲

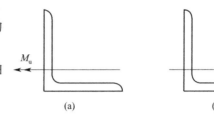

图 5-18   角钢构件绕几何轴受弯

1）当没有侧扭约束时

①最大压应力作用于肢尖时 [图 5-18(a)]：

$$M_{cr} = \frac{0.58Eb^4tC_b}{L_b^2}\left[\sqrt{1 + 0.88\left(\frac{L_bt}{b^2}\right)^2} - 1\right] \tag{5-76a}$$

②最大拉应力作用于肢尖时 [图 5-18(b)]：

$$M_{cr} = \frac{0.58Eb^4tC_b}{L_b^2}\left[\sqrt{1 + 0.88\left(\frac{L_bt}{b^2}\right)^2} + 1\right] \tag{5-76b}$$

式中，M_y 取为屈服弯矩的 0.8 倍，该屈服弯矩以几何轴截面模量算出；b 为肢宽。

2）仅在最大弯矩位置有阻止侧扭屈曲的约束

此时的 M_{cr}，应取按式(5-76)求得的 M_{cr}（即，无约束情况时的临界弯矩）的 1.25 倍。M_y 取为按几何轴截面模量算出的屈服弯矩（相当于，也取为无约束情况时的 1.25 倍，因为，$0.8 \times 1.25 = 1.0$）。

当单角钢垂直肢的肢尖受压，且跨高比 $\leqslant \dfrac{1.64E}{F_y}\sqrt{\left(\dfrac{t}{b}\right)^2 - 1.4\dfrac{F_y}{E}}$ 时，M_n 可取为 M_y。

3. 肢局部屈曲

该极限状态适用于肢尖受压的情况。

肢属于厚实时，肢局部屈曲不会发生。

肢属于半厚实时

$$M_n = F_yS_c\left[2.43 - 1.72\left(\frac{b}{t}\right)\sqrt{\frac{F_y}{E}}\right] \tag{5-77a}$$

肢属于薄柔时

$$M_n = F_{cr}S_c \tag{5-77b}$$

$$F_{cr} = \frac{0.71E}{\left(\dfrac{b}{t}\right)^2} \tag{5-78}$$

式中　　b——受压肢的全宽；

　　　　S_c——对于受压肢尖的弹性截面模量（绕弯曲轴）。对于等边角钢绕一个几何轴弯曲没有侧扭约束时，S_c 应取几何轴截面模量的 0.8 倍。

【例 5-8】单角钢截面简支梁，仅在端部有侧向支承，跨度 3m，截面为∟63×6，布置如图 5-17。假定承受均布荷载作用，绕 x 轴受弯且无侧扭约束。取 $E = 200 \times 10^3 \text{N/mm}^2$，$F_y = 235 \text{N/mm}^2$。要求：计算该梁的受弯承载力设计值 $\phi_b M_n$。

解： 查《热轧型钢》GB/T 706—2016，可得此角钢的截面尺寸为：$b = 63 \text{mm}$，$t = 6 \text{mm}$，翼缘与腹板之间的倒角半径 $r = 7 \text{mm}$。

截面特性：$S_{xc} = 1.5236 \times 10^4 \text{mm}^3$，$S_x = 6000 \text{mm}^3$。

（1）屈服时的 M_n

$$M_n = 1.5 M_y = 1.5 F_y S_x = 1.5 \times 235 \times 6.00 \times 10^3 = 2.115 \times 10^6 \text{N} \cdot \text{mm}$$

（2）侧扭屈曲时的 M_n

$$M_y = 0.8 F_y S_x = 0.8 \times 235 \times 6.00 \times 10^3 = 1.128 \times 10^6 \text{N} \cdot \text{mm}$$

简支梁承受均布荷载，$C_b = 1.136$。

$$
\begin{aligned}
M_{cr} &= \frac{0.58 E b^4 t C_b}{L_b^2}\left[\sqrt{1 + 0.88\left(\frac{L_b t}{b^2}\right)^2} + 1\right] \\
&= \frac{0.58 \times 200 \times 10^3 \times 63^4 \times 6 \times 1.136}{3000^2}\left[\sqrt{1 + 0.88\left(\frac{3000 \times 6}{63^2}\right)^2} + 1\right] \\
&= 7.432 \times 10^6 \text{N} \cdot \text{mm}
\end{aligned}
$$

由于 $\dfrac{M_y}{M_{cr}} = 0.1518 < 1.0$，因此

$$
\begin{aligned}
M_n &= \left(1.92 - 1.17\sqrt{\frac{M_y}{M_{cr}}}\right) M_y \\
&= (1.92 - 1.17 \times \sqrt{0.1518}) \times 1.128 \times 10^6 \\
&= 1.6516 \times 10^6 \text{N} \cdot \text{mm} < 1.5 M_y = 1.5 \times 1.128 \times 10^6 = 1.692 \times 10^6 \text{N} \cdot \text{mm}
\end{aligned}
$$

故取 $M_n = 1.6516 \times 10^6 \text{N} \cdot \text{mm}$。

（3）肢局部屈曲时的 M_n

翼缘：$b/t = 63/6 = 10.5$

$$\lambda_p = 0.54\sqrt{\frac{E}{F_y}} = 0.54\sqrt{\frac{200 \times 10^3}{235}} = 15.3$$

肢属于厚实，故肢局部屈曲不会发生。

综上，$M_n = 1.6516 \text{kN} \cdot \text{m}$，侧扭屈曲控制，$\phi_b M_n = 0.9 \times 1.6516 = 1.4864 \text{kN} \cdot \text{m}$。

5.3.5　矩形或圆形截面梁的承载力

以下适用于绕任意几何轴线弯曲的矩形或圆形钢条，如图 5-19 所示。

受弯承载力标准值 M_n，取以下两种极限状态的较小者：屈服（塑性力矩）、侧扭屈曲。

1. 屈服

以下公式适用于满足 $\dfrac{L_b d}{t^2} \leqslant \dfrac{0.08E}{F_y}$ 的矩形钢

条绕强轴弯曲、矩形钢条绕弱轴弯曲、圆形钢条。

$$M_n = M_p = F_y Z \leqslant 1.6 M_y \qquad (5\text{-}79)$$

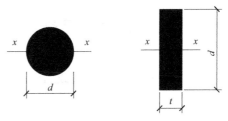

图 5-19　矩形或圆形截面

2. 侧扭屈曲

对于矩形钢条绕弱轴弯曲，以及圆形钢条，
侧扭屈曲不必考虑。

以下规定适用于矩形钢条绕强轴弯曲：

当 $\dfrac{0.08E}{F_y} < \dfrac{L_b d}{t^2} \leqslant \dfrac{1.9E}{F_y}$ 时

$$M_n = C_b \left[1.52 - 0.274 \left(\frac{L_b d}{t^2} \right) \frac{F_y}{E} \right] M_y \leqslant M_p \qquad (5\text{-}80a)$$

当 $\dfrac{L_b d}{t^2} > \dfrac{1.9E}{F_y}$ 时

$$M_n = F_{cr} S_x \leqslant M_p \qquad (5\text{-}80b)$$

$$F_{cr} = \frac{1.9 E C_b}{\dfrac{L_b d}{t^2}} \qquad (5\text{-}81)$$

式中，t、d 如图 5-19 所示；L_b 取阻止受压区域侧向位移的点之间的距离，或者，取阻止截面扭转的点之间的距离。

5.3.6　非对称截面梁的承载力

以下适用于所有非对称截面，单角钢除外。

受弯承载力标准值 M_n，取以下三种极限状态的最小者：屈服（塑性力矩）、侧扭屈曲和局部屈曲。

$$M_n = F_n S_{min} \qquad (5\text{-}82)$$

式中　S_{min}——绕受弯轴的最小弹性截面模量。

1. 屈服

$$F_n = F_y \qquad (5\text{-}83)$$

2. 侧扭屈曲

$$F_n = F_{cr} \qquad (5\text{-}84)$$

式中　F_{cr}——截面上由分析得到的侧扭屈曲应力。Z 形截面的 F_{cr}，可取为具有同样翼缘、腹板尺寸的槽钢的 F_{cr} 的 0.5 倍。

3. 局部屈曲

$$F_n = F_{cr} \qquad (5\text{-}85)$$

式中　F_{cr}——截面上由分析得到的局部屈曲应力。

需要注意的是，对于某些截面、无支长度和弯矩分布，按以上规定得到的承载力过于保守。从经济性考虑，可按 AISC 360-16 的附录 1.3 确定非对称型钢的承载力。

5.4 梁截面的比例关系

5.4.1 受拉翼缘有孔时承载力的折减

以下适用于轧制截面或组合截面，以及有盖板的梁。

前述各节所述的受弯承载力标准值 M_n，均只考虑了截面的屈服，未考虑截面拉断，在有孔洞削弱时，以上所得 M_n 不应超过按照受拉翼缘拉断所确定的值。

区分以下几种情况：

当 $F_u A_{fn} \geqslant Y_t F_y A_{fg}$ 时，不会出现拉断。

当 $F_u A_{fn} < Y_t F_y A_{fg}$ 时，在受拉翼缘的孔位置处，M_n 应满足：

$$M_n \leqslant \frac{F_u A_{fn}}{A_{fg}} S_x \qquad (5\text{-}86)$$

式中 A_{fg}、A_{fn} ——受拉翼缘的毛截面面积和净截面面积；

S_x ——绕 x 轴的最小弹性截面模量；

Y_t ——系数，当 $F_y/F_u \leqslant 0.8$ 时，取 $Y_t = 1.0$，否则取 $Y_t = 1.1$。

5.4.2 工字形截面构件的比例限制

单轴对称的工字形截面构件必须符合下列限制要求：

$$0.1 \leqslant I_{yc}/I_y \leqslant 0.9 \qquad (5\text{-}87)$$

工字形截面，当腹板属于薄柔时，应满足以下限制：

当 $a/h \leqslant 1.5$ 时

$$\left(\frac{h}{t_w}\right)_{max} = 12.0 \sqrt{\frac{E}{F_y}} \qquad (5\text{-}88a)$$

当 $a/h > 1.5$ 时

$$\left(\frac{h}{t_w}\right)_{max} = \frac{0.40E}{F_y} \qquad (5\text{-}88b)$$

式中 a ——横向加劲肋之间的净间距；

h ——腹板的高度。

对于非加劲的梁（指，未设置加劲肋的梁），h/t_w 不得大于 260。腹板面积与受压翼缘面积的比率不得大于 10。

5.4.3 盖板

梁的翼缘可以通过接合钢板或使用盖板来改变其厚度或宽度。

连接翼缘与腹板的高强度螺栓或焊缝，以及连接盖板与翼缘的高强度螺栓或焊缝，应合理配置，以抵抗由于构件弯曲而引起的水平剪力。沿构件纵向布置的螺栓或断续焊缝应适应剪力的变化。

但是，上述纵向间距不得大于 AISC 360-16 的 E6 节（见本书"构件受压"一章的"组合构件"部分）或 D4 节（见本书"构件受拉"一章的"组合构件"部分）中分别规定的受压或受拉杆件所适用的最大值。连接翼缘与腹板的螺栓或焊缝也应能够将直接施加在翼缘上的荷载传递给腹板，除非设置了支承加劲肋。

盖板应伸出超过理论截断点，且延伸部分应采用高强度螺栓摩擦型连接或角焊缝与梁相连。结合部分应具有足够的承载力，即，按相关规定求得的受弯承载力应不低于理论截断点位置处。

对于焊接的盖板，在盖板两侧，应有长度为 a' 的连续焊缝（a' 自盖板的结束端算起）。该段长为 a' 的焊缝，应能承受梁在距离盖板端部 a' 处的承载力。a' 按以下规定取值：

（1）连续施焊，且盖板端部存在焊脚尺寸大于等于 3/4 盖板厚度的端焊缝时：$a'=w$。

（2）连续施焊，但盖板端部焊缝的焊脚尺寸小于 3/4 盖板厚度时：$a'=1.5w$。

（3）盖板端部没有焊缝时：$a'=2w$。

式中，w 为盖板宽度。

参考文献

［1］European Committee for Standardization（CEN）. Eurocode 3：Design of steel structures：Part 1-1：General rules for buildings：EN 1993-1-1：2005［S］. Brussels：CEN，2014.

［2］American Institute of Steel Construction（AISC）. Specification for structural steel buildings：ANSI/AISC 360-16［S］. Chicago：AISC，2016.

［3］American Institute of Steel Construction（AISC）. Specification for structural steel buildings—Allowable stress design and plastic design［S］. Chicago：AISC，1989.

［4］中华人民共和国住房和城乡建设部. 钢结构设计标准：GB 50017—2017［S］. 北京：中国建筑工业出版社，2018.

［5］American Institute of Steel Construction（AISC）. Steel construction manual［M］. 15th ed. Chicago：AISC，2017.

第6章
梁承受剪力与横向力作用

AISC 360-16 规定，当构件承受剪力时，按截面腹板承受全部剪力。腹板的抗力需考虑屈服和屈曲两种极限状态。当试图计入拉力场作用的贡献时，应满足一定的前提条件。

鉴于 AISC 360-16 对纵向加劲肋的规定较少，且部分内容指向美国国家公路和运输协会（American Association of State Highway and Transportation Officials，简称 AASHTO）编写的《桥梁设计规范》（以下简称 AASHTO 规范）[1]，故在第 3 节较详细地介绍了 AASHTO 规范对梁承受剪力时的规定。

除特别指出外，本章抗剪承载力均取抗力系数 $\phi_v = 0.9$。

6.1 工字形截面梁和槽钢梁的受剪承载力

6.1.1 梁截面受剪屈服时的承载力

对于工字形截面梁，荷载产生的剪力主要由腹板承受。只要腹板不发生屈曲，则受剪承载力由腹板面积和抗剪强度确定。由材料力学知识可知，剪切屈服强度为受拉屈服强度的 $\sqrt{3}/3 = 0.58$ 倍，不过，AISC 360-16 取抗剪强度为 0.6 倍屈服强度，规定梁的抗剪承载力标准值按下式确定：

$$V_n = 0.6 F_y A_w \tag{6-1}$$

式中，A_w 为整个截面高度乘以腹板厚度，即 $d t_w$，如图 6-1 所示的阴影部分。

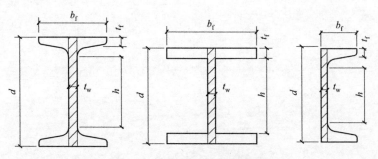

图 6-1 受剪承载力所用的面积

6.1.2　梁腹板屈曲后的拉力场作用

如果腹板的高厚比较大，则可能发生剪切屈曲，此时，对于未设置加劲肋的情况（也称作"未加劲的腹板"），则抗剪承载力显然会低于受剪屈服时的承载力。若设置了加劲肋，研究发现，腹板屈曲并不立即引起梁的失效，腹板还可以通过斜向的"拉力场"（tension field）继续承受增加的剪力，如图 6-2 所示，腹板、翼缘、加劲肋形成一种类似于桁架的作用，腹板此时的受力类似于桁架中的斜拉杆，加劲肋则类似于竖压杆。

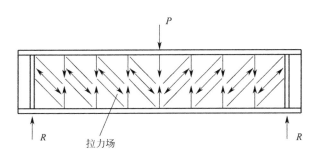

注：中间的加劲肋未示出。

图 6-2　腹板屈曲后的拉力场

在 AISC 360-16 中，考虑拉力场的有利作用应具备必要的前提条件：

(1) 横向加劲肋的间距不能太大，应满足 $a/h \leqslant 3$；

(2) 腹板占比不能太大，应满足 $2A_w/(A_{ft}+A_{fc}) \leqslant 2.5$，且 $h/b_{fc} \leqslant 6.0$、$h/b_{ft} \leqslant 6.0$。

式中，a 为横向加劲肋之间的距离；A 表示面积，b 表示翼缘宽度，下角标 f 表示翼缘，t 表示拉，c 表示压。

【解析】 关于拉力场理论，不少学者对其进行了研究，文献 [2]、[3] 均给出了一个简明的介绍。美国钢结构规范一直采用的是 Basler 于 1961 提出的"桁架模型"，而欧洲钢结构规范采用的则是 Hoglund 于 1971 年提出的"旋转应力场"（rotated stress field）理论。一般认为，前者偏于保守[2]。

1. 不考虑拉力场作用的受剪承载力

$h/t_w \leqslant 2.24\sqrt{E/F_y}$ 的热轧工字形截面抗剪承载力标准值按式（6-1）确定，且取 $\phi_v=1.0$。除此之外的工字形截面（包括热轧工字形和焊接工字形）以及槽钢截面，其抗剪承载力标准值按下式计算且取 $\phi_v=0.9$：

$$V_n = 0.6F_y A_w C_{v1} \tag{6-2}$$

腹板剪切屈曲折减系数 C_{v1} 按照下列规定取值：

$h/t_w \leqslant 1.10\sqrt{k_v E/F_y}$ 时

$$C_{v1}=1.0 \tag{6-3a}$$

$h/t_w > 1.10\sqrt{k_v E/F_y}$ 时

$$C_{v1}=\frac{1.10\sqrt{k_v E/F_y}}{h/t_w} \tag{6-3b}$$

腹板剪切屈曲系数 k_v，对于 $a/h > 3$（包括未设置横向加劲肋）的腹板，取 $k_v=$

5.34；否则，取为

$$k_v = 5 + \frac{5}{(a/h)^2} \tag{6-4}$$

以上式中，对于热轧型钢，h 为翼缘间的净距离减去两侧的倒角半径（即，相当于 GB 50017 中的 h_0）；对于焊接截面，h 为翼缘间的净距离；对于螺栓连接的组合截面，为紧固件线之间的距离；a 为横向加劲肋之间的净距离。

【解析】C_{v1} 本质上是受剪屈曲应力与受剪屈服强度的比值，即

$$C_{v1} = \frac{\tau_{cr}}{\tau_y} \tag{6-5}$$

由于残余应力和缺陷的影响，此处的 τ_{cr} 采用了非弹性阶段的临界剪应力 τ'_{cr}，$\tau'_{cr} = \sqrt{\tau_p \tau_{cr}}$，$\tau_p$ 为受剪时的比例极限，取 $\tau_p = 0.8\tau_y$；τ_{cr} 为按照理想弹性求得的临界应力，按下式计算：

$$\tau_{cr} = \frac{k_v \pi^2 E}{12(1-\nu^2)(h/t_w)^2} = \frac{0.903 k_v E}{(h/t_w)^2} \tag{6-6}$$

于是

$$C_{v1} = \frac{\tau_{cr}}{\tau_y} = \frac{\sqrt{0.8\tau_y \times \frac{0.903 k_v E}{(h/t_w)^2}}}{\tau_y} \approx \frac{1.10\sqrt{k_v E/F_y}}{h/t_w} \tag{6-7}$$

显然，$C_{v1} = 1.0$ 表明发生剪切屈服，而 $C_{v1} < 1.0$ 即为剪切屈曲控制，故二者的分界点为 $h/t_w = 1.10\sqrt{k_v E/F_y}$。

2. 腹板中间区格当 $a/h \leqslant 3$ 时考虑拉力场作用的抗剪承载力

注意到，AISC 360-10 曾规定，梁端的第一个区段为刚性区段，如图 6-3 所示，此区段加劲肋的间距比跨中要小。为了保证其余的腹板在屈曲后能发挥桁架的作用，该区段不允许考虑拉力场作用[5]。虽然 AISC 360-16 未提到此要求，但注意到 G2.2 的标题中明确指出"腹板中间区格"且条文说明并未变化，故"端部区格不考虑拉力场作用"的原则不变。

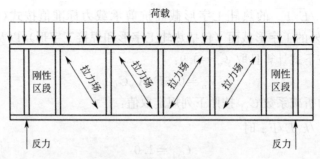

图 6-3　刚性区段与拉力场

AISC 360-16 规定，抗剪承载力标准值 V_n 按以下公式计算，且取 $\phi_v = 0.9$：

$h/t_w \leqslant 1.10\sqrt{k_v E/F_y}$ 时：

$$V_n = 0.6 F_y A_w \tag{6-8}$$

$h/t_w > 1.10\sqrt{k_v E/F_y}$ 时，区分两种情况：

$\dfrac{2A_w}{A_{fc}+A_{ft}} \leqslant 2.5$，$\dfrac{h}{b_{fc}} \leqslant 6$ 且 $\dfrac{h}{b_{ft}} \leqslant 6$ 时：

$$V_n = 0.6F_y A_w \left[C_{v2} + \frac{1-C_{v2}}{1.15\sqrt{1+(a/h)^2}} \right] \tag{6-9a}$$

其他情况：

$$V_n = 0.6F_y A_w \left\{ C_{v2} + \frac{1-C_{v2}}{1.15[a/h+\sqrt{1+(a/h)^2}]} \right\} \tag{6-9b}$$

以上式中，腹板剪切屈曲系数 C_{v2} 按照下列规定取用：

$1.10\sqrt{k_v E/F_y} < h/t_w \leqslant 1.37\sqrt{k_v E/F_y}$ 时：

$$C_{v2} = \frac{1.10\sqrt{k_v E/F_y}}{h/t_w} \tag{6-10a}$$

$h/t_w > 1.37\sqrt{k_v E/F_y}$ 时：

$$C_{v2} = \frac{1.51 E k_v}{(h/t_w)^2 F_y} \tag{6-10b}$$

以上式中，A_{fc}、A_{ft} 分别为受压、受拉翼缘的面积；b_{fc}、b_{ft} 分别为受压、受拉翼缘的宽度。

剪切承载力标准值 V_n 允许取为考虑拉力场作用和未考虑拉力场作用二者的较大者。

【例 6-1】双轴对称工字形截面，腹板高厚比 $h/t_w = 82$，$a/h = 2$，$E = 2.0 \times 10^5 \text{N/} \text{mm}^2$，$F_y = 235 \text{N/mm}^2$。要求：计算考虑拉力场作用和不考虑拉力场作用时的 $\dfrac{V_n}{0.6F_y A_w}$。

解：（1）考虑拉力场作用

$$k_v = 5 + \frac{5}{(a/h)^2} = 6.25$$

$$1.10\sqrt{k_v E/F_y} = 1.10\sqrt{6.25 \times 2.0 \times 10^5/235} = 80.2$$

$$1.37\sqrt{k_v E/F_y} = 99.9$$

由于 $1.10\sqrt{k_v E/F_y} < h/t_w \leqslant 1.37\sqrt{k_v E/F_y}$，故

$$C_{v2} = \frac{1.10\sqrt{k_v E/F_y}}{h/t_w} = \frac{80.2}{82} = 0.978$$

$$C_{v2} + \frac{1-C_{v2}}{1.15\sqrt{1+(a/h)^2}} = 0.978 + \frac{1-0.978}{1.15\sqrt{1+2^2}} = 0.987$$

$$C_{v2} + \frac{1-C_{v2}}{1.15[a/h+\sqrt{1+(a/h)^2}]} = 0.978 + \frac{1-0.978}{1.15(2+\sqrt{1+2^2})} = 0.983$$

（2）不考虑拉力场作用

$$C_{v1} = \frac{1.10\sqrt{k_v E/F_y}}{h/t_w} = \frac{80.2}{82} = 0.978$$

可见，此时，不考虑拉力场作用时抗剪承载力最低，不符合 $2A_w/(A_{fc}+A_{ft})\leqslant 2.5$、$h/b_{fc}\leqslant 6$ 且 $h/b_{ft}\leqslant 6$ 时承载力次之，符合该条件时承载力最高。

【解析】 若以 $E=2.0\times 10^5 \mathrm{N/mm^2}$ 代入 $h/t_w\leqslant 1.10\sqrt{k_v E/F_y}$，并取 $k_v=5.34$（不设置加劲肋时的取值），则可得到 $h/t_w\leqslant 74\sqrt{235/F_y}$，其含义为，$h/t_w\leqslant 74\sqrt{235/F_y}$ 时腹板的抗剪承载力由屈服控制，按 $V_u\leqslant\phi_v V_n=0.54 F_y A_w$ 验算才是正确的（特别的，对于热轧工型钢，$h/t_w\leqslant 65\sqrt{235/F_y}$ 时可按照 $V_u\leqslant\phi_v V_n=0.60 F_y A_w$ 验算）。否则会发生剪切屈曲，为提高其抗剪承载力，当 $h/t_w>74\sqrt{235/F_y}$ 时宜设置横向加劲肋。

6.1.3 对横向加劲肋的要求

1. 横向加劲肋的构造要求

AISC 360-16 规定，当 $h/t_w\leqslant 2.46\sqrt{E/F_y}$ 时不需要设置横向加劲肋，该规定与 AISC 360-10 相同（编者注：实际上，这里的 2.46 是按照 $1.10\sqrt{k_v}=1.10\sqrt{5}$ 求得的，注意到，AISC 360-16 已将 k_v 的最小值由 5.0 改为 5.34，故笔者认为，这里应为 $h/t_w\leqslant 2.54\sqrt{E/F_y}$）。

当横向加劲肋不需要以承压的方式传递集中荷载或支座反力时，允许下端与受拉翼缘有一段间距。横向加劲肋连接于腹板的焊缝端部结束点至腹板与翼缘焊缝趾部的距离，应为 $4t_w\sim 6t_w$，如图 6-4 所示。若加劲肋在腹板一侧布置且为矩形钢板时，应将其连接到受压翼缘上，以阻止任何翼缘扭曲导致的"抬高"趋势。

用螺栓将加劲肋连接到大梁的腹板时，螺栓中至中的距离应不大于 300mm。如果使用了断续焊缝，焊缝间净距应不大于 $16t_w$ 也不大于 250mm。

加劲肋板件的宽厚比应满足：

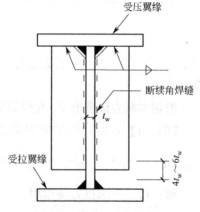

图 6-4 横向加劲肋的焊缝

$$\frac{b}{t}\leqslant 0.56\sqrt{\frac{E}{F_{yst}}} \tag{6-11}$$

式中　b、t——分别为加劲肋的宽度与厚度，如图 6-5 所示；

　　　　F_{yst}——加劲肋所用钢材的 F_y。

【解析】 控制加劲肋的宽厚比是为了保证其局部稳定性。

若以 $E=2.0\times 10^5 \mathrm{N/mm^2}$ 代入式(6-11)，并以 GB 50017—2017 符号表达，则可得到

$$\frac{b}{t}\leqslant 16.3\sqrt{\frac{235}{f_y}}$$

与 GB 50017—2017 第 6.3.6 条规定的承压加劲肋宽厚比不大于 15 接近。

为了使腹板的抗剪承载力达到前述的值，横向加劲肋的惯性矩 I_{st} 应足够。如图 6-5 所示，加劲肋相对于 z 轴的惯性矩 I_{st}（两侧布置时以两个计）应满足：

$$I_{st}\geqslant I_{st2}+(I_{st1}-I_{st2})\rho_w \tag{6-12}$$

$$I_{st1}=\frac{h^4\rho_{st}^{1.3}}{40}\left(\frac{F_{yw}}{E}\right)^{1.5} \tag{6-13}$$

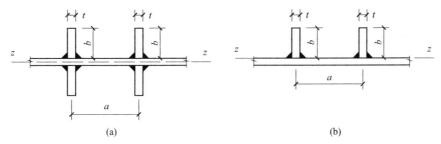

图 6-5　加劲肋的布置与尺寸

（a）两侧布置；（b）单侧布置

$$I_{st2} = \left[\frac{2.5}{(a/h)^2} - 2\right] b_p t_w^3 \geqslant 0.5 b_p t_w^3 \qquad (6\text{-}14)$$

式中　I_{st1}——设置了加劲肋之后腹板能够达到完全的剪切屈曲后抗力（该抗力记作 V_{c1}，即按照前述公式求得的 V_n）所需的横向加劲肋惯性矩最小值，为简化且偏于安全计，可直接把惯性矩要求取为 $I_{st} \geqslant I_{st1}$；

I_{st2}——保证腹板达到剪切屈曲抗力（该抗力记作 V_{c2}，利用 $V_n = 0.6 F_y A_w C_{v2}$ 求得）所需的横向加劲肋惯性矩最小值；

ρ_{st}——取 F_{yw}/F_{yst} 和 1.0 的较大者；

F_{yst}——加劲肋钢材的规定最小屈服强度；

F_{yw}——腹板钢材的规定最小屈服强度；

ρ_w——腹板区格最大剪率（maximum shear ratio），$\rho_w = \dfrac{V_u - V_{c2}}{V_{c1} - V_{c2}} \geqslant 0$；

b_p——a 和 h 的较小者。

2. 支承加劲肋的受力要求

对于承受集中力的支承加劲肋，应满足以下要求。

（1）腹板平面外稳定性

AISC 360-16 的 J10.8 条规定，加劲肋应按轴心受压构件进行设计，有效长度可取为 $0.75h$，h 为腹板高度，如图 6-1 所示。计算加劲肋的截面特性时，对设在构件端部的加劲肋，取两个加劲肋及宽度为 $12t_w$ 的腹板组成的面积；对设在构件中部的加劲肋，取两个加劲肋及宽度为 $25t_w$ 的腹板组成的面积。如图 6-6 中阴影部分。

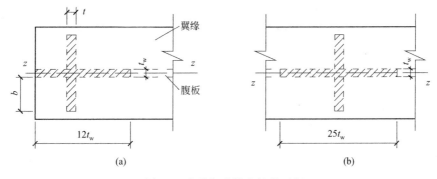

图 6-6　支承加劲肋有效截面积

（a）端部加劲肋；（b）中间加劲肋

（2）端部承压

横向加劲肋为了与梁的下翼缘顶紧同时也为了焊缝不致交叉，通常切角，这样，直接承压的截面面积小于加劲肋的毛截面面积。AISC 360-16 的 J7 节给出了承压时的验算要求：

$$\phi R_{\text{n}} \geqslant P_{\text{u}} \tag{6-15}$$

$$R_{\text{n}} = 1.8 F_{\text{y}} A_{\text{pb}} \tag{6-16}$$

式中　　P_{u}——作用于支承加劲肋的集中力压力设计值；

　　　　A_{pb}——承压截面面积。

【解析】与 AISC 360-16 单独列出一章规定构件的抗剪设计不同，GB 50017—2017 中与钢梁抗剪有关的内容分布在第 6 章和第 10 章，且脉络较为模糊，今将其要者总结如下：

（1）6.1.3 条针对梁的抗剪验算，采用材料力学公式，表明其按照弹性理论确定抗剪承载力。该公式有一个前提条件，标准中将其叙述为"除考虑腹板屈曲后强度者外"。

实际上，此处的本质是，当腹板不会发生剪切屈曲时弹性剪应力验算公式才适用。具体而言，就是腹板的宽厚比应不超过界限值。剪切屈曲临界应力与梁的横向加劲肋间距有关，未设置横向加劲肋可以视为间距无穷大。根据腹板正则化宽厚比 $\lambda_{\text{n,b}}$ 求出临界应力 τ_{cr}，令其等于腹板钢材剪切强度设计值 f_{v}，则得到界限值是 $75.8\varepsilon_{\text{k}}$。考虑到梁的剪力一般低于 f_{v}，故限制条件可适当放松，认为 $h_0/t_{\text{w}} > 80\varepsilon_{\text{k}}$ 时会发生剪切屈曲（6.3.2 条规定此时应设置横向加劲肋）。故 6.1.3 条的适用条件为 $h_0/t_{\text{w}} \leqslant 80\varepsilon_{\text{k}}$。

（2）6.1.5 条规定了梁腹板计算高度边缘处同时承受较大的正应力、剪应力和局部压应力时的折算应力验算公式。该条虽然没有给出适用条件，但由于各应力均按照理想弹性体求出，故应有适用条件：按受弯构件确定的截面板件等级不应为 S5；不应发生剪切屈曲（$h_0/t_{\text{w}} \leqslant 80\varepsilon_{\text{k}}$）。

（3）6.4 节为焊接截面梁腹板考虑屈曲后强度的计算，这里所说的"屈曲"，是指剪切屈曲。验算式（6.4.1-1）是同时计入截面剪力和弯矩时的截面强度验算，式中的 V_{u} 计入了拉力场作用的贡献。值得注意的是，这里既没有给出像 AISC 360-16 那样考虑拉力场作用的条件，也没有给出像 EN 1993-1-5 那样端部锚固区的规定。另外，在 2017 标准的大背景下，公式（6.4.1-3）仍沿用 2003 规范时的做法确定 M_{eu}，笔者认为在逻辑上存在不妥当：一是既然该公式为相关公式，那么其中的梁受弯承载力 M_{eu} 就与截面板件等级有关，如果板件等级是 S5，应先求得"有效宽度"进而得到有效截面据此得到 M_{eu}，而不必采用系数 α_{e} 对截面受弯承载力折减；二是 M_{eu} 为 $\lambda_{\text{n,b}}$ 的函数，$\lambda_{\text{n,b}} \leqslant 0.85$ 时认为全部截面有效，然而，如此求得的腹板高厚比限值（$117\varepsilon_{\text{k}}$ 或 $150\varepsilon_{\text{k}}$）与 S4 级时的腹板高厚比限值（$124\varepsilon_{\text{k}}$）无法协调；三是 M_{eu} 为 $\lambda_{\text{n,b}}$ 的函数，$\lambda_{\text{n,b}}$ 仅与腹板有关，因而未考虑翼缘等级为 S5 的情况（注意到，6.1.1 条规定当受压翼缘等级为 S5 时翼缘外伸宽度直接取为 $15t\varepsilon_{\text{k}}$。这种"翼缘外伸宽度超过 $15t\varepsilon_{\text{k}}$"的情况在 2003 规范中是不存在的）。

（4）10.3.4 条规定了当 $V > 0.5 h_{\text{w}} t_{\text{w}} f_{\text{v}}$ 时（通常称作"高剪"），验算受弯承载力所用的腹板强度设计值应折减为 $(1-\rho)f$，但此处未给出受弯承载力应如何求出。笔者认为，此处本质上是考虑受弯承载力与受剪承载力相关，今给出双轴对称工字形截面时的验算式如下（原理见 7.3 节）：

$$\left(\frac{2V}{V_{\text{u}}} - 1 \right)^2 + \frac{M - M_{\text{f}}}{M_{\text{u}} - M_{\text{f}}} \leqslant 1.0$$

$$V_u = h_w t_w f_v$$
$$M_f = A_f f (h - t_f)$$

式中　M、V——同一截面处的弯矩和剪力设计值；

　　　M_f——翼缘的受弯承载力设计值；

　　　M_u——塑性设计或弯矩调幅设计时的受弯承载力设计值；

　　　A_f——翼缘截面面积；

　　　t_f——翼缘厚度；

　　　h——截面高度。

【**例 6-2**】跨度为 17m 的简支钢梁，承受均布荷载，设计值为 80kN/m，引起的最大剪力设计值为 680kN。钢材采用 Q235。焊接组合截面梁的几何尺寸如下：$t_w = 8$mm，$d = 910$mm，$b_{ft} = b_{fc} = 300$mm，$t_f = 30$mm，$h = 850$mm。要求：若需要设置横向加劲肋，确定加劲肋的间距。

解：（1）判别是否需要横向加劲肋

假设不设置加劲肋，此时，取 $k_v = 5.34$。于是

$$h/t_w = 850/8 = 106.3 > 1.10\sqrt{k_v E / F_y} = 1.10\sqrt{5.34 \times 2.0 \times 10^5 / 235} = 74.2$$

$$C_{v1} = \frac{1.10\sqrt{k_v E / F_y}}{h/t_w} = \frac{1.10\sqrt{5.34 \times 2.0 \times 10^5 / 235}}{850/8} = 0.6979$$

$$A_w = 910 \times 8 = 7280 \text{mm}^2$$

$$V_n = 0.6 F_y A_w C_{v1} = 0.6 \times 235 \times 7280 \times 0.6979 = 7.1642 \times 10^5 \text{N}$$

$$\phi_v V_n = 0.9 \times 7.1642 \times 10^5 = 6.4478 \times 10^5 \text{N} < 680 \text{kN}$$

抗剪承载力不足，因此，需要设置横向加劲肋。

（2）检查可以考虑拉力场作用的条件

$$\frac{2A_w}{A_{fc} + A_{ft}} = \frac{2 \times 7280}{2 \times (300 \times 30)} = 0.809 < 2.5, \quad h/b_{fc} = 850/300 = 2.83 < 6, \quad h/b_{ft} = 2.83 < 6$$

只要横向加劲肋的间距满足 $a/h \leqslant 3$，则中间区格可以考虑拉力场的有利作用。但是，端部区格不允许考虑拉力场的有利作用。

（3）端部区格的加劲肋间距

端部区格，假定取 $a/h = 2$ 时，则

$$k_v = 5 + \frac{5}{(a/h)^2} = 6.25$$

$$h/t_w = 850/8 = 106.3 > 1.10\sqrt{k_v E / F_y} = 1.10\sqrt{6.25 \times 2.0 \times 10^5 / 235} = 80.2$$

$$C_{v1} = \frac{1.10\sqrt{k_v E / F_y}}{h/t_w} = \frac{1.10\sqrt{6.25 \times 2.0 \times 10^5 / 235}}{850/8} = 0.7551$$

$$V_n = 0.6 F_y A_w C_{v1} = 0.6 \times 235 \times 7280 \times 0.7551 = 7.7506 \times 10^5 \text{N}$$

$$\phi_v V_n = 0.9 \times 7.7506 \times 10^5 = 6.9755 \times 10^5 \text{N} > 680 \text{kN}$$

可满足要求。此时，横向加劲肋间距 $a = 2h = 2 \times 850 = 1700$mm。

（4）第 2 个区格的加劲肋间距

距离支座 1700mm 处的剪力设计值：$V_u = 680 - 80 \times 1.7 = 544\text{kN}$。

前面已求得，不设加劲肋时 $\phi_v V_n = 644.78\text{kN} > V_u = 544\text{kN}$，表明，不再需要设置额外的横向加劲肋。

6.2 其他截面形式梁的受剪承载力

本节介绍除工字形截面梁和槽钢梁外的其他截面形式梁的受剪承载力。

6.2.1 单角钢和 T 形截面

单角钢的肢或 T 形截面的腹板，其抗剪承载力标准值 V_n 按下式计算：

$$V_n = 0.6F_y bt C_{v2} \tag{6-17}$$

式中　C_{v2}——腹板剪切屈曲承载力系数，按式（6-10）计算，计算时取 $h/t_w = b/t$，$k_v = 1.2$；

　　　b——抵抗剪力肢的肢宽，或 T 形截面的腹板高度；

　　　t——角钢肢厚，或 T 形截面腹板厚度。

6.2.2 矩形管截面、箱形截面及其他单轴或双轴对称截面

此时，抗剪承载力标准值 V_n 按下式计算：

$$V_n = 0.6F_y A_w C_{v2} \tag{6-18}$$

对于矩形管截面和箱形截面，各符号意义如下：

　　A_w——受剪面积，$A_w = 2ht$；

　　C_{v2}——腹板剪切屈曲承载力系数，按式（6-10）计算，计算时取 $h/t_w = h/t$，$k_v = 5$；

　　h——抗剪面积的宽度，对矩形管，取为翼缘之间的距离减去每侧的内部圆弧半径；对箱形截面，取为两翼缘净距；如果内圆弧半径未知，h 取为外部尺寸减去 3 倍的板厚；

　　t——设计壁厚。

对于其他单轴对称或双轴对称截面，各符号意义如下：

　　A_w——受剪的腹板面积之和，取截面全高乘以腹板厚度后求和；

　　C_{v2}——腹板剪切屈曲承载力系数，按式（6-10）计算，计算时取 $h/t_w = h/t$，$k_v = 5$；

　　h——抗剪面积的宽度，对焊接组合截面，取为两翼缘净距；对以螺栓连接而成的截面，取螺栓线之间的距离；

　　t——腹板厚度。

6.2.3 圆管截面

抗剪承载力标准值 V_n 按照受剪屈服和受剪屈曲极限状态确定，公式如下：

$$V_n = F_{cr} A_g / 2 \tag{6-19}$$

$$F_{cr} = \max\left(\frac{1.60E}{\sqrt{\dfrac{L_v}{D}}\left(\dfrac{D}{t}\right)^{5/4}}, \frac{0.78E}{\left(\dfrac{D}{t}\right)^{3/2}} \right) \leqslant 0.6F_y \tag{6-20}$$

式中　A_g——根据设计壁厚确定的毛截面面积；

　　　D——外直径；

　　　L_v——剪应力从最大到零之间的距离；

　　　t——设计壁厚。

6.2.4　单轴对称截面或双轴对称截面弱轴受剪

对于单轴对称或双轴对称截面构件，当在弱轴方向受剪且不会发生扭转时，抗剪承载力标准值 V_n 按照下式确定：

$$V_n = 0.6 F_y b_f t_f C_{v2} \qquad (6-21)$$

式中　C_{v2}——腹板剪切屈曲承载力系数，按式（6-10）计算，对工字形和 T 形截面，计算时取 $h/t_w = b_f/(2t_f)$，对槽钢截面，取 $h/t_w = b_f/t_f$，$k_v = 1.2$；

　　　b_f——翼缘宽度；

　　　t_f——翼缘厚度。

【解析】截面主轴有强轴与弱轴之分，所谓"强轴"是指绕该轴的惯性矩更大。我国习惯上将工字形截面的强轴记作 x 轴，弱轴记作 y 轴。然而，这里的"弱轴受剪"（weak-axis shear），并非指剪力沿工字形截面的 y 轴而是沿 x 轴，这一点，可以从剪切屈曲承载力系数按工字形截面的翼缘取值可以知道，而且，图 6-1 中沿工字形截面 y 轴的抗剪承载力在式（6-1）已经给出。

6.2.5　梁的腹板开孔

钢与混凝土组合梁以及钢梁在腹板位置开孔会对抗剪承载力产生影响。当在开孔处剪力设计值大于承载力设计值时，应采取适当的补强措施。

6.3　AASHTO 关于工字形截面梁受剪承载力的规定

AASHTO 规范关于钢梁受剪承载力以及加劲肋设置的规定，与 AISC 360-16 具有相似的思路。其在图 C6.10.9.1-1 给出了工字形截面抗剪设计的流程图，今稍加改写，示于图 6-7。

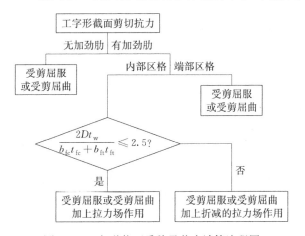

图 6-7　工字形截面受剪承载力计算流程图

需要注意的是，AASHTO 规范对钢梁的受剪抗力系数取 $\phi_v = 1.0$。该规范中工字形截面的尺寸符号如图 6-8 所示（承受正弯矩时）。

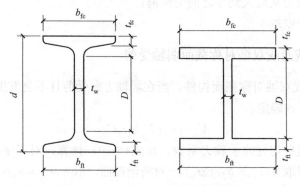

图 6-8　AASHTO 中的工字形截面

6.3.1　截面尺寸要求

无纵向加劲肋时，腹板应满足 $D/t_w \leqslant 150$；有纵向加劲肋时，腹板应满足 $D/t_w \leqslant 300$。这些要求适用于腹板屈服强度不超过 100ksi（689.5N/mm²）。

受压和受拉翼缘的尺寸应满足以下要求：

$$\frac{b_f}{2t_f} \leqslant 12 \tag{6-22}$$

$$b_f \geqslant D/6 \tag{6-23}$$

$$t_f \geqslant 1.1t_w \tag{6-24}$$

$$0.1 \leqslant \frac{I_{yc}}{I_{yt}} \leqslant 10 \tag{6-25}$$

式中　b_f、t_f——翼缘的宽度与厚度；

　　　　D——翼缘内侧的距离减去倒角半径（对于热轧截面）或翼缘内侧的净距（对于焊接截面），见图 6-8；

　　　　t_w——腹板厚度；

I_{yc}、I_{yt}——受压翼缘和受拉翼缘对 y 轴（弱轴）的惯性矩。

6.3.2　横向加劲肋的设置

AASHTO 规范 6.10.9.1 条规定，无纵向加劲肋时，中间横向加劲肋的间距不应超过 $3D$；当有纵向加劲肋时，中间横向加劲肋的间距不应超过 $1.5D$。若超出，视为无加劲肋。无论有无纵向加劲肋，端部横向加劲肋的间距不应超过 $1.5D$，否则视为无加劲肋。

6.10.9.2 条给出了无加劲肋时梁的受剪承载力标准值计算公式如下：

$$V_n = V_{cr} = CV_p \tag{6-26}$$

$$V_p = 0.58F_{yw}Dt_w \tag{6-27}$$

式中　C——剪切屈曲抗力与剪切屈服承载力的比率，按后述的式（6-30）计算时，取剪

切屈曲系数 $k = 5.0$；

D ——翼缘间的净距离减去每侧的圆弧半径；

V_{cr} ——剪切屈服抗力或剪切屈曲抗力。

当剪力较大，不能满足受剪承载力要求时，应设置横向加劲肋。

6.10.9.3 条给出了设置有加劲肋时受剪承载力标准值的计算公式。对于内部区格：

$\dfrac{2Dt_w}{b_{fc}t_{fc} + b_{ft}t_{ft}} \leqslant 2.5$ 时

$$V_n = V_p\left[C + \frac{0.87(1-C)}{\sqrt{1+(d_0/D)^2}}\right] \tag{6-28a}$$

$\dfrac{2Dt_w}{b_{fc}t_{fc} + b_{ft}t_{ft}} > 2.5$ 时

$$V_n = V_p\left[C + \frac{0.87(1-C)}{\sqrt{1+(d_0/D)^2} + d_0/D}\right] \tag{6-28b}$$

$$V_p = 0.58F_{yw}Dt_w \tag{6-29}$$

式中，d_0 为横向加劲肋间距；比率 C 按照下列规定取值：

$\dfrac{D}{t_w} \leqslant 1.12\sqrt{\dfrac{Ek}{F_{yw}}}$ 时

$$C = 1.0 \tag{6-30a}$$

$1.12\sqrt{\dfrac{Ek}{F_{yw}}} < \dfrac{D}{t_w} \leqslant 1.40\sqrt{\dfrac{Ek}{F_{yw}}}$ 时

$$C = \frac{1.12}{D/t_w}\sqrt{\frac{Ek}{F_{yw}}} \tag{6-30b}$$

$\dfrac{D}{t_w} > 1.40\sqrt{\dfrac{Ek}{F_{yw}}}$ 时

$$C = \frac{1.57}{(D/t_w)^2}\left(\frac{Ek}{F_{yw}}\right) \tag{6-30c}$$

$$k = 5 + \frac{5}{(d_0/D)^2} \tag{6-31}$$

对于端部区格，由于当内部区格产生拉力场时端部区格要为其提供锚固，因此，端部区格不考虑拉力场导致的剪切承载力提高，即，按式(6-26) 和式(6-27) 计算。但是，确定比率 C 时用到系数 k，该 k 值用到的 d_0 取支座至相邻的第一个横向加劲肋之间的距离。无论有无纵向加劲肋，该距离不应超过 $1.5D$。

横向加劲肋的外伸宽度 b_t 应满足以下要求：

$$b_t \geqslant 2.0 + \frac{D}{30} \tag{6-32}$$

$$16t_p \geqslant b_t \geqslant b_f/4 \tag{6-33}$$

式中，b_f 对于工字形截面，为所研究区段受压翼缘的最大全宽；t_p 为加劲肋的厚度。注意式(6-32) 中 b_t、D 的单位均以"英寸"计。

横向加劲肋作为边界支承，应具有足够的刚度。6.10.11.1.3 条规定，加劲肋相邻区格不承受屈曲后拉力场作用时，其惯性矩应满足以下限制的较小者。计算惯性矩时所绕的轴，单侧设置时，为加劲肋与腹板的接触边；双侧设置时，为腹板的中面线。如图 6-5 所示。

$$I_t \geqslant I_{t1} = b t_w^3 J \tag{6-34a}$$

$$I_t \geqslant I_{t2} = \frac{D^4 \rho_t^{1.3}}{40} \left(\frac{F_{yw}}{E} \right)^{1.5} \tag{6-34b}$$

$$J = \frac{2.5}{(d_0/D)^2} - 2.0 \geqslant 0.5 \tag{6-35}$$

$$F_{crs} = \frac{0.31E}{(b_t/t_p)^2} \leqslant F_{ys} \tag{6-36}$$

式中　　b —— d_0 和 D 的较小者；

　　　　J ——加劲肋抗弯刚度参数；

　　　　d_0 ——相邻区格宽度的较小者；

　　　　ρ_t ——取 F_{yw}/F_{crs} 和 1.0 的较大者；

　　F_{crs} ——加劲肋的局部屈曲应力；

　　F_{ys} ——加劲肋钢材的规定最小屈服强度；

　　F_{yw} ——腹板钢材的规定最小屈服强度；

　　I_{t1} ——腹板达到剪切屈曲抗力所需的横向加劲肋最小惯性矩；

　　I_{t2} ——腹板达到完全的屈曲后拉力场抗力所需的横向加劲肋最小惯性矩。

6.10.11.1.3 条规定，加劲肋相邻区格承受屈曲后拉力场作用时，其惯性矩应满足：

如果 $I_{t2} > I_{t1}$，取

$$I_t \geqslant I_{t1} + (I_{t2} - I_{t1}) \rho_w \tag{6-37a}$$

否则，取

$$I_t \geqslant I_{t2} = \frac{D^4 \rho_t^{1.3}}{40} \left(\frac{F_{yw}}{E} \right)^{1.5} \tag{6-37b}$$

$$\rho_w = \frac{V_u - \phi_v V_{cr}}{\phi_v V_n - \phi_v V_{cr}} \tag{6-38}$$

式中　　V_u ——所研究区格的最大剪力设计值；

　　V_{cr} ——所研究区格的剪切屈服抗力或剪切屈曲抗力，$V_{cr} = CV_p$；

　　V_p ——发生塑性剪切屈服时的承载力，$V_p = 0.58 F_{yw} D t_w$。

　　式 (6-38) 中 ρ_w 的取值：如果与加劲肋相邻的两个区格均承受拉力场作用，按这两个区格分别求出后取大者；否则，按承受拉力场作用的那个区格求出。

　　横向加劲肋所在区格设置有纵向加劲肋时，横向加劲肋还应满足

$$I_t \geqslant \left(\frac{b_t}{b_l} \right) \left(\frac{D}{3.0 d_0} \right) I_l \tag{6-39}$$

式中　　b_t ——横向加劲肋的宽度；

　　　　b_l ——纵向加劲肋的宽度；

　　　　I_l ——纵向加劲肋的惯性矩，见式 (6-44)。

6.3.3 纵向加劲肋的设置

1. 未设置纵向加劲肋时腹板的受弯屈曲抗力

AASHTO 规范 6.10.1.9.1 条规定，腹板受弯屈曲临界应力按照下式计算：

$$F_{crw} = \frac{0.9Ek}{(D/t_w)^2} \tag{6-40}$$

$$k = \frac{9}{(D_c/D)^2} \tag{6-41}$$

且不超过 $R_h F_{yc}$ 和 $F_{yw}/0.7$ 的较小者。这里，D_c 为按弹性计算得到的腹板受压区高度；F_{yc} 为受压翼缘的规定最小屈服强度；F_{yw} 为腹板的规定最小屈服强度；R_h 为杂交系数，对于热轧型钢、同一钢号钢板形成的截面以及腹板强度高于两个翼缘强度的截面，取 R_h =1.0，否则 R_h 按规范给出的公式求出。

对于双轴对称工字形截面梁，仅承受弯矩作用时有 $D_c/D = 1/2$ 成立，此时按式(6-41)可得腹板的受弯屈曲系数 $k = 36$，相当于按照 23.9+0.8×(39.6−23.9)=36.46≈36 得到，这里，23.9 为腹板纵向边简支时的受弯屈曲系数，39.6 为腹板纵向边固支时的受弯屈曲系数。

当腹板的上下边缘均受压时，应取 $k = 7.2$。

2. 设置纵向加劲肋时腹板的受弯屈曲抗力

依据 6.10.1.9.2 条，此时，腹板受弯屈曲临界应力仍按式(6-40)计算，但受弯屈曲系数 k 按以下规定取值：

$D_s/D_c \geq 0.4$ 时

$$k = \frac{5.17}{(d_s/D)^2} \geq \frac{9}{(D_c/D)^2} \tag{6-42a}$$

$D_s/D_c < 0.4$ 时

$$k = \frac{11.64}{\left(\dfrac{D_c - d_s}{D}\right)^2} \tag{6-42b}$$

式中 d_s——纵向加劲肋中面线至受压翼缘内侧的最近距离。

式(6-42)是基于腹板的纵向边为简支的假定得到的，故有可能小于式(6-41)按照部分约束得到的 k，因此，增加了一个取值限制条件。注意，规定仅式(6-42a)考虑其限值。

注意到，这里计算 k 时忽略了设置多个纵向加劲肋的贡献而仅仅按照距离受压翼缘最近的一个计算，因而偏于保守。

3. 纵向加劲肋的构造要求

AASHTO 规范 6.10.11.3.1 条条文说明指出，纵向加劲肋布置时，最优位置为距离受压翼缘内侧 $2D_c/5$。由于 D_c 沿梁跨度是一个变量，推荐此 D_c 按照因为受弯而压应力最大的截面求出。若腹板承受变号的应力，有必要设置两排纵向加劲肋。

纵向加劲肋的外伸宽度应满足下式要求：

$$b_l \leq 0.48t_s\sqrt{\frac{E}{F_{ys}}} \tag{6-43}$$

式中　t_s——加劲肋的厚度；

　　　F_{ys}——加劲肋钢材的屈服强度。

纵向加劲肋的惯性矩 I_l 以及回转半径应满足以下要求：

$$I_l \geqslant D t_w^3 \left[2.4\left(\frac{d_0}{D}\right)^2 - 0.13\right]\beta \tag{6-44}$$

$$r \geqslant \frac{0.16 d_0 \sqrt{\dfrac{F_{ys}}{E}}}{\sqrt{1 - 0.6\dfrac{F_{yc}}{R_h F_{ys}}}} \tag{6-45}$$

式中　d_0——横向加劲肋的间距；

　　　β——曲率修正系数，对于直梁，$\beta = 1.0$；

　　　I_l——纵向加劲肋与腹板有效宽度 $18t_w$ 形成的组合截面的惯性矩，如果 $F_{yw} < F_{ys}$，有效截面包含的腹板条乘以 F_{yw}/F_{ys} 予以折减；

　　　r——纵向加劲肋与腹板有效宽度 $18t_w$ 形成的组合截面的回转半径；

　　　F_{yc}——受压翼缘钢材的屈服强度。

纵向加劲肋与腹板形成的有效截面如图 6-9 所示，惯性矩与回转半径均针对图中的 y_1 轴。

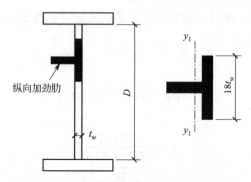

图 6-9　纵向加劲肋与腹板形成的有效截面

6.4　梁承受横向力的作用

当梁在跨内承受集中力时，可能发生 3 种不同的破坏形式：

（1）腹板压溃（web crushing），是指在很大的压应力作用下，与翼缘相邻的相对较薄的腹板被压溃，如图 6-10（a）所示。

（2）腹板压跛（web cripping），是指在很大的压应力作用下，与直接承载的翼缘接近的腹板范围出现局部屈曲现象，如图 6-10（b）所示。

（3）腹板屈曲（web buckling），是指压力通过腹板传递给另一侧翼缘，腹板犹如一个垂直的柱子一样发生屈曲，如图 6-10（c）所示。

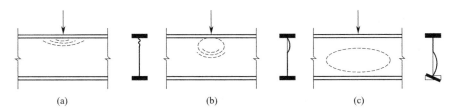

图 6-10　腹板受集中作用时的破坏形式

（a）腹板压溃；（b）腹板压跛；（c）腹板屈曲

6.4.1 腹板局部屈服

如图 6-11 所示，集中力按照 1∶2.5 的坡度扩散，在腹板计算高度边缘处形成一个扩散后的宽度，此处腹部的局部屈服承载力设计值为：

$$\phi R_n = \phi F_{yw} t_w (5k + l_b) \tag{6-46}$$

式中　ϕ——系数，取 $\phi = 1.0$；

F_{yw}——腹板钢材的屈服强度；

t_w——腹板厚度；

l_b——承压的宽度；

k——翼缘的外缘至腹板与翼缘倒角开始处的距离（相当于 GB 50017—2017 中的 h_y）。

式(6-46) 适用于集中力距离构件端部大于构件截面总高度 d 的情况。当集中力距离构件端部小于等于构件截面总高度 d 时，扩散后的宽度取为 $2.5k + l_b$。

在梁下支座位置处，由于有支座反力的集中作用（实际上取分布在 l_b 的范围内），因此也应验算。此时仅考虑力向梁跨中方向扩散，这样，形成的有效分布宽度就不是 $5k + l_b$，而是 $2.5k + l_b$。

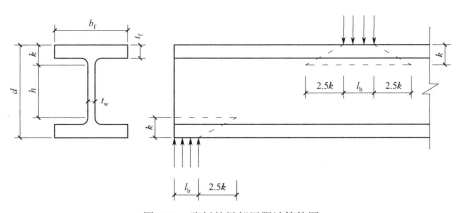

图 6-11　腹板的局部屈服计算简图

若局部屈服承载力不足，则应在集中荷载位置处设置一对横向加劲肋，或者，在腹板两侧焊以加强板。

6.4.2 腹板局部压跛

腹板局部压跛极限状态承载力标准值按照下列规定计算，并取 $\phi = 0.75$。

（1）当集中压力作用于距离构件端部大于等于 $d/2$ 处时：

$$R_n = 0.80t_w^2\left[1 + 3\frac{l_b}{d}\left(\frac{t_w}{t_f}\right)^{1.5}\right]\sqrt{\frac{EF_{yw}t_f}{t_w}}Q_f \tag{6-47}$$

（2）当集中压力作用于距离构件端部小于 $d/2$ 处时：

$l_b/d \leqslant 0.2$ 时

$$R_n = 0.40t_w^2\left[1 + 3\frac{l_b}{d}\left(\frac{t_w}{t_f}\right)^{1.5}\right]\sqrt{\frac{EF_{yw}t_f}{t_w}}Q_f \tag{6-48a}$$

$l_b/d > 0.2$ 时

$$R_n = 0.40t_w^2\left[1 + \left(\frac{4l_b}{d} - 0.2\right)\left(\frac{t_w}{t_f}\right)^{1.5}\right]\sqrt{\frac{EF_{yw}t_f}{t_w}}Q_f \tag{6-48b}$$

式中，Q_f 为系数，对于宽翼缘截面（例如，工字形、箱形等），取为 1.0，对于 HSS 截面，取值见 AISC 360-16 的表 K3.2。

若不满足要求，设置一侧加劲肋、一对横向加劲肋或加强板延伸至少 3/4 腹板高度。

6.4.3 腹板侧向屈曲

此处适用于单个受压集中力作用于构件，由于受拉翼缘在力的作用位置没有约束，导致受拉翼缘与受压翼缘之间产生相对侧移，如图 6-12 所示。

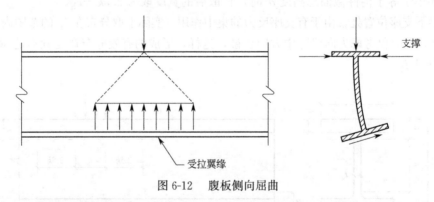

图 6-12　腹板侧向屈曲

此时，腹板侧向屈曲极限状态承载力标准值 R_n 按照以下规定计算，并取 $\phi = 0.85$。

（1）如果受压翼缘的转动受到约束

$\dfrac{h/t_w}{L_b/b_f} \leqslant 2.3$ 时

$$R_n = \frac{C_r t_w^3 t_f}{h^2}\left[1 + 0.4\left(\frac{h/t_w}{L_b/b_f}\right)^3\right] \tag{6-49}$$

$\dfrac{h/t_w}{L_b/b_f} > 2.3$ 时，腹板平面外屈曲不会发生。

当不满足要求时，应针对受拉翼缘设置局部的横向支撑，或者设置一对横向加劲肋，或者设置加强板。

（2）如果受压翼缘的转动未受到约束

$\dfrac{h/t_\mathrm{w}}{L_\mathrm{b}/b_\mathrm{f}} \leqslant 1.7$ 时

$$R_\mathrm{n} = \dfrac{C_\mathrm{r} t_\mathrm{w}^3 t_\mathrm{f}}{h^2} \left[0.4 \left(\dfrac{h/t_\mathrm{w}}{L_\mathrm{b}/b_\mathrm{f}} \right)^3 \right] \tag{6-50}$$

$\dfrac{h/t_\mathrm{w}}{L_\mathrm{b}/b_\mathrm{f}} > 1.7$ 时，腹板平面外屈曲不会发生。

式中　C_r——当力的作用位置处 $M_\mathrm{u} < M_\mathrm{y}$ 时，取 $C_\mathrm{r} = 6.6 \times 10^6 \mathrm{MPa}$；否则，取 $C_\mathrm{r} = 3.3 \times 10^6 \mathrm{MPa}$；

　　　　M_u——按 LRFD 组合得到的弯矩效应设计值；

　　　　L_b——沿任一翼缘的最大无支长度，取值示例见图 6-13；

　　　　b_f——翼缘宽度；

　　　　h——对于热轧型钢，取翼缘间净距离扣除倒角半径；对于组合截面，为相邻紧固件的距离或者焊接时取翼缘间净距离。

当不满足要求时，应在集中力作用点针对受压翼缘和受拉翼缘设置局部的横向支撑。

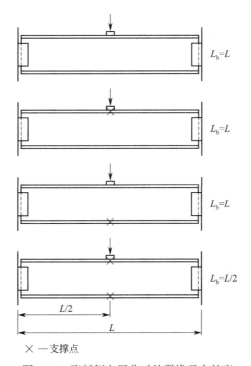

×—支撑点

图 6-13　腹板侧向屈曲时的翼缘无支长度

参考文献

［1］American Association of State Highway and Transportation Officials（AASHTO）. LRFD bridge design specifications［S］. 9th ed. Washington：AASHTO，2020.

[2] JOHANSSON B, MAQUOI R, SEDLACEK G, et al. Commentary and worked examples to EN 1993-1-5 "Plated structural elements" [R]. Brussels: Joint Research Centre, 2007.

[3] ZIEMIAN R D. Guide to stability design criteria for metal structures [M]. 6th ed. New Jersey: John Wiley & Sons, 2010.

[4] SALMON C G, JOHNSON J E, MALHAS F A. Steel structures design and behavior [M]. 5th ed. New Jersey: Pearson Prentice Hall, 2009.

[5] American Institute of Steel Construction (AISC). Specification for structural steel buildings: ANSI/AISC 360-10 [S]. Chicago: AISC, 2010.

第7章
构件受组合力以及扭矩

AISC 360-16 规定，构件同时承受轴心力和弯矩时，可用一套公式同时考虑弯矩作用平面内的失稳和弯矩作用平面外的失稳。若满足一定的前提条件，也允许将弯矩作用平面内失稳和弯矩作用面外失稳分开验算。通常后一做法更经济。

7.1 构件同时承受轴心力与弯矩

AISC 360-16 在第 H 章给出了同时适用于 LRFD 和 ASD 两种设计方法的公式（例如，下角标以"r"表示"需求的"，意为"荷载效应"；以"a"表示"可获得的"，意为"抗力"）[1]。鉴于本书介绍的是 LRFD 方法，故以下给出的公式，符号均按 LRFD 组合。

7.1.1 双轴和单轴对称截面构件受弯矩与轴心力

1. 双轴和单轴对称截面构件同时承受弯矩和轴心压力

对于双轴对称以及 $0.1 \leqslant I_{yc}/I_y \leqslant 0.9$ 的单轴对称截面构件（I_{yc} 为受压翼缘对 y 轴的惯性矩），当绕几何轴单向受弯或者双向受弯时，应满足以下要求：

$\dfrac{P_u}{\phi_c P_n} \geqslant 0.2$ 时

$$\frac{P_u}{\phi_c P_n} + \frac{8}{9}\left(\frac{M_{ux}}{\phi_b M_{nx}} + \frac{M_{uy}}{\phi_b M_{ny}}\right) \leqslant 1.0 \qquad (7\text{-}1a)$$

$\dfrac{P_u}{\phi_c P_n} < 0.2$ 时

$$\frac{P_u}{2\phi_c P_n} + \left(\frac{M_{ux}}{\phi_b M_{nx}} + \frac{M_{uy}}{\phi_b M_{ny}}\right) \leqslant 1.0 \qquad (7\text{-}1b)$$

式中　　P_u ——轴心压力设计值；

　　　　P_n ——将构件视为仅受压力而确定的抗压承载力标准值；

　　　　ϕ_c ——受压时的抗力系数，$\phi_c = 0.90$；

　　　　M_{ux} ——绕 x 轴的弯矩设计值，计入二阶效应；

　　　　M_{nx} ——绕 x 轴抗弯承载力标准值；

ϕ_b——受弯时的抗力系数，$\phi_b = 0.90$；

M_{uy}——绕 y 轴的弯矩设计值，计入二阶效应；

M_{ny}——绕 y 轴抗弯承载力标准值。

【解析】（1）关于式(7-1)

式(7-1) 是一个传统的公式，自 1961 年开始沿用至今。该公式同时考虑了弯矩作用平面内的失稳和弯矩作用平面外的失稳，偏于保守。当仅绕一个轴受弯时，式(7-1) 可表达为图 7-1。

（2）P_n 的取值

同时承受压力与弯矩的柱在 AISC 文献中称作"梁-柱"（beam-column），我国习惯称作"压弯构件"。当按照第 4 章确定 P_n 时，会用到有效长度系数 K。K 可按照柱上、下端处的柱线刚度与梁线刚度比值通过对齐图确定，也可按照层刚度法确定。对于不规则的结构，则需要根据体系屈曲分析确定，此时，K 可用下式确定：

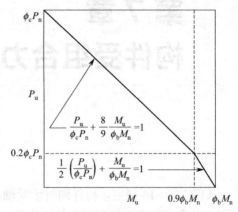

图 7-1 压弯构件的相关曲线

$$K = \sqrt{\frac{P_e}{P_{cr}}} = \sqrt{\frac{\pi^2 EI/L}{P_{cr}}}$$

式中 P_e——柱的欧拉弹性临界力；

P_{cr}——框架初始屈曲时的柱轴力。

不同计算方法的区别见图 7-2。

（3）弯矩 M_{ux}（M_{uy}）均采用计入了 $P\text{-}\Delta$ 效应与 $P\text{-}\delta$ 效应后的值

关于二阶效应的细节，见本书第 2 章第 5 节。

【例 7-1】某支撑框架中的压弯构件，截面为热轧 H 型钢，HW175×175×7.5×11，钢材为 Q235，几何高度为 3.3m。承受轴心压力设计值 $N = 120\text{kN}$，其端部弯矩设计值 M_x 情况为：一端弯矩为零，另一端弯矩为 62kN·m。要求：验算构件是否满足规范要求。

解：查《热轧 H 型钢和剖分 T 型钢》GB/T 11263—2017，可得 HW175×175×7.5×11 的尺寸如下：$d = 175\text{mm}$，$b_f = 175\text{mm}$，$t_w = 7.5\text{mm}$，$t_f = 11\text{mm}$，翼缘与腹板之间倒角半径为 13mm。

截面特性：$A = 5142\text{mm}^2$，$I_y = 984 \times 10^4 \text{mm}^4$，$S_x = 331 \times 10^3 \text{mm}^3$，$r_x = 75.0\text{mm}$，$r_y = 43.7\text{mm}$。

可以求得：塑性截面模量 $Z_x = 3.5959 \times 10^5 \text{mm}^3$，扭转常数 $J = 1.7680 \times 10^5 \text{mm}^4$，翘曲常数 $C_w = 6.6067 \times 10^{10} \text{mm}^6$。

（1）按受压构件确定板件等级

对于翼缘，$\lambda = \dfrac{b}{t} = \dfrac{175/2}{11} = 7.95 < \lambda_r = 0.56\sqrt{\dfrac{E}{F_y}} = 16.3$，故属于非薄柔。

对于腹板，$\lambda = \dfrac{h}{t_w} = \dfrac{175 - 2 \times 11 - 2 \times 13}{7.5} = 16.9 < \lambda_r = 1.49\sqrt{\dfrac{E}{F_y}} = 43.4$，故属于非

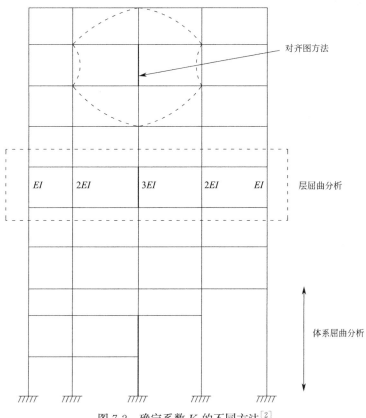

对齐图方法

层屈曲分析

EI　　$2EI$　　$3EI$　　$2EI$　　EI

体系屈曲分析

图 7-2　确定系数 K 的不同方法[2]

薄柔。

（2）作为柱子的承载力

绕 x、y 轴长细比较大者为：

$$\frac{K_y L}{r_y}=\frac{1.0\times 3300}{43.7}=75.5$$

由于 $\frac{KL}{r}\leqslant 4.71\sqrt{\frac{E}{F_y}}$，故

$$F_e=\frac{\pi^2 E}{\left(\dfrac{L_c}{r}\right)^2}=\frac{3.14^2\times 200\times 10^3}{75.5^2}=345.8\text{N/mm}^2$$

$$F_{cr}=(0.658^{\frac{F_y}{F_e}})F_y=176.8\text{N/mm}^2$$

由于截面板件属于非薄柔，故采用全截面计算承载力。

$$\phi_c P_n=\phi_c F_{cr}A_g=0.9\times 176.8\times 5142=8.183\times 10^5\ \text{N}$$

（3）按受弯构件确定板件等级

对于受压翼缘：

$$\lambda=\frac{b}{t}=\frac{175/2}{11}=7.95<0.38\sqrt{\frac{E}{F_y}}=0.38\sqrt{\frac{200\times 10^3}{235}}=11.1$$

受压翼缘属于厚实。

对于腹板：

$$\lambda=\frac{h}{t_{w}}=\frac{175-2\times11-2\times13}{7.5}=16.9<3.76\sqrt{\frac{E}{F_{y}}}=3.76\sqrt{\frac{200\times10^{3}}{235}}=109.7$$

腹板属于厚实。

（4）作为受弯构件的承载力

$$L_{p}=1.76r_{y}\sqrt{\frac{E}{F_{y}}}=1.76\times43.7\sqrt{\frac{200\times10^{3}}{235}}=2244\text{mm}$$

$$M_{p}=F_{y}Z_{x}=235\times3.5959\times10^{5}=8.4504\times10^{7}\text{N}\cdot\text{mm}=84.504\text{kN}\cdot\text{m}$$

由于 $L_{b}=3300\text{mm}>L_{p}$，因此需要求出 L_{r}。

$$r_{ts}^{2}=\frac{\sqrt{I_{y}C_{w}}}{S_{x}}=\frac{\sqrt{984\times10^{4}\times6.6067\times10^{10}}}{331\times10^{3}}=2435.9\text{mm}^{2}$$

$$r_{ts}=49.4\text{mm}, \quad h_{0}=175-11=164\text{mm}, \quad c=1.0$$

$$L_{r}=1.95r_{ts}\frac{E}{0.7F_{y}}\sqrt{\frac{Jc}{S_{x}h_{0}}+\sqrt{\left(\frac{Jc}{S_{x}h_{0}}\right)^{2}+6.76\left(\frac{0.7F_{y}}{E}\right)^{2}}}$$

$$=1.95\times49.4\times\frac{200\times10^{3}}{0.7\times235}\sqrt{\frac{1.7680\times10^{5}\times1.0}{331\times10^{3}\times164}+\sqrt{\left(\frac{1.7680\times10^{5}\times1.0}{331\times10^{3}\times164}\right)^{2}+6.76\times\left(\frac{0.7\times235}{200\times10^{3}}\right)^{2}}}$$

$$=9896\text{mm}$$

今 $L_{b}=3.3\text{m}$，满足 $L_{p}<L_{b}<L_{r}$，故按内插公式确定 M_{n}。

弯矩为三角形分布，$C_{b}=1.67$。

$$M_{n}=C_{b}\left[M_{p}-(M_{p}-0.7F_{y}S_{x})\left(\frac{L_{b}-L_{p}}{L_{r}-L_{p}}\right)\right]$$

$$=1.67\times\left[1.884\times10^{8}-(1.884\times10^{8}-0.7\times235\times692\times10^{3})\times\frac{3000-1345}{5468-1345}\right]$$

$$=1.3419\times10^{8}\text{N}\cdot\text{mm}=134.19\text{kN}\cdot\text{m}>M_{p}=84.504\text{kN}\cdot\text{m}$$

故取 $M_{n}=84.504\text{kN}\cdot\text{m}$。

（5）弯矩的放大

$$C_{m}=0.6-0.4(M_{1}/M_{2})=0.6$$

因为弯矩绕 x 轴，故弯矩放大时所用的长细比为绕 x 轴的长细比。

$$\frac{K_{x}L}{r_{x}}=\frac{1.0\times3300}{75.0}=44$$

$$P_{e1}=\frac{\pi^{2}EA_{g}}{(KL/r)^{2}}=\frac{3.14^{2}\times200\times10^{3}\times5142}{44^{2}}=5.2374\times10^{6}\text{N}$$

$$B_{1}=\frac{C_{m}}{1-P_{u}/P_{e1}}=\frac{0.6}{1-120/5237.4}=0.6141<1.0$$

取 $B_{1}=1.0$。

（6）利用相关公式验算

令 $\dfrac{P_u}{\phi_c P_n}=\dfrac{120}{818.3}=0.147<0.2$，故采用式（7-1b）验算。

$$\frac{P_u}{2\phi_c P_n}+\left(\frac{M_{ux}}{\phi_b M_{nx}}+\frac{M_{uy}}{\phi_b M_{ny}}\right)=\frac{120}{2\times818.3}+\frac{62}{0.9\times84.504}=0.8885<1.0$$

满足承载力要求。

2. 双轴和单轴对称截面构件同时承受弯矩和轴心拉力

此时，本质上仍按式（7-1a）与式（7-1b）验算，只是，符号稍有变化，记作：

$\dfrac{P_u}{\phi_t P_n}\geqslant0.2$ 时

$$\frac{P_u}{\phi_t P_n}+\frac{8}{9}\left(\frac{M_{ux}}{\phi_b M_{nx}}+\frac{M_{uy}}{\phi_b M_{ny}}\right)\leqslant1.0 \qquad (7\text{-}2a)$$

$\dfrac{P_u}{\phi_t P_n}<0.2$ 时

$$\frac{P_u}{2\phi_t P_n}+\left(\frac{M_{ux}}{\phi_b M_{nx}}+\frac{M_{uy}}{\phi_b M_{ny}}\right)\leqslant1.0 \qquad (7\text{-}2b)$$

式中　P_u——轴心拉力设计值；

P_n——将构件视为仅受拉力而确定的抗拉承载力标准值；

ϕ_t——受拉时的抗力系数。

需要指出的是，对于双轴对称截面构件，确定 M_n 时采用的 C_b 由于受拉可以乘以系数 $\sqrt{1+\dfrac{P_u}{P_{Ey}}}$ 予以提高，式中，$P_{Ey}=\dfrac{\pi^2 EI_y}{L_b^2}$，$L_b$ 为抵抗受压翼缘侧移的支承点之间的距离，或抵抗截面扭转的支承点之间的距离；P_u 为依据 LRFD 荷载组合的拉力设计值。

3. 双轴对称热轧截面构件单轴受弯且受压

当截面双轴对称且为热轧的厚实截面时，若满足以下条件，允许将平面内失稳和平面外屈曲（或称侧扭屈曲）按两个独立的极限状态考虑，用以代替式（7-1）：

（1）绕 z 轴扭转屈曲的有效长度不大于绕 y 轴弯曲屈曲的有效长度，即 $L_{cz}\leqslant L_{cy}$；

（2）弯矩主要绕强轴（x 轴），绕弱轴（y 轴）的弯矩较小，$M_{uy}/M_{cy}<0.05$。

平面内失稳极限状态按式（7-1）验算，式中，P_n 为绕 x 轴屈曲时的受压承载力；M_{nx} 为基于屈服极限状态的受弯承载力。

平面外屈曲极限状态，按下式验算：

$$\frac{P_u}{P_{cy}}\left(1.5-0.5\frac{P_u}{P_{cy}}\right)+\left(\frac{M_{ux}}{C_b M_{cx}}\right)^2\leqslant1.0 \qquad (7\text{-}3)$$

式中　P_{cy}——绕 y 轴弯曲时（弯矩作用平面外）的抗压承载力设计值；

C_b——按"构件受弯"一章确定的侧扭屈曲修正系数；

M_{cx}——按"构件受弯"一章确定的绕强轴受弯的侧扭承载力设计值，但取 $C_b=1.0$。

【例 7-2】按平面内失稳和平面外屈曲两个极限状态验算例 7-1。

解： 由于梁截面双轴对称且为厚实截面，$L_{cz}=L_{cy}$ 且绕 y 轴的弯矩 $M_{uy}=0$，因此，满足适用条件。

（1）按绕 x 轴确定柱子的承载力：

$$\frac{K_x L}{r_x} = \frac{1.0 \times 3300}{75.0} = 44$$

由于 $\dfrac{KL}{r} \leqslant 4.71\sqrt{\dfrac{E}{F_y}}$，故

$$F_e = \frac{\pi^2 E}{\left(\dfrac{L_c}{r}\right)^2} = \frac{3.14^2 \times 200 \times 10^3}{44^2} = 1018.6 \text{N/mm}^2$$

$$F_{cr} = (0.658^{\frac{F_y}{F_e}}) F_y = 213.4 \text{N/mm}^2$$

$$\phi_c P_n = \phi_c F_{cr} A_g = 0.9 \times 213.4 \times 5142 = 1.0971 \times 10^6 \text{N}$$

（2）基于屈服极限状态确定受弯承载力

例 7-1 已经求得，$M_n = M_p = 84.504 \text{kN} \cdot \text{m}$。

（3）弯矩作用平面内的屈曲验算

今 $\dfrac{P_u}{\phi_c P_n} = \dfrac{120}{1097.1} < 0.2$，故采用式（7-1b）验算。

$$\frac{P_u}{2\phi_c P_n} + \left(\frac{M_{ux}}{\phi_b M_{nx}} + \frac{M_{uy}}{\phi_b M_{ny}}\right) = \frac{120}{2 \times 1097.1} + \frac{62}{0.9 \times 84.504} = 0.8699 < 1.0$$

弯矩作用平面内的屈曲满足要求。

（4）弯矩作用平面外的屈曲验算

按例 7-1 所得的结果，取 $C_b = 1.0$ 确定绕强轴受弯的侧扭承载力标准值 M_{nx}：

$$M_{nx} = M_p - (M_p - 0.7 F_y S_x)\left(\frac{L_b - L_p}{L_r - L_p}\right)$$

$$= 1.884 \times 10^8 - (1.884 \times 10^8 - 0.7 \times 235 \times 692 \times 10^3) \times \frac{3000 - 1345}{5468 - 1345}$$

$$= 8.0356 \times 10^7 \text{N} \cdot \text{mm} = 80.356 \text{kN} \cdot \text{m}$$

$$M_{cx} = \phi_b M_{nx} = 0.9 \times 80.356 = 72.320 \text{kN} \cdot \text{m}$$

P_{cy} 为绕 y 轴弯曲时的抗压承载力设计值，在例 7-1 已求出为 818.3kN。

$$\frac{P_u}{P_{cy}}\left(1.5 - 0.5\frac{P_u}{P_{cy}}\right) + \left(\frac{M_{ux}}{C_b M_{cx}}\right)^2$$

$$= \frac{120}{818.3} \times \left(1.5 - 0.5 \times \frac{120}{818.3}\right) + \left(\frac{62}{1.67 \times 72.320}\right)^2$$

$$= 0.4727 < 1.0$$

弯矩作用平面外的屈曲（侧扭屈曲）满足要求。

【解析】比较例 7-2 和例 7-1 的计算过程可知，弯矩作用平面内验算时，公式第一项按绕 x 轴的受压承载力求出，因此，第一项所得的比率会较小，故更容易满足；弯矩作用平面外验算时，公式第二项的分母为侧扭屈曲时的承载力设计值，考虑弯矩的分布后该值会较大（甚至大于 $\phi_b M_{px}$，见例 7-1），再加之取比率的平方，会使第二项所得的比率很小，故更容易满足。

综上，在满足规范适用性的前提下，按照弯矩作用平面内和弯矩作用平面外分别验算进行设计，会更经济。

7.1.2 非对称截面构件及其他构件受弯及轴向力

对于前述没有包括的类型，可按式(7-4)验算。鉴于该式偏于保守，允许对各种类型构件均采用此公式验算。

$$\left| \frac{f_{ra}}{F_{ca}} + \frac{f_{rbw}}{F_{cbw}} + \frac{f_{rbz}}{F_{cbz}} \right| \leqslant 1.0 \tag{7-4}$$

式中　f_{ra}——由 LRFD 荷载组合得到的轴向应力；

　　　F_{ca}——根据构件受拉或构件受压一章确定的设计轴向应力（design axial stress）；

f_{rbw}、f_{rbz}——由 LRFD 荷载组合得到的验算点的应力；

F_{cbw}、F_{cbz}——根据"构件受弯"一章确定的设计轴向应力，按 $\frac{\phi_b M_n}{S}$ 确定，其中，S 为按验算点位置求得的截面模量。

式(7-4)相当于三个方向"应力率"的叠加，需对截面上的各个可能危险点进行验算。使用时应首先规定以拉为正、压为负。式中，下角标"r"表示"required"，"c"可以理解为"available"，"a"表示"axial"，"b"表示"flexural"，"w""z"表示截面的两个主轴（对于双轴对称截面，可用 x、y 轴代替）。

当轴心力为压力时，应考虑二阶效应的影响。

【解析】关于式(7-4)，AISC 360-16 规范对采用 LRFD 设计法中 F_{ca} 的解释，给出了公式 $F_{ca} = \phi_c F_{cr}$，这可能令人困惑：因为该公式只适用于轴心受压，不适用于轴心受拉。f_{ra}/F_{ca} 表示应力（使用）率，因此，实际计算中可直接按照"荷载/抗力"取值，即，受压时取为 $P_u/(\phi_c P_n)$，受拉时取为 $P_u/(\phi_t P_n)$，P_n 为按照受压或受拉确定的承载力标准值。

7.2 构件承受扭矩时的计算

7.2.1 圆形及矩形管截面的抗扭承载力

对圆形及矩形管截面，抗扭承载力记作 $\phi_T T_n$，$\phi_T = 0.90$。名义抗扭承载力 T_n 按照扭转屈服极限状态以及扭转屈曲极限状态确定：

$$T_n = F_{cr} C \tag{7-5}$$

式中　C——管截面的扭转常数；

　　　F_{cr}——按照下列规定采用：

（1）对于圆形管截面，F_{cr} 取以下二者的较大者，同时不超过 $0.6F_y$。

$$F_{cr} = \frac{1.23E}{\sqrt{\frac{L}{D}} \left(\frac{D}{t}\right)^{5/4}} \tag{7-6a}$$

$$F_{cr} = \frac{0.60E}{\left(\dfrac{D}{t}\right)^{3/2}} \qquad (7\text{-}6\text{b})$$

式中　L——构件的长度；

$\quad\quad\quad D$——外径；

$\quad\quad\quad t$——壁厚。

（2）对于矩形管截面

$h/t \leqslant 2.45\sqrt{E/F_y}$ 时

$$F_{cr} = 0.6 F_y \qquad (7\text{-}7\text{a})$$

$2.45\sqrt{E/F_y} < h/t \leqslant 3.07\sqrt{E/F_y}$ 时

$$F_{cr} = 0.6F_y(2.45\sqrt{E/F_y})/(h/t) \qquad (7\text{-}7\text{b})$$

$3.07\sqrt{E/F_y} < h/t \leqslant 260$ 时

$$F_{cr} = 0.458\pi^2 E/(h/t)^2 \qquad (7\text{-}7\text{c})$$

式中　h——长边的平直段长度。

式（7-5）中的扭转常数 C，可以保守地按照下面取值：

圆形管截面：$C = \dfrac{\pi(D-t)^2 t}{2}$

矩形管截面：$C = 2(B-t)(H-t)t - 4.5(4-\pi)t^3$

7.2.2　管截面构件同时承受扭矩、剪力、弯矩及轴力

当 $T_u \leqslant 0.2\phi_T T_n$ 时，可以忽略扭矩的影响。当 $T_u > 0.2\phi_T T_n$ 时，同时承受扭矩、剪力、弯矩及轴力的相关公式为：

$$\left(\frac{P_u}{\phi_c P_n} + \frac{M_u}{\phi_b M_n}\right) + \left(\frac{V_u}{\phi_v V_n} + \frac{T_u}{\phi_T T_n}\right)^2 \leqslant 1.0 \qquad (7\text{-}8)$$

式中　　　P_u——轴力设计值；

$\quad\quad\quad\quad P_n$——抗拉承载力标准值或抗压承载力标准值；

M_u、V_u、T_u——分别为弯矩、剪力和扭矩的设计值；

$\quad\quad\quad\quad M_n$——仅考虑构件受弯得到的抗弯承载力标准值；

$\quad\quad\quad\quad V_n$——仅考虑构件受剪得到的抗剪承载力标准值；

$\quad\quad\quad\quad T_n$——仅考虑构件受扭得到的抗扭承载力标准值。

7.2.3　非管截面构件受扭矩和组合应力

对于前述规定没有包括的情形，可以按弹性应力分析求得最不利位置的应力，该应力应不超过按以下极限状态所得的强度（可获得的应力）最小者：正应力作用下屈服、剪应力作用下屈服、屈曲。取 $\phi_T = 0.90$。

（1）正应力作用下屈服极限状态

$$F_n = F_y \qquad (7\text{-}9)$$

（2）剪应力作用下屈服极限状态

$$F_n = 0.6F_y \tag{7-10}$$

（3）屈曲极限状态

$$F_n = F_{cr} \tag{7-11}$$

式中 F_{cr}——由分析确定的截面屈曲临界应力。

通常情况下，单独考虑正应力和剪应力即可，这是因为，正应力和剪应力的最大值很少出现在截面上的相同点，或者，跨度上的相同位置。

7.2.4 翼缘有孔时的拉断

同时承受轴力和主轴弯矩作用时，若翼缘螺栓孔位置受拉，应按下式验算翼缘被拉断：

$$\frac{P_u}{\phi_t P_n} + \frac{M_{ux}}{\phi_b M_{nx}} \leqslant 1.0 \tag{7-12}$$

式中 P_u——螺栓孔位置处的轴向力设计值，以拉为正、以压为负；

$\quad\quad P_n$——按净截面拉断确定的螺栓孔位置处的抗拉承载力标准值；

$\quad\quad M_{ux}$——螺栓孔位置处的弯矩设计值，以使所研究的翼缘受拉为正、受压为负；

$\quad\quad M_{nx}$——按翼缘被拉断极限状态确定的绕 x 轴的受弯承载力标准值，当受弯时拉断极限状态不适用时，采用不计入螺栓孔影响的塑性铰弯矩 M_p；

$\quad\quad \phi_t$，ϕ_b——分别为拉断和受弯时的抗力系数，$\phi_t = 0.75$，$\phi_b = 0.90$。

【例 7-3】一钢柱，两端铰接，$KL_x = KL_y = L_b = 14\text{ft}$。截面为 W14×99，钢材为 ASTM A992（$F_y = 50\text{ksi}$，$F_u = 65\text{ksi}$），承受的压力与弯矩设计值如下：$P_u = 360\text{kips}$；$M_{ux} = 250\text{kip-ft}$；$M_{uy} = 80.0\text{kip-ft}$。要求：复核承载力是否满足要求。

解：查 AISC《钢结构手册》表 1-1，可得 W14×99 的截面特性：$A = 29.11\text{in}^2$，$S_x = 157\text{in}^3$，$S_y = 55.2\text{in}^3$。

$$f_{ra} = P_u/A = 360/29.11 = 12.4\text{ksi}$$
$$f_{rbx} = M_{ux}/S_x = 250 \times 12/157 = 19.1\text{ksi}$$
$$f_{rby} = M_{uy}/S_y = 80 \times 12/55.2 = 17.4\text{ksi}$$

查该手册表 4-1，得轴心受压承载力设计值 $\phi_c P_n = 1130\text{kips}$。

查该手册表 3-10，得到 $\phi_b M_{nx} = 642\text{kip-ft}$；$\phi_b M_{ny} = 311\text{kip-ft}$。

$$F_{ca} = \phi_c P_n/A = 1130/29.11 = 38.8\text{ksi}$$
$$F_{cbx} = \phi_b M_{nx}/S_x = 642 \times 12 /157 = 49.1\text{ksi}$$
$$F_{cby} = \phi_b M_{ny}/S_y = 311 \times 12/55.2 = 67.6\text{ksi}$$

$$\left| \frac{f_{ra}}{F_{ca}} + \frac{f_{rbw}}{F_{cbw}} + \frac{f_{rbz}}{F_{cbz}} \right| = \left| \frac{12.4}{38.8} + \frac{19.1}{49.1} + \frac{17.4}{67.6} \right| = 0.966 < 1.0$$

满足要求。

注意，公式 $\left| \dfrac{f_{ra}}{F_{ca}} + \dfrac{f_{rbw}}{F_{cbw}} + \dfrac{f_{rbz}}{F_{cbz}} \right| \leqslant 1.0$ 中的各个应力应是针对构件的同一点而言的（沿构件的纵向和横截面方向）。

求得的 F_{cby} 之所以超出 F_y 甚至 F_u，是因为 M_{ny} 计算时用的是塑性截面模量。

【例 7-4】利用式（7-1）重新验算例 7-3。

解：

$$\frac{P_u}{\phi_c P_n} = \frac{360}{1130} = 0.319 > 0.2$$

$$\frac{P_r}{P_c} + \frac{8}{9}\left(\frac{M_{rx}}{M_{cx}} + \frac{M_{ry}}{M_{cy}}\right)$$

$$= \frac{360}{1130} + \frac{8}{9}\left(\frac{250}{642} + \frac{80}{311}\right)$$

$$= 0.893 < 1.0$$

两者对比，应力比率求和的方法，偏于保守。

7.3　EC 3 对同时承受剪力和弯矩时的规定

对于梁，通常同时承受弯矩和剪力的作用，AISC 360-16 对此没有规定。GB 50017—2017 的 6.1.5 条规定以折算应力形式对翼缘与腹板交界处进行验算，同时在 6.4 节规定了考虑梁腹板屈曲后强度的计算（列出了弯矩和剪力的相关公式）[3]。英国规范 BS 5950-1：2000 的 4.2.1.1 条规定，对于梁，要取"弯矩最大＋相应的剪力"和"剪力最大＋相应的弯矩"验算截面危险点的强度[4]。今介绍 EC 3 的规定，供借鉴参考。

7.3.1　截面受弯承载力

EN 1993-1-1：2005 的 6.2.5 条规定，对于任意截面，受弯承载力均应满足下式要求[5]：

$$\frac{M_{Ed}}{M_{c,Rd}} \leqslant 1 \tag{7-13}$$

$M_{c,Rd}$ 按照以下规定确定：

对于等级 1、等级 2 截面

$$M_{c,Rd} = \frac{W_{pl} f_y}{\gamma_{M0}} \tag{7-14a}$$

对于等级 3 截面

$$M_{c,Rd} = \frac{W_{el,min} f_y}{\gamma_{M0}} \tag{7-14b}$$

对于等级 4 截面

$$M_{c,Rd} = \frac{W_{eff,min} f_y}{\gamma_{M0}} \tag{7-14c}$$

式中　M_{Ed}——弯矩设计值；

　　　$M_{c,Rd}$——截面受弯承载力设计值；

　　　W_{pl}——塑性截面模量；

　　　f_y——钢材的屈服强度；

　　　γ_{M0}——截面抗力分项系数，取 1.0；

　　　$W_{el,min}$——弹性截面模量，按照上、下翼缘边缘纤维求出，取较小者；

$W_{\text{eff,min}}$——按有效截面求出的弹性截面模量，取上、下翼缘边缘纤维求出值的较小者。

若受拉翼缘满足下式要求时，则受拉翼缘的紧固件孔可以忽略：

$$\frac{A_{\text{f,net}} 0.9 f_{\text{u}}}{\gamma_{\text{M2}}} \geqslant \frac{A_{\text{f}} f_{\text{y}}}{\gamma_{\text{M0}}} \qquad (7\text{-}15)$$

式中　$A_{\text{f,net}}$——受拉翼缘的净截面积；

$\quad\quad f_{\text{u}}$——钢材的抗拉强度；

$\quad\quad \gamma_{\text{M2}}$——截面受拉断裂分项系数，取 1.25；

$\quad\quad A_{\text{f}}$——受拉翼缘的毛截面积。

若截面全部的受拉区（含受拉翼缘与腹板的受拉区）满足上式，则腹板受拉区的紧固件孔也可以忽略。

受压区的紧固件孔可以忽略，但扩大孔、槽孔除外。

7.3.2　截面受剪承载力

EN 1993-1-1：2005 的 6.2.6 条规定，任意截面均应满足[5]：

$$\frac{V_{\text{Ed}}}{V_{\text{c,Rd}}} \leqslant 1 \qquad (7\text{-}16)$$

式中　V_{Ed}——剪力设计值；

$\quad\quad V_{\text{c,Rd}}$——受剪抗力设计值。

塑性设计时，$V_{\text{c,Rd}}$ 取为 $V_{\text{pl,Rd}}$，在不受扭的情况下，$V_{\text{pl,Rd}}$ 按下式取值：

$$V_{\text{pl,Rd}} = \frac{A_{\text{v}}(f_{\text{y}}/\sqrt{3})}{\gamma_{\text{M0}}} \qquad (7\text{-}17)$$

式中　A_{v}——受剪面积，按以下规定取值：

热轧工型钢和 H 型钢，荷载平行于腹板：$A_{\text{v}} = A - 2b t_{\text{f}} + (t_{\text{w}} + 2r) t_{\text{f}} \geqslant \eta h_{\text{w}} t_{\text{w}}$

热轧槽钢，荷载平行于腹板：$A_{\text{v}} = A - 2b t_{\text{f}} + (t_{\text{w}} + r) t_{\text{f}}$

热轧 T 型钢，荷载平行于腹板：$A_{\text{v}} = A - b t_{\text{f}} + (t_{\text{w}} + 2r) \dfrac{t_{\text{f}}}{2}$

焊接 T 形截面，荷载平行于腹板：$A_{\text{v}} = t_{\text{w}} \left(h - \dfrac{t_{\text{f}}}{2} \right)$

焊接工字形、箱形截面，荷载平行于腹板：$A_{\text{v}} = \eta \sum h_{\text{w}} t_{\text{w}}$

焊接工字形、箱形截面，荷载平行于翼缘：$A_{\text{v}} = A - \sum h_{\text{w}} t_{\text{w}}$

热轧均匀厚度的矩形中空截面荷载平行于高度：$A_{\text{v}} = Ah/(b+h)$

热轧均匀厚度的矩形中空截面荷载平行于宽度：$A_{\text{v}} = Ab/(b+h)$

环形截面：$A_{\text{v}} = 2A/\pi$

以上式中，A 为整个截面的面积，η 可保守取为 1.0，其余符号见图 7-3。

复核弹性受剪抗力时，若不复核屈曲抗力，就应采用下面的准则对截面的最危险点进行复核。

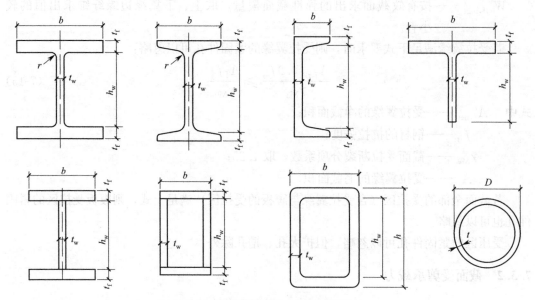

图 7-3　确定受剪承载力时的截面尺寸

$$\frac{\tau_{Ed}}{f_y/(\sqrt{3}\gamma_{M0})} \leqslant 1.0 \tag{7-18}$$

$$\tau_{Ed} = \frac{V_{Ed}S}{It} \tag{7-19}$$

式中　S——截面面积矩；

　　　I——截面惯性矩；

　　　t——所计算板的厚度。

由于未考虑塑性发展，按照上式复核是保守的，因此，只在非塑性设计时采用。

对于工字形或 H 形截面，当 $A_f/A_w \geqslant 0.6$ 时，腹板中的剪应力可按下式计算：

$$\tau_{Ed} = \frac{V_{Ed}}{A_w} \tag{7-20}$$

式中　A_f——一个翼缘的面积；

　　　A_w——腹板的面积，$A_w = h_w t_w$。

若腹板高厚比 $\dfrac{h_w}{t_w} > 72\dfrac{\varepsilon}{\eta}$，且没有设置横向加劲肋时，则应计算腹板受剪屈曲抗力。

这里，$\varepsilon = \sqrt{235/f_y}$，$\eta$ 为系数，EC 3 推荐取值：钢材牌号小于等于 S460 时取为 1.2，更高等级时取 1.0。η 可保守取为 1.0。

7.3.3　同时受弯受剪时的承载力

1. 腹板不会发生剪切屈曲时

梁同时受剪会降低截面受弯承载力，当 $V_{Ed}/V_{pl,Rd} \leqslant 0.5$ 时可以忽略剪力的影响。

当 $V_{Ed}/V_{pl,Rd} > 0.5$ 时（称作"高剪力"），剪力的影响不可忽略，此时，受弯抗力应采用折减后的屈服强度 $(1-\rho)f_y$ 确定，ρ 按下式求出：

$$\rho = \left(\frac{2V_{\text{Ed}}}{V_{\text{pl,Rd}}} - 1\right)^2 \tag{7-21}$$

通常认为仅有腹板承受剪力，因此，腹板部分的抗弯承载力会降低。对于具有等翼缘的工字形截面，当绕强轴弯曲时，考虑剪力影响的折减后塑性受弯抗力可按下式计算：

$$M_{y,v,\text{Rd}} = \frac{\left(W_{\text{pl,y}} - \frac{\rho A_{\text{w}}^2}{4t_{\text{w}}}\right) f_{\text{y}}}{\gamma_{\text{M0}}} \leqslant M_{y,c,\text{Rd}} \tag{7-22}$$

公式中 $\frac{A_{\text{w}}^2}{4t_{\text{w}}}$ 的来源，是腹板的塑性模量 $\left(\frac{1}{4}A_{\text{w}}h_{\text{w}} = \frac{A_{\text{w}}^2}{4t_{\text{w}}}\right)$，相当于，考虑腹板受剪之后受弯承载力有降低。下角标"y"表示 y 轴，注意 EC 3 中坐标轴标注习惯与我国不同，y 轴表示强轴。

2. 腹板会发生剪切屈曲时

当腹板高厚比 $\frac{h_{\text{w}}}{t_{\text{w}}} > 72\frac{\varepsilon}{\eta}$ 时，就有发生剪切屈曲的危险。这时，可以在靠近支座附近增设横向加劲肋。横向加劲肋可以同时提高腹板的弹性抗剪屈曲强度 τ_{cr} 和极限抗剪屈曲强度 τ_{u}（包括屈曲后强度）。

腹板剪切屈曲承载力依据 EN 1993-1-5：2006 确定[6]。

当仅在支座处设置加劲肋时，如图 7-4(a) 所示，不考虑拉力场作用，对应于 τ_{cr} 的剪切屈曲承载力 $V_{\text{b,Rd}}$ 按下式确定：

$$V_{\text{b,Rd}} = V_{\text{bw,Rd}} = \chi_{\text{w}}\frac{f_{\text{yw}}/\sqrt{3}}{\gamma_{\text{M1}}}h_{\text{w}}t_{\text{w}} \leqslant \eta\frac{f_{\text{yw}}/\sqrt{3}}{\gamma_{\text{M1}}}h_{\text{w}}t_{\text{w}} \tag{7-23}$$

当 $\bar{\lambda}_{\text{w}} < 0.83/\eta$ 时

$$\chi_{\text{w}} = \eta \tag{7-24a}$$

当 $\bar{\lambda}_{\text{w}} \geqslant 0.83/\eta$ 时

$$\chi_{\text{w}} = 0.83/\bar{\lambda}_{\text{w}} \tag{7-24b}$$

$$\bar{\lambda}_{\text{w}} = \sqrt{\frac{f_{\text{yw}}/\sqrt{3}}{\tau_{\text{cr}}}} \approx 0.76\sqrt{\frac{f_{\text{yw}}}{\tau_{\text{cr}}}} \tag{7-25}$$

式中　χ_{w}——考虑剪切屈曲的折减系数；

　　　τ_{cr}——腹板的弹性剪切屈曲临界应力；

　　　f_{yw}——腹板钢材的屈服强度；

　　　$\bar{\lambda}_{\text{w}}$——腹板的正则化长细比。

仅在支座处设置横向加劲肋的板梁，其腹板称作"无加劲的腹板"，此时 $\bar{\lambda}_{\text{w}} = \frac{h_{\text{w}}/t_{\text{w}}}{86.4\varepsilon}$。

如图 7-4(b) 所示，支座附近向跨中方向的区格称作"刚性端部区"，用于拉力场作用的锚固。此时，对于刚性端部区，χ_{w} 按以下要求确定：

$\bar{\lambda}_{\text{w}} < 0.83/\eta$ 时

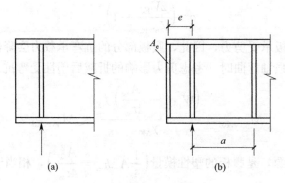

图 7-4　横向加劲肋的设置

（a）仅支座处有加劲肋；（b）有支座加劲肋和中间加劲肋

$$\chi_w = \eta \tag{7-26a}$$

$0.83/\eta \leqslant \overline{\lambda}_w < 1.08$ 时

$$\chi_w = 0.83/\overline{\lambda}_w \tag{7-26b}$$

$\overline{\lambda}_w \geqslant 1.08$ 时

$$\chi_w = 1.37/(0.7 + \overline{\lambda}_w) \tag{7-26c}$$

$$\overline{\lambda}_w = \frac{h_w/t_w}{37.4\varepsilon \sqrt{k_\tau}} \tag{7-27}$$

$a/h_w \geqslant 1$ 时

$$k_\tau = 5.34 + 4.00(h_w/a)^2 \tag{7-28a}$$

$a/h_w < 1$ 时

$$k_\tau = 4.00 + 5.34(h_w/a)^2 \tag{7-28b}$$

式中　a ——横向加劲肋的间距，如图 7-4（b）所示。

设置横向加劲肋并考虑拉力场作用之后，$V_{b,Rd}$ 将不仅包括腹板的贡献 $V_{bw,Rd}$，还包括翼缘的贡献 $V_{bf,Rd}$，即：

$$V_{b,Rd} = V_{bw,Rd} + V_{bf,Rd} \leqslant \eta \frac{f_{yw}/\sqrt{3}}{\gamma_{M1}} h_w t_w \tag{7-29}$$

$$V_{bf,Rd} = \frac{b_f t_f^2 f_{yf}}{c\gamma_{M1}}\left[1 - \left(\frac{M_{Ed}}{M_{f,Rd}}\right)^2\right] \tag{7-30}$$

式中　b_f、t_f ——分别为翼缘宽度和厚度，按较小翼缘取值，且对 b_f 取值时，腹板每侧不超过 $15t_f\varepsilon$；

　　　　f_{yf} ——受压翼缘的屈服强度；

　　　　$M_{f,Rd}$ ——仅考虑翼缘有效面积的截面抗弯承载力，$M_{f,Rd} = \dfrac{M_{f,k}}{\gamma_{M0}}$，$M_{f,k}$ 可取为 $A_f f_{yf}$ 乘以翼缘中面线之间的距离；

　　　　c ——拉力带的宽度，按下式确定：

$$c = a\left(0.25 + \frac{1.6 b_{\mathrm{f}} t_{\mathrm{f}}^2 f_{\mathrm{yf}}}{t_{\mathrm{w}} h_{\mathrm{w}}^2 f_{\mathrm{yw}}}\right) \tag{7-31}$$

由式（7-30）可见，随着弯矩 M_{Ed} 的增大，翼缘的贡献会越来越小，直到 $M_{\mathrm{Ed}} = M_{\mathrm{f,Rd}}$，翼缘完全用来抵抗弯矩而对抗剪承载力不再有贡献。

以上适用于 $M_{\mathrm{Ed}} < M_{\mathrm{f,Rd}}$ 的情况。

EN 1993-1-5：2006 的 7.1 节规定，对于工字形、箱形截面梁，任意截面均应满足下式要求：

$\bar{\eta}_1 \geqslant \dfrac{M_{\mathrm{f,Rd}}}{M_{\mathrm{pl,Rd}}}$ 时

$$\bar{\eta}_1 + \left(1 - \frac{M_{\mathrm{f,Rd}}}{M_{\mathrm{pl,Rd}}}\right)(2\bar{\eta}_3 - 1)^2 \leqslant 1.0 \tag{7-32}$$

$$\bar{\eta}_1 = \frac{M_{\mathrm{Ed}}}{M_{\mathrm{pl,Rd}}} \tag{7-33}$$

$$\bar{\eta}_3 = \frac{V_{\mathrm{Ed}}}{V_{\mathrm{bw,Rd}}} \tag{7-34}$$

式中　$M_{\mathrm{pl,Rd}}$——由翼缘有效面积和全部有效腹板（无论腹板的等级，均取全部腹板）组成的截面确定的塑性受弯承载力设计值。

这样，同时受弯受剪时的验算，可以用图 7-5 表达。图中，$M_{\mathrm{el,Rd}}$ 为按弹性截面模量求得的受弯承载力设计值，$M_{\mathrm{eff,Rd}}$ 为按有效截面模量求得的受弯承载力设计值。

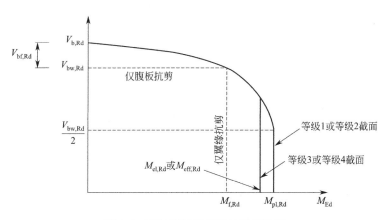

图 7-5　同时受弯受剪时的验算准则

【解析】1. $\dfrac{h_{\mathrm{w}}/t_{\mathrm{w}}}{86.4\varepsilon}$ 和 $72\dfrac{\varepsilon}{\eta}$ 的来历

薄板受纯剪切时，临界应力按照下式得到：

$$\tau_{\mathrm{cr}} = \frac{k_\tau \pi^2 E}{12(1-\nu^2)}\left(\frac{t}{b}\right)^2 = 190000 k_\tau \left(\frac{t}{b}\right)^2$$

式中　k_τ——弹性剪切屈曲系数，与板的边界约束有关；

E——钢材的弹性模量，EC 3 取 $E = 2.1 \times 10^5\,\mathrm{N/mm^2}$；

ν——钢材的泊松比，EC 3 取 $\nu = 0.3$；

t ——板的厚度，对腹板而言，为 t_w；

b ——板的宽度，对腹板而言，为 h_w。

将常数项代入，得到：

$$\tau_{cr} = 190000 k_\tau \left(\frac{t}{b}\right)^2$$

将该 τ_{cr} 代入 $\overline{\lambda}_w$ 的定义式，得到：

$$\begin{aligned}
\overline{\lambda}_w &= \sqrt{\frac{f_{yv}}{\tau_{cr}}} = \sqrt{\frac{f_y}{\sqrt{3} \times 190000 k_\tau \times (t_w/h_w)^2}} \\
&= \frac{1}{\sqrt{\sqrt{3} \times 190000/235}} \frac{h_w/t_w}{\varepsilon \sqrt{k_\tau}} \\
&= \frac{h_w/t_w}{37.4\varepsilon \sqrt{k_\tau}}
\end{aligned}$$

无横向加劲肋时，$a/h_w \rightarrow \infty$，$k_\tau = 5.34$，代入上式得到：

$$\overline{\lambda}_w = \frac{h_w/t_w}{86.4\varepsilon}$$

当 $\overline{\lambda}_w \geqslant 0.83/\eta$ 时发生剪切屈曲，此时对应于

$$\overline{\lambda}_w = \frac{h_w/t_w}{86.4\varepsilon} \geqslant \frac{0.83}{\eta}$$

变形可得

$$\frac{h_w}{t_w} \geqslant \frac{0.83}{\eta} \times 86.4\varepsilon = 72\frac{\varepsilon}{\eta}$$

2. 关于式(7-32)

式(7-32) 看起来十分复杂，今给出推导过程加深认识。

由于高剪，腹板的受弯承载力 $M_{w,Rd}$ 需要乘以 $(1-\rho)$ 予以折减，即，整个截面的承载力减小了 $\rho M_{w,Rd}$，于是，整个截面应满足以下要求：

$$M_{Ed} \leqslant M_{pl,Rd} - \rho M_{w,Rd}$$

将其变形，可得

$$\frac{M_{Ed} + \rho M_{w,Rd}}{M_{pl,Rd}} \leqslant 1.0$$

$$\frac{M_{Ed}}{M_{pl,Rd}} + \frac{(M_{pl,Rd} - M_{f,Rd})}{M_{pl,Rd}} \times \rho \leqslant 1.0$$

将 ρ 的定义式代入，并将比率以 $\overline{\eta}_1$、$\overline{\eta}_3$ 表达，则得到式(7-32)。

式(7-32) 还可以写成我们熟悉的形式，试演如下：

$$\frac{M_{Ed}}{M_{pl,Rd}} + \left(1 - \frac{M_{f,Rd}}{M_{pl,Rd}}\right)\left(\frac{2V_{Ed}}{V_{bw,Rd}} - 1\right)^2 \leqslant 1.0$$

两侧同除以 $\dfrac{M_{pl,Rd} - M_{f,Rd}}{M_{pl,Rd}}$，得到

$$\left(\frac{2V_{Ed}}{V_{bw,Rd}}-1\right)^2+\frac{M_{Ed}}{M_{pl,Rd}-M_{f,Rd}}\leqslant\frac{M_{pl,Rd}}{M_{pl,Rd}-M_{f,Rd}}$$

$$\left(\frac{2V_{Ed}}{V_{bw,Rd}}-1\right)^2+\frac{M_{Ed}}{M_{pl,Rd}-M_{f,Rd}}\leqslant\frac{M_{pl,Rd}-M_{f,Rd}+M_{f,Rd}}{M_{pl,Rd}-M_{f,Rd}}$$

$$\left(\frac{2V_{Ed}}{V_{bw,Rd}}-1\right)^2+\frac{M_{Ed}-M_{f,Rd}}{M_{pl,Rd}-M_{f,Rd}}\leqslant1$$

当然这是针对等级 1 和等级 2 截面。

如果是等级 3 或者等级 4 截面，由于按照弹性计算且对最大应力有限制，因此，受弯承载力最大达到 $M_{el,Rd}$（对等级 3 截面）或 $M_{eff,Rd}$（对等级 4 截面），表现为图 7-5 中曲线被截断。

至于等级 3 和等级 4 截面的相关公式中仍采用塑性受弯特征，文献［7］对此稍作解释：具有等级 3 或等级 4 腹板的钢梁试验以及具有不等翼缘的组合钢梁的计算机模拟均表明，弯矩与剪力的相互作用很弱。前者的物理实验表明二者根本没有相互作用，后者表明仅当剪力达到 80% 受剪抗力时才有较小的相互作用。在相关公式中采用塑性抵抗弯矩有助于这些观察到的特点在图 7-5 中强制出现（弯矩超出 $M_{el,Rd}$ 或 $M_{eff,Rd}$ 的部分可以画成虚线）。

3. 关于 GB 50017—2017 的式(6.4.1-1)

GB 50017—2017 的 6.4 节为考虑腹板屈曲后强度梁的计算，对同时承受剪力和弯矩的梁，采用的验算式为

$$\left(\frac{V}{0.5V_u}-1\right)^2+\frac{M-M_f}{M_{eu}-M_f}\leqslant1$$

该公式采用的准则是：

(1) 翼缘仅承受弯矩，腹板承受全部剪力和剩余的弯矩。

(2) 当 $V/V_u\leqslant0.5$ 时，忽略剪力对受弯承载力的影响，当 $V/V_u>0.5$ 时，受弯承载力应乘以 $(1-\rho)$ 予以折减，$\rho=\left(\frac{2V}{V_u}-1\right)^2$。

今简单推导如下。

对于腹板受弯，应满足

$$\frac{M-M_f}{(M_u-M_f)(1-\rho)}\leqslant1.0$$

变形之后得到

$$\frac{M-M_f}{(M_u-M_f)}\leqslant1-\rho\Rightarrow\left(\frac{2V}{V_u}-1\right)^2+\frac{M-M_f}{M_u-M_f}\leqslant1.0$$

关于 GB 50017—2017 的式(6.4.1-1) 的评论，见本书第 6 章 6.1 节。

【例 7-5】焊接工字形钢梁，$h\times b\times t_w\times t_f=1540\times400\times10\times20$，S355 钢材。要求：计算无加劲肋时腹板的剪切屈曲抗力。

解：应按下式计算：

$$V_{c,Rd}=V_{bw,Rd}=\chi_w\frac{f_{yw}/\sqrt3}{\gamma_{M1}}h_wt_w$$

对式中参数 χ_w 计算如下：

$$\overline{\lambda}_w = \frac{h_w/t_w}{86.4\varepsilon} = \frac{1500/10}{86.4\sqrt{235/355}} = 2.134$$

由于无加劲肋，因此 $\chi_w = 0.83/\overline{\lambda}_w = 0.83/2.134 = 0.389$。于是

$$V_{c,Rd} = V_{bw,Rd} = \chi_w \frac{f_{yw}/\sqrt{3}}{\gamma_{M1}} h_w t_w = \frac{0.389 \times 355 \times 1500 \times 10}{\sqrt{3} \times 1.0} = 1196 \times 10^3 \text{N}$$

参考文献

［1］American Institute of Steel Construction（AISC）. Specification for structural steel buildings：ANSI/AISC 360-16 ［S］. Chicago：AISC，2016.

［2］CHEN W F，TOMA S. Advanced analysis of steel frames ［M］. Boca Raton：CRC Press，1994.

［3］中华人民共和国住房和城乡建设部. 钢结构设计标准：GB 50017—2017 ［S］. 北京：中国建筑工业出版社，2018.

［4］British Standard Institute（BSI）. Code of practice for design：Rolled and welded sections：BS5950-1：2000 ［S］. London：BSI，2005.

［5］European Committee for Standardization（CEN）. Eurocode 3：Design of steel structures：Part 1-1：General rules for buildings：EN 1993-1-1：2005 ［S］. Brussels：CEN，2014.

［6］European Committee for Standardization（CEN）. Eurocode 3：Design of steel structures：Part 1-5：Plated structural elements：EN 1993-1-5：2006 ［S］. Brussels：CEN，2009.

［7］HENDY C R，JOHNSON R P. Designers'guide to EN 1994-2. Eurocode 4：Design of steel and composite structures. General rules and rules for bridges ［M］. London：Thomas Telford Publishing，2006.

第 **8** 章
连接设计

本章连接设计包括焊缝连接和螺栓连接。

钢结构中所使用的焊缝，除符合 AISC 360-16 的规定外[1]，还应符合美国焊接学会（American Welding Society，简称 AWS）编制的《结构焊接规范》的规定[2]。

尽管 AISC 360-16 中对各类焊缝（角焊缝、塞焊缝、槽焊缝）的承载力均以焊缝强度乘以焊缝有效面积表达，具体使用时，通常取单位长度的焊缝进行计算。确定承载力所用的角焊缝长度按几何长度，不必减去端部缺陷。端焊缝不考虑强度提高。焊缝群受扭时，可采用基于应变协调的"瞬心法"计算。

对于高强度螺栓连接，通常应满足美国结构连接研究委员会（Research Council on Structural Connections，简称 RCSC）编制的《使用高强度螺栓的结构节点规范》（以下简称为 RCSC 规范）[3]，但 AISC 360-16 另有规定的除外。

AISC 360-16 仅规定了单个螺栓的受拉、受剪以及同时受剪受拉时的承载力，注意，在确定螺栓孔承压承载力时，计入了孔边至构件边缘距离（或孔间净距离）的影响。对螺栓群的受力计算并无规定，需要查阅相关文献。

必须指出，连接设计中会不可避免涉及尺寸、规格以及构造要求。尽管 AISC 360-16 中在英制尺寸单位（一般是 in）之后通常会同时给出公制尺寸（一般是 mm），但由于"取整"的原因，二者并不完全对应。例如，$1/16\text{in} \approx 25.4/16 = 1.6\text{mm}$，一般写成 2mm；$1/4\text{in} \approx 25.4/4 = 6.4\text{mm}$，一般写成 6mm。因此，为准确表达，本章适当采用英制单位。

8.1 焊缝连接

焊缝分为对接焊缝（或称坡口焊缝，groove weld）、角焊缝（fillet weld），槽焊缝（slot weld）和塞焊缝（plug weld），如图 8-1 所示。

8.1.1 构造要求

1. 角焊缝

等边直角角焊缝如图 8-2 所示，图中标注采用的是 AISC 360-16 常用的符号。

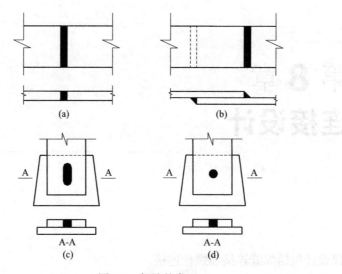

图 8-1　焊缝的类型

（a）对接焊缝；（b）角焊缝；（c）槽焊缝；（d）塞焊缝

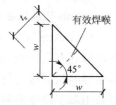

图 8-2　角焊缝的尺寸

角焊缝的最小焊脚尺寸（leg size）不能太小，这是因为，焊脚尺寸过小会导致温度降低过快进而导致延性降低。AISC 360-16 规定的角焊缝最小尺寸如表 8-1 所示，表中以"较薄焊件厚度"作为依据，这是基于"低氢"焊接方法给出的。对于非低氢焊接方法，可取较厚焊件厚度作为依据。

角焊缝的最小焊脚尺寸　　　　　　　　　　　　　　　　表 8-1

较薄焊件厚度	角焊缝最小焊脚尺寸
≤1/4（≤6）	1/8（3）
>1/4～1/2（>6～13）	3/15（5）
>1/2～3/4（>13～19）	1/4（6）
>3/4（>19）	5/16（8）

注：括号外数值以 in 为单位；括号内数值以 mm 为单位。

【解析】1. 注意，"焊脚尺寸 h_f"的下角标"f"并非"foot"而是"fillet"的首字母。《焊接术语》GB/T 3394—94 给出了"焊脚"对应的英译是 fillet weld leg。

2. 这里给出的表 8-1 来源于 AISC 360-16 的表 J2.4，尽管表 J2.4 同时给出了英制和公制的数值，实际上焊脚尺寸更习惯于被表示为 1/16in 的倍数，例如，焊脚尺寸为 1/4in 就是 4 个 1/16in，在 AISC《钢结构手册》中记作 $D=4$[4]。

3. GB 50017—2017 表 11.3.5 给出了角焊缝最小焊脚尺寸，数值与这里基本一致[5]。表下注释 1 区分是否低氢焊接方法而取较薄或较厚焊件厚度作为查表的依据也与这里相同。表下注释 2 说到，焊缝尺寸 h_f 不要求超过焊接连接部位中较薄件厚度的情况除外，其含义为，当查表得到的最小焊脚尺寸大于较薄件的厚度时，取等于较薄件的厚度。

最大焊脚尺寸应满足下列要求：

对于构件边缘角焊缝，当构件厚度小于 1/4in（6mm）时，不超过构件的厚度；大于等于 1/4in（6mm）时，不超过构件的厚度减去 1/16in（2mm）。如图 8-3 所示。

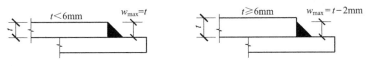

图 8-3　最大焊脚尺寸

焊接时，起弧灭弧会导致缺陷，但 AISC 360-16 并未规定在设计中减去端部缺陷。关于焊缝长度，规定：（1）焊缝的长度不能太短。基于承载力计算确定的角焊缝最小长度不应小于 4 倍焊脚尺寸，否则焊缝的有效焊喉 t_e 仅能取为焊缝长度的 1/4；（2）对超长焊缝乘以折减系数予以调整。

对受拉的杆件端部，如果仅仅采用纵向角焊缝时，每侧的角焊缝长度不应小于二者间的垂直距离。在端部连接时，侧面角焊缝对连接构件有效面积的影响，在"构件受拉"一章中有介绍。

当承受的力比较小，按连续角焊缝计算将导致焊脚尺寸小于最小允许值时，允许采用断续角焊缝通过节点或搭接表面来传递计算的应力。断续角焊缝的任意段长度不得小于 4 倍的焊脚尺寸，且最小为 38mm。

对于搭接接头，最小搭接长度为 5 倍的连接件较小厚度，且不小于 25mm。搭接接头板件利用横向角焊缝承受轴向应力，应在搭接板件的两个端部施焊，若只在一个端部有角焊缝，则在最大荷载下，应有足够的约束阻止搭接部件的张开，如图 8-4 所示。

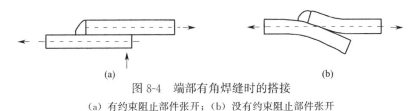

图 8-4　端部有角焊缝时的搭接
(a) 有约束阻止部件张开；(b) 没有约束阻止部件张开

2. 塞焊缝和槽焊缝

塞焊缝和槽焊缝用以在搭接连接中传递剪力或者阻止搭接部件的屈曲。它们的有效剪切面积为搭接平面上孔或槽的公称横截面面积。

塞焊缝时，孔的直径不小于包含这个孔的板件厚度加 5/16in（8mm），向大的方向取整为 1/16in 的倍数（以 mm 为单位时取整为 mm），也不大于最小直径加 1/8in（3mm）或 $2\frac{1}{4}$ 倍焊缝厚度。

塞焊缝之间中至中最小间距为孔径的 4 倍。

槽孔的槽长不应超过焊缝厚度的 10 倍。槽宽不小于包含这个槽的板件厚度加 5/16in（8mm），向大的方向取整为 1/16in 的倍数（以 mm 为单位时取整为 mm），也不大于 $2\frac{1}{4}$ 倍焊缝厚度。槽的端部应为半圆形，或者倒角半径不小于包含此槽的板的厚度，当槽的端部延伸到板边缘时除外。

槽孔沿垂直于长度方向的最小间距，应为 4 倍槽孔宽度，沿纵向最小的中至中间距应为 2 倍槽长。

塞焊缝、槽焊缝的厚度，当构件厚度小于等于 5/8in（16mm）时，取等于构件厚度；当构件厚度大于 5/8in（16mm）时，焊缝厚度至少为构件厚度的 1/2 且不小于 5/8in（16mm）。

3. 焊缝和螺栓的布置

通常情况下，在杆件端部传递轴向力的焊缝群或螺栓群，应选择好焊缝或螺栓的布置尺寸，以使焊缝（螺栓）群的重心线与杆件的重心线重合。但对于单角钢、双角钢等构件的端部焊缝群，则采用所谓的"平衡焊缝"（balanced welds），如图 8-5 所示，这对循环荷载下抵抗疲劳有利。承受静态荷载时可以不考虑这种偏心的影响。

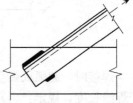

图 8-5 焊缝关于角钢中和轴平衡

8.1.2 全熔透对接焊缝连接的承载力

对于全熔透（complete-joint-penetration，简称 CJP）对接焊缝，其承载力决定于基材（base metal，也称 parent metal，译作母材），对基材的计算见本书 8.3 节。

全熔透对接焊缝的承载力计算原则以及对焊材的要求见表 8-2。

全熔透对接焊缝连接的承载力 表 8-2

荷载类型及 荷载相对于焊缝轴线的方向	承载力计算原则	对焊材等级的要求
受拉 垂直于焊缝轴线	由基材控制	使用匹配焊材；对于带垫板的 T 形接头或角接接头焊缝，应具有冲击韧性要求
受压 垂直于焊缝轴线	由基材控制	可用与匹配焊材同强度等级或低一个强度等级的焊材
受拉或受压 平行于焊缝轴线	不考虑接头焊缝	可用与匹配焊材同强度等级或低一个强度等级的焊材
受剪	由基材控制	使用匹配焊材

部分与基材匹配的焊材见表 8-3，更详细的规定，见 AWS D1.1/D1.1M 的表 3.1 和表 3.2。

焊材与基材匹配 表 8-3

基材	匹配的焊材金属
A36（厚度≤20mm）	60ksi 和 70ksi 焊材
A36（厚度＞20mm）；A588；A1011；A572（等级 50 和 55）；A913（等级 50）；A992；A1018	SMAW：E7015，E7016，E7018 其他：70ksi 焊材
A913（等级 60 和 65）	80ksi 焊材
A913（等级 70）	90ksi 焊材

注：焊接不同强度的基材时，焊材可与较高强度基材匹配，也可以与较低强度基材匹配但采用低氢焊条。

8.1.3 角焊缝连接的承载力

对于角焊缝，允许采用与匹配焊材等级相等或较低的焊材。

对于单独的一条角焊缝而言，其承载力取决于焊缝本身和基材二者承载力的较小者。

习惯上，此处承载力按单位长度承载力表达，因此，单位长度焊缝的承载力设计值为 ϕR_n，按下式确定：

$$\phi R_n = \phi F_{nw} A_{we} = 0.75 \times 0.6 F_{EXX} t_e \tag{8-1}$$

式中　F_{nw}——焊缝熔敷金属强度标准值；

　　　　A_{we}——焊缝有效面积；

　　　　t_e——有效焊喉，取为焊根至表面的最短距离（若有试验能够证明熔透超过焊缝根部，有效焊喉允许增加），如图 8-2 所示，$t_e = 0.707w$，w 为焊脚尺寸；

　　　　F_{EXX}——焊条金属的抗拉强度。

对于基材，取单位长度承载力为以下二者（考虑屈服和断裂）的较小者：

$$\phi R_n = 1.0 \times 0.6 F_y t \tag{8-2}$$

$$\phi R_n = 0.75 \times 0.6 F_u t \tag{8-3}$$

式中　t——构件的厚度；

F_y、F_u——分别为构件的屈服强度和抗拉强度。

当纵向角焊缝被用来传递力至轴心受力构件的端部时，焊缝被称为"端部受荷角焊缝"（end-loaded fillet welds）。端部受荷角焊缝当 $l/w > 100$ 时，焊缝有效长度取实际长度乘以折减系数 β：

$$\beta = 1.2 - 0.002(l/w) \leqslant 1.0 \tag{8-4}$$

式中　l——端部受荷角焊缝的实际长度；

　　　　w——焊脚尺寸。

当焊缝长度超过 300 倍的焊脚尺寸时，有效长度取为 $180w$。组合工字形截面梁的翼缘与腹板之间的角焊缝不属于"端部受荷角焊缝"，不受此限。

塞焊缝和槽焊缝用以在搭接连接中传递剪力或者阻止搭接部件的屈曲。它们的有效剪切面积为搭接平面上孔或槽的公称截面面积。焊缝强度标准值的取法，与角焊缝相同。

【解析】1. 端焊缝与侧焊缝的强度

试验表明，端焊缝的强度比侧焊缝高，但延性稍差。GB 50017—2017 规定，对于承受静力荷载和间接承受动力荷载的结构，端焊缝强度可取侧焊缝强度的 1.22 倍。

AISC 360 规范，无论哪个版本，均不考虑端焊缝的强度提高。

2. 焊缝超长折减

GB 50017—2017 规定，角焊缝的搭接焊缝连接中，当焊缝计算长度 l_w 超过 $60h_f$ 时，焊缝的承载力设计值应乘以折减系数 α_f，$\alpha_f = 1.5 - \dfrac{l_w}{120h_f}$，并不小于 0.5。这时，若做出 $l_w \geqslant 60h_f$ 时的 $\alpha_f l_w / h_f$ 与 l_w / h_f 关系曲线（之所以变量如此取值是为了无量纲且 $\alpha_f l_w / h_f$ 能反映焊缝承载力的趋势），如图 8-6 所示。

由图 8-6 可以清楚地看到，随着焊缝计算长度的增大，焊缝承载力在 $l_w = 90h_f$ 时达到最大（此时，$\alpha_f = 0.75$），此后再增大焊缝长度将无济于事，直到 $l_w = 120h_f$。此后，由于折减系数一直取 0.5，故焊缝承载力随 l_w 增大而线性提高。这种变化规律是不符合逻辑的。

欧洲规范 EN 1993-1-8 规定，搭接连接中沿受力方向焊缝长度超过 $150a$（a 为焊脚有效高度，我国记作 h_e）时，承载力折减系数按下式求出[6]：

$$\beta_{Lw} = 1.2 - 0.2 \frac{L_j}{150a}$$

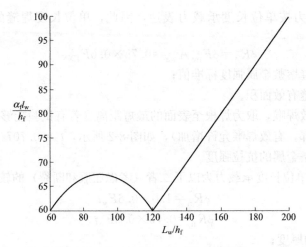

图 8-6　$\alpha_f l_w / h_f$ 与 l_w / h_f 的关系曲线

画出 $\beta_{Lw} L_j / a$ 随 L_j / a 的变化规律，如图 8-7 所示。尽管也出现最高点，但此时对应的是 $450a$，$\beta_{Lw}=0.6$，长度已是折减起始点的 3 倍，实际中不大会超过该值，因此仅仅具有数学上的意义。

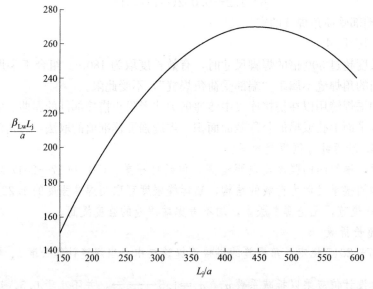

图 8-7　$\beta_{Lw} L_j / a$ 与 L_j / a 的关系曲线

3. 关于"端部受荷角焊缝"

AISC 360-16 的 J2b 条条文说明中指出，当利用平行于应力方向的纵向角焊缝传递荷载至一个轴心受力构件的端部时，该焊缝被称作"端部受荷"。典型的例子包括但不限于：

（1）轴心受力构件端部的纵向焊缝搭接接头；

（2）将支承加劲肋（bearing stiffener）连于构件的焊缝；

（3）其他相似情况。

纵向受力角焊缝不属于端部受荷的典型例子，包括但不限于：

（1）焊缝将板件或型钢联系成组合截面，这时，剪应力沿构件长度方向分布，可认为剪力施加于每延米焊缝长度上；

（2）焊缝将角钢或抗剪板与梁腹板连接，因为剪力流从梁腹板至焊缝沿焊缝长度基本上是均匀的，也就是说，该焊缝尽管受力平行于焊缝轴线但不是端部受荷。

折减系数 β 也不用于将加劲肋（编者注：这里用词是 stiffener，指"一般加劲肋"而非"受力的支承加劲肋"）连于腹板的焊缝，因为加劲肋和焊缝不承受轴向应力只是用于腹板保持平顺。

从以上描述可知，按侧焊缝受力但不需要长度折减的两种具体情况是：（1）翼缘与腹板间的焊缝；（2）次梁与主梁通过腹板处焊缝连接。而承受集中力的支承加劲肋与腹板的焊缝，应算作"端部受力角焊缝"，如果 $l/w > 100$，需要折减。

国内教材一般认为，以下情况属于内力沿侧面角焊缝全长分布，其计算长度不受 $60h_f$ 限制：梁及柱的翼缘与腹板的连接焊缝，屋架中弦杆与节点板的连接焊缝，梁的支承加劲肋与腹板的连接焊缝[7][8]。

8.1.4 部分熔透对接焊缝连接的承载力

部分熔透对接焊缝的有效焊喉高度，按表8-4取值。

部分熔透对接焊缝的有效焊喉高度　　　　　　表8-4

焊接方法	焊接位置 F(平焊) H(横焊) V(立焊) OH(仰焊)	坡口类型 (依据 AWS D1.1 的图 3.3)	有效焊喉高度
手工电弧焊(SMAW) 气体保护电弧焊(GMAW) 药芯焊丝电弧焊(FCAW)	全部	J 或 U 形坡口 60°V 形坡口	坡口深
埋弧电弧焊(SAW)	F	J 或 U 形坡口 60°单坡口或 V 形坡口	
气体保护电弧焊(GMAW) 药芯焊丝电弧焊(FCAW)	F、H	45°单坡口	坡口深
手工电弧焊(SMAW)	全部	45°单坡口	坡口深减 1/8in(3mm)
气体保护电弧焊(GMAW) 药芯焊丝电弧焊(FCAW)	V、OH		

对于部分熔透对接焊缝，允许采用与匹配焊材等级相等或较低的焊材。

部分熔透对接焊缝的承载力按以下规定确定：

1. 垂直于焊缝轴线方向受拉

对于母材，承载力设计值取为：

$$\phi R_n = 0.75 F_u A_e \tag{8-5}$$

对于焊材，单位长度的承载力设计值取为：

$$\phi R_n = 0.80 \times 0.6 F_{EXX} t_e \tag{8-6}$$

2. 垂直于焊缝轴线方向受压

对于柱支承于基板的连接，以及柱端铣平后的拼接，可认为压力全部通过母材传递，焊缝设计仅需满足构造要求即可。

对于非铣平承压的连接，母材和焊材的承载力设计值分别取为：

$$\phi R_n = 0.90 F_y A_e \tag{8-7}$$

$$\phi R_n = 0.80 \times 0.90 F_{EXX} t_e \tag{8-8}$$

3. 平行于焊缝轴线方向受拉或受压

此时，可认为拉力或压力全部通过母材传递，焊缝设计仅需满足构造要求即可。

4. 焊缝受剪

对于母材，按 AISC 360-16 的 J4 节（见本书 8.3 节）的规定处理。

对于焊材，单位长度的承载力设计值取为：

$$\phi R_n = 0.75 \times 0.6 F_{EXX} t_e \tag{8-9}$$

【解析】AISC 360-16 将"柱支承于基板的连接，以及柱端铣平后的拼接"视为一类情况，除此之外的受压构件，拼接处所受的外力取以下二者的较小者进行设计：

(1) 取构件所受轴心压力设计值的 50% 作为轴心拉力；

(2) 取构件所受轴心压力设计值的 2% 作为横向荷载，施加于该构件导致的弯矩和剪力。该横向荷载施加于拼接处，不与其他作用于构件上的荷载叠加。

以上规定的目的是，构件在实际中并非理想的平直，在承受偶然的横向荷载时应具有一定的鲁棒性。

《钢结构设计标准》GB 50017—2017 的 12.7.3 条规定，轴心受压柱或压弯柱的端部为铣平端时，柱身的最大压力应直接由铣平端传递，其连接焊缝或螺栓应按最大压力的 15% 或最大剪力中的较大值进行抗剪计算；当压弯柱出现受拉区时，该区的连接尚应按最大拉力计算。

8.1.5 焊缝群的承载力计算

对于焊缝群，AISC 360-16 规定采用以下方法计算承载力 R_n，并统一取 $\phi = 0.75$。

(1) 对于具有相同焊脚尺寸的线性角焊缝群（linear weld group，指群内所有焊缝沿一条线或者平行），当承受通过其重心且在同一平面内的力时：

$$R_n = F_{nw} A_{we} \tag{8-10}$$

$$F_{nw} = 0.60 F_{EXX} (1.0 + 0.50 \sin^{1.5} \theta) \tag{8-11}$$

式中　F_{EXX}——填充金属强度（例如，E70XX 电焊条，F_{EXX} 取为最大抗拉强度 70ksi）；

　　　θ——荷载与焊缝纵轴的夹角，单位是度（°）。

【解析】由式（8-11）可知，当 $\theta = 0°$ 时 $F_{nw} = 0.60 F_{EXX}$；当 $\theta = 90°$ 时 $F_{nw} = 1.5 \times 0.60 F_{EXX}$，即端焊缝的强度为侧焊缝强度的 1.5 倍。我国 GB 50017 规定除了直接承受动力荷载的情况外，端焊缝强度可以取为侧焊缝强度的 1.22 倍（即 $\beta_f = 1.22$）。AISC 编写的《钢结构手册》指出，强度的提高伴随着延性的降低，对一个单独的线焊缝而言，降低延性是不合适的。不过，对于焊缝群，由于各段焊缝在不同角度受力，延性变化意味着设计者必须考虑荷载-变形协调[4]。

(2) 当角焊缝群承受轴心力时，焊缝单元的方向，有的与受力垂直，有的与受力平行，焊缝群的承载力，按照下列两个公式的较大者确定。

$$R_n = R_{nwl} + R_{nwt} \tag{8-12}$$

$$R_n = 0.85R_{nwl} + 1.5R_{nwt} \tag{8-13}$$

式中　R_{nwl}——纵向受力焊缝的总承载力标准值；

　　　R_{nwt}——横向受力焊缝的总承载力标准值，但不允许考虑外力与焊缝单元夹角非零而导致的强度提高。

当角焊缝群承受的力不通过其形心时，可采用"瞬心法"基于应变协调确定出各个焊缝单元的抗力，合成之后得到总抗力。瞬心法的计算简图如图 8-8 所示。

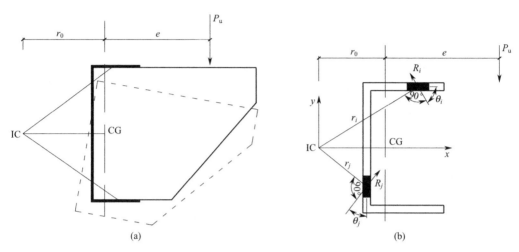

图 8-8　瞬心法的计算简图

（a）绕瞬心转动；（b）焊缝单元的抗力

AISC《钢结构手册》给出了"瞬心法"的计算步骤。抗力标准值在两个轴上的分量 R_{nx} 和 R_{ny} 按下式确定：

$$R_{nx} = \sum F_{nwix} A_{wei} \tag{8-14}$$

$$R_{ny} = \sum F_{nwiy} A_{wei} \tag{8-15}$$

$$M_n = \sum [F_{nwiy} A_{wei}(x_i)] - \sum [F_{nwix} A_{wei}(y_i)] \tag{8-16}$$

式中　A_{wei}——第 i 个焊缝单元的焊喉有效面积；

　　　F_{nwi}——第 i 个焊缝单元的强度标准值，按下式计算：

$$F_{nwi} = 0.60F_{EXX}(1.0 + 0.50\sin^{1.5}\theta_i)f(p_i) \tag{8-17}$$

$$f(p_i) = [p_i(1.9 - 0.9p_i)]^{0.3} \tag{8-18}$$

F_{nwix}、F_{nwiy}——F_{nwi} 在 x 轴和 y 轴的分量；

　　　p_i——第 i 个单元的变形相对于最大应力时变形的比率，$p_i = \dfrac{\Delta_i}{\Delta_{mi}}$；

　　　Δ_i——第 i 个焊缝单元在中等应力水平的变形，与单元到旋转瞬心的距离 r_i 成正比，$\Delta_i = r_i\Delta_{ui}/r_{cr}$；

　　　Δ_{ui}——第 i 个单元在极限应力（破坏）时的变形，按下式计算：

$$\Delta_{ui} = 1.087(\theta_i + 6)^{-0.65}w \leqslant 0.17w \tag{8-19}$$

　　　Δ_{mi}——第 i 个焊缝单元在最大应力时的变形，按下式计算：

$$\Delta_{mi} = 0.209(\theta_i + 2)^{-0.32}w \tag{8-20}$$

w——焊脚尺寸；

r_{cr}——从瞬心到具有最小 Δ_u/r 率的焊缝单元的距离。

【解析】 AISC《钢结构手册》给出的"瞬心法"计算步骤，由于其中的常量均无量纲，故可以不必修改而直接以国际单位制计算。

通常，将焊缝承载力的计算方法分为两类：弹性分析法（又称矢量法）和强度分析法。弹性分析法的本质，是取角焊缝的有效截面按照材料力学方法求出应力，此应力应不大于焊缝强度。强度分析法以"瞬心法"为代表，考虑焊缝单元的变形协调，同时考虑了外力与焊缝单元夹角非零导致的强度提高。两种方法相比，弹性分析法偏于保守且计算简便。

焊缝群平面内承受偏心力，相当于焊缝群同时受剪受扭，可以采用强度分析法或弹性法。AISC《钢结构手册》给出了强度分析法所用的表格。

偏心力作用于焊缝群平面内之外，相当于焊缝群同时受剪受弯时，可采用弹性法。

8.1.6 算例

【例 8-1】 如图 8-9 所示单角钢与节点的连接，采用三面围焊。已知：角钢截面面积为 3005.4mm^2；假设节点板不控制设计。Q235 钢材，$F_y = 235$N/mm^2，$F_u = 370$N/mm^2。采用与钢材匹配的 E43 焊条。要求：采用等强度连接，确定焊缝的尺寸。

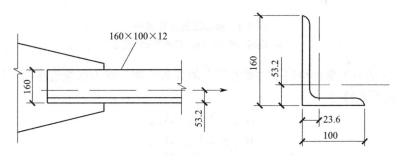

图 8-9 例 8-1 的图示

解： （1）确定角钢构件的承载力

查本书表 3-1（AISC 360-16 的表 D.1）项次 2，剪力滞系数 $U = 1 - \bar{x}/l$，其中，$\bar{x} = 23.6$mm，但连接长度 l 未知。暂取 $U = 0.9$。

毛截面屈服：$0.90F_y A_g = 0.9 \times 235 \times 3005.4 = 635.6 \times 10^3$N

净截面断裂：$0.75F_u A_e = 0.75F_u U A_g = 0.75 \times 370 \times 0.9 \times 3005.4 = 750.6 \times 10^3$N

应取较小者 635.6kN 计算。

（2）选择焊缝尺寸并计算强度

最小焊脚尺寸：查本书表 8-1（AISC 360-16 的表 J2.4），由于较小厚度为角钢厚度 12mm，故最小焊脚为 5mm。

最大焊脚尺寸：沿角钢肢边的焊缝，由于角钢厚度 12mm 超过了 6mm，因而取为 $12 - 2 = 10$mm。

采用 8mm，则焊缝单位长度（每毫米）承载力设计值为：

$$\phi R_{nw} = \phi t_e(0.6F_{EXX}) = 0.75 \times 8 \times 0.707 \times (0.6 \times 430) = 1094\text{N}$$

基材单位长度（每毫米）承载力设计值为：
$$\phi R_n = \phi t (0.6 F_u) = 0.75 \times 12 \times (0.6 \times 370) = 1998N$$
$$\phi R_n = \phi t (0.6 F_y) = 1.0 \times 12 \times (0.6 \times 235) = 1692N$$
可见，焊缝承载力起控制作用，单位长度承载力设计值为 1094N。

（3）确定焊缝长度

如图 8-10 所示，端焊缝承载力设计值 $F_2 = \phi R_{nw} l_w = 1094 \times 160 = 175.0 \times 10^3 \mathrm{N}$。

对肢背处焊缝取矩，求出肢尖处焊缝受力 F_1：

$$F_1 = \frac{635.6 \times 53.2}{160} - \frac{175.0}{2} = 123.8 \mathrm{kN}$$

根据力的平衡求出 $F_3 = 635.6 - 123.8 - 175.0 = 336.8 \mathrm{kN}$。

于是

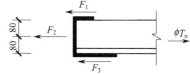

图 8-10 例 8-1 的焊缝受力

$$l_{w1} = \frac{F_1}{\phi R_{nw}} = \frac{123.8 \times 10^3}{1094} = 113 \mathrm{mm}，采用 120 \mathrm{mm}$$

$$l_{w3} = \frac{F_3}{\phi R_{nw}} = \frac{336.8 \times 10^3}{1094} = 308 \mathrm{mm}，采用 310 \mathrm{mm}$$

（4）复核剪力滞系数 U

采用平均长度作为 l，即 $l = (120 + 310)/2 = 215 \mathrm{mm}$，则

$$U = 1 - \bar{x}/l = 1 - 23.6/215 = 0.89$$

此值比原估计值 0.9 小，但是以此确定的角钢的承载力仍为 635.6kN，因此，现在选取的焊缝长度足够，计算可以停止。

【解析】1. 平衡焊缝

对于单角钢、双角钢构件的端部焊缝群，设计时通常采用所谓的"平衡焊缝"（balanced welds），即焊缝群的形心轴与角钢的形心轴近似重合，这对循环荷载下抵抗疲劳是有利的。

角钢与节点板的焊缝连接，我国的设计习惯是，肢背焊缝与肢尖焊缝按"内力分配系数"确定各自的受力，内力分配系数按表 8-5 取值。

角钢与节点板连接时的内力分配系数　　　　　　　　　　　　　表 8-5

角钢连接形式	连接图例	内力分配系数	
		肢背 k_1	肢尖 k_2
等肢角钢		0.7	0.3
不等肢角钢短肢相并		0.75	0.25
不等肢角钢长肢相并		0.65	0.35

由于 AISC《钢结构手册》中没有给出类似的内力分配系数，因此，文献中通常按照角钢的实际形心轴位置进行肢背和肢尖处焊缝内力的分配。

2. 剪力滞系数

角钢构件在端部需要和其他构件相连，通常为节点板，因此，确定受拉构件承载力时的一个典型特征就是需要考虑"剪力滞系数"。在《钢结构设计标准》GB 50017—2017 的 7.1.3 条给出的"有效截面系数"本质上就是剪力滞系数。

3. 焊条型号

依据我国国家标准，例如《非合金钢及细晶粒钢焊条》GB/T 5117—2012，焊条型号形如 E43××，这里，"E"表示电焊条；"43"表示熔敷金属抗拉强度的最小值为 $f_u=430\text{N}/\text{mm}^2$。而 ASTM 的 E70 焊条表示 $f_u=70\text{ksi}$。

【例 8-2】按等强度原则设计槽钢［22a 的端部连接，连接长度最大为 130mm，节点板厚度 10mm，如图 8-11 所示。角焊缝焊脚尺寸不超过 10mm。已知：［22a 的截面积为 3184.6mm²，钢材为 Q235，E43 系列焊条。

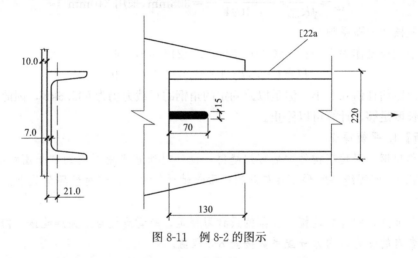

图 8-11　例 8-2 的图示

解：(1) 确定槽钢的承载力设计值

$$U=1-\bar{x}/l=1-21/130=0.84$$

$$0.90F_y A_g=0.9\times235\times3184.6=673.5\times10^3\text{N}$$

$$0.75F_u A_e=0.75F_u U A_g=0.75\times370\times0.84\times3184.6=742.3\times10^3\text{N}$$

取以上二者较小者，槽钢的承载力设计值为 673.5kN。

(2) 选择焊脚尺寸计算所需焊缝长度

最小焊脚尺寸：查本书表 8-1（AISC 360-16 的表 J2.4），由于较小厚度为 7mm，故最小焊脚为 5mm。

最大焊脚尺寸：沿槽钢腹板的焊缝，由于槽钢厚度为 7mm，超过 6mm，因而取为 7-2=5mm。

所以，腹板处可取为 5mm，翼缘处无最大焊脚尺寸限制，可取为 10mm。最好不混用，决定统一取为 5mm，于是，单位长度（每毫米）承载力设计值为：

$$\phi R_{nw}=\phi t_e(0.6F_{EXX})=0.75\times5\times0.707\times(0.6\times430)=684\text{N}$$

该值不能超过基材（节点板）：

$$\phi R_n = \phi 0.6 F_y A_g = 1.0 \times 0.6 \times 235 \times 3184.6 = 449.0 \times 10^3 N$$
$$\phi R_n = \phi 0.6 F_u A_e = 0.75 \times 0.6 \times 370 \times 3184.6 = 530.2 \times 10^3 N$$

焊缝控制。

所需焊缝长度：

$$L_w = \frac{673.5 \times 10^3}{684} = 985mm$$

全部围焊仅仅能提供 $130 + 130 + 220 + 220 = 700mm$，故需要增加槽焊缝或塞焊缝提高承载力。

（3）设计槽焊缝

槽焊缝最小宽度：$t + 8 = 7 + 8 = 15mm$。

槽焊缝最大宽度为 2.25 倍焊缝厚度：$2.25 \times 7 = 15.75mm$。

将槽焊缝宽度取为 15mm，需承担的剪力为 $673.5 \times 10^3 - (700 - 15) \times 684 = 205.0 \times 10^3 N$。

所需长度：$\dfrac{205 \times 10^3}{0.75 \times 15 \times (0.6 \times 430)} = 71mm$。

最大允许长度为 10 倍焊缝厚度：$10 \times 7 = 70mm$。

采用槽焊缝 15×70，可以认为满足要求。

【例 8-3】C 形焊缝，水平长度 30mm，垂直长度 140mm，偏心集中力 P 距离垂直焊缝 35mm。焊脚尺寸为 5mm，E43 焊条。假定基材强度不控制。要求：采用"瞬心法"确定焊缝群的抗力标准值 P_n。

解：取 C 焊缝的上半部分作为研究对象，并按 10mm 划分单元，如图 8-12 所示。其中的"点"为各单元的中心。

假定图 8-12 中瞬心 IC 距离竖向焊缝 60mm，并以瞬心为坐标原点建立坐标系，则可得计算过程如表 8-6、表 8-7 所示。

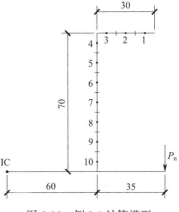

图 8-12　例 8-3 计算模型

单元坐标以及与焊缝纵轴夹角　　表 8-6

单元序号	x_i (mm)	y_i (mm)	r_i (mm)	θ_i (°)
1	85	70	110.11	50.5
2	75	70	102.59	47.0
3	65	70	95.52	42.9
4	60	65	88.46	47.3
5	60	55	81.39	42.5
6	60	45	75.00	36.9
7	60	35	69.46	30.3
8	60	25	65.00	22.6
9	60	15	61.85	14.0
10	60	5	60.21	4.8

确定各单元抗力 R_i 表 8-7

单元序号	Δ_{mi}(mm)	Δ_{ui}(mm)	Δ_{ui}/r_i	Δ_i(mm)	Δ_i/Δ_{mi}	R_i(N)
1	0.2942	0.3947	0.00358	0.3947	1.34165	11946.6
2	0.3008	0.4117	0.00401	0.3677	1.22229	11890.2
3	0.3094	0.4338	0.00454	0.3424	1.10673	11681.4
4	0.3002	0.4101	0.00464	0.3171	1.05609	12002.6
5	0.3102	0.4359	0.00536	0.2917	0.94053	11621.3
6	0.3239	0.4724	0.00630	0.2688	0.82987	11092.2
7	0.3438	0.5267	0.00758	0.2490	0.72407	10430.3
8	0.3749	0.6143	0.00945	0.2330	0.62144	9664.1
9	0.4300	0.7745	0.01252	0.2217	0.51549	8831.2
10	0.5668	1.1599	0.01927	0.2158	0.38070	7889.8

下面以 1 号单元为例，给出表中数据来历。

表 8-6 中，易得 $x_1=85\text{mm}$，$y_1=70\text{mm}$，$r_1=\sqrt{x_1^2+y_1^2}=110.11\text{mm}$，于是，$\theta_1=\arctan(x_1/y_1)=50.5°$。注意，$\theta_i$ 为焊缝上某点与瞬心连线与焊缝轴线形成的夹角，故对于 4 号单元，$\theta_4=\arctan(y_4/x_4)=47.3°$。

表 8-7 中，Δ_{m1}、Δ_{u1} 按公式求得：

$$\Delta_{m1}=0.209(\theta_1+2)^{-0.32}w=0.209(50.5+2)^{-0.32}\times5=0.2942\text{mm}$$

$$\Delta_{u1}=1.087(50.5+6)^{-0.65}\times5=0.3947\text{mm}<0.17w=0.85\text{mm}$$

由 Δ_{ui}/r_i 一列可以看到，1 号单元时最小（一般表现为离瞬心最远），因此，以 r_1 作为 r_{cr}，据此计算 Δ_i。

$$\Delta_1=r_1\Delta_{u1}/r_1=\Delta_{u1}=0.3947\text{mm}$$

$$\Delta_2=r_2\Delta_{u1}/r_1=0.3677\text{mm}$$

此处注意，Δ_2 计算时并非按照 $\Delta_2=r_2\Delta_{u2}/r_1$（尽管如此表达与前述的公式相符，即，将下角标 i 取为 2），而是 $\Delta_2=r_2\Delta_{u1}/r_1$，这是因为，1 号单元到瞬心的距离最远，为 r_1，其变形最大，为 Δ_{u1}，其他单元的变形与到瞬心的距离成正比，因此，应是 $\Delta_2=r_2\Delta_{u1}/r_1$。

$$t_e=5\times0.707=3.535\text{mm}$$

$$f(p_1)=[p_1(1.9-0.9p_1)]^{0.3}=\left[\frac{\Delta_1}{\Delta_{m1}}\left(1.9-0.9\frac{\Delta_1}{\Delta_{m1}}\right)\right]^{0.3}$$

$$=[1.34165\times(1.9-0.9\times1.34165)]^{0.3}$$

$$=0.9782$$

计算各个单元的抗力 R_i 时，$F_{EXX}=430\text{N/mm}^2$，注意，此处单元的长度为 10mm 并非常用的单位长度。

$$R_1=0.60F_{EXX}(1.0+0.50\sin^{1.5}\theta_i)f(p_i)t_e\times10$$

$$=0.60\times430\times(1.0+0.50\times\sin^{1.5}50.5°)\times0.9782\times5\times0.707\times10$$

$$=11946.6\text{N}$$

对初选的 $r_0 = 60\text{mm}$ 进行复核。判断条件是，以下两式得到的 P_n 相等，则停止运算：

绕瞬心力矩的平衡：

$$P_n = \frac{\sum R_i r_i}{r_0 + e}$$

沿 y 轴力的平衡：

$$P_n = \sum R_{iy}$$

该计算过程如表 8-8 所示。

对初选的瞬心位置进行复核

表 8-8

单元序号	$R_i(\text{N})$	$r_i(\text{mm})$	$x_i(\text{mm})$	$y_i(\text{mm})$	$R_{iy}(\text{N})$	$R_i r_i(\text{N} \cdot \text{mm})$
1	11946.6	110.11	85	70	9222.0	1315486
2	11890.2	102.59	75	70	8692.4	1219830
3	11681.4	95.52	65	70	7948.6	1115863
4	12002.6	88.46	60	65	8141.1	1061740
5	11621.3	81.39	60	55	8566.7	945903
6	11092.2	75.00	60	45	8873.8	831917
7	10430.3	69.46	60	35	9009.4	724509
8	9664.1	65.00	60	25	8920.7	628166
9	8831.2	61.85	60	15	8567.5	546179
10	7889.8	60.21	60	5	7862.6	475031
Σ	—	—	—	—	85805	8864624

对于 1 号单元：

$$R_{1y} = \frac{x_1}{r_1} R_1 = \frac{85}{110.11} \times 11946.6 = 9222.0\text{N}$$

$$R_1 r_1 = 11946.6 \times 110.11 = 1315486\text{N} \cdot \text{mm}$$

此时，$P_n = \sum R_{iy} = 2 \times 85805 \approx 171.6 \times 10^3 \text{N}$，$P_n = \dfrac{\sum R_i r_i}{r_0 + e} = 2 \times \dfrac{8864624}{60 + 35} \approx 186.6 \times 10^3\text{N}$，不相等。再次试算，取 $r_0 = 83\text{mm}$，重复以上步骤，由两个平衡式均得到 $P_n = 183\text{kN}$，因此，为最终的结果。

【例 8-4】如图 8-13 所示的连接，$P = 200\text{kN}$（设计值）。采用 E43 系列焊条。假定板厚不影响结果。要求：按弹性方法（矢量法）计算所需的焊脚尺寸。

解：焊缝群的重心至竖向焊缝的距离：$\bar{x} = \dfrac{2 \times 400 \times 200}{2 \times 400 + 500} = 123\text{mm}$。

总长度：$L = 2 \times 400 + 500 = 1300\text{mm}$。

假定有效焊喉 t_e 为单位长度进行计算。

极惯性矩：

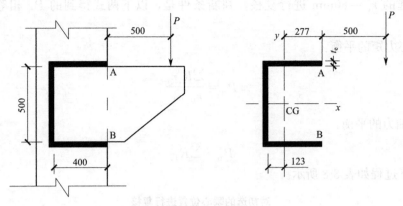

图 8-13　例 8-4 的图示

$$I_p = I_x + I_y$$
$$= \frac{500^3}{12} + 2 \times 400 \times 250^2 + 2 \times \frac{400^3}{12} + 2 \times 400 \times (200-123)^2 + 500 \times 123^2$$
$$= 8.3391 \times 10^7 \text{mm}^3$$

剪力引起的竖向分量：

$$R_v = \frac{P}{L} = \frac{200 \times 10^3}{1300} = 153.8 \text{N/mm}$$

扭矩引起的分量：

$$R_x = \frac{Ty}{I_p} = \frac{200 \times 10^3 \times 777 \times 250}{8.3391 \times 10^7} = 465.9 \text{N/mm}$$

$$R_y = \frac{Tx}{I_p} = \frac{200 \times 10^3 \times 777 \times 277}{8.3391 \times 10^7} = 516.2 \text{N/mm}$$

矢量和：

$$R_u = \sqrt{(153.8+516.2)^2 + 465.9^2} = 816.1 \text{N/mm}$$

焊缝抗力：

$$\phi R_{nw} = \phi t_e (0.6 F_{EXX}) = 0.75 \times t_e \times (0.6 \times 430) = 193.5 t_e \text{N/mm}$$

由 $193.5 t_e = 816.1$ 求得 $t_e = 4.22 \text{mm}$，则焊脚尺寸至少为 $4.22/0.707 = 6.0 \text{mm}$，取为 6mm。

【解析】需要注意的是，在讲解 AISC 360 的文献中有一个习惯：在确定焊缝抗力时，按单位长度，此时将有效焊喉 t_e 代入，得到的是"单位长度上的力"（英制单位为 kips/in），同时，在计算焊缝群的截面特征时，则取有效焊喉 $t_e = 1$。如此操作，可以使计算简便。

以本题为例，在计算极惯性矩 I_p 时，若将 t_e 计入，将是

$$I_p = I_x + I_y$$

$$= \frac{500^3}{12}t_e + 2 \times 400 t_e \times 250^2 + 2 \times \frac{400^3 t_e}{12} + 2 \times 400 t_e \times (200-123)^2 + 500 \times 123^2 t_e$$

$$= 8.3391 \times 10^7 t_e \text{mm}^4$$

于是，危险点的应力为

$$R_u = \sqrt{\left(\frac{153.8}{t_e} + \frac{516.2}{t_e}\right)^2 + \left(\frac{465.9}{t_e}\right)^2} = \frac{816.1}{t_e} \text{N/mm}^2$$

这样就要取与 $\phi(0.6F_{EXX})$ 相等求出 t_e。

由以上演示可见，和我国习惯本质上并无不同。

【例 8-5】如图 8-14 所示的连接，$P = 65 \text{kN}$（设计值）。采用 E43 系列焊条。假定板厚不影响结果。要求：按弹性方法（矢量法）计算所需的焊脚尺寸。

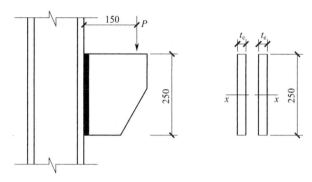

图 8-14　例 8-5 的图示（尺寸单位：mm）

解：假定有效焊喉为 t_e，并取焊缝单位长度进行计算。

剪力引起的竖向分量：

$$R_v = \frac{P}{A} = \frac{65 \times 10^3}{2 \times 250} = 130 \text{N/mm}$$

惯性矩：

$$I_x = 2 \times \frac{250^3}{12} = 2.6042 \times 10^6 \text{mm}^3$$

弯矩引起的拉应力：

$$R_t = \frac{M y_{\max}}{I_x} = \frac{65 \times 10^3 \times 150 \times 125}{2.6042 \times 10^6} = 468.0 \text{N/mm}$$

矢量和：

$$R_u = \sqrt{130^2 + 468^2} = 485.7 \text{N/mm}$$

焊缝抗力：

$$\phi R_{nw} = \phi t_e (0.6 F_{EXX}) = 0.75 \times w \times 0.707 \times (0.6 \times 430) = 136.8w \text{ N/mm}$$

由 $136.8w = 485.7$ 求得 $w = 3.6 \text{mm}$，取焊脚尺寸为 4mm。

8.2 螺栓连接

8.2.1 螺栓类型与适用范围

螺栓分为两类，普通螺栓和高强度螺栓。普通螺栓应符合 ASTM A307 的要求，一般用于次要结构以及不承受循环荷载的情况。高强度螺栓分为 A、B、C 三组，如下：

A 组（$F_u = 120$ksi）包括：符合 ASTM F3125/F3125M 标准的 A325、A325M、F1852、A354 等级 BC 和 A449。

B 组（$F_u = 150$ksi）包括：符合 ASTM F3125/F3125M 标准的 A490、A490M、F2280 和 A354 等级 BD。

C 组（$F_u = 200$ksi）：符合 ASTM F3043 和 F3111 标准。

A 组、B 组通常简称为 A325 系列和 A490 系列。A325 系列，屈服强度为 560MPa～630MPa，随直径而变；A490 系列，屈服强度为 790MPa～900MPa。

常用螺栓直径为 3/4in、7/8in 和 1in，常用等级为 A325 和 A490。注意，A325N、A490N 表示剪切面在螺纹处（"N"表示剪切面"不"排除螺纹），A325X、A490X 表示剪切面位置无螺纹。

高强度螺栓的连接一般分为摩擦型（原来称 friction-type，现在称 slip-critical）和承压型（bearing-type）。在 AISC《钢结构手册》中，根据其拧紧情况分为一般拧紧型（snug-tightened）、预拉力型（pretensioned）和滑移临界型（slip-critical）。

一般拧紧，是指安装时工人用普通扳手所能达到的拧紧程度。AISC 360-16 规定，一般拧紧可用于以下情况：

（1）承压型连接，但组合构件承受压力时除外（此时应采用预拉力螺栓，摩擦面为等级 A 或等级 B）。

（2）对于 A 组螺栓，当承受拉力或同时承受拉剪时，振动或荷载变动不会导致松动或疲劳。

RCSC 规范 4.2 条对预拉力型接头的应用范围规定如下：

（1）其他规范引用了 RCSC 规范，而 RCSC 规范中规定需用预拉力型接头；

（2）接头承受显著的反向荷载；

（3）接头虽然未受反向荷载但承受疲劳荷载；

（4）采用 ASTM A325 或 F1852 螺栓的接头承受受拉疲劳；

（5）采用 ASTM A490 或 F2280 螺栓的接头受拉或同时受拉剪，有或没有疲劳。

AISC 360-16 规定，以下连接中的螺栓应为预拉力型：

（1）RCSC 规范规定应采用预拉力型；

（2）承受振动荷载的连接且螺栓不允许松动；

（3）包含两个型钢的组合构件（built-up members）的端部连接，以缀板或盖板用螺栓连接于构件的外表面。

AISC 360-16 规定的螺栓最小预拉力，见表 8-9，为使用方便，同时给出了英制和 SI 制规格螺栓的预拉力。

英制和 SI 制规格螺栓最小预拉力对比　　　表 8-9

英制			SI 制		
螺栓公称直径(in)	螺栓最小预拉力(kips)		螺栓公称直径(mm)	螺栓最小预拉力(kN)	
	A 组	B 组		A 组	B 组
$\frac{1}{2}$	12	15	16	91	114
$\frac{5}{8}$	19	24	20	142	179
$\frac{3}{4}$	28	35	22	176	221
$\frac{7}{8}$	39	49	24	205	257
1	51	64	27	267	334
$1\frac{1}{8}$	64	80	30	326	408
$1\frac{1}{4}$	81	102	36	475	595
$1\frac{3}{8}$	97	121			
$1\frac{1}{2}$	118	148			

RCSC 规范的 4.3 条规定，下列受剪或同时受拉受剪的情形需要采用摩擦型接头：

（1）承受疲劳荷载同时荷载方向有反复；

（2）采用扩大孔的接头；

（3）使用槽孔的接头，但受力方向与槽孔长边方向近似垂直（例如，交角是 80°～100°）时除外；

（4）在接触面上若发生滑移会对结构性能有害的接头。

AISC 360-16 规定，以下连接中的螺栓应为摩擦型：

（1）RCSC 规范规定应采用摩擦型；

（2）变截面梁盖板伸出理论截断线之外部分所用螺栓。

【解析】高强度螺栓与普通螺栓的显著区别在于其具有更高的强度。高强度螺栓连接在设计中可以有不同的设计原则：如果螺帽只是一般拧紧，那么，和普通螺栓的计算原理相同，这时，只是利用其高强度；如果施加了预拉力，则可以有效预防被连接构件的松动，但计算原理仍与普通螺栓相同；如果想限制构件之间的相对滑动，那么就要采用滑移临界型，对摩擦面进行处理，施加预拉力。

欧洲钢结构规范 EN 1993-1-8 中，将螺栓连接分为 A、B、C、D、E 五类，其中 A、B、C 类用于抗剪连接，D、E 类用于抗拉连接[6]：

A 类为承压型，无须施加预拉力且无须对接触面进行处理。

B 类为正常使用极限状态抗滑移型，应通过拧紧螺帽施加预拉力，正常使用极限状态不得发生滑移。

C 类为承载能力极限状态抗滑移型，应通过拧紧螺帽施加预拉力，承载能力极限状态不得发生滑移。

D 类为非预加荷载型，螺栓无须施加预拉力。该类不用于频繁承受变动受拉荷载情况，但可用于抵抗风荷载。除验算受拉抗力外，还需要验算冲剪抗力。

E 类为预加荷载型，按照要求施加预拉力。除验算受拉抗力外，还需要验算冲剪抗力。

8.2.2 螺栓连接构造要求

1. 孔型

螺栓孔的类型，可以是标准孔、扩大孔、短槽孔、长槽孔。以公称直径 20mm 的螺栓给出的孔型示例如图 8-15 所示。

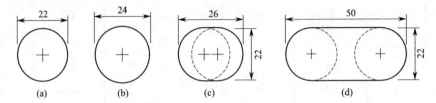

图 8-15 螺栓孔类型（以公称直径 20mm 的螺栓为例）
(a) 标准孔；(b) 扩大孔；(c) 短槽孔；(d) 长槽孔

各类型孔的孔径标准值见表 8-10 和表 8-11。

螺栓孔的尺寸（in） 表 8-10

螺栓公称直径	标准孔(直径)	扩大孔(直径)	短槽孔(宽×长)	长槽孔(宽×长)
$\frac{1}{2}$	$\frac{9}{16}$	$\frac{5}{8}$	$\frac{9}{16}\times\frac{11}{16}$	$\frac{9}{16}\times1\frac{1}{4}$
$\frac{5}{8}$	$\frac{11}{16}$	$\frac{13}{16}$	$\frac{11}{16}\times\frac{7}{8}$	$\frac{11}{16}\times1\frac{9}{16}$
$\frac{3}{4}$	$\frac{13}{16}$	$\frac{15}{16}$	$\frac{13}{16}\times1$	$\frac{13}{16}\times1\frac{7}{8}$
$\frac{7}{8}$	$\frac{15}{16}$	$1\frac{1}{16}$	$\frac{15}{16}\times1\frac{1}{8}$	$\frac{15}{16}\times2\frac{3}{16}$
1	$1\frac{1}{8}$	$1\frac{1}{4}$	$1\frac{1}{8}\times1\frac{5}{16}$	$1\frac{1}{8}\times2\frac{1}{2}$
$\geqslant1\frac{1}{8}$	$d+\frac{1}{8}$	$d+\frac{5}{16}$	$\left(d+\frac{1}{8}\right)\times\left(d+\frac{3}{8}\right)$	$\left(d+\frac{1}{8}\right)\times2.5d$

螺栓孔的尺寸（mm） 表 8-11

螺栓公称直径	标准孔(直径)	扩大孔(直径)	短槽孔(宽×长)	长槽孔(宽×长)
16	18	20	18×22	18×40
20	22	24	22×26	22×50
22	24	28	24×30	24×55
24	27	30	27×32	27×60
27	30	35	30×37	30×67
30	33	38	33×40	33×75
≥36	$d+3$	$d+8$	$(d+3)\times(d+10)$	$(d+3)\times2.5d$

注：d 为螺栓公称直径。

2. 螺栓间距

最小间距：无论标准孔、扩大孔还是槽孔，中至中的距离不小于 $2.67d$，一般取 $3d$。孔间净距离不小于 d。

最小边距：从标准孔中心算起的至连接件任意方向边缘的距离，不应小于表 8-12 规定值。对于扩大孔和槽孔，还需在此基础上再增加 C_2，C_2 见表 8-13。

自标准孔的中心至连接部件边缘的最小边距   表 8-12

英制		SI 制	
螺栓直径(in)	最小边距(in)	螺栓直径(mm)	最小边距(mm)
$\frac{1}{2}$	$\frac{3}{4}$	16	22
$\frac{5}{8}$	$\frac{7}{8}$	20	26
$\frac{3}{4}$	1	22	28
$\frac{7}{8}$	$1\frac{1}{8}$	24	30
1	$1\frac{1}{4}$	27	34
$1\frac{1}{8}$	$1\frac{1}{2}$	30	38
$1\frac{1}{4}$	$1\frac{5}{8}$	36	46
$>1\frac{1}{4}$	$1\frac{1}{4}d$	>36	$1.25d$

注：1. 若有必要，在满足本书 8.2.4 部分和 8.3 节要求的前提下，可以采用更小的边距；但若采用小于 1 倍螺栓直径的边距，须经注册结构工程师同意。

    2. 采用扩大孔或槽孔时，参见表 8-13 的规定。

最大间距和边距：为 12 倍连接件厚度但不超过 6in（150mm）。对于板与型钢的连接，或者板与板的连接，螺栓的纵向间距应符合下列要求：

（1）对油漆构件或者未油漆但不处于腐蚀环境的构件，间距应不超过 24 倍较薄构件厚度或 12in（305mm）。

（2）未油漆的耐候钢处于大气腐蚀环境，间距应不超过 14 倍较薄构件厚度或 7in（180mm）。

以上两条规定不适用于型钢之间的连接。

边距增加量 C_2 表 8-13

单位制	紧固件公称直径	扩大孔	槽孔		
			长轴垂直于边		长轴平行于边
			短槽孔	长槽孔	
英制(in)	$\leqslant\frac{7}{8}$	$\frac{1}{16}$	$\frac{1}{8}$	$\frac{3}{4}d$	0
	1	$\frac{1}{8}$	$\frac{1}{8}$		
	$\geqslant1\frac{1}{8}$	$\frac{1}{8}$	$\frac{3}{16}$		
SI 制(mm)	$\leqslant22$	2	3	$0.75d$	0
	24	3	3		
	$\geqslant27$	3	5		

注：当槽孔长度小于最大允许值（见表 8-10、表 8-11）时，C_2 可按最大长度与实际长度的一半予以减小。

8.2.3 单个螺栓的受拉、受剪承载力

一个螺栓的受拉或受剪承载力设计值 ϕR_n，按拉坏或剪坏极限状态确定。这里，取 $\phi=0.75$。无论是否施加预加力，R_n 均按照下式计算：

$$R_n = F_n A_b \tag{8-21}$$

式中　A_b——由螺栓公称直径得到的截面面积；

　　　F_n——抗拉强度标准值 F_{nt} 或抗剪强度标准值 F_{nv}，查表 8-14 得到。

螺栓的抗剪和抗拉强度　　　　　　　　　　　　　　　　表 8-14

螺栓类型	极限抗拉强度 F_u	抗拉强度标准值 F_{nt}	抗剪强度标准值 F_{nv}
	ksi	ksi(MPa)	ksi(MPa)
A307	60	45(310)	27(186)
A 组螺栓,剪切面在螺纹处	120	90(620)	54(372)
A 组螺栓,剪切面不在螺纹处	120	90(620)	68(469)
B 组螺栓,剪切面在螺纹处	150	113(780)	68(469)
B 组螺栓,剪切面不在螺纹处	150	113(780)	84(579)
C 组螺栓,剪切面在螺纹处	200	150(1040)	90(620)
C 组螺栓,剪切面不在螺纹处	200	150(1040)	113(779)

注：$F_{nt}=0.75F_u$。剪切面不在螺纹处时，$F_{nv}=0.563F_u$；剪切面在螺纹处时，$F_{nv}=0.45F_u$。

如图 8-16 所示，对于端部受荷的连接（end loaded connection），当连接长度 l_{pl} 超过 38in（965mm）时，F_{nv} 折减为表 8-14 中数值的 83.3%。非端部受荷的情况，即便连接长度超过限值，也不折减。

AISC 360-16 规定，承载力验算时，荷载产生的拉力应包含由于连接件变形所产生的撬力。

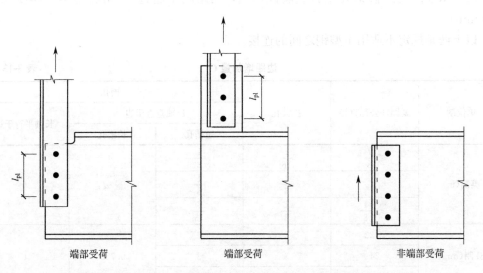

图 8-16　端部受荷与非端部受荷连接的示例

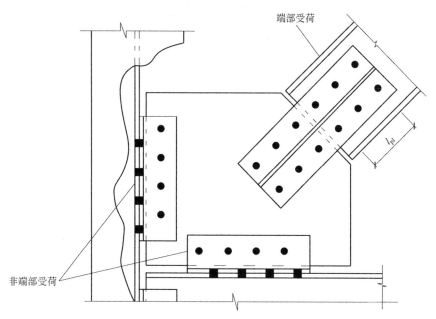

图 8-16　端部受荷与非端部受荷连接的示例（续）

【解析】注意到，公式(8-21)对于受拉承载力没有采用"有效截面面积"，对于受剪承载力没有考虑剪切面是否在螺纹处。事实上，对于受拉，这里取 $F_{nt}=0.75F_u$，相当于螺栓截面面积没有折减但受拉强度乘了折减系数 0.75。对于受剪时剪切面在螺纹处的情况，规定抗剪强度 F_{nv} 为剪切面不在螺纹处时的 0.8 倍，即，若剪切发生在螺纹处，$F_{nv}=0.450F_u$，而剪切不在螺纹处，$F_{nv}=0.450F_u/0.8=0.563F_u$。

8.2.4　螺栓孔承压承载力

螺栓孔承压承载力设计值为 ϕR_n，这里 $\phi=0.75$，R_n 按下述方法确定：

（1）连接采用标准孔、扩大孔、短槽孔（不论荷载作用的方向）、长槽孔（槽平行于孔壁压力方向）时，分为两种情况：

正常使用情况下，如果螺栓孔周围的变形是一个设计考虑因素（即，可接受变形≤0.25in)[9]：

$$R_n=1.2L_ctF_u\leqslant2.4dtF_u \tag{8-22a}$$

正常使用情况下，如果螺栓孔周围的变形不是一个设计考虑因素（即，可接受变形>0.25in)[9]：

$$R_n=1.5L_ctF_u\leqslant3.0dtF_u \tag{8-22b}$$

（2）连接采用长槽孔，且槽垂直于受力方向时，一个螺栓可以承受的压力标准值：

$$R_n=1.0L_ctF_u\leqslant2.0dtF_u \tag{8-23}$$

式中　L_c——净距离，沿受力方向孔边至邻近孔边的距离或至连接构件边缘的距离；

　　　t——连接件厚度；

　　　F_u——连接构件的最小拉力强度；

　　　d——螺栓公称直径。

对于连接，总的承压抗力是各个螺栓承压数值之和。

摩擦型连接和承压型连接均要进行承压验算。使用了扩大孔和短槽孔、长槽孔且力平行于槽孔方向的，局限于摩擦型连接。

注意，可取螺栓受剪承载力与螺栓孔承载力的较小者，作为一个螺栓的有效承载力。

8.2.5 承压型连接同时承受拉力和剪力

一个螺栓同时受拉受剪时，抗拉承载力会降低。此时，抗拉承载力标准值 R_n 按下式计算：

$$R_n = F'_{nt} A_b \tag{8-24}$$

$$F'_{nt} = 1.3 F_{nt} - \frac{F_{nt}}{\phi F_{nv}} f_{rv} \leqslant F_{nt} \tag{8-25}$$

式中 F'_{nt}——考虑了剪应力影响的螺栓抗拉强度标准值；

F_{nt}——抗拉强度标准值；

F_{nv}——抗剪强度标准值；

f_{rv}——荷载组合产生的剪应力；

ϕ——系数，此处 $\phi = 0.75$。

同时还应满足，螺栓提供的抗剪强度 ≥ 荷载产生的剪应力 f_{rv}。

【解析】式(8-25) 实际上是相关公式 $\frac{f_{rv}}{\phi F_{nv}} + \frac{f_{rt}}{\phi F_{nt}} \leqslant 1.3$ 的变形（令 $F'_{nt} = f_{rt}/\phi$）。当荷载产生的应力（无论是拉应力或剪应力）小于等于螺栓强度设计值的 30% 时，可以忽略其影响，见图 8-17。

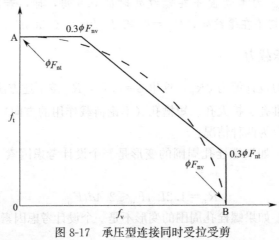

图 8-17　承压型连接同时受拉受剪

8.2.6 高强度螺栓摩擦型连接的承载力

1. 摩擦型连接仅承受剪力

此时，连接依靠板件之间的摩阻力传递剪力。一个螺栓的抗剪承载力标准值 R_n 按下式计算：

$$R_n = \mu D_u h_f T_b n_s \tag{8-26}$$

具有标准孔或短槽孔垂直于受力方向的连接，$\phi = 1.00$；

具有扩大孔或短槽孔平行于受力方向的连接，$\phi = 0.85$；

具有长槽孔的连接，$\phi = 0.70$。

式中 μ——平均滑移系数，对 A 级表面取 $\mu = 0.30$，B 级表面取 $\mu = 0.50$；

     D_u——乘子，反映了实际螺栓预拉力平均值与规定的最小螺栓预拉力的比值，取 $D_u = 1.13$，若使用其他值应经注册结构工程师同意；

     T_b——螺栓最小预拉力，可由表 8-9 得到；

     n_s——摩擦面个数；

     h_f——考虑填板影响的系数（factor for fillers），按下列规定取值：

没有填板，取 $h_f = 1.0$；

连接件之间只有一个填板，取 $h_f = 1.0$；

连接件之间有不少于两个填板，取 $h_f = 0.85$。

如图 8-18(a) 所示为不等高的两个工字形截面梁用盖板搭接的连接，由于不等高，故设置了填板，但由于两梁高度相差不大，故仅在各侧翼缘处设置单填板；图 8-18(b) 中由于两梁截面高度相差大，一侧设置了两个填板。

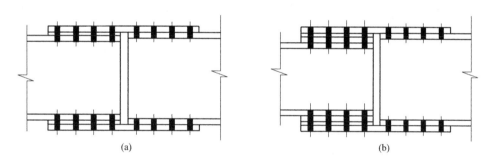

(a)   (b)

图 8-18 单填板与多填板

（a）单填板；（b）多填板

2. 摩擦型连接同时承受剪力和拉力

当摩擦型连接承受给定的拉力时，会引起夹紧力的降低，此时，按照式（8-26）计算出的单个螺栓的滑移抗力须乘以系数 k_{sc}，k_{sc} 按下式计算：

$$k_{sc} = 1 - \frac{T_u}{D_u T_b n_b} \tag{8-27}$$

式中 T_u——按照荷载组合得到的拉力；

     n_b——承受拉力的螺栓数。

8.2.7 螺栓群的受力计算

AISC 360-16 并未提供螺栓群的受力如何计算。以下计算方法，来源于 AISC《钢结构手册》。

1. 螺栓群同时受剪受扭

螺栓群受偏心剪力，如图 8-19 所示，此时有两种计算方法：弹性法和瞬心法。

（1）弹性法

弹性法也称"矢量法"，操作简单，但因为忽略了螺栓群的延性和荷载重分布导致计

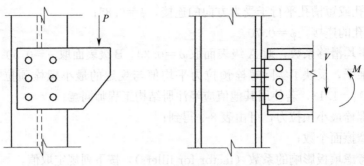

图 8-19　螺栓群受剪受扭

算结果十分保守。

弹性法假定螺栓受力的大小与至形心的距离成正比，方向与连线垂直，如图 8-20 所示。该方法与我国习惯一致。

（2）瞬心法

瞬心（instantaneous center，简称 IC）法是瞬心旋转法的简称，该方法认为，在扭矩作用下各个螺栓会绕"瞬心"转动，如图 8-21 所示。每个螺栓的受力与其到瞬心的距离成正比，方向与螺栓和瞬心连线垂直。

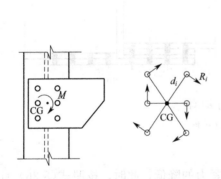

图 8-20　弹性法计算简图

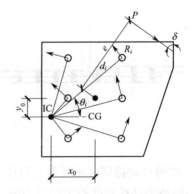

图 8-21　瞬心法计算简图

图 8-21 中，CG 表示螺栓群的形心，IC 表示瞬心位置。瞬心相对于螺栓群形心的坐标为 x_0、y_0。可建立 3 个平衡方程，包含有 3 个未知数：x_0、y_0、P，如下：

水平方向力的平衡：

$$\sum_{i=1}^{n} R_i \sin\theta_i - P\sin\delta = 0 \tag{8-28}$$

竖直方向力的平衡：

$$\sum_{i=1}^{n} R_i \cos\theta_i - P\cos\delta = 0 \tag{8-29}$$

对瞬心取矩平衡：

$$\sum_{i=1}^{n} R_i d_i - P(e + x_0\cos\delta + y_0\sin\delta) = 0 \tag{8-30}$$

式中　d_i——第 i 个螺栓到瞬心的距离；

θ_i——第 i 个螺栓与瞬心连线与 x 轴形成的夹角；

e——集中力 P 相对于螺栓群形心的距离；

δ——集中力 P 与 y 轴形成的夹角；

R_i——第 i 个螺栓的抗剪承载力标准值，按下式确定：

$$R_i = R_{ult}(1 - e^{-10\Delta_i})^{0.55} \tag{8-31}$$

R_{ult}——一个螺栓的抗剪承载力极限值，对直径为 3/4in 的 A325 螺栓，$R_{ult} = 74$kips；

Δ_i——第 i 个螺栓的变形，与该螺栓到瞬心的距离成正比，$\Delta_i = \dfrac{d_i}{d_{max}}\Delta_{max}$，对直径为 3/4in 的 A325 螺栓，$\Delta_{max} = 0.34$in。

【解析】公式 (8-31) 表达的螺栓荷载-变形关系是基于 ASTM A325 螺栓的双剪试验得到的，对于其他螺栓尺寸和等级，也可偏于安全采用 $R_{ult} = 74$kips 和 $\Delta_{max} = 0.34$in。注意公式 (8-31) 仅适用于英制单位，单位为 in、kips。

【例 8-6】如图 8-22 所示牛腿（槽钢截面）与柱（工字形截面）用螺栓连接，采用螺栓为 A325，$F_u = 120$ksi，一般拧紧，$F_{nv} = 68$ksi；公称直径为 7/8in，公称截面积 $A_b = 0.6013$in²。一个螺栓仅一个受剪面，且受剪面不在螺纹处。要求：采用矢量法确定该螺栓群能承受的偏心剪力设计值 P_u（仅考虑螺栓受剪）。

解：以螺栓群的形心作为坐标原点建立坐标系，并将偏心力移至形心，得到一个集中力 P 和一个力矩 $M = 6.5P$。

集中力 P 作用下各个螺栓均匀受力。1、5、4、8 号螺栓由于距离形心最远，力矩引起的剪力最大。力叠加之后 5 号螺栓和 8 号螺栓受力最大且大小相等。

P 引起的竖向力：

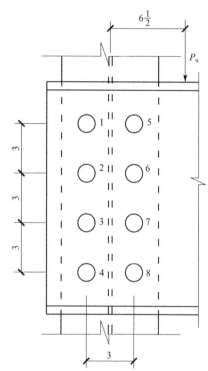

图 8-22　例 8-6 的图示（尺寸单位：in）

$$R_{Py} = \frac{P}{8} = 0.125P$$

$$\sum x_i^2 + \sum y_i^2 = 4 \times (-1.5)^2 + 4 \times 1.5^2 + 2 \times 4.5^2 + 2 \times 1.5^2 + 2 \times (-4.5)^2 + 2 \times (-1.5)^2$$
$$= 108\text{in}^2$$

由于力矩引起的 x 向和 y 向力分量：

$$R_{Mx} = \frac{My_{max}}{\sum x_i^2 + \sum y_i^2} = \frac{6.5P \times 4.5}{108} = 0.2708P$$

$$R_{My} = \frac{Mx_{max}}{\sum x_i^2 + \sum y_i^2} = \frac{6.5P \times 1.5}{108} = 0.0902P$$

受力最大螺栓，应满足：

$$R = \sqrt{(R_{Mx} + R_{Px})^2 + (R_{My} + R_{Py})^2} \leqslant \phi F_{nv} A_b$$

$$\sqrt{(0.2708P + 0)^2 + (0.0902P + 0.125P)^2} \leqslant 0.75 \times 68 \times 0.6013$$

解方程得到 $P \leqslant 88.7$kips。即，可承受的集中力设计值为 $P_u = 88.7$kips。

【例 8-7】 已知条件同例 8-6，要求采用瞬心法确定该螺栓群能承受的偏心剪力设计值 P_u。

解： 以瞬心为坐标原点，建立如图 8-23 所示坐标系。根据 P 的方向，可知夹角 $\delta = 0$。3 个平衡方程简化为：

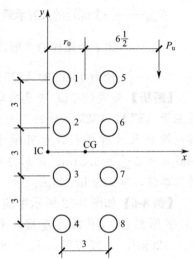

$$\sum_{i=1}^{n} R_i \frac{y_i}{d_i} = 0; \quad \sum_{i=1}^{n} R_i \frac{x_i}{d_i} = P; \quad \sum_{i=1}^{n} R_i d_i = P(e + r_0)$$

$$R_i = R_{ult}(1 - e^{-10\Delta_i})^{0.55} = 74 \times (1 - e^{-10\Delta_i})^{0.55}$$

$$\Delta_i = \frac{d_i}{d_{max}} \Delta_{max} = 0.34 \frac{d_i}{d_{max}}$$

由于为非线性方程组，因此，解方程采用"试算"的方法。

以 $r_0 = 2$in 试算，可以得到计算过程如表 8-15 所示。

图 8-23 例 8-7 的图示（尺寸单位：in）

于是可知，由平衡第 2 式得到 $P = 268.7$kips，由平衡第 3 式得到 $P = 2182.3/(6.5+2) = 256.7$kips，二者相差较多，因此，需要再试算。

取 $r_0 = 1.90$in，同样的步骤，可由平衡第 2 式得到 $P = 256.5$kips，由平衡第 3 式得到 $P = 2155.1/(6.5+1.90) = 256.6$kips。此时，可取为 $P = 257$kips。

A325 螺栓属于 A 组，查表 8-14 可得 $F_{nv} = 68$ksi，一个螺栓的抗剪承载力标准值为：

$$R_n = F_{nv} A_b = 68 \times 0.6013 = 40.9 \text{kips}$$

取 $r_0 = 2$in 试算的过程   表 8-15

螺栓编号	x_i(in)	y_i(in)	d_i(in)	Δ_i(in)	R_i(kips)	$\dfrac{R_i x_i}{d_i}$(kips)	$R_i d_i$(kips·in)
1	0.5	4.5	4.528	0.270	71.2	7.87	322.5
2	0.5	1.5	1.581	0.094	56.4	17.84	89.2
3	0.5	-1.5	1.581	0.094	56.4	17.84	89.2
4	0.5	-4.5	4.528	0.270	71.2	7.87	322.5
5	3.5	4.5	5.701	0.340	72.6	44.59	414.1
6	3.5	1.5	3.808	0.227	69.7	64.06	265.4
7	3.5	-1.5	3.808	0.227	69.7	64.06	265.4
8	3.5	-4.5	5.701	0.340	72.6	44.59	414.1
合计						268.7	2182.3

基于试验的 $R_{ult} = 74$kips 和 $\Delta_{max} = 0.34$in 是作为一个基准而存在的，现在，相应于 $R_n = 40.9$kips 时螺栓群可承受的集中力设计值 P_u 为：

$$P_u = \phi P \frac{R_n}{R_{ult}} = 0.75 \times 257 \times \frac{40.9}{74} = 107 \text{kips}$$

【例 8-8】 将例 8-6 中两列螺栓之间的距离改为 5.5in，其他条件不变。要求：用瞬心法确定该螺栓群能承受的偏心剪力设计值 P_u。

解： 初次尝试取 $r_0 = 2.0$in，采用与例 8-6 相同的步骤，根据力的平衡得到 $P = 168.5$kips，根据力矩的平衡得到 $P = 2480.7/(6.5 + 2) = 291.8$kips，二者相差较多，因此，需要再试算。

取 $r_0 = 3.0$in，根据力的平衡得到 $P = 277.0$kips，根据力矩的平衡得到 $P = 2685.0/(6.5 + 3) = 282.6$kips。

取 $r_0 = 3.1$in，根据力的平衡得到 $P = 287.4$kips，根据力矩的平衡得到 $P = 2712.9/(6.5 + 3.1) = 282.6$kips。

取 $r_0 = 3.05$in，根据力的平衡得到 $P = 282.2$kips，根据力矩的平衡得到 $P = 2698.8/(6.5 + 3.05) = 282.6$kips，此时已经十分接近。取最后结果为 $P = 282$kips。

相应于 $R_n = 40.9$kips 时螺栓群可承受的集中力设计值 P_u 为：

$$P_u = \phi P \frac{R_n}{R_{ult}} = 0.75 \times 282 \times \frac{40.9}{74} = 117 \text{kips}$$

【解析】 关于瞬心法，有以下几点需要注意：

（1）文献［10］认为式（8-31）中的 R_{ult} 可按下式确定：

$$R_{ult} = \tau_u A_b = 0.7 F_u A_b$$

式中 A_b——螺栓受剪截面面积；

τ_u——螺栓的极限受剪强度。

这样，对于直径 3/4in 的 A325 螺栓双剪受力，可得

$$R_{ult} = 0.7 \times 120 \times 0.442 \times 2 \approx 74 \text{kips}$$

与试验值吻合。于是，式（8-31）可表达为：

$$R_i = 0.7 F_u A_b (1 - e^{-10\Delta_i})^{0.55} \tag{8-32}$$

若螺栓抗力按照式（8-32）取值，对于本题可求得 $P_u = 193$kips。

文献［11］给出了按照 AISC《钢结构手册》查表确定螺栓群所能承受偏心力的计算过程，本书据此计算，过程见附录 A 例 A-8，得到 $P_u = 118$kips，证明本题解答过程求得的 $P_u = 117$kips 是正确的。

经过分析可发现，螺栓群所能承受偏心力 P_u 与螺栓的抗力 R_i 成正比。今将按本书计算过程求得的 P_u 记作 $P_{u,1}$，将按文献［10］求得的 P_u 记作 $P_{u,2}$，则有下式成立：

$$\frac{P_{u,1}}{P_{u,2}} = \frac{0.75 \times 0.450 F_u / 0.8 \times A_b}{0.7 \times F_u \times A_b} = 0.603 \tag{8-33}$$

式（8-33）适用于剪切面处无螺纹，若剪切面处有螺纹，式中的 $0.450 F_u / 0.8$ 应替换为 $0.450 F_u$。

今 $117/193 = 0.606$，稍有误差，是因为强度取值过程中有舍入，例如，按照定义式 $F_{nv} = 0.450 F_u / 0.8$，当 $F_u = 120$ksi 时，求得 67.5ksi，规范中取为 68ksi。

（2）比较例 8-6 和例 8-8 的计算结果可知，在其他条件不变的情况下，增大螺栓列与列之间的距离会提高螺栓群的偏心抗力，这其实可以通过弹性法的计算过程加以理解：以

螺栓群的形心为坐标原点，此时 $\sum x_i + \sum y_i$ 变大了。基于以上认识，在利用 AISC《钢结构手册》表 7-8 确定螺栓群可承受的偏心力时需要注意，该表格中螺栓列与列之间的距离为 5.5in，当实际的间距小于该数值时，查表所得结果高估了承载力。

2. 螺栓群同时受剪受弯

螺栓群同时受剪受弯，如图 8-24 所示。此时有两种做法：（1）不考虑螺栓的初拉力；（2）考虑螺栓的初拉力。前者会给出保守的结果。

AISC《钢结构手册》给出的两种计算方法，分别是：（1）中和轴不在重心；（2）中和轴在重心。

（1）方法 1：中和轴不在重心

如图 8-25 所示，初步试算可认为中和轴位于距离下缘 1/6 高度处，且受压板件的有效宽度 b_{eff} 取为：

$$b_{eff} = 8t_f \leqslant b_f \tag{8-34}$$

式中　t_f——连接单元的较小厚度；

b_f——连接单元的宽度。

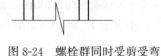

图 8-24　螺栓群同时受剪受弯

中和轴位置，应满足平衡条件，即按照"面积矩相等"确定：

$$\sum A_b \times y = b_{eff} \times d \times d/2 \tag{8-35}$$

确定出中和轴位置之后，认为，螺栓所受拉力与至中和轴距离成正比，据此得到各螺栓的拉力值。同时认为，中和轴以上螺栓承受拉力、剪力和撬力；中和轴以下螺栓仅仅承受剪力。

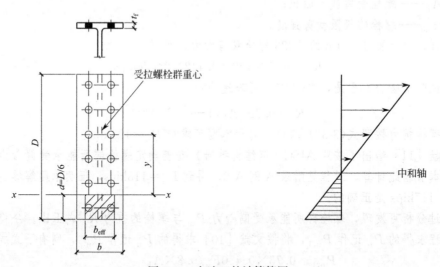

图 8-25　方法 1 的计算简图

（2）方法 2：中和轴在重心

此方法比方法 1 保守。如图 8-26 所示，中和轴以上受拉，以下受"压"，螺栓受力相等，大小为：

$$r_{ut} = \frac{P_u e}{n' d_m} \tag{8-36}$$

式中　d_m——受拉区螺栓重心与"受压区螺栓"重心的距离；

n'——受拉螺栓的个数。

同样认为，中和轴以上螺栓承受拉力、剪力和撬力；中和轴以下螺栓仅仅承受剪力。

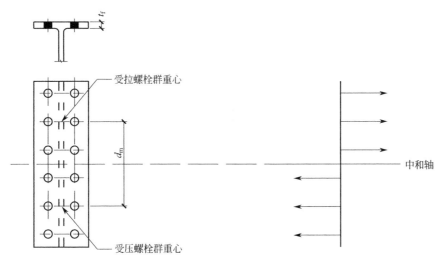

图 8-26　方法 2 的计算简图

【例 8-9】 如图 8-27（a）所示的连接，螺栓采用 A325N，直径为 3/4in，$A_b=0.442\text{in}^2$。角钢为∟4×4×3/8，柱翼缘厚度为 1/2in。集中力设计值 $P_u=120\text{kips}$。要求：复核螺栓群的承载力是否足够。

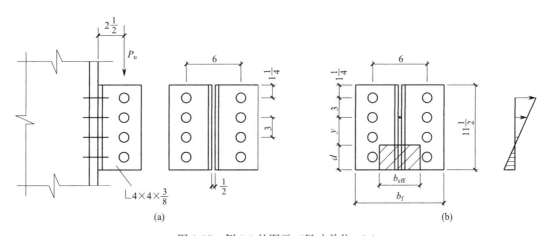

图 8-27　例 8-9 的图示（尺寸单位：in）

解：（1）按照方法 1 确定螺栓受到的最大拉力

根据角钢和柱的尺寸可知，$t_f=3/8\text{in}=0.375\text{in}$，$b_f=4+1/2+4=8.5\text{in}$。

$$b_{eff}=8t_f=8\times0.375=3\text{in}<b_f=8.5\text{in}$$

如图 8-27(b) 所示，假定受压区高度 d 上边缘在第 1 排螺栓和第 2 排螺栓之间，则受拉区螺栓共有 6 个。

$$\sum A_b\times y=b_{eff}\times d\times d/2$$

$$6\times0.442\times(11.5-4.25-d)=3\times d^2/2$$

解出 $d=2.80\text{in}>1.25\text{in}$，与假定相符，数值可用。

受压矩形块和受拉螺栓截面积对中和轴的惯性矩（均忽略绕自身轴的惯性矩）：

$$I_x = b_{eff}d\left(\frac{d}{2}\right)^2 + \sum A_{b,i}(y_i - d)^2$$

$$= 3 \times 2.8 \times (2.8/2)^2 + 2 \times 0.442 \times (4.25 - 2.8)^2 + 2 \times 0.442 \times (7.25 - 2.8)^2 + 2 \times 0.442 \times (10.25 - 2.8)^2$$

$$= 84.9 \text{in}^4$$

一个受拉最大螺栓受到的拉力设计值：

$$r_{ut} = \frac{My_{max}}{I_x}A_b = \frac{120 \times 2.5 \times (10.25 - 2.8)}{84.9} \times 0.442 = 11.6 \text{kips}$$

（2）验算螺栓受拉承载力

单纯受剪时，一个螺栓的受剪承载力设计值：

$$\phi R_{nv} = \phi F_{nv}A_b = 0.75 \times 54 \times 0.442 = 17.9 \text{kips}$$

单纯受拉时，一个螺栓的受拉承载力设计值：

$$\phi R_{nt} = \phi F_{nt}A_b = 0.75 \times 90 \times 0.442 = 29.8 \text{kips}$$

一个螺栓受到的剪力设计值：

$$r_{uv} = \frac{P_u}{\sum n} = \frac{120}{8} = 15 \text{kips}$$

规定的验算式为：

$$F'_{nt} = 1.3F_{nt} - \frac{F_{nt}}{\phi F_{nv}}f_{rv} \leqslant F_{nt}$$

今按照两侧都乘以 A_b 进行验算：

$$F'_{nt}A_b = 1.3 \times 90 \times 0.442 - \frac{90}{0.75 \times 54} \times 15 = 18.4 \text{kips} < F_{nt}A_b = 90 \times 0.442 = 39.8 \text{kips}$$

因此，取 $F'_{nt}A_b = 18.4 \text{kips}$ 确定单个螺栓的受拉承载力设计值：

$$\phi R_{nt} = \phi F'_{nt}A_b = 0.75 \times 18.4 = 13.8 \text{kips} > r_{ut} = 11.6 \text{kips}$$

受拉承载力满足要求。

【解析】若按照方法 2（即认为中和轴在螺栓群重心处）计算，则可得螺栓所受拉力设计值：

$$r_{ut} = \frac{P_u e}{n' d_m} = \frac{120 \times 2.5}{4 \times 6} = 12.5 \text{kips}$$

同时受剪受拉的单个螺栓受拉承载力设计值 ϕR_{nt} 仍为前述求得的 13.8kips。

$$\phi R_{nt} = 13.8 \text{kips} > r_{ut} = 12.5 \text{kips}$$

满足要求。

方法 2 求得的螺栓所受拉力为 12.5kips，大于方法 1 求得的 11.6kips，所以说该方法比较保守。

若采用我国习惯做法，认为旋转中心在最下排螺栓处，则可得一个螺栓受到的最大拉力值：

$$r_{ut} = \frac{My_{max}}{\sum y_i^2} = \frac{120 \times 2.5 \times 9}{2 \times (3^2 + 6^2 + 9^2)} = 10.7 \text{kips}$$

【例 8-10】螺栓群连接同例 8-9，但采用摩擦型连接，标准孔，摩擦面为 A 级。要求：

复核螺栓群的承载力是否足够。

解：由于螺栓受拉，螺栓的滑移抗力会减小，系数 k_{sc} 计算如下：

$$k_{sc}=1-\frac{T_u}{D_u T_b n_b}=1-\frac{11.6}{1.13\times28\times6}=0.939$$

折减后的单个螺栓受剪承载力设计值：

$$\phi R_n=\phi k_{sc}\mu D_u h_f T_b n_s=1.0\times0.939\times0.30\times1.13\times1.0\times28\times1=8.9\text{kips}<r_{uv}=15\text{kips}$$

不满足要求。

【解析】若采用我国习惯做法，认为旋转中心在螺栓群形心，则可得一个螺栓所受的最大拉力：

$$r_{ut}=\frac{My_{max}}{\sum y_i^2}=\frac{120\times2.5\times4.5}{4\times(1.5^2+4.5^2)}=15\text{kips}$$

3. 螺栓所受的撬力

对于如图 8-28 所示的悬吊型连接等螺栓群直接承受拉力的情况，构件刚度不足时会产生撬力。撬力产生的原理图见图 8-29。

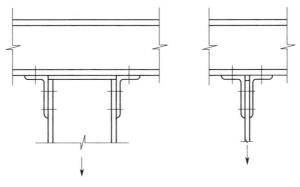

图 8-28　悬吊螺栓连接

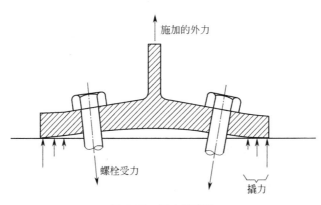

图 8-29　撬力的产生

撬力计算模型几经变化，今依据 AISC《钢结构手册》（第 15 版）给出如下[4]。

如图 8-30 所示，螺栓所受力向腹板位置按 1∶1.75 的坡度扩散，形成扩散长度 p。取 p 范围作为研究对象，不产生撬力的最小厚度 t_{min} 按下式确定：

$$t_{\min} = \sqrt{\frac{4Tb'}{0.9pF_u}} \tag{8-37}$$

式中 T——一个螺栓所受拉力设计值；

      b'——对 T 形件，取螺栓孔内边缘至腹板侧的距离；对角钢，取螺栓孔内边缘至腹

          板中面线的距离；$b' = \left(b - \dfrac{d_b}{2} \right)$，$d_b$ 为螺栓孔直径，如图 8-30 所示；

      p——附属长度，如图 8-30 所示，基于屈服线理论确定，或保守取为 $3.5b$，p 不

          大于螺栓间距 s；

      F_u——连接单元的最小抗拉强度；

      0.9——系数 ϕ 的取值。

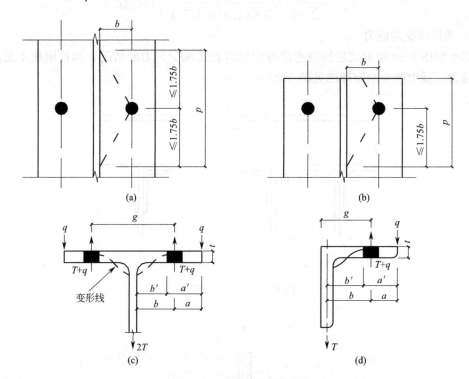

图 8-30   撬力的计算简图

(a) 典型螺栓位置；(b) 边缘螺栓；(c) T 型钢中的撬力；(d) 角钢中的撬力

    只要连接件的厚度大于 $t_{\min}$，且一个螺栓的拉力设计值满足 $T \leqslant \phi T_n$，则不需要再复核撬力效应。因为，这种解法求得的 T 形件厚度足够大，额外的撬拔力 $q = 0$。

    实际设计时也可采用一个比式(8-37)所得的 $t_{\min}$ 稍小的板厚，此时撬力 $q > 0$。一个可以接受的综合考虑了承载力和刚度以及螺栓承载力的最小板厚按下式确定：

$$t_{\min} = \sqrt{\frac{4Tb'}{0.9pF_u(1+\delta\alpha')}} \tag{8-38}$$

式中 δ——螺栓线上净面积与毛面积的比值，$\delta = 1 - \dfrac{d'}{p}$；

      d'——沿连接线方向的螺栓孔宽度，即图 8-30 中沿 s 方向的螺栓孔宽度；

α'——系数，按照下列要求取值：

$$a' = \left(a + \frac{d_b}{2}\right) \leqslant \left(1.25b + \frac{d_b}{2}\right), \rho = \frac{b'}{a'}$$

$$\beta = \frac{1}{\rho}\left(\frac{B}{T} - 1\right)$$

当 $\beta \geqslant 1$ 时

$$\alpha' = 1.0$$

当 $\beta < 1$ 时

$$\alpha' = \min\left[1.0, \frac{\beta}{\delta(1-\beta)}\right]$$

如果实际板厚 $t \geqslant t_{\min}$，则可行。若不满足，需要增大翼缘厚度，或者修改几何参数。

通常不直接计算撬力。若计算，则每个螺栓的撬力 q 按下式确定，包含了撬力作用的一个螺栓受到的总拉力为 $T + q$。

$$q = B\delta\alpha\rho\left(\frac{t}{t_c}\right)^2 \tag{8-39}$$

$$t_c = \sqrt{\frac{4Bb'}{0.9pF_u}} \tag{8-40}$$

$$\alpha = \frac{1}{\delta}\left[\frac{T/B}{(t/t_c)^2} - 1\right] \tag{8-41}$$

式中　B——一个螺栓的受拉承载力设计值，相当于 GB 50017 中的 N_t^b；

　　　t_c——发挥螺栓全部承载力 B 且没有撬力时所需的翼缘或角钢厚度；

　　　α——系数，$0 \leqslant \alpha \leqslant 1.0$。

当尺寸以及螺栓布置都已知时，可将螺栓的受拉承载力折减以考虑撬力影响。一个螺栓折减后的抗拉承载力为：

$$T_{avail} = BQ \tag{8-42}$$

式中，折减系数 Q 按以下要求取值：

$$\alpha' = \frac{1}{\delta(1+\rho)}\left[\left(\frac{t_c}{t}\right)^2 - 1\right] \tag{8-43}$$

当 $\alpha' < 0$ 时

$$Q = 1$$

当 $0 \leqslant \alpha' \leqslant 1$ 时

$$Q = \left(\frac{t}{t_c}\right)^2(1 + \delta\alpha')$$

当 $\alpha' > 1$ 时

$$Q = \left(\frac{t}{t_c}\right)^2(1 + \delta)$$

$\alpha' < 0$ 表示具有足够的承载力和刚度可使螺栓达到完全的受拉承载力；$0 \leqslant \alpha' \leqslant 1$ 表示具有足够的承载力和刚度可使螺栓达到完全的受拉承载力，但不足以阻止撬力的产生；$\alpha' > 1$ 表示承载力不足以使螺栓达到完全的受拉承载力。

【解析】1. 撬力计算公式的推导[12]

T 形件连接，若翼缘的刚度不足，则会产生撬力，如图 8-31(a) 所示。悬伸的翼缘受集中力作用，形成弯矩，见图 8-31(b)。取隔离体建立平衡方程，得到：

$$M_1 + M_2 - Tb = 0$$

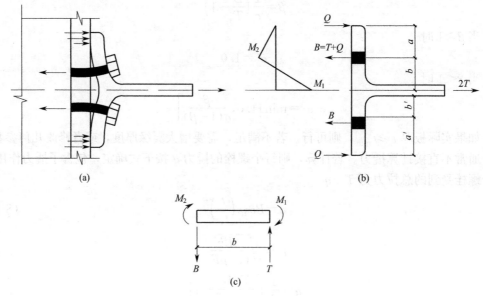

图 8-31　推导撬力公式的计算简图
(a) T 形件连接变形；(b) T 形件受力；(c) 隔离体受力

注意到 M_1 作用于毛截面而 M_2 作用于净截面，为统一化，将 M_2 乘以净截面面积与毛截面面积的比值 δ；同时，令 $M_2 = \alpha M_1$，这里，$0 \leqslant \alpha \leqslant 1.0$，于是得到

$$M_1 + \alpha\delta M_1 - Tb = 0$$

这样，可解出 M_1：

$$M_1 = \frac{Tb}{1 + \alpha\delta}$$

由于 $M_2 = Qa$，即 $\alpha\delta M_1 = Qa$，于是可得

$$Q = \frac{\alpha\delta M_1}{a}$$

将 M_1 的表达式代入，得到

$$Q = \frac{\alpha\delta}{1 + \alpha\delta}\frac{b}{a}T$$

最终螺栓拉力为 $B = T + Q$，于是可得

$$B = T\left[1 + \frac{\alpha\delta}{1 + \alpha\delta}\frac{b}{a}\right]$$

分析发现，式中的 a、b 分别以 a'、b' 代替与实验结果更为吻合。

有了 B 之后可以判别螺栓承载力是否足够。同时，对于 T 形件的翼缘而言，受弯承载力也要足够才行。

塑性弯矩承载力设计值为 $\phi M_p = \phi Z F_y$，沿翼缘附属于一个螺栓的长度记作 w，则弯

矩承载力为 $\phi\dfrac{wt_{\mathrm{f}}^{2}}{4}F_{\mathrm{y}}$，令其等于 M_1，可解出所需的翼缘厚度：

$$t_{\mathrm{f}}=\sqrt{\frac{4Tb}{\phi wF_{\mathrm{y}}(1+\alpha\delta)}}$$

同样的，推荐将式中的 a、b 分别以 a'、b' 代替。

由于 α 表征 M_2 与 M_1 之间的关系（$\alpha=M_2/M_1$），可见，$\alpha=1.0$ 表示 M_1 与 M_2 位置处形成塑性铰，撬力最大；$\alpha=0$ 表示没有撬力（因为 $M_2=Qa$）。

2.《高强度螺栓连接技术规程》JGJ 82—2011 关于撬力的规定[13]

《高强度螺栓连接技术规程》JGJ 82—2011 的 5.2.4 条对如图 8-32 所示的 T 形件可能产生的撬力予以规定。

不考虑撬力作用的 T 形件翼缘板最小厚度 t_{ec} 按下式计算：

$$t_{\mathrm{ec}}=\sqrt{\frac{4e_2N_{\mathrm{t}}}{bf}} \tag{8-44}$$

设计时采用的 T 形件翼缘板厚度可以小于 t_{ec} 但应满足下式要求，同时应考虑撬力作用。

$$t_{\mathrm{e}}\geqslant\sqrt{\frac{4e_2N_{\mathrm{t}}}{\psi bf}} \tag{8-45}$$

式中　N_{t}——一个螺栓所受拉力设计值；

　　　f——T 形件钢材的强度设计值；

　　　b——按一排螺栓覆盖的翼缘板（端板）计算宽度；

　　　e_2——螺栓中心到 T 形件腹板边缘的距离；

　　　ψ——撬力影响系数，$\psi=(1+\delta\alpha')$；

　　　δ——翼缘板截面系数，$\delta=1-\dfrac{d_0}{b}$，d_0 为螺栓孔直径；

　　　α'——系数，当 $\beta\geqslant1.0$ 时，α' 取 1.0；当 $\beta<1.0$ 时，$\alpha'=\dfrac{\beta}{\delta(1-\beta)}$，且满足 $\alpha'\leqslant$ 1.0；系数 β 按下式确定：

$$\beta=\frac{1}{\rho}\left(\frac{N_{\mathrm{t}}^{\mathrm{b}}}{N_{\mathrm{t}}}-1\right)$$

$$\rho=\frac{e_2}{e_1}$$

　　　$N_{\mathrm{t}}^{\mathrm{b}}$——一个螺栓的抗拉承载力设计值；

　　　e_1——螺栓中心到 T 形件翼缘边缘的距离。

撬力 Q 按下式计算：

$$Q=N_{\mathrm{t}}^{\mathrm{b}}\left[\delta\alpha\rho\left(\frac{t_{\mathrm{ec}}}{t_{\mathrm{e}}}\right)^2\right] \tag{8-46}$$

式中　α——系数，$\alpha=\dfrac{1}{\delta}\left[\dfrac{N_{\mathrm{t}}}{N_{\mathrm{t}}^{\mathrm{b}}}\left(\dfrac{t_{\mathrm{ec}}}{t_{\mathrm{e}}}\right)^2-1\right]\geqslant0$。

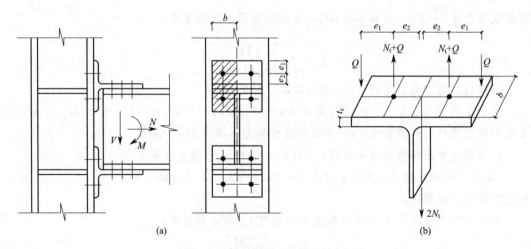

图 8-32 我国规范中的 T 形件模型

(a) 梁柱 T 形连接节点；(b) T 形件受力简图

考虑撬力影响后，按承载能力极限状态设计时应满足：

$$N_t + Q \leqslant 1.25 N_t^b \tag{8-47}$$

按正常使用极限状态设计时应满足：

$$N_t + Q \leqslant N_t^b \tag{8-48}$$

【例 8-11】 如图 8-33 所示，节点板以双角钢与柱连接，螺栓群受斜向的集中力 P，设计值为 50kips。角钢为 $4 \times 4 \times 5/8$，节点板厚度 0.5in。螺栓为 A307，直径 3/4in，截面面积 $0.442in^2$，螺栓材料 $F_{nt} = 45ksi$。角钢以及节点板采用 A36 钢材，$F_u = 58ksi$。要求：验算双角钢与柱的连接是否满足要求。

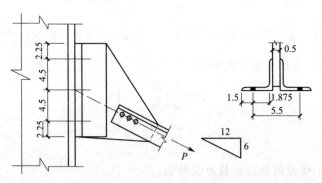

图 8-33 例 8-11 的图示

解：（1）计算单个螺栓受力

螺栓群所受的剪力：$\dfrac{50}{\sqrt{5}} = 22.4$kips。

螺栓群所受的拉力：$\dfrac{2 \times 50}{\sqrt{5}} = 44.7$kips。

一个螺栓受到的剪力：22.4/6＝3.73kips。

一个螺栓受到的拉力：44.7/6＝7.45kips。

（2）计算考虑撬力影响的受拉承载力折减系数 Q

$$b'=b-\frac{d_b}{2}=1.875-0.75/2=1.50\text{in}$$

$a=1.5\text{in}<1.25b=1.25\times1.875=2.3438\text{in}$，故

$$a'=a+\frac{d_b}{2}=1.5+0.75/2=1.875\text{in}$$

$$\rho=\frac{b'}{a'}=1.50/1.875=0.8000$$

$$3.5b=3.5\times1.875=6.5625\text{in}$$

由图 8-33 可知 $s=4.5\text{in}$，由于 $s<3.5b$，表明扩散后的长度有重叠，故取 $p=s=4.5\text{in}$。

$$B=\phi F_{nt}A_b=0.75\times45\times0.442=14.9\text{kips}$$

$$t_c=\sqrt{\frac{4Bb'}{0.9pF_u}}=\sqrt{\frac{4\times14.9\times1.5}{0.9\times4.5\times58}}=0.6173\text{in}$$

由于是标准孔，孔径 $d'=3/4+1/16=13/16=0.813\text{in}$。

$$\delta=1-\frac{d'}{p}=1-0.813/4.5=0.8194$$

$$\alpha'=\frac{1}{\delta(1+\rho)}\left[\left(\frac{t_c}{t}\right)^2-1\right]=\frac{1}{0.8194\times1.8}\left[\left(\frac{0.6173}{0.625}\right)^2-1\right]=-0.0166$$

由于 $\alpha'<0$，故 $Q=1.0$。

（3）同时受剪受拉复核

剪应力设计值 $f_{rv}=3.73/0.442=8.439\text{ksi}$。

$$F'_{nt}=1.3F_{nt}-\frac{F_{nt}}{\phi F_{nv}}f_{rv}=1.3\times45-\frac{45}{0.75\times27}\times8.439=39.75\text{ ksi}<F_{nt}=45\text{ksi}$$

于是，考虑了剪力和撬力影响后的单个螺栓受拉承载力为：

$$Q\phi F'_{nt}A_b=1.0\times0.75\times39.75\times0.442=13.18\text{kips}>7.45\text{kips}$$

表明受拉满足要求。

$$\phi R_{nv}=0.75\times27\times0.442\times1=8.95\text{kips}>3.73\text{kips}$$

上式中，1 表示 1 个螺栓有 1 个剪切面。可见受剪满足要求。

【解析】注意到，AISC《钢结构手册》第 14 版的撬力模型稍有不同，p 按 45°扩散角得到，即 $p=2b$。据此计算，则会得到：$p=2b=3.75\text{in}$，$t_c=0.6762\text{in}$，$\delta=0.7833$，$\alpha'=0.1209$，$Q=0.9352$。求得的 Q 比按照 AISC《钢结构手册》第 15 版规定所得值小，表明偏于保守。

考虑了剪力和撬力影响后的单个螺栓受拉承载力 $Q\phi F'_{nt}A_b=12.32\text{kips}>7.45\text{kips}$，满足要求。

8.3 构件连接处的部件和连接件

本节所述，就是前两节提到的对基材的计算，适用于连接处构件上的部件和连接件，例如，连接钢板、节点板、角钢和隅撑等。

8.3.1 受拉承载力

构件连接处的部件和连接件受拉时，受拉承载力取屈服极限状态和拉断极限状态的较小者。

连接部件受拉毛截面屈服：

$$R_n = F_y A_g \tag{8-49a}$$
$$\phi_t = 0.9$$

连接部件净截面拉断：

$$R_n = F_u A_e \tag{8-49b}$$
$$\phi_t = 0.75$$

式中，A_e 为有效净截面面积，按照第 3 章确定。需要注意的是，当计算应力分布时采用了"Whitmore 截面"，则连接板的有效净截面面积可能会受到限制。

【解析】GB 50017—2017 的 12.2.1 条规定了节点板处板件的抗撕裂验算，12.2.2 条规定，该撕裂也可采用有效截面 $b_e t$ 验算，该截面就是 Whitmore R. E. 在 20 世纪 50 年代提出的"Whitmore 截面"（当时规定扩散角取 30°）。

8.3.2 受剪承载力

构件连接处的部件和连接件受剪时，其承载力取为剪切屈服极限状态和剪切断裂极限状态的较小者。

部件剪切屈服：

$$R_n = 0.60 F_y A_{gv} \tag{8-50a}$$
$$\phi_t = 1.0$$

部件剪切断裂：

$$R_n = 0.60 F_u A_{nv} \tag{8-50b}$$
$$\phi_t = 0.75$$

式中　A_{gv}——受剪毛截面面积；

　　　A_{nv}——受剪净截面面积。

8.3.3 块状撕裂承载力

块状撕裂承载力，按照一个或多个沿受力方向的受剪破坏路径和一个与拉力垂直的受拉破坏路径确定，公式为：

$$R_n = 0.6 F_u A_{nv} + U_{bs} F_u A_{nt} \leqslant 0.6 F_y A_{gv} + U_{bs} F_u A_{nt} \tag{8-51}$$
$$\phi = 0.75$$

式中　A_{nt}——受拉净截面面积；

　　　U_{bs}——系数，当拉应力为均匀分布时，$U_{bs}=1$，否则取 $U_{bs}=0.5$。

例如，如图 8-34 所示，在力的作用下，部件的阴影部分会被撕去而造成破坏，这就是块状撕裂。

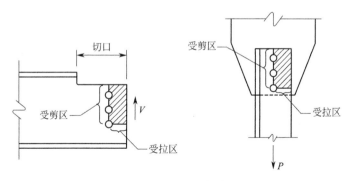

图 8-34 块状撕裂

8.3.4 受压承载力

为简化计算，AISC 360-16 规定，当 $L_c/r \leqslant 25$ 时，可取为 $P_n = F_y A_g$，同时取 $\phi = 0.90$，此时，所得结果比按照轴心受压构件计算时稍大。当 $L_c/r > 25$ 时，按受压构件计算。式中，L_c 为有效长度，取为侧向无支撑长度乘以有效长度系数。当节点板处于角部时，很难确定其有效长度，这时，若节点板厚度大于与其相连构件的厚度，可视为长细比小于等于 25 而不必考虑屈曲。

【例 8-12】 如图 8-35(a) 所示单板连接，螺栓为直径 3/4in 的 A490N，短槽孔垂直于受力方向。板厚 3/8in，为 ASTM A36 钢材，梁为 ASTM A992 等级 50 钢材（$F_u = 65$ksi）。梁截面为 W14×22，腹板厚度为 0.23in。要求：从螺栓群抗剪、块状撕裂以及孔壁承压 3 个方面确定梁端可抵抗的剪力设计值。

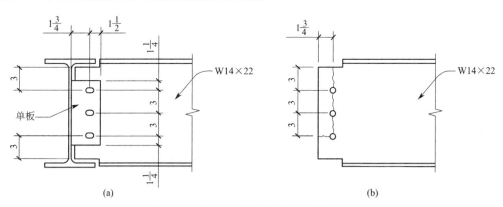

图 8-35 例 8-12 的图示（尺寸单位：in）

(a) 单板连接几何布置；(b) 梁腹板块状撕裂

解： AISC《钢结构手册》表 10-10a 为单板连接。今已知 $F_y = 36$ksi，螺栓直径 3/4in。螺栓数 $n = 3$，受剪板高度 $l - 1.25 + 3 + 3 + 1.25 = 8.5$in。螺栓 A490N 属于 B 组，螺纹类型为"N"，孔类型为"SSLT"（短槽孔垂直于受力方向），板厚度为 3/8in。综合以上信息在表 10-10a 中得到承载力为 55.6kips。

今对梁腹板抗撕裂的情况加以验算，破坏面如图 8-35(b) 所示。

$$A_{gv}=3\times3\times0.23=2.07in^2$$

$$A_{nv}=[3\times3-2.5\times(3/4+1/8)]\times0.23=1.57in^2$$

$$A_{nt}=[1.75-0.5\times(3/4+1/8)]\times0.23=0.302in^2$$

$$\phi R_n=\phi(0.6F_uA_{nv}+U_{bs}F_uA_{nt})=0.75\times(0.6\times65\times1.57+1.0\times65\times0.302)=60.6kips$$

$$\phi(0.6F_yA_{gv}+U_{bs}F_uA_{nt})=0.75\times(0.6\times50\times2.07+1.0\times65\times0.302)=61.3kips$$

因此，撕裂抗力设计值为 60.6kips。

从孔壁承压考查梁端受剪承载力。

最上 1 号孔与梁腹板上边缘的净距：$L_{c1}=3-0.5\times(3/4+1/8)=2.56in$。

2 号孔、3 号孔上方的净距：$L_{c2}=L_{c3}=3-(3/4+1/8)=2.12in$。

对于 1 号孔，孔壁承压承载力设计值：

$$\phi R_n=\phi1.2L_ctF_u=0.75\times1.2\times2.56\times0.23\times65=34.4kips$$

$$\phi2.4dtF_u=0.75\times2.4\times0.75\times0.23\times65=20.2kips$$

故取为 20.2kips。

对于 2 号孔和 3 号孔，孔壁承压承载力设计值：

$$\phi R_n=\phi1.2L_ctF_u=0.75\times1.2\times2.12\times0.23\times65=28.5kips$$

故取为 20.2kips。

在 3 个孔的连线上，共可以抵抗梁端剪力设计值 20.2×3=60.6kips。

综上可见，接头的抗剪承载力设计值为 55.6kips。

8.4　梁柱连接中翼缘和腹板受集中力作用

本节适用于单个集中力（或一对集中力）垂直于宽翼缘截面（或相似的组合截面）的翼缘作用。单个的集中力可以是拉力或压力。一对集中力为一拉一压形成力偶作用于受力构件的同侧。

8.4.1　柱翼缘受拉弯曲

在梁柱连接中，梁翼缘与柱翼缘以焊缝相连，如图 8-36 所示，受拉的柱翼缘可能在拉力作用下发生弯曲，为此，柱翼缘厚度不能太小。

基于屈服线理论得到的翼缘弯曲极限状态的集中受拉承载力标准值为：

$$R_n=6.25F_{yf}t_{fc}^2 \tag{8-52}$$

这里取 $\phi=0.9$。式中，F_{yf} 为柱翼缘的规定最小屈服应力；t_{fc} 为柱翼缘厚度。为此，柱翼缘厚度应满足下式要求：

$$t_{fc}\geqslant0.4\sqrt{\frac{P_{bf}}{\phi F_{yf}}} \tag{8-53}$$

式中，P_{bf} 为按照 LRFD 组合得到的拉力设计值，可按照梁端弯矩等效为力偶得到，即

$$P_{bf}=\frac{M}{d_b-t_{fb}} \tag{8-54}$$

式中　d_b——梁的截面总高度；

　　　t_{fb}——梁翼缘厚度。

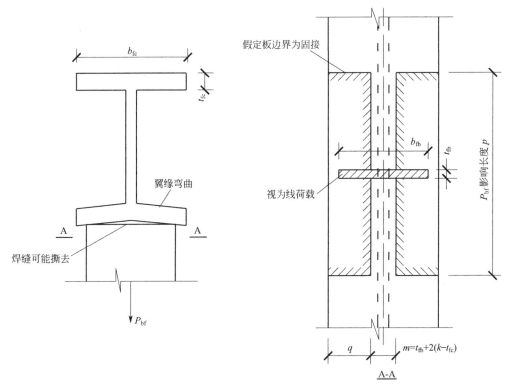

图 8-36　翼缘局部弯曲

如果图 8-36 中力的作用宽度 $b_{fb}<0.15b_{fc}$，则式(8-53) 不必验算，认为必然满足要求；如果集中力距离构件端部较小，即图中 $0.5p<10b_{fc}$，则式(8-53) 中的分母应乘以 50% 予以折减。

若不满足式(8-53) 的要求，则应设置一对横向加劲肋，位置与梁翼缘齐平。

8.4.2　梁腹板受压破坏

这部分内容，见本书 6.4 节"梁承受横向力的作用"。

8.4.3　柱腹板受压屈曲

如图 8-37 所示的梁柱连接，在图示的梁端弯矩作用下，下翼缘水平处的柱腹板受到一对集中压力的作用，可能发生腹板受压屈曲。

腹板受压屈曲极限状态的承载力标准值按下式计算，并取 $\phi=0.90$。

$$R_n=\left(\frac{24t_w^3\sqrt{EF_{yw}}}{h}\right)Q_f \qquad (8-55)$$

式中，Q_f 为系数，对宽翼缘截面取 $Q_f=1.0$，对其他截面，按 AISC 360 16 的表 K3.2 取值。

如果集中力距离构件端部小于 $d/2$，R_n 折减 50%。

当不满足要求时，可在腹板单侧或双侧设置横向加劲肋或补强板（取补强板宽度与腹

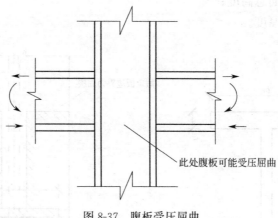

图 8-37　腹板受压屈曲

板相同）。

8.4.4　腹板核心区受剪

如图 8-38 所示的梁柱连接，沿 A-A 平面处腹板的剪力可能超过其抗剪承载力。为此，当满足下式要求时柱腹板才可不必加强：

$$\Sigma F_{\mathrm{u}} = \frac{M_{\mathrm{u}1}}{d_{\mathrm{m}1}} + \frac{M_{\mathrm{u}2}}{d_{\mathrm{m}2}} - V_{\mathrm{u}} \leqslant \phi R_{\mathrm{n}} \tag{8-56}$$

式中，$d_{\mathrm{m}1}$、$d_{\mathrm{m}2}$ 如图 8-38 所示，为弯矩等效为力偶时所取用的梁上下翼缘中面线之间的距离，可按照习惯（偏于安全）取为 0.95 倍梁高。

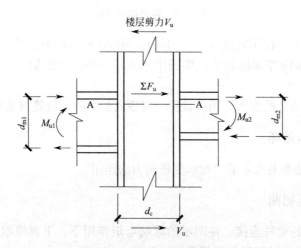

图 8-38　节点核心区的剪力

抗力标准值 R_{n} 按照以下规定取值，并取 $\phi = 0.90$。

（1）如果节点域仅考虑剪切屈服（即，不允许发生非弹性变形）

$P_{\mathrm{u}} \leqslant 0.4 P_{\mathrm{y}}$ 时

$$R_{\mathrm{n}} = 0.60 F_{\mathrm{y}} d_{\mathrm{c}} t_{\mathrm{w}} \tag{8-57a}$$

$P_u > 0.4P_y$ 时

$$R_n = 0.60F_y d_c t_w \left(1.4 - \frac{P_u}{P_y}\right) \tag{8-57b}$$

（2）允许发生非弹性变形

考虑到节点域在发生弹塑性变形之后仍具有很大的耗能能力，因此，抗力还可提高，但由此会影响框架结构整体的刚度，二阶效应也会变大，在分析中应注意考虑这种不利影响。非弹性变形导致的这种抗剪承载力提高已经在高烈度地震区房屋设计中经常采用。此时，抗力标准值 R_n 为：

当 $P_u \leqslant 0.75P_y$ 时

$$R_n = 0.60F_y d_c t_w \left(1 + \frac{3b_{cf} t_{cf}^2}{d_b d_c t_w}\right) \tag{8-58a}$$

当 $P_u > 0.75P_y$ 时

$$R_n = 0.60F_y d_c t_w \left(1 + \frac{3b_{cf} t_{cf}^2}{d_b d_c t_w}\right)\left(1.9 - \frac{1.2P_r}{P_y}\right) \tag{8-58b}$$

式中　P_y——柱轴向屈服承载力，$P_y = A_g F_y$；

　　　d——截面的高度，下角标 c、b 分别表示柱、梁；

　b_{cf}、t_{cf}——分别为柱翼缘的宽度和厚度。

如果不满足此要求，应在刚性连接边界内设置加强板或一对斜加劲肋。

8.4.5　未与其他构件连接的梁端

若梁端未与其他构件相连，当绕梁纵轴的扭转未受到约束时，应沿腹板全高设置一对横向加劲肋。

8.4.6　加劲肋受集中力作用时的附加要求

如果利用加劲肋承受拉力集中荷载，则加劲肋应按照本书 8.3 节中的受拉要求进行设计，且应与受荷翼缘及腹板焊接。加劲肋与翼缘焊接的焊缝尺寸应根据其效应与承载力的差值确定。加劲肋与腹板焊接的焊缝尺寸应保证将加劲肋两端的拉力荷载的代数差传至腹板。

如果利用加劲肋抵抗压力集中荷载，则加劲肋应按照本书 8.3 节中的受压要求进行设计，且应直接支承在或焊接在受荷翼缘上并与腹板焊接。与翼缘焊接的焊缝尺寸应根据效应和极限状态下承载力的差值确定。加劲肋与腹板的焊缝尺寸应保证将加劲肋两端的压力荷载的代数差传至腹板。对于顶紧的支承加劲肋，应符合端面承压的规定。

当梁的翼缘承受压力作用时，应根据本书 4.5 节和本书 8.3 节的要求，沿梁腹板的全高设置横向承压加劲肋，加劲肋应按轴向受压构件（柱构件）进行设计。该构件的有效长度可取为 $0.75h$，计算加劲肋的截面特性时，对设在构件中部的加劲肋，取两个加劲肋及宽度为 $25t_w$ 的腹板组成的面积；对设在构件端部的加劲肋，取两个加劲肋及宽度为 $12t_w$ 的腹板组成的面积。沿腹板全高设置的承压加劲肋，其连接焊缝尺寸应保证每个加劲肋将压力差值传至腹板。

柱子的横向和斜加劲肋应满足以下附加要求：

（1）每块加劲肋的宽度加上柱腹板厚度的一半，应不小于柱翼缘宽度（或传递集中力的承弯连接板的宽度）的 1/3。

（2）加劲肋的厚度应不小于柱翼缘厚度（或传递集中荷载的承弯连接板的厚度）的一半，且不小于其宽度的 1/16。

（3）横向加劲肋的长度应不小于构件截面高度的 1/2，规范有具体要求者除外。

8.4.7 补强板（doubler plate）受集中力作用时的附加要求

补强板受拉、受压、受剪应按相应章节计算承载力。补强板还应符合以下附加要求：

（1）补强板的厚度和延伸尺寸应大于等于承载力需求。

（2）补强板应与构件焊接，以便力传递到补强板。

8.4.8 横向力作用于板单元

当力横向作用于板面时，可按本书 8.3 节确定受剪和受弯极限状态。受弯承载力可基于屈服线理论；受剪承载力基于冲切模型确定。详见 AISC《钢结构手册》第 9 部分。

参考文献

［1］American Institute of Steel Construction（AISC）. Specification for structural steel buildings：ANSI/AISC 360-16［S］. Chicago：AISC，2016.

［2］American Welding Society（AWS）. Structural welding code－steel：AWS D1. 1/D1. 1M：2020［S］. 24th ed. Miami：AWS，2020.

［3］Research Council on Structural Connections（RCSC）. Specification for structural joints using high-strength bolts［S］. Chicago：RCSC，2014.

［4］American Institute of Steel Construction（AISC）. Steel construction manual［M］. 15th ed. Chicago：AISC，2017.

［5］中华人民共和国住房和城乡建设部. 钢结构设计标准：GB 50017—2017［S］. 北京：中国建筑工业出版社，2018.

［6］European Committee for Standardization（CEN）. Eurocode 3：Design of steel structures：Part 1-8：Design of joints：EN 1993-1-8：2005［S］. Brussels：CEN，2009.

［7］陈绍蕃，顾强. 钢结构基础［M］. 3 版. 北京：中国建筑工业出版社，2014.

［8］魏明钟. 钢结构［M］. 武汉：武汉理工大学出版社，2001.

［9］AGHAYERE A，VIGIL J. Structural steel design［M］. 3rd ed. Boston：Mercury Learning and Information，2020.

［10］SALMON C G，JOHNSON J E，MALHAS F A. Steel structures design and behavior［M］. 5th ed. New Jersey：Pearson Prentice Hall，2009.

［11］American Institute of Steel Construction（AISC）. Design examples：Companion to the AISC steel construction manual［M］. Chicago：AISC，2017.

［12］KULAK G. High strength bolts：A primer for structural engineers［M］. Chicago：AISC，2002.

［13］中华人民共和国住房和城乡建设部. 高强度螺栓连接技术规程：JGJ 82—2011［S］. 北京：中国建筑工业出版社，2011.

第 **9** 章
钢与混凝土组合梁

AISC 360-16 规定，当钢混组合梁中的钢梁腹板等级属于"厚实"时，钢混组合梁按照截面达到完全塑性进行设计，但关于受弯承载力的计算并未给出具体公式。钢混组合梁的挠度按照组合截面的"惯性矩下限"求出。

必须指出，尽管美国混凝土学会编写的《混凝土结构设计规范》ACI 318 中也有钢混组合构件的内容，但 AISC 360-16 的条文说明指出，由于未能反映近些年研究发现的组合性能的优势，ACI 318 的部分条文不适用。另外，鉴于 AISC 360-16 中关于钢混组合梁的规定十分有限，本章在第 3 节介绍了欧洲规范《钢与混凝土组合结构设计》中的钢混组合梁设计规定。

9.1 钢与混凝土组合梁的受力机理

9.1.1 抗剪连接件的作用

钢与混凝土组合梁的提出是基于"钢材抗拉强度高且混凝土的抗压强度较高"这一现实。但是，仅仅将混凝土板放置于钢梁之上二者将各自独立变形，如图 9-1（a）所示，表明二者未组合成一个整体。必须在二者之间设置抗剪连接件时，才能使二者共同发挥作用，如图 9-1（b）所示。AISC 360-16 规定，抗剪连接件可以是焊钉或槽钢[1]，如图 9-2所示。

(a)　　　　　　　　　　　　　(b)

图 9-1　有无组合作用时梁变形比较

（a）非组合梁；（b）组合梁

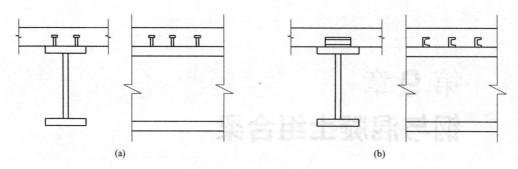

图 9-2　抗剪连接件

（a）焊钉；（b）槽钢

9.1.2　混凝土板有效宽度与厚度

对于钢与混凝土组合梁而言，由于"剪力滞"效应，混凝土板所受的应力不均匀，呈现距离钢梁越远应力越小的趋势，如图 9-3 所示。因此，需要取钢梁附近一个有限范围视为应力均匀分布，这就是"有效宽度"，记作 b_{eff}。

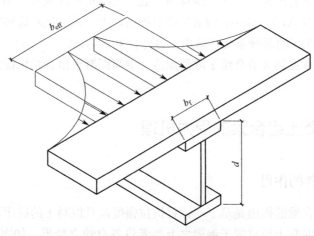

图 9-3　有效宽度的概念

AISC 360-16 规定，b_{eff} 取为钢梁中心线每侧有效宽度之和，每侧有效宽度应不超过：

（1）梁跨度的 1/8，跨度取为支座中心线之间的距离；

（2）相邻梁中心线距离的 1/2；

（3）至板边缘的距离。

b_{eff} 如图 9-4 所示。

当采用压型钢板时，考虑到板肋的影响，混凝土板的有效厚度会减小。当板肋垂直于梁时，板肋部分的混凝土被忽略，如图 9-5（a）所示；当板肋平行于梁时，分析时可将板肋下的混凝土计入，有效厚度通常取为平均厚度，如图 9-5（b）所示。

9.1.3　承载能力极限状态的分析方法

施工期间，若未设置临时支撑，在混凝土板达到 75％设计强度前钢梁将独自承受所

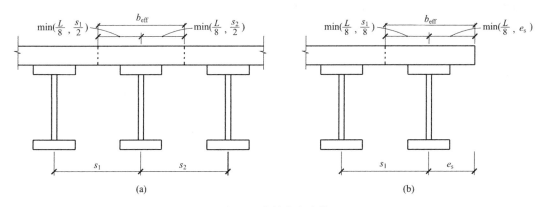

图 9-4　有效宽度取值

（a）中间梁；（b）边梁

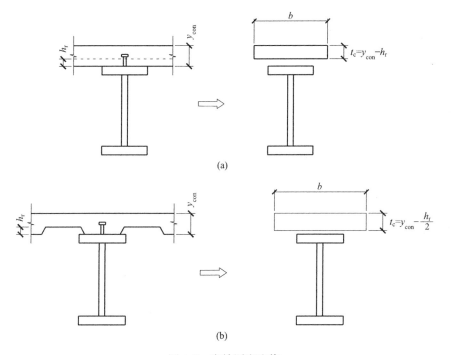

图 9-5　有效厚度取值

（a）板肋垂直于梁；（b）板肋平行于梁

施加的所有荷载，包括：混凝土板的自重、钢梁自重以及施工荷载。依据《施工阶段建筑物上的设计荷载》ASCE/SEI 37-14 的表 4-4，作业面上的施工荷载分为极轻、轻、中等、重四个等级，以 kN/m^3 为单位，分别取 0.96、1.20、2.40、3.59[2]。施工荷载视为活荷载，依据 ASCE/SEI 7 进行荷载组合[3]。在此阶段，钢梁的受弯承载力（抗力）按照第 5 章所述方法计算。

混凝土板达到规定的强度后拆除支撑，此后混凝土板与钢梁形成组合梁共同受力。通常，按照截面达到完全塑性进行设计。

当组合梁承受正弯矩时，受弯承载力的计算简图如图 9-6 所示。图 9-6（b）为塑性中和轴在混凝土板内；图 9-6(c) 为塑性中和轴在钢梁内。

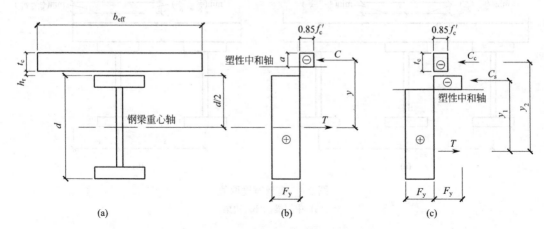

图 9-6　组合梁承受正弯矩时的计算简图

【解析】图 9-6 中，混凝土板受力依据《混凝土结构设计规范》ACI 318 取为等效矩形应力块（称作"Whitney 应力块"），矩形块的应力取为 $0.85f'_c$（见 ACI 318-19 的 22.2.2.4.1 条[4]），其中，f'_c 为规定的混凝土受压强度，按照圆柱体标准试件得到。在我国，此时矩形块的应力取为 $\alpha_1 f_c$，当混凝土强度等级≤C50 时，$\alpha_1=1.0$，f_c 为混凝土受压强度，按照棱柱体标准试件得到。

9.1.4　正常使用极限状态的分析方法

1. 外荷载引起的挠度

钢与混凝土组合梁施工阶段是否设置支撑，会影响到组合梁的挠度计算。

施工阶段，在梁下设置支撑，可以保证混凝土板和钢梁之间产生组合作用之前，荷载由支撑承担。一旦撤去支撑，则混凝土板和钢梁以组合梁的形式抵抗外荷载；若未设置支撑，则可以分为两个阶段：第一阶段，混凝土板作为外荷载（永久荷载）由钢梁承受，钢梁产生挠度；第二阶段，混凝土板和钢梁以组合梁的形式承受额外增加的永久荷载和可变荷载。

施工阶段无支撑时，总的挠度可按下式确定[5]：

$$\Delta_{TL}=\Delta_{CDL}+\Delta_{SDL}+\Delta_{LL} \tag{9-1}$$

式中　Δ_{CDL}——施工阶段永久荷载引起的挠度（可减去起拱）；

　　　Δ_{SDL}——叠加的永久荷载引起的挠度；

　　　Δ_{LL}——可变荷载引起的挠度。

钢梁产生的挠度可按照材料力学方法求得。

钢与混凝土组合梁由于包含两种材料，需要换算为同一种材料方可计算。通常的做法是将混凝土换算成钢材，这时，板的宽度由 b_{eff} 变为 b_{eff}/n，$n=E_s/E_c$，n 称作弹性模量比，E_s、E_c 分别为混凝土和钢材的弹性模量。

当为完全组合梁时，以换算之后的尺寸求得截面的惯性矩，一般记作 I_{tr}。

对于部分组合梁，则应根据"组合度"求得所谓的"等效惯性矩"，公式为：

$$I_{equiv} = I_s + \sqrt{\frac{\sum Q_n}{C_f}} (I_{tr} - I_s) \tag{9-2}$$

式中　I_s——钢梁绕组合梁弹性中和轴的惯性矩；

　　　I_{tr}——完全组合截面的惯性矩；

　　　C_f——混凝土板中的压力，取为 $0.85 f'_c t_c b_{eff}$ 和 $A_s F_y$ 的较小者，且 $\sum Q_n / C_f \geqslant 0.25$；

　　　$\sum Q_n$——从最大负弯矩处到一侧弯矩为零处范围内布置的焊钉的受剪承载力标准值之和，单个焊钉的受剪承载力标准值 Q_n 见式(9-7)。

　　式(9-2)中的 $\sum Q_n / C_f$ 代表截面的"组合度"。组合度一般不应小于 50%，以保证抗剪连接破坏时的延性。当组合度低于 25% 时，由于混凝土板和钢梁的接触面会产生过大的相对滑移，组合作用被忽略。

　　需要说明的是，混凝土板由于有徐变、收缩的特点，会导致钢与混凝土组合梁的挠度随时间增长而变大。曾经，规范规定取 $0.75 I_{equiv}$ 用于计算挠度，但 2016 版规范指出，该做法已被移除，而应采用惯性矩下界 I_{LB}。I_{LB} 是仅考虑等效混凝土面积 $\sum Q_n / F_y$ 和钢梁所组成截面的弹性惯性矩，其计算模型如图 9-7 所示。规范条文说明给出的 I_{LB} 计算式为：

$$I_{LB} = I_s + A_s (Y_{ENA} - d_3)^2 + (\sum Q_n / F_y)(2 d_3 + d_1 - Y_{ENA})^2 \tag{9-3}$$

$$Y_{ENA} = \frac{A_s d_3 + (\sum Q_n / F_y)(2 d_3 + d_1)}{A_s + \sum Q_n / F_y} \tag{9-4}$$

式中　A_s——钢梁横截面面积；

　　　d_1——混凝土压力合力点至钢梁上缘的距离；

　　　d_3——钢梁全截面屈服拉力合力点至钢梁上缘的距离。

　　I_{LB} 也可直接查 AISC《钢结构手册》(第 15 版) 表 3-20 得到[6]。

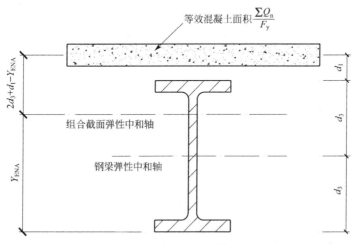

图 9-7　确定 I_{LB} 的模型

2. 挠度限值

　　钢与混凝土组合梁通常用作楼面构件，依据《国际建筑规范》(2018 版) 表 1604.3，仅可变荷载时挠度限值为 $L/360$，全部荷载时挠度限值为 $L/240$[7]。写成公式形式为：

$$\Delta_{LL} \leqslant L/360 \tag{9-5}$$

$$\Delta_{TL} \leqslant L/240 \tag{9-6}$$

依据 AISC 设计指南 3《钢房屋正常使用设计要点》第 24 页，对于楼面构件，恒荷载引起的挠度限值为 $L/360$ 和 1in，若超出可设置起拱；可变荷载时的挠度限值为 $L/360$，且将活荷载取为 50% 后挠度限值为 1in[8]。

【解析】 对于梁，AISC《钢结构手册》给出的最大竖向挠度计算公式为：

$$\Delta = \frac{ML^2}{C_1 I_x}$$

式中　C_1——荷载常数，按照图 9-8 取值，该值已经考虑了相应荷载类型的常数、弹性模量 E 以及英尺转换为英寸的换算；

　　　I_x——截面惯性矩，in^4；

　　　L——跨度，ft；

　　　M——正常使用最大弯矩，kip-ft。

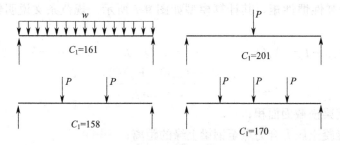

图 9-8　确定简支梁挠度的荷载常数

图中给出的 C_1 值看起来比较奇怪，这是因为其计入了 E，同时包含了英尺转换为英寸的换算。今对简支梁承受均布荷载时取 $C_1=161$ 解释如下：

假设 $M=1$kip-ft，$L=1$ft，$I_x=1$in^4，对于简支梁承受均布荷载，按照材料力学知识，跨中挠度为 $\frac{5ML^2}{48EI_x}$，于是应有

$$\frac{5 \times 12 \times 12^2}{48 \times 29000 I_x} = \frac{1 \times 1^2}{C_1 \times I_x}$$

上式左侧为按照英寸、千磅得到的挠度，右侧为按照 AISC 手册中单位得到的挠度。可以解出

$$C_1 = \frac{48 \times 29000}{5 \times 12 \times 12^2} = 161.1$$

9.2　钢与混凝土组合梁设计

9.2.1　抗剪连接件的承载力

单个抗剪连接件的承载力标准值为：

$$Q_n = 0.5 A_{sa} \sqrt{f'_c E_c} \leqslant R_g R_p A_{sa} F_u \tag{9-7}$$

式中　A_{sa}——焊钉的截面面积；

　　　E_c——混凝土的弹性模量，当混凝土强度 f'_c 和混凝土密度 w_c 分别以 ksi、pcf 为

　　　　　　单位时，$E_c = w_c^{1.5} \sqrt{f'_c}$，当 f'_c 和 w_c 分别以 MPa、kg/m³ 为单位时，

　　　　　　$E_c = 0.043 w_c^{1.5} \sqrt{f'_c}$；

　　　R_g——采用压型钢板时的折减系数，取值见表 9-1；

　　　R_p——采用压型钢板时的折减系数，取值见表 9-1；

　　　F_u——焊钉的最小抗拉强度。

R_g 和 R_p 的取值　　　　　　　　　　　　　　　　表 9-1

状况	条件	R_g	R_p
无压型钢板		1.0	0.75
压型钢板肋平行于钢梁	$\dfrac{w_r}{h_r} \geqslant 1.5$	1.0	0.75
	$\dfrac{w_r}{h_r} < 1.5$	0.85[①]	0.75
压型钢板肋垂直于钢梁	同一肋中 1 个焊钉	1.0	0.6[②]
	同一肋中 2 个焊钉	0.85	0.6[②]
	同一肋中 3 个及以上焊钉	0.7	0.6[②]

注：w_r 为压型钢板肋平均宽度；h_r 为压型钢板肋高度。

①适用于单个焊钉；

②当 $e_{\text{mid-ht}} \geqslant 50\text{mm}$ 时，该值可增至 0.75。$e_{\text{mid-ht}}$ 含义见图 9-9。

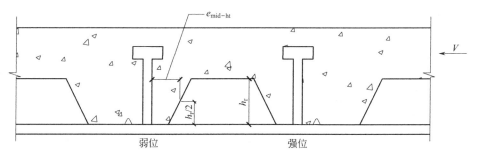

图 9-9　焊钉的"弱位"和"强位"

图 9-9 中所谓的"强位"是指，压型钢板底板通常设置有一个加劲肋，因此，焊钉必然偏离中心位置，当焊钉位于剪力流传来的方向这一侧，称作"强位"，反之称作"弱位"。仅重力荷载时组合梁内焊钉位置处的剪力流如图 9-10 所示。当焊钉位于弱位时，抗剪承载力降低大约 $25\% \sim 33\%$[5]。不过，施工人员可能不清楚哪个位置是强位，哪个是弱位，式(9-7)确定的抗剪承载力是按照弱位给出的（见 AISC 360-16 条文说明）。

9.2.2　完全组合梁与部分组合梁

前已述及，混凝土板与钢梁交界面处的水平向剪应力由抗剪连接件抵抗。如图 9-6 所

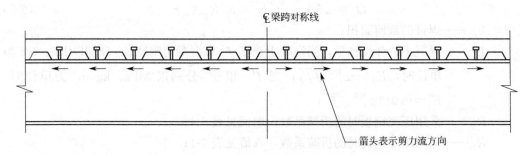

图 9-10　仅重力荷载时的剪力流

示，该剪力将由以下三者的最小者控制，即：

$$V' = \min(0.85 f'_c t_c b_{\text{eff}}, A_s F_y, \Sigma Q_n)$$

显然，若抗剪连接件设置得足够多，则 $V' \neq \Sigma Q_n$，这时称作"完全组合"（fully composite），反之，若 $V' = \Sigma Q_n$，剪力由抗剪连接件控制，则称作"部分组合"（partial composite）。抗剪连接件不足会降低组合梁的受弯承载力。

9.2.3　钢与混凝土组合梁承受正弯矩时的承载力

利用销钉或槽钢作为抗剪连接件的组合梁，受弯承载力设计值为 $\phi_b M_n$，取 $\phi_b = 0.9$。

承受正弯矩时，依据腹板高厚比（也可称作"长细比"）的不同，确定 M_n 的方法分为两类：

当 $h/t_w \leqslant 3.76\sqrt{\dfrac{E}{F_y}}$ 时，按截面上应力为塑性分布确定 M_n。

当 $h/t_w > 3.76\sqrt{\dfrac{E}{F_y}}$ 时，考虑支撑情况，按弹性应力叠加原理，以边缘屈服极限状态确定 M_n。

当截面上应力为塑性分布时，可能有两种情况发生：塑性中和轴在混凝土板内，如图 9-6(b) 所示；塑性中和轴在钢梁内，如图 9-6(c) 所示。其计算原理，总体上与我国 GB 50017 相同。现分别介绍如下。

1. 塑性中和轴在混凝土板内

当 $0.85 f'_c t_c b_{\text{eff}} \geqslant A_s F_y$ 时，塑性中和轴在混凝土板内。这时，依据截面上水平力的平衡，可得受压区高度为：

$$a = \frac{A_s F_y}{0.85 f'_c b_{\text{eff}}} \tag{9-8}$$

假定钢梁为双轴对称的工字形截面，则可得受弯承载力标准值为：

$$M_n = A_s F_y \left(\frac{d}{2} + h_r + t_c - \frac{a}{2} \right) \tag{9-9}$$

2. 塑性中和轴在钢梁内

当 $0.85 f'_c t_c b_{\text{eff}} < A_s F_y$ 时，塑性中和轴在钢梁内。这时，钢梁部分受压部分受拉，如图 9-11 所示。依据截面上水平力的平衡，可求得钢梁受压部分的面积为：

$$A_{sc} = \frac{F_y A_s - 0.85 f'_c t_c b_{\text{eff}}}{F_y} \tag{9-10}$$

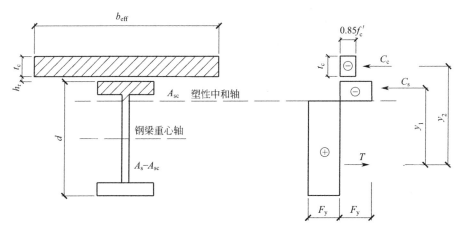

图 9-11　组合梁承受正弯矩且塑性中和轴在钢梁内

于是，可分别求出 A_c 和（$A_s - A_{sc}$）范围（注意，二者形状均为 T 形）的形心轴位置，从而得到 C_s 和 T 之间的距离 y_1。根据合力 C_c 的位置（在距离板顶 $t_c/2$ 处）和（$A_s - A_{sc}$）范围的形心确定出 C_c 和 T 之间的距离 y_2。最终，受弯承载力标准值为：

$$M_n = A_{sc} F_y y_1 + 0.85 f_c' t_c b_{eff} y_2 \tag{9-11}$$

以上为完全组合梁的计算过程。

对于部分组合梁，由于 $\sum Q_n < A_s F_y$，因此，钢梁截面必然部分受压，塑性中和轴在钢梁内。当塑性中和轴在翼缘内时，如图 9-12 所示，注意 $C_c = \sum Q_n$，则混凝土板的受压区高度为：

$$a = \frac{\sum Q_n}{0.85 f_c' b_{eff}} \tag{9-12}$$

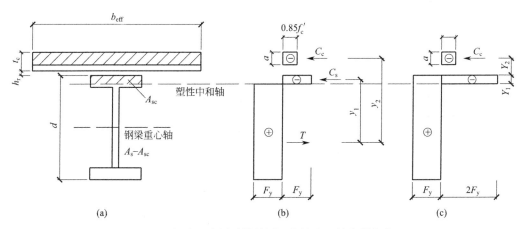

图 9-12　部分组合梁计算简图（塑性中和轴在翼缘内）

依据截面上水平力的平衡，可求得钢梁受压部分的面积为：

$$A_{\mathrm{sc}} = \frac{F_{\mathrm{y}}A_{\mathrm{s}} - 0.85f'_{\mathrm{c}}ab_{\mathrm{eff}}}{2F_{\mathrm{y}}} = \frac{F_{\mathrm{y}}A_{\mathrm{s}} - \sum Q_{\mathrm{n}}}{2F_{\mathrm{y}}} \tag{9-13}$$

最终，对拉力 T 合力点取矩，可得组合梁的截面受弯承载力标准值为：

$$M_{\mathrm{n}} = \sum Q_{\mathrm{n}}y_2 + C_{\mathrm{s}}y_1 \tag{9-14}$$

$$C_{\mathrm{s}} = 0.5(F_{\mathrm{y}}A_{\mathrm{s}} - \sum Q_{\mathrm{n}}) \tag{9-15}$$

实际计算中，式(9-14) 中的 y_1、y_2 计算比较烦琐，因此，可将应力分布等效为图 9-12(c)，这样，对塑性中和轴取矩，得到

$$M_{\mathrm{n}} = \sum Q_{\mathrm{n}}(Y_1 + Y_2) + 2F_{\mathrm{y}}A_{\mathrm{sc}}Y_1/2 + F_{\mathrm{y}}A_{\mathrm{s}}(d/2 - Y_1) \tag{9-16}$$

若塑性中和轴在腹板内，可将 C_{s} 拆分为两部分：翼缘部分的合力 C_{f} 和腹板部分的合力 C_{w}，仍将塑性中和轴至钢梁上翼缘的距离记作 Y_1，则得到

$$M_{\mathrm{n}} = \sum Q_{\mathrm{n}}(Y_1 + Y_2) + 2F_{\mathrm{y}}b_{\mathrm{f}}t_{\mathrm{f}}(Y_1 - t_{\mathrm{f}}/2) + 2F_{\mathrm{y}}t_{\mathrm{w}}(Y_1 - t_{\mathrm{f}})^2/2 + F_{\mathrm{y}}A_{\mathrm{s}}(d/2 - Y_1) \tag{9-17}$$

9.2.4 钢与混凝土组合梁承受负弯矩时的承载力

承受负弯矩时，可只考虑钢梁截面确定受弯承载力。

当满足以下条件时，也可按照塑性应力分布计算，极限状态为塑性铰弯矩。

(1) 钢梁板件属于厚实，且有足够的支撑；

(2) 焊钉或槽钢连接件在负弯矩区；

(3) 混凝土板有效宽度内设置有平行于钢梁的钢筋。

承受负弯矩时塑性应力分布的计算简图如图 9-13(b) 所示。图中，拉力 T 由混凝土板内的钢筋或抗剪连接件提供，即，取以下二者的较小者：

$$T = F_{\mathrm{yr}}A_{\mathrm{r}} \tag{9-18}$$

$$T = \sum Q_{\mathrm{n}} \tag{9-19}$$

式中 F_{yr}——板内钢筋的屈服强度；

A_{r}——有效宽度范围内的与钢梁平行的受力钢筋截面面积。

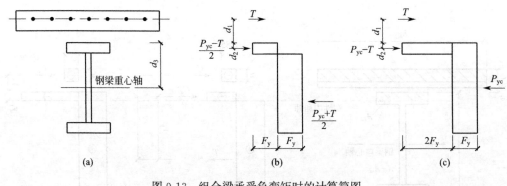

图 9-13 组合梁承受负弯矩时的计算简图

(a) 梁横截面；(b) 应力分布；(c) 等效后的应力分布

将图 9-13(b) 的应力分布等效为图 9-13(c)，从而可得受弯承载力标准值为：

$$M_{\mathrm{n}} = T(d_1 + d_2) + P_{\mathrm{yc}}(d_3 - d_2) \tag{9-20}$$

式中 P_{yc}——钢梁截面的受压承载力，$P_{\mathrm{yc}} = A_{\mathrm{s}}F_{\mathrm{y}}$；

d_1——板内钢筋合力点至钢梁上缘的距离；

d_2——钢梁截面的拉力作用点至钢梁上缘的距离；

d_3——P_{yc} 的合力作用点至钢梁上缘的距离。

以上过程，取 $T = \min(F_{yr}A_r, \sum Q_n) = F_{yr}A_r$ 计算时为完全组合梁；取 $T = \min(F_{yr}A_r, \sum Q_n) = \sum Q_n$ 计算时为部分组合梁。

【解析】图 9-13(b) 是 AISC 360-16 条文说明中给出的计算简图，由此图确定 M_n 并不方便。将截面的压力范围扩大至整个钢梁截面，同时，将钢梁受压部分增大同样的数值，得到与图 (b) 等效的图 (c)，然后对钢梁压应力合力点处取矩得到 M_n，更为快捷。另外注意，钢梁全截面达到受压（拉）屈服时其合力点为钢梁的重心轴（仅在双轴对称截面时才同时为截面的面积平分轴）。

【例 9-1】某组合梁截面尺寸如图 9-14 所示，假定为完全组合梁，承受正弯矩，且 $f'_c = 3.5\text{ksi}$，$F_y = 50\text{ksi}$。要求：确定受弯承载力设计值。

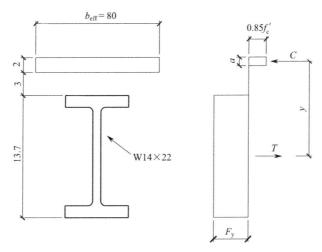

图 9-14　例 9-1 计算简图（尺寸单位：in）

解：查 AISC《钢结构手册》表 1-1，可得 W14×22 的截面高度为 13.7in，截面面积为 6.49in^2。

由于是完全组合梁，因此，混凝土板内的压力为 $\min(0.85f'_c A_c, F_y A_s)$。

$$0.85f'_c A_c = 0.85 \times 3.5 \times 80 \times 2 = 476\text{kips}$$

$$F_y A_s = 50 \times 6.49 = 324.5\text{kips}$$

由于 $F_y A_s > 0.85f'_c A_c$，因此，中和轴在混凝土板内。混凝土板受压区高度为：

$$a = \frac{A_s F_y}{0.85f'_c b_{eff}} = \frac{324.5}{0.85 \times 3.5 \times 80} = 1.36\text{in}$$

受压区合力点与受拉区合力点之距（力臂）为：

$$y = 13.7/2 + 2 + 3 - 1.36/2 = 11.17\text{in}$$

受弯承载力设计值为：

$$\phi_b M_n = \phi_b T y = 0.9 \times 324.5 \times 11.17 = 3262 \text{in-kips} = 272 \text{ft-kips}$$

【例 9-2】某组合梁截面,其纵断面如图 9-15 所示,横截面计算简图如图 9-14 所示。假定,混凝土密度 $w_c = 145 \text{pcf}$,$f'_c = 3.5 \text{ksi}$,$F_y = 50 \text{ksi}$。弯矩最大点至弯矩为零点范围内布置了 8 个 3/4in ASTM A29 焊钉($F_u = 65 \text{ksi}$),且焊钉布置在"强位"。要求:(1) 确定惯性矩下限 I_{LB};(2) 确定该组合梁的受弯承载力设计值。

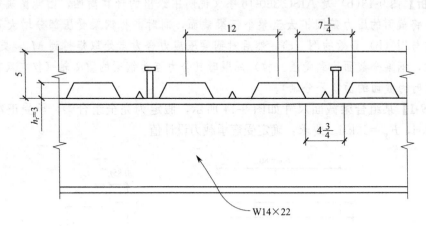

图 9-15 例 9-2 的组合梁纵断面(尺寸单位:in)

解:(1) 确定组合度

抗剪连接件受到的剪力,应取以下三者的最小者:$0.85 f'_c A_c$、$F_y A_s$、ΣQ_n。

$$0.85 f'_c A_c = 0.85 \times 3.5 \times (5-3) \times 80 = 476 \text{kips}$$

$$F_y A_s = 50 \times 6.49 = 324.5 \text{kips}$$

肋垂直于梁,肋中一个焊钉,因此,$R_g = 1.0$,$R_p = 0.75$。

$$A_{sa} = \frac{\pi d_{sa}^2}{4} = \frac{3.14 \times 0.75^2}{4} = 0.442 \text{in}^2$$

$$E_c = w_c^{1.5} \sqrt{f'_c} = 145^{1.5} \sqrt{3.5} = 3267 \text{ksi}$$

$$Q_n = 0.5 A_{sa} \sqrt{f'_c E_c} = 0.5 \times 0.442 \times \sqrt{3.5 \times 3267} = 23.6 \text{kips}$$

$$R_g R_p A_{sa} F_u = 1.0 \times 0.75 \times 0.442 \times 65 = 21.5 \text{kips}$$

因此,取 $Q_n = 21.5 \text{kips}$。$\Sigma Q_n = 8 \times 21.5 = 172 \text{kips}$。

综上,$0.85 f'_c A_c$、$F_y A_s$、ΣQ_n 三者的最小者是 172kips,由焊钉抗剪控制,属于部分组合。

组合度:

$$\frac{\Sigma Q_n}{C_f} = \frac{172}{324.5} = 0.53$$

(2) 确定惯性矩下限 I_{LB}

参照图 9-7 进行计算。

$$a = \frac{\sum Q_n}{0.85 f_c' b_{eff}} = \frac{172}{0.85 \times 3.5 \times 80} = 0.723 \text{in}$$

$$d_1 = 5 - 0.723/2 = 4.639 \text{in}$$

$$d_3 = 13.7/2 = 6.85 \text{in}$$

$$Y_{ENA} = \frac{A_s d_3 + (\sum Q_n/F_y)(2d_3 + d_1)}{A_s + \sum Q_n/F_y}$$

$$= \frac{6.49 \times 6.85 + 172/50 \times (2 \times 6.85 + 4.639)}{6.49 + 172/50}$$

$$= 107.54 \text{in}$$

查 AISC《钢结构手册》表 1-1，可得 W14×22 的惯性矩 $I_x = 199 \text{in}^4$。

$$I_{LB} = I_s + A_s(Y_{ENA} - d_3)^2 + (\sum Q_n/F_y)(2d_3 + d_1 - Y_{ENA})^2$$

$$= 199 + 6.49 \times (107.54 - 6.85)^2 + 172/50 \times (2 \times 6.85 + 4.639 - 107.54)^2$$

$$= 65691 \text{in}^4$$

（3）确定受弯承载力设计值

前面已求得受压区高度 $a = 0.723 \text{in}$。

钢梁受压部分的面积为：

$$A_{sc} = \frac{F_y A_s - 0.85 f_c' a b_{eff}}{2 F_y} = \frac{50 \times 6.49 - 172}{2 \times 50} = 1.525 \text{in}^2$$

W14×22 的翼缘宽度为 $b_f = 5 \text{in}^2$，$1.525/5 = 0.305 \text{in} < t_f = 0.335 \text{in}$，因此，中和轴在翼缘内。

结合图 9-12，$Y_1 = 0.305 \text{in}$，$Y_2 = 2 + 3 - 0.723/2 = 4.64 \text{in}$。

$$M_n = \sum Q_n(Y_1 + Y_2) + 2F_y A_{sc} Y_1/2 + F_y A_s(d/2 - Y_1)$$

$$= 172 \times (0.305 + 4.64) + 2 \times 50 \times 1.525 \times 0.305/2 + 50 \times 6.49 \times (13.7/2 - 0.305)$$

$$= 2997.6 \text{kip-in}$$

$$\phi_b M_n = 0.9 \times 2997.6 = 2698 \text{kip-in} = 225 \text{kip-ft}$$

9.2.5　利用 AISC《钢结构手册》进行计算

以上钢与混凝土组合梁的计算是很烦琐的，为此，AISC 编制了计算表格以方便进行设计与复核。在《钢结构设计手册》表 3-19、表 3-20 均用到的 Y_1、Y_2 见图 9-16。这里，将组合截面塑性中和轴（PNA）假定为 7 个可能的位置：位置 1 为钢梁翼缘顶（TFL），位置 5 为钢梁翼缘底（BFL），整个翼缘厚度被等分为 4 份。位置 7 代表 25% 组合作用（对应于 $\sum Q_n = 0.25 F_y A_s$）。Y_1 为钢梁翼缘顶至组合截面塑性中和轴的距离。Y_2 为混凝土板压力合力点至钢梁翼缘顶的距离。

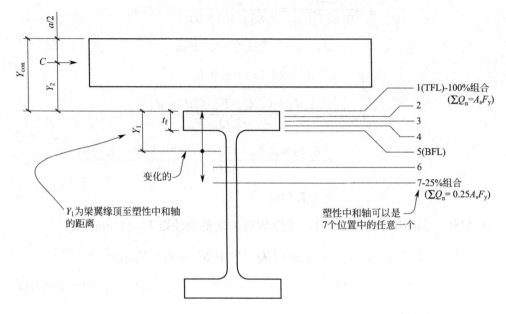

图 9-16 AISC 设计手册采用的钢与混凝土组合梁尺寸

利用 AISC《钢结构手册》进行计算的例题见附录 A。

【解析】关于钢与混凝土组合梁设计，还有以下几点需要说明：

1. 尽管《混凝土结构设计规范》ACI 318 中也有钢与混凝土组合梁的相关规定，但按照《钢结构设计规范》AISC 360-16 的意思，这些规定被排除在外。具体的被排除在外的 ACI 318 条文号列在《钢结构设计规范》AISC 360-16 的 I1.1 条条文说明里，需要注意，这些条文编号对应的是 ACI 318-14，与 ACI 318-19 并不一致。

2.《钢结构设计规范》AISC 360-16 的 I3.2 条条文说明指出，美国实践表明以下项目通常并不需要考虑：

（1）混凝土板纵向受剪承载力。这部分相当于我国《钢结构设计标准》GB 50017—2017 的 14.6 节。

（2）塑性铰区域的转动能力。由于有严格的局部屈曲和侧扭屈曲限制，可以保证 10% 的重分布（调幅）。

（3）由于收缩和徐变引起的长期变形。

3. 由于截面承载力按完全塑性求得，因此，钢梁与混凝土板之间的抗剪连接应具有足够的延性（滑移能力，slip capacity）。满足以下三个要求的任何一个可视为具有足够的变形能力[1]：

（1）梁跨度不超过 9.1m（30ft）；

（2）组合度至少达到 50%；

（3）沿梁的受剪方向，抗剪连接件的平均抗剪承载力至少达到 233kN/m（16kip/ft），相当于直径 19mm（3/4in）的焊钉平均间距为 300mm（12in）。

参考文献 [9] 中给出的算例均对该延性条件加以复核。

9.2.6　焊钉布置的构造要求

焊钉布置时的构造要求总结如下，同时示于图 9-17。

（1）除焊钉布置于金属波纹板的板肋内，在与剪力方向垂直的混凝土侧面，保护层厚度应不小于 25mm（1in）。

（2）除焊钉正好焊接在腹板正上方翼缘处外，抗剪焊钉的直径不得超过其所焊接母材厚度的 2.5 倍。当焊钉位于波纹板的板肋内，其直径不得超过 19mm（3/4in）。

（3）在梁的纵轴向，焊钉的最小间距为 $6d_{sa}$，d_{sa} 为焊钉直径。

（4）在梁的纵轴向，焊钉的最大间距为 $8y_{con}$ 或 900mm（36in），y_{con} 为全部板厚。

（5）在梁的横向，焊钉的最小间距为 $4d_{sa}$。

（6）焊钉最小高度为 $4d_{sa}$。

（7）对于金属波纹板，肋高 h_r 不超过 75mm（3in）。

（8）对于金属波纹板，肋宽 w_r 不得小于 50mm（2in）。

（9）对于金属波纹板，焊钉高出波峰的高度不得小于 38mm（1.5in），且焊钉顶面的混凝土保护层厚度不小于 13mm（0.5in）。

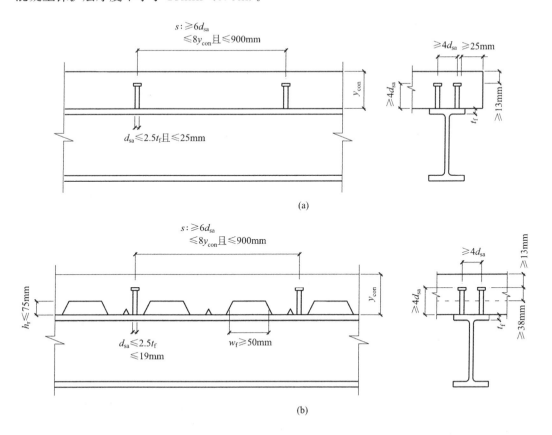

图 9-17　焊钉布置要求

（a）混凝土板；（b）压型钢板

9.3 欧洲规范 EC 4 的主要规定

关于钢与混凝土组合梁设计，欧洲设计规范 EN 1994 无疑是最为完备的。其全称为《钢与混凝土组合结构设计》（Eurocode 4：design of composite steel and concrete structures），简称 EC 4，分为 3 卷：

第 1 卷第 1 部分：一般规则与适用于房屋的规则（Part 1-1：General rules and rules for building）[10]。

第 1 卷第 2 部分：结构防火设计（Part 1-2：Structural fire design）。

第 2 卷：桥梁（Bridges）。

我国《钢结构设计标准》GB 50017—2017[11] 第 14 章中关于钢与混凝土组合梁设计的一些规定参考了 EC 4，今对可能产生疑惑的相关内容介绍如下（若未特殊说明，所引用的条文号均指 EC 4 的第 1 卷第 1 部分）。

9.3.1 混凝土翼缘板的有效宽度

依据 5.4.1.2 条，可以采用严格的分析，也可以采用翼缘有效宽度以考虑剪力滞的影响。

在跨中或内支点处，全部的有效宽度 b_{eff} 可按下式确定：

$$b_{eff}=b_0+\sum b_{e,i} \tag{9-21}$$

式中 b_0——抗剪连接件之间的距离；

$b_{e,i}$——腹板一侧的有效宽度，取 $L_e/8$ 但不超过几何宽度 b_i。b_i 取为连接件至相邻腹板的距离，测量时按混凝土翼缘的厚度中点，但对于自由边，b_i 取至自由边的距离。L_e 理论上应取为零弯矩点之间的距离，通常按照图 9-18 取值。

在端支点处，b_{eff} 可按下式确定：

$$b_{eff}=b_0+\sum \beta_i b_{e,i} \tag{9-22}$$
$$\beta_i=(0.55+0.025L_e/b_{e,i})\leqslant 1.0 \tag{9-23}$$

当采用弹性全局分析时，每一跨的截面有效宽度可以假设为常数，对于两端均有支承的跨，该值可以取为跨中位置的 $b_{eff,1}$，或者悬臂梁支座处的 $b_{eff,2}$。同时，b_0 可取为零且 b_i 自腹板的中心线算起。

【解析】对图 9-18 有三点需要解释：

（1）图中画出的负弯矩和正弯矩之所以不连续，是因为考虑了不同的工况，例如，为使中部支座处弯矩绝对值最大予以布置可变荷载，得到负弯矩图；为使跨中正弯矩值最大予以布置可变荷载，得到正弯矩图。

（2）当区间发生重叠时，以负弯矩区为准。例如，区间 1 和区间 2 有重叠，以区间 2 得到的 $L_e=0.25(L_1+L_2)$ 确定边界交点。

（3）欧洲混凝土结构设计规范 EN 1992-1-1 的 5.3.2.1 条关于 T 形梁有效翼缘宽度的规定，也用到零弯矩点之间的距离 l_0，只不过，$l_0=0.85l_1$，$l_0=0.15(l_1+l_2)$，区间是连续的，没有重叠。与此处不同。

【例 9-3】某钢与混凝土组合梁为两跨连续梁，跨度 $L_1=L_2=10m$，相邻两梁间距为

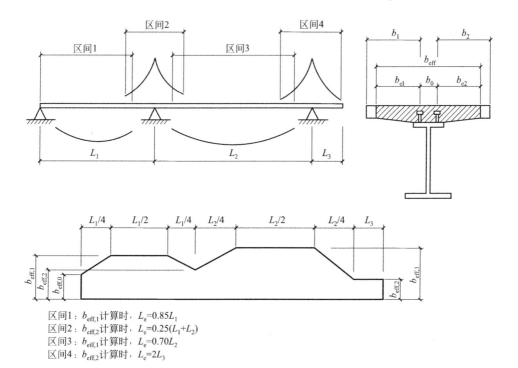

区间1：$b_{eff,1}$计算时，$L_e=0.85L_1$
区间2：$b_{eff,1}$计算时，$L_e=0.25(L_1+L_2)$
区间3：$b_{eff,1}$计算时，$L_e=0.70L_2$
区间4：$b_{eff,2}$计算时，$L_e=2L_3$

图 9-18　用于确定有效宽度的等效跨长

3m。钢梁截面为 HN500×200×10×16，上翼缘设置 1 个焊钉，位置与腹板中面线对齐。
要求：确定翼缘有效宽度。

解：（1）对于跨中位置

$$L_e=0.85L_1=0.85\times10=8.5m, b_1=b_2=3.0/2=1.5m$$
$$b_{e1}=L_e/8=8.5/8=1.063m<b_1=1.5m, 取\ b_{e1}=1.063m$$

同理，$b_{e2}=1.063m$。

$$b_{eff,1}=b_0+b_{e1}+b_{e2}=0+1.063+1.063=2.126m$$

（2）对于中支点处

$$L_e=0.25(L_1+L_2)=0.25\times(10+10)=5m, b_1=b_2=3.0/2=1.5m$$
$$b_{e1}=L_e/8=5/8=0.625m<b_1=1.5m, 取\ b_{e1}=0.625m$$

同理，$b_{e2}=0.625m$。

$$b_{eff,1}=b_0+b_{e1}+b_{e2}=0+0.625+0.625=1.25m$$

（3）对于边支点处

$$L_e=0.85L_1=0.85\times10=8.5m, b_1=b_2=3.0/2=1.5m$$
$$b_{e1}=L_e/8=8.5/8=1.063m<b_1=1.5m, 取\ b_{e1}=1.063m$$
$$\beta_1=0.55+0.025L_e/b_{e1}=0.55+0.025\times8.5/1.063=0.750<1.0, 取为\ 0.750$$

同理，$b_{e2}=1.063m$，$\beta_2=0.750$。

$$b_{eff,0}=b_0+\beta_1 b_{e1}+\beta_2 b_{e2}=0+0.750\times1.063+0.750\times1.063=1.595m$$

【解析】若依据《钢结构设计标准》GB 50017—2017 计算，则可得到：
对于跨中截面，等效跨径 $L_e=0.8L_1=8m$，$L_e/6=1.333m$，小于（3−0.2）/2=

1.4m，取梁一侧计算宽度为 1.333m。翼缘板有效宽度 $b_e=b_0+b_1+b_2=0.2+1.333+1.333=2.866m$。

对于中支点处，等效跨径 $L_e=0.2\times(L_1+L_2)=4m$，$L_e/6=0.667m$，小于（3-0.2）$/2=1.4m$，取梁一侧计算宽度为 0.667m。翼缘板有效宽度 $b_e=b_0+b_1+b_2=0.2+0.667+0.667=1.534m$。

两本标准求得的该钢与混凝土组合梁沿跨度方向的翼缘有效宽度分布如图 9-19 所示，括号内为按 GB 50017—2017 求得的结果，可见，取值偏大（翼缘处只有一个焊钉是影响因素之一）。若不是悬臂梁，通常情况，边支座的剪力和弯矩都不起控制作用，故 GB 50017—2017 对此位置未作规定。

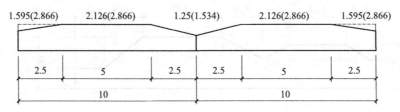

图 9-19　沿跨度的有效宽度分布（单位：m）

9.3.2　钢与混凝土组合梁截面等级判断及要求

1. 截面等级判断

钢与混凝土组合梁承受正弯矩时，可按照钢梁的截面尺寸，采用 EN 1993-1-1 表 5.2 中"板件受弯"确定腹板的等级[13]。受压翼缘按均匀受压考虑。

钢与混凝土组合梁承受负弯矩时，由于混凝土板内布置有纵向钢筋，因此会增大钢梁的受压区高度，这时，腹板应按照承受压弯来确定其等级。底部的受压翼缘按均匀受压考虑。

如图 9-20 所示，当钢与混凝土组合梁承受负弯矩时，可将截面应力图分解为两组叠加，根据水平方向力的平衡，可求出

$$d_0=\frac{F_s}{t_w f_{yd}}=\frac{A_s f_{sd}}{t_w f_{yd}}$$

注意到 d_0 对称分布于钢梁的形心轴，从而腹板受压区高度为

$$\alpha c=\frac{d_0}{2}+\frac{h_a}{2}-(t_f+r)=\frac{1}{2}\frac{A_s f_{sd}}{t_w f_{yd}}+\frac{h_a}{2}-(t_f+r)$$

即

$$\alpha=\frac{1}{c}\left[\frac{1}{2}\frac{A_s f_{sd}}{t_w f_{yd}}+\frac{h_a}{2}-(t_f+r)\right] \tag{9-24}$$

式中　A_s——布置在混凝土板有效宽度范围内的纵向受拉钢筋总截面面积；

　　　　f_{sd}——钢筋的强度设计值；

　　　　t_w——钢梁腹板宽度；

　　　　f_{yd}——钢梁所用钢材的强度设计值；

　　　　c——用于确定板件等级时的腹板高度，对于热轧截面，为两翼缘内侧距离减去 2

个倒角半径，对焊接截面，为两翼缘内侧距离减去 2 个焊脚尺寸；

h_a——钢梁总高度；

t_f——翼缘厚度；

r——翼缘与腹板间的倒角半径；

α——腹板受压区高度与腹板高度 c 的比值。

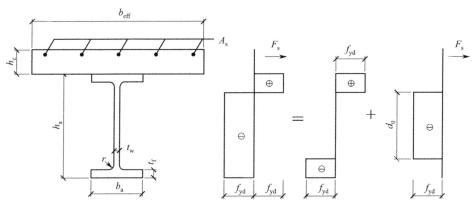

图 9-20　承受负弯矩时确定腹板受压区高度

需要注意，EC 4 的 5.5.2（3）规定，如果钢梁的翼缘属于等级 1 或等级 2，腹板属于等级 3，这时，可以视为"有效腹板属于等级 2"，进而将有效截面视为等级 2。该规定的细节在 EN 1993-1-1 的 6.2.2.4 条，如图 9-21 所示，图中，阴影部分为有效区域，腹板受压区总有效高度为 $40t_w\varepsilon$，失效部分可视为一个孔洞。以下以一个算例解释该规定如何使用。

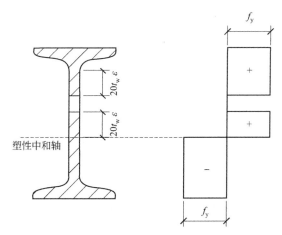

图 9-21　有效腹板属于等级 2 时的计算简图

【例 9-4】某钢与混凝土组合梁，截面如图 9-22 所示，承受负弯矩。有效宽度范围内纵向受拉钢筋截面面积 $A_s=565\text{mm}^2$，钢筋抗拉强度设计值 $f_{sd}=360\text{N/mm}^2$。钢梁所用钢材屈服强度 $f_y=355\text{N/mm}^2$，强度设计值 $f_{yd}=355\text{N/mm}^2$（EC 3 中材料抗力分项系数 $\gamma_M=1.0$）。钢梁为焊接工形截面，焊脚尺寸假定为 6mm，其余尺寸见图示。要求：计算该截面可以承受的弯矩设计值。

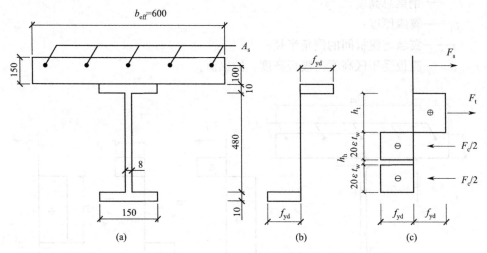

图 9-22　例 9-4 的图示

（a）组合截面尺寸；（b）钢梁翼缘应力；（c）组合截面其他部分应力

解：（1）确定板件等级

已知 $f_y = 355 \text{N/mm}^2$，从而 $\varepsilon = \sqrt{\dfrac{235}{f_y}} = 0.81$。

对于底部翼缘，$c = (150 - 8 - 2 \times 6)/2 = 65 \text{mm}$，$\dfrac{c}{t\varepsilon} = \dfrac{65}{10 \times 0.81} = 8.0 < 9$，故翼缘属于等级 1。

对于腹板，$c = 480 - 2 \times 6 = 468 \text{mm}$，$\dfrac{c}{t\varepsilon} = \dfrac{468}{8 \times 0.81} = 71.9$，当 $A_s = 0$ 时，腹板属于等级 1。今等级取决于 A_s。当为等级 2 时，若 $\alpha > 0.5$，限值为 $\dfrac{c}{t\varepsilon} = \dfrac{456}{13\alpha - 1}$。今视为等级 3 进行计算。

（2）确定腹板为等级 3 时的受弯承载力

将截面应力拆分为两组叠加，分别如图 9-22（b）和（c）所示。

对于图 9-22（b），钢梁受拉翼缘与受压翼缘水平方向合力为零达到平衡，形成的抵抗力矩：

$$M_{\text{pl,a,flanges}} = (150 \times 10 \times 245 \times 2) \times 355 = 260.9 \times 10^6 \text{N} \cdot \text{mm}$$

当为热轧截面时，为了避免翼缘与腹板间倒角导致的困难，可用整个截面的塑性受弯承载力减去腹板的塑性受弯承载力得到。

下面研究图 9-22（c）。图中的压力 F_c 与高度为 $40t_w\varepsilon$ 的腹板屈服对应，拉力 F_t 与高度为 h_t 的腹板屈服对应。因此，折合为腹板高度，有以下平衡式成立：

$$40t_w\varepsilon = h_t + \dfrac{F_s}{t_w f_{yd}}$$

$$F_s = A_s f_{sd}$$

于是

$$F_s = A_s f_{sd} = 565 \times 360 = 203.4 \times 10^3 \, \text{N}$$

$$h_t = 40 t_w \varepsilon - \frac{F_s}{t_w f_{yd}} = 40 \times 8 \times 0.81 - \frac{203.4 \times 10^3}{8 \times 355} = 189 \, \text{mm}$$

孔洞高度 $h_h = 480 - 40 \times 8 \times 0.81 - 189 = 31 \, \text{mm}$。

腹板部分的拉力：$F_t = 189 \times 8 \times 355 = 536.0 \times 10^3 \, \text{N}$。

将图 9-22（c）中的各力向混凝土板的下缘取矩，再计入图 9-22（b）的抵抗力矩，为整个组合梁截面的抗弯承载力：

$$M_{pl,Rd} = 260.9 + 203.4 \times 0.1 - 536.0 \times (0.189/2 + 0.1) + 20 \times 8 \times 0.81 \times 8 \times 355 \times (264 + 425)$$
$$= 480 \, \text{kN} \cdot \text{m}$$

【解析】对于本题，按照以上步骤求得孔洞高度大于零，表明腹板为等级 3，若求得负值，则可能是等级 2 或者等级 1，然后按全截面屈服确定塑性承载力。也可以求出腹板受压区高度之后按照 EN 1993-1-1 表 5.2 确定等级，试演如下：

由于是双轴对称焊接工形截面，将式（9-24）中的倒角半径 r 替换为焊脚尺寸，则可得

$$\alpha = \frac{1}{468} \left[\frac{1}{2} \frac{565 \times 360}{8 \times 355} + \frac{500}{2} - (10 + 6) \right] = 0.5765 > 0.5$$

今腹板高厚比与等级 2 时限值比较如下：

$$\frac{c}{t\varepsilon} = 71.9 > \frac{456}{13\alpha - 1} = 70.2$$

故腹板属于等级 3。

2. 对截面等级的要求

EC 4 的 1.5.4.5 条规定，当采用刚塑性全局分析确定荷载效应时，塑性铰位置处截面应为等级 1，其他处截面为等级 1 或等级 2。

当按照截面充分发展塑性确定承载力时，钢梁的截面等级应为等级 1 或等级 2。等级的判定，依据 EN 1993-1-1 的表 5.2。此外，5.5.2 (1) 规定，当剪力连接件间距不超过规定的限值，钢梁受压翼缘的屈曲受到有效约束时，可将受压翼缘视为等级 1，该条件列在 6.6.5.5 条，如下：

(1) 混凝土板受压，沿梁纵向剪力连接件不超过以下限值：

混凝土板在全部长度上接触（例如，实心板）：$22 t_f \sqrt{235/f_y}$；

混凝土板未在全部长度上接触（例如，肋垂直于梁）：$15 t_f \sqrt{235/f_y}$。

此外，受压翼缘边缘至最近的剪力连接件的净距离不应超过 $9 t_f \sqrt{235/f_y}$。式中，t_f 为翼缘厚度；f_y 为翼缘的屈服强度，以 N/mm^2 计。

(2) 在房屋建筑中，剪力连接件沿梁纵向中至中间距不应大于混凝土板总厚度的 6 倍也不应大于 800mm。

【解析】EC 4 的 6.6.5.5 (2) 条，单纯来看，其规定了当钢梁截面等级为非等级 1 或等级 2 时，若抗剪连接件满足一定条件，钢梁截面可以视为符合等级 1 或等级 2。5.5.2 (1) 又加以引用，称 "符合了 6.6.5.5 条要求，可以视为等级 1"，逻辑上令人困惑。

由于 6.6.5.5 (2) 属于放松了钢梁截面的等级要求，文献 [14] 指出，该条在实践

中并非一个约束性条款，并指出这里的规定来源于英国钢结构规范 BS 5400。

我国《钢结构设计标准》GB 50017—2017 在 14.1.6 条规定，钢梁受压区的板件宽厚比应符合塑性设计的相关规定，但 10.1.5 条关于板件宽厚比等级的规定却含糊不清。实际上，由于在 14.1.7 条已经规定了组合梁按照混凝土未开裂模型进行弹性分析获得内力，而第 14 章的抗力采用全塑性设计，因此，钢梁受压板件等级应达到 S2 要求。当不能达到 S2 要求时，若连接件满足相关规定仍可按截面达到全塑性确定抗力。对比可知，14.1.6 条对于连接件的规定借鉴了 EC 4 的 6.6.5.5（2）条。

9.3.3　部分组合梁的使用限制

9.2 节已经讲到完全组合梁与部分组合梁，二者的区别在于，后者配置了较少的抗剪连接件，混凝土与钢梁界面上的剪力由设置的抗剪连接件控制。部分组合梁在 EC 4 中称作"部分抗剪连接"（partial shear connection）。

引入抗剪连接度（degree of shear connection）概念，其含义为混凝土板的压力与完全组合梁时混凝土板压力之比，记作 $\eta = N_c / N_{c,f}$，或者，以焊钉数表示，$\eta = n / n_f$，n_f 为完全抗剪连接时纵向抗剪区段内设置的焊钉数，n 为实际设置的焊钉数。显然，部分抗剪连接时存在 $n < n_f$。6.2.1.3（1）规定，正弯矩区段可以采用部分抗剪连接。

为保证连接延性，6.6.1.2（1）规定，对于焊后总长不小于直径的 4 倍且钉杆公称直径不小于 16mm 但不大于 25mm 的焊钉，抗剪连接度应满足以下要求：

具有等翼缘的钢梁：

$L_e \leqslant 25$m 时

$$\eta \geqslant 1 - \frac{355}{f_y}(0.75 - 0.03 L_e) \text{且} \eta \geqslant 0.4 \tag{9-25a}$$

$L_e > 25$m 时

$$\eta \geqslant 1 \tag{9-25b}$$

钢梁下翼缘面积为上翼缘的 3 倍：

$L_e \leqslant 20$m 时

$$\eta \geqslant 1 - \frac{355}{f_y}(0.30 - 0.015 L_e) \text{且} \eta \geqslant 0.4 \tag{9-26a}$$

$L_e > 20$m 时

$$\eta \geqslant 1 \tag{9-26b}$$

式中　L_e——正弯矩区段两个零弯矩点之间的距离，单位为 m。

当钢梁下翼缘面积大于上翼缘但不超过上翼缘面积的 3 倍时，可按照线性内插确定 η 的最小值。

如果满足以下情况，则可放宽要求：

（1）焊钉焊后总长不小于 76mm，且钉杆公称直径为 19mm；

（2）钢梁截面为带等翼缘的轧制或焊接 I 形或 H 形；

（3）用压型钢板做混凝土底模的组合梁，压型钢板肋垂直通过钢梁；

（4）压型钢板每个肋内设置一个焊钉，其位置可以是位于肋中心，或者在整个跨长上交替位于槽沟的左侧和右侧；

（5）对于压型钢板，$b_0/h_p \geqslant 2$ 且 $h_p \leqslant 60mm$，式中符号如图 9-23 所示。

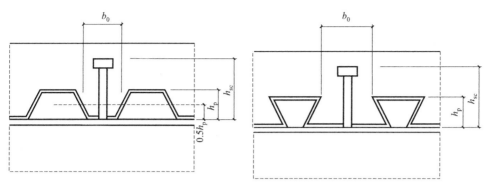

图 9-23　压型钢板肋与梁垂直

放宽条件后，抗剪连接度 η 应满足以下要求：

$L_e \leqslant 25m$ 时

$$\eta \geqslant 1 - \frac{355}{f_y}(1.0 - 0.04L_e) \text{ 且 } \eta \geqslant 0.4 \qquad (9-27a)$$

$L_e > 25m$ 时

$$\eta \geqslant 1 \qquad (9-27b)$$

EC 4 的 6.2.1.3（2）规定，在负弯矩区段应提供"适当的"抗剪连接以确保混凝土板内受拉钢筋屈服。其含义为，负弯矩区需要设置完全抗剪连接（full shear connection），这是基于以下原因[14]：

（1）实际承受的弯矩可能比预计的要大，因为混凝土还没有开裂，如果有钢筋的话，钢筋也会起到加强作用；

（2）钢筋的屈服强度会超过 f_{sd}，$f_{sd} = f_{sk}/\gamma_s$；

（3）试验表明，高曲率时，钢筋会发生应变硬化；

（4）在设计准则中，对于组合梁的侧扭屈曲没有考虑部分抗剪连接的作用。

【解析】对抗剪连接度 η 放宽要求后，6.6.1.2 条规定以简化方法计算 N_c，其含义为按照图 9-24 中的虚线确定抗弯承载力。

图中 A 点，表示抗剪连接度 $\eta = 0$，此时，截面受弯承载力就是钢梁的塑性承载力 $M_{pl,a,Rd}$；图中 C 点，抗剪连接度 $\eta = 1.0$，为完全组合，钢梁截面全部受拉屈服，此时组合梁的受弯承载力为 $M_{pl,Rd}$，当 η 在 0～1.0 范围时，组合梁的实际受弯承载力为曲线 ABC，作为一个保守做法，可以采用线性内插，即

$$M_{Rd} = M_{pl,a,Rd} + (M_{pl,Rd} - M_{pl,a,Rd})\frac{N_c}{N_{c,f}} \qquad (9-28)$$

【例 9-5】某两跨连续钢与混凝土组合梁，跨度均为 10m，压型钢板肋与钢梁垂直。取跨中正弯矩区段研究，其计算截面简图如图 9-25 所示。钢梁截面为 HN500×200×10×16，翼缘与腹板倒角半径为 13mm。钢材屈服强度 $f_y = 275N/mm^2$，强度设计值 $f_{yd} = 275N/mm^2$。自支座 A 点至正弯矩最大点布置了 24 个焊钉，每个焊钉抗剪承载力

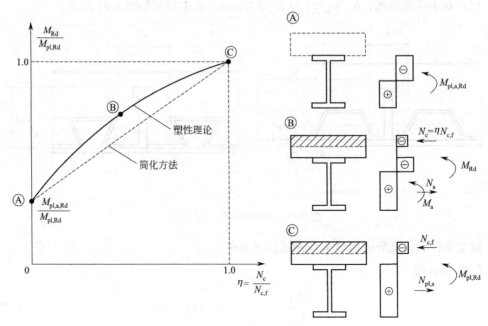

图 9-24　M_{Rd} 和 N_c 之间的关系

设计值为 82kN。混凝土强度设计值 $f_{cd}=26.7\text{N/mm}^2$。要求：（1）验算抗剪连接度是否满足要求；（2）确定截面的抗弯承载力。

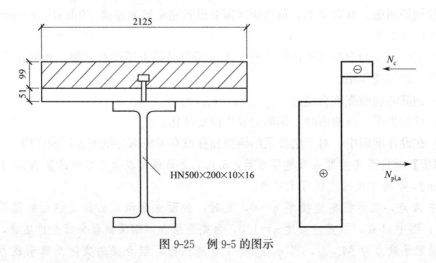

HN500×200×10×16

图 9-25　例 9-5 的图示

解：（1）确定截面板件等级

已知 $f_y=275\text{N/mm}^2$，从而 $\varepsilon=\sqrt{\dfrac{235}{f_y}}=0.92$。

对于受压翼缘，$c=(200-10-2\times13)/2=82\text{mm}$，$\dfrac{c}{t\varepsilon}=\dfrac{82}{16\times0.92}=5.6<9$，故翼缘属于等级 1。

对于腹板，$c=500-2\times16-2\times13=442\text{mm}$，$\dfrac{c}{t\varepsilon}=\dfrac{442}{10\times0.92}=48.0<72$，腹板属于等

级 1。

（2）验算抗剪连接度

HN500×200×10×16 的截面面积为 $112.3×10^2\text{mm}^2$，全截面塑性时受拉承载力设计值为：

$$N_{\text{pl,a}}=112.3×10^2×275=3088.25×10^3\text{N}$$

自支座 A 点至正弯矩最大点区段，抗剪连接件可抵抗的剪力设计值为 $V_{\text{L,Ed}}=24×82=1968\text{kN}$。

混凝土板可达到的最大压力设计值为：$99×2125×0.85×26.7=4774.46×10^3\text{N}$。

所以，$N_{\text{c,f}}=3088.25\text{kN}$。

实际抗剪连接度为：

$$\eta=N_{\text{c}}/N_{\text{c,f}}=V_{\text{L,Ed}}/N_{\text{c,f}}=1968/3088.25=0.64$$

连续梁一跨跨度为 10m，支座 A 点至正弯矩最大点区段长度 $L_{\text{e}}=0.85L_1=0.85×10=8.5\text{m}$。符合放宽最小抗剪连接度的条件，故取

$$\eta\geqslant1-\frac{355}{f_{\text{y}}}(1.0-0.04L_{\text{e}})\text{且 }\eta\geqslant0.4$$

$$\eta_{\min}=1-\frac{355}{275}(1.0-0.04×8.5)=0.148<0.4\text{,取为 }0.4$$

实际 $\eta=0.64>0.4$，满足要求。

（3）确定截面的抗弯承载力

当完全抗剪连接时，混凝土板受压高度为：

$$y_{\text{pl}}=\frac{N_{\text{pl,a}}}{0.85f_{\text{cd}}b_{\text{eff}}}=\frac{3088.25×10^3}{0.85×26.7×2125}=64\text{mm}$$

$$M_{\text{pl,Rd}}=3088.25×10^3×(500/2+51+99-64/2)=1136.5×10^6\text{N}\cdot\text{mm}=1136.5\text{kN}\cdot\text{m}$$

钢梁的塑性抵抗矩（忽略翼缘与腹板间的倒角）可求出为 $W_{\text{p}}=2096×10^3\text{mm}^3$。

$$M_{\text{pl,a,Rd}}=2096×10^3×275=576.4×10^6\text{N}\cdot\text{mm}=576.4\text{kN}\cdot\text{m}$$

$$M_{\text{Rd}}=M_{\text{pl,a,Rd}}+(M_{\text{pl,Rd}}-M_{\text{pl,a,Rd}})\frac{N_{\text{c}}}{N_{\text{c,f}}}$$

$$=576.4+(1136.5-576.4)×0.64$$

$$=935\text{kN}\cdot\text{m}$$

9.3.4　同时承受弯矩和剪力

EC 4 的 6.2.2.4 条规定，当竖向剪力 V_{Ed} 超过剪切抗力 V_{Rd} 的一半时，应考虑剪力对受弯承载力的影响。此处的剪切抗力可以是塑性抗力也可以是剪切屈曲抗力，均不计入混凝土板的贡献。

当截面为等级 1 或等级 2 时，腹板受剪区的设计强度折减为 $(1-\rho)f_{\text{yd}}$，如图 9-26 所示，ρ 按下式确定：

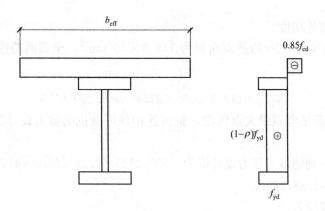

图 9-26 剪力对塑性应力分布的影响

$$\rho=(2V_{\text{Ed}}/V_{\text{Rd}}-1)^2 \tag{9-29}$$

注意到，EN 1993-1-1 的 6.2.2.4 条规定，腹板为等级 3 而翼缘为等级 1 或等级 2 时，可以视为"有效等级 2 截面"，因此，也可按照图 9-26 处理（失效部分视为孔，故也称作"腹板开孔方法"），但前提是塑性中和轴必须在腹板内，否则，就应被视为等级 3 截面。

当钢梁截面为等级 3 或等级 4 时，应满足下列的相关公式要求：

$$M_{\text{Ed}}/M_{\text{pl,Rd}}+(1-M_{\text{f,Rd}}/M_{\text{pl,Rd}})(2V_{\text{Ed}}/V_{\text{bw,Rd}}-1)^2 \leqslant 1 \tag{9-30}$$

式中　M_{Ed}、V_{Ed}——所研究截面的弯矩设计值、剪力设计值；

　　　$M_{\text{f,Rd}}$——仅取两个翼缘有效面积求得的塑性受弯承载力设计值；

　　　$M_{\text{pl,Rd}}$——由翼缘有效面积和全部有效腹板（即，无论腹板的等级）组成的截面确定的塑性受弯承载力设计值；

　　　$V_{\text{bw,Rd}}$——仅考虑腹板受剪得到的受剪承载力设计值。

【解析】通常，假定仅仅钢梁截面承受竖向剪力，混凝土板无贡献，这是一个简化的、保守的做法[14]。

当钢梁截面为等级 3 或等级 4 时，规范曾规定按照"弹性理论确定的应力"验算，注意到，后来的局部修订改为按照"作用效应"验算。

式（9-30）为梁同时承受弯矩和剪力时的相关公式，可见于本书 7.3.3 部分。

我国《钢结构设计标准》GB 50017—2017 的 14.2.4 条规定，当用弯矩调幅法计算组合梁的强度时，应按下列规定考虑弯矩和剪力的相互影响：

（1）受正弯矩的组合梁截面不考虑弯矩和剪力的相互影响；

（2）受负弯矩的组合梁截面，当剪力设计值 $V \leqslant 0.5h_{\text{w}}t_{\text{w}}f_{\text{v}}$ 时，可不对验算负弯矩受弯承载力所用的腹板钢材强度设计值进行折减；当 $V > 0.5h_{\text{w}}t_{\text{w}}f_{\text{v}}$ 时，验算负弯矩受弯承载力所用的腹板钢材强度设计值 f 按该标准第 10.3.4 条的规定计算，即验算受弯承载力时所用的腹板强度设计值 f 可折减为 $(1-\rho)f$，折减系数 ρ 按下式确定：

$$\rho=(2V/(h_{\text{w}}t_{\text{w}}f_{\text{v}})-1)^2$$

式中 h_w、t_w——分别为腹板的高度与厚度；

$\qquad\qquad f_v$——腹板钢材的抗剪承载力。

9.3.5 挠度验算

1. 钢与混凝土组合梁的抗弯刚度

钢与混凝土组合梁截面由混凝土板与钢梁组成，为计算弹性挠度，应换算为同一种材料，通常将混凝土换算为钢材，然后得到组合截面的惯性矩。注意到弹性模量也会随荷载类型发生变化。因此，截面的抗弯刚度写成公式形式如下[15]：

$$EI_L = E_a I_a + E_L I_c + \frac{E_a A_a E_L A_c}{E_a A_a + E_L A_c} a^2 \tag{9-31}$$

式中 E_a、I_a、A_a——钢梁的弹性模量、惯性矩、截面面积；

$\qquad\quad I_c$——混凝土板按有效宽度 b_{eff} 和厚度 h_c 按其自身形心轴求得的惯性矩；

$\qquad\quad A_c$——混凝土板按有效宽度 b_{eff} 和厚度 h_c 求得的面积；

$\qquad\quad a$——混凝土板形心轴至钢梁形心轴的距离；

$\qquad\quad E_L$——与荷载类型有关的弹性模量，$E_L = E_a/n_L$，n_L 为考虑了徐变的弹性模量比，E_a 为钢材的弹性模量。

2. 混凝土徐变的影响

混凝土徐变的影响通过修正混凝土的弹性模量来实现。

依据 5.4.2.2（2），考虑了徐变的弹性模量比按下式确定：

$$n_L = n_0 (1 + \psi_L \varphi_t) \tag{9-32}$$

式中 n_0——短期荷载时的弹性模量比，取为 E_a/E_{cm}，E_{cm} 为依据 EN 1992-1-1 表 3.1 或表 11.3.1 确定的短期荷载情况下混凝土正割弹性模量，E_a 为钢材的弹性模量；

$\qquad\quad \varphi_t$——混凝土徐变系数，依据 EN 1992-1-1 中 3.1.4 或 11.3.3 节规定的 $\varphi(t, t_0)$ 取值，此系数取决于所研究的龄期 t 与加载龄期 t_0；

$\qquad\quad \psi_L$——取决于荷载类型的徐变乘子，对于永久荷载，取 1.1；对于收缩主效应和次效应，取 0.55；对于外加变形导致的预应力，取 1.5。

3. 混凝土收缩的影响

混凝土板收缩，会导致梁缩短并产生下垂式的弯起，这是主效应。对于连续梁这样的超静定结构，下垂式的弯起会导致弯矩和剪力，这是次效应。7.3.1（8）规定，除非客户特别需求，对于正常重量混凝土，当跨长与梁全高的比例不超过 20 时，由于收缩导致的弯曲效应不必计入。

4. 混凝土开裂的影响

在计算荷载效应时，可以有两种方法考虑混凝土开裂的影响。

方法 1：5.4.2.3（3）规定，对于混凝土板位于钢梁上方的连续组合梁，当所有相邻跨的跨度比（短跨/长跨）至少为 0.6，认为内支座两侧各 15% 跨度范围的抗弯刚度减小为 $E_a I_2$ 来考虑开裂影响，其余范围抗弯刚度为 $E_a I_1$，如图 9-27（a）所示。

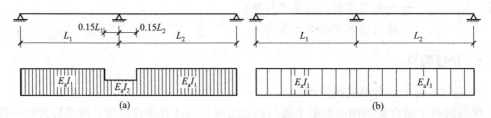

图 9-27　抗弯刚度的分布
(a) 方法 1；(b) 方法 2

方法 2：5.4.4 条规定，若无须考虑二阶效应，则除了复核疲劳之外的极限状态，可通过线弹性进行受力分析，通过对支座处负弯矩予以有限调幅来考虑混凝土开裂的影响。分析时，跨内抗弯刚度无变化，如图 9-27(b) 所示。无开裂分析时，等级 1、等级 2 截面允许调幅分别为 40% 和 30%。

图 9-27 中，$E_a I_1$ 可取为该跨跨中的抗弯刚度（确定混凝土板有效宽度 b_{eff} 时，取弹性模量比 $n_0 = E_a / E_{cm}$），$E_a I_1$ 为中部支座处开裂截面的抗弯刚度（仅考虑钢筋与钢梁）。

5. 抗剪连接件相对滑移的影响

7.3.1(4) 规定，若满足以下条件，抗剪连接的滑移导致的附加挠度可以忽略：

(1) 抗剪连接符合 6.6 节的要求；

(2) 抗剪连接件的数量不少于完全抗剪连接时的一半；

(3) 压型钢板的肋与梁垂直布置时，肋的高度不超过 80mm。

鉴于抗剪连接度 η 前面已规定最小为 0.4，当 $0.4 \leqslant \eta < 0.5$ 时，附加挠度可按照下式确定[14]：

$$\delta = \delta_c + \alpha(\delta_a - \delta_c)(1 - \eta) \tag{9-33}$$

式中　α——系数，有支撑结构取 0.5，无支撑结构取 0.3；

　　　δ_a——仅钢梁发挥作用时的挠度，按承受组合梁的荷载求出；

　　　δ_c——完全抗剪连接时的挠度，按承受组合梁的荷载求出。

6. 挠度的计算

施工阶段，若无支撑，则由钢梁全部承受恒荷载和施工活荷载，采用荷载的标准组合。

混凝土板与钢梁形成组合梁后，总挠度可按照下式计算[15]：

$$\delta_{tot} = \delta_{1,1} + \delta_{1,2} + \delta_{2,1} + \delta_{2,2} + \delta_{2,3} \tag{9-34}$$

式中　$\delta_{1,1}$——混凝土浇注结束时刻引起的挠度（尚未形成组合梁）；

　　　$\delta_{1,2}$——楼面装饰、隔墙等作用于组合梁引起的挠度（首次加载）；

　　　$\delta_{2,1}$——可变作用频遇值在首次加载时的挠度；

　　　$\delta_{2,2}$——作用准永久组合下 $t = \infty$ 时刻徐变引起的挠度；

　　　$\delta_{2,3}$——收缩引起的挠度。

各作用引起的挠度可按照表 9-2 计算。

各作用引起的挠度计算　　　　　　　　　　　　　　表 9-2

作用类型	引起的挠度	计算模型	备注
永久作用	$\delta_{1.1}$	$g_{k,1}$　L_1　L_2　$E_a I_a$	浇注混凝土完成时刻,未形成组合。抗弯刚度由钢梁提供。
	$\delta_{1.2}$	$g_{k,3}$　$0.15L_1$　$0.15L_2$　L_1　L_2　EI_L　$E_a I_2$　EI_L	开裂区段,抗弯刚度由钢筋与钢梁提供;未开裂区段,b_{eff} 按跨中取值,EI_L 按弹性模量比 $n_L = n_0$ 求出。
可变作用频遇值	$\delta_{2.1}$	$\psi_1 q_{k,2}$　$0.15L_1$　$0.15L_2$　L_1　L_2　EI_L　$E_a I_2$　EI_L	开裂区段,抗弯刚度由钢筋与钢梁提供;未开裂区段,EI_L 取为 EI_0,EI_0 计算时,弹性模量比 $n_L = n_0$,按跨中取 b_{eff}。
准永久组合下的徐变	$\delta_{2.2}$	$g_{k,3} + \psi_2 q_{k,2}$　$g_{k,3}$　$0.15L_1$　$0.15L_2$　L_1　L_2　EI_L　$E_a I_2$　EI_L	开裂区段,抗弯刚度由钢筋与钢梁提供。未开裂区段 EI_L 取为 EI_P,EI_P 计算时,取 $\varphi(\infty, 28)$,$\psi_L = 1.1$,跨中 b_{eff} 计算 a)。未开裂区段 EI_L 取为 EI_0。计算挠度 b)。$\delta_{2.2}$ = a) − b)。
混凝土收缩	$\delta_{2.3}$	M_{cs}　M_{cs}　M_{cs}　M_{cs}　$0.15L_1$　$0.15L_2$　L_1　L_2　EI_L　$E_a I_2$　EI_L	未开裂区段 EI_L 取为 EI_S,EI_S 计算时,取 $\varphi(\infty, 1)$,$\psi_L = 0.55$,跨中 b_{eff}。

注:$g_{k,1}$——施工阶段的恒荷载(混凝土板、压型钢板与钢梁自重);$g_{k,2}$——组合梁阶段的恒荷载(混凝土板、压型钢板与钢梁自重);$g_{k,3}$——楼面装饰等恒荷载;$q_{k,1}$——施工活荷载;$q_{k,2}$——组合梁阶段楼面活荷载;ψ_1——可变荷载的频遇值系数;ψ_2——可变荷载的准永久值系数。

5.4.2.2(11) 规定,如果结构采用一阶弹性分析,则该房屋结构可以采用简化方法考虑徐变影响。对于短期和长期加载,以钢面积 A_c/n 代替混凝土面积 A_c,弹性模量比 n 取为 $2E_a/E_{cm}$(注意对比,短期加载时取为 E_a/E_{cm})。如此,式(9-34)中的 $\delta_{1.1} + \delta_{1.2} + \delta_{2.1} + \delta_{2.2}$ 将只需要按标准组合下同一个抗弯刚度求出。

EN 1990 中 3.4(1)指出,对正常使用极限状态的要求来自于单个的项目[16]。EN 1994 中没有给出钢与混凝土组合梁的挠度限值。欧洲混凝土结构规范 EN 1992-1-1 的 7.4.1(4)规定,当准永久组合下混凝土梁的挠度超过 $L/250$ 时其外观和使用性能会受损[12]。文献 [15] 推荐全部作用引起的挠度 δ_{tot} 限值取 $L/250$，其中，可变作用引起的挠度 $\delta_{\text{var}} = \delta_{2,1} + \delta_{2,2} + \delta_{2,3}$ 限值取 $L/360$。

【解析】 我国《混凝土结构设计规范》GB 50010—2010 中计算钢筋混凝土构件的挠度时，采用的原则是，按荷载的准永久组合并考虑长期作用的影响[17]。具体做法是，将短期刚度 B_s 除以挠度增大系数 θ 得到长期刚度 B，然后以弹性方法计算得到最终的挠度。而表 9-3 给出的钢与混凝土组合梁挠度计算，其本质是，以频遇组合求得混凝土龄期 $t_0 = 28d$ 时的短期加载引起的挠度，然后以准永久组合计算徐变引起的挠度增加量（取 $t = \infty$ 和 $t_0 = 28d$ 的挠度差值），最后再计入收缩引起的挠度。

关于徐变系数和收缩应变的确定，可参考 EN 1992-1-1 或者我国《公路钢筋混凝土及预应力混凝土桥涵设计规范》JTG 3362—2018 附录 C[18]。

【例 9-6】 某钢与混凝土组合梁为简支梁，跨度 5m，上部采用压型钢板，板肋与梁垂直，截面如图 9-28 所示。混凝土强度设计值 $f_{cd} = 16.7\text{N/mm}^2$，割线模量 $E_{cm} = 3.1 \times 10^4 \text{N/mm}^2$。钢材强度设计值 $f_{yd} = 275\text{N/mm}^2$，弹性模量 $E_a = 2.1 \times 10^5 \text{N/mm}^2$。

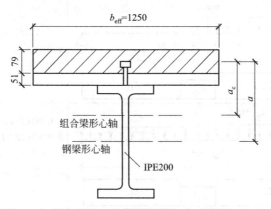

图 9-28　钢与混凝土组合梁截面尺寸（单位：mm）

型钢 IPE200 的截面特征为：截面高度 200mm，翼缘宽度 100mm，腹板厚度 5.6mm，翼缘厚度 8.5mm，翼缘与腹板间倒角半径 12mm。截面面积 28.48cm²，绕强轴惯性矩 1943cm⁴。

假定已经求得徐变系数 $\varphi(\infty, 1) = 5.8$，收缩系数 $\varepsilon_{cs}(\infty) = 4.14 \times 10^{-4}$；按荷载标准组合得到的线荷载为 21.84kN/m；连接件滑移引起的附加挠度可以忽略。

要求：用 EN 1994-1-1 中的简化方法计算跨中挠度。

解：（1）荷载标准组合引起的挠度

当采用 2 倍的弹性模量比时，相当于取 $E_L = E_{cm}/2 = 3.1 \times 10^4/2 = 15.50 \times 10^3 \text{N/mm}^2$。

混凝土板形心至钢梁形心的距离：$a = 79/2 + 51 + 200/2 = 190.5\text{mm}$。

组合梁的抗弯刚度（此处为书写方便，采用 kN、cm 制）：

$$A_c = 125 \times 7.9 = 987.5\text{cm}^2, I_c = 125 \times 7.9^3/12 = 5136\text{cm}^4$$

$$EI_L = E_a I_a + E_L I_c + \frac{E_a A_a E_L A_c}{E_a A_a + E_L A_c} a^2$$

$$= 21000 \times 1943 + 1550 \times 5136 + \frac{21000 \times 28.48 \times 1550 \times 987.5}{21000 \times 28.48 + 1550 \times 987.5} \times 19.05^2$$

$$= 2.0483 \times 10^8 \, \text{kN} \cdot \text{cm}^2$$

荷载标准组合引起的挠度：

$$\frac{5 w_k L^4}{384 E I_L} = \frac{5 \times 21.84 \times 5000^4}{384 \times 2.0483 \times 10^{13}} = 8.7 \text{mm}$$

（2）由于收缩引起的挠度

依据 EN 1994-1-1 的 7.3.1 (8) 规定，今跨长与梁全高之比为 5000/330＝15.2＜20，可不计入收缩引起的挠度。为示例，计算如下。

$$n_L = n_0 (1 + \psi_L \varphi_t) = \frac{2.1 \times 10^5}{3.1 \times 10^4} \times (1 + 0.55 \times 5.8) = 28.39$$

$$E_L = E_a / n_L = 2.1 \times 10^5 / 28.39 = 7.40 \times 10^3 \, \text{N/mm}^2$$

收缩导致的压力：

$$N_{cs} = \varepsilon_{cs}(\infty) E_L A_c = 4.14 \times 10^{-4} \times 7.40 \times 10^3 \times 1250 \times 79 = 303 \times 10^3 \, \text{N}$$

组合梁的抗弯刚度（此处为书写方便，采用 kN、cm 制）：

$$A_c = 125 \times 7.9 = 987.5 \text{cm}^2, \quad I_c = 125 \times 7.9^3 / 12 = 5136 \text{cm}^4$$

$$EI_L = E_a I_a + E_L I_c + \frac{E_a A_a E_L A_c}{E_a A_a + E_L A_c} a^2$$

$$= 21000 \times 1943 + 740 \times 5136 + \frac{21000 \times 28.48 \times 740 \times 987.5}{21000 \times 28.48 + 740 \times 987.5} \times 19.05^2$$

$$= 1.6396 \times 10^8 \, \text{kN} \cdot \text{cm}^2$$

混凝土板形心至钢混组合梁形心的距离：

$$a_c = \frac{E_a A_a}{E_a A_a + E_L A_c} a = \frac{2.1 \times 10^5 \times 2848}{2.1 \times 10^5 \times 2848 + 7.40 \times 10^3 \times 1250 \times 79} \times 190.5 = 86 \text{mm}$$

收缩引起的力矩：

$$M_{cs} = N_{cs} a_c = 303 \times 0.086 = 26.1 \text{kN} \cdot \text{m}$$

收缩引起的挠度：

$$\frac{M_{cs} L^2}{8 E I_L} = \frac{26.1 \times 10^6 \times 5000^2}{8 \times 1.6396 \times 10^{13}} = 5.0 \text{mm}$$

（3）总挠度

综上，引起的总挠度为 8.7＋5.0＝13.7mm。

参考文献

[1]　American Institute of Steel Construction（AISC）. Specification for structural steel buildings：ANSI/AISC 360-16 ［S］. Chicago：AISC，2016.

[2]　American Society of Civil Engineers（ASCE）. Design loads on structures during construction：ASCE/SEI 37-14 ［S］. Reston：ASCE，2015.

[3]　American Society of Civil Engineers（ASCE），Minimum design loads and associated criteria for buildings and other structures：ASCE/SEI 7-16 ［S］. Reston：ASCE，2016.

［4］ American Concrete Institute（ACI）. Building code requirements for structural concrete：ACI 318-19 ［S］. Farmington Hills：ACI，2019.

［5］ AGHAYERE A，VIGIL J. Structural steel design ［M］. 3rd ed. Boston：Mercury Learning and Information，2020.

［6］ American Institute of Steel Construction（AISC）. Steel construction manual ［M］. 15th ed. Chicago：AISC，2017.

［7］ International Code Council （ICC）. International building code ［S］. Falls Church：ICC，2018.

［8］ WEST M，FISHER J. Design guide 3：Serviceability design considerations for steel buildings ［M］. 2nd ed. Chicago：AISC，2004.

［9］ American Institute of Steel Construction （AISC）. Design examples （V15.0）：Companion to the AISC Steel Construction Manual ［M］. Chicago：AISC，2017.

［10］ European Committee for Standardization （CEN）. Eurocode 4：Design of composite steel and concrete stuctures——Part 1-1：General rules for buildings：EN 1994-1-1：2004 ［S］. Brussels：CEN，2004.

［11］ 中华人民共和国住房和城乡建设部. 钢结构设计标准：GB 50017—2017 ［S］. 北京：中国建筑工业出版社，2018.

［12］ European Committee for Standardization （CEN）. Eurocode 2：Design of concrete structures：Part 1-1：General rules and rules for buildings：EN 1992-1-1：2004 ［S］. Brussels：CEN，2010.

［13］ British Standard Institute （BSI）. Eurocode 3：Design of steel structures：Part 1-1：General rules for buildings：BS EN 1993-1-1：2005 ［S］. London：BSI，2014.

［14］ JOHNSON R P. Designers' guide to Eurocode 4：design of composite steel and concrete structures：EN 1994-1-1 ［M］. 2nd ed. London：ICE Publishing，2012.

［15］ DUJMOVIC D，ANDROIC B，LUKACEVIC I. Composite structures according to Eurocode 4：worked examples ［M］. Berlin：Ernst & Sohn，2015.

［16］ European Committee for Standardization （CEN）. Eurocode：Basis of structural design：EN 1990：2002＋A1 ［S］. Brussels：CEN，2010.

［17］ 中华人民共和国住房和城乡建设部. 混凝土结构设计规范 （2015 年版）：GB 50010—2010 ［S］. 北京：中国建筑工业出版社，2016.

［18］ 中华人民共和国交通运输部. 公路钢筋混凝土及预应力混凝土桥涵设计规范：JTG 3362—2018 ［S］. 北京：人民交通出版社，2018.

附录 A
使用 AISC《钢结构手册》计算算例

以下算例，采用 AISC 编写的《钢结构手册》第 15 版计算，该手册表格符合 AISC 360-16 要求。

为叙述简便，未特殊说明的表格均指该手册中的表格。

【例 A-1】 某轴心受拉构件，截面为∟ 4×4×1/2，钢材为 ASTM A36，以三面角焊缝与节点板相连，假定肢背、肢尖焊缝长度平均值为 8in。要求：计算该构件的承载力设计值。

解： 由表 5-2 查得∟ 4×4×1/2 的屈服承载力设计值 $\phi_t P_n$＝122kips，拉断承载力设计值 $\phi_t P_n$＝122kips。注意到表中拉断承载力按 A_e＝0.75A_g 求出，故需要复核实际的剪力滞系数 U 是否大于 0.75。

查本书表 3-1，得到 $U=1-\bar{x}/l$。查表 1-7 得到 $\bar{x}$＝1.18in，于是

$$U=1-\bar{x}/l=1-1.18/8=0.8525>0.75$$

表明《钢结构手册》表格给出的拉断承载力设计值是保守的。故毛截面屈服控制设计，该构件的受拉承载力设计值为 122kips。

【解析】 使用表格时注意以下几点：

(1) 构件受拉承载力与钢材牌号有关，对于本题的 A36 钢材，有 F_y＝36ksi，F_u＝58ksi，与右上方给出的强度一致，故可直接使用。若为其他强度钢材，应进行调整。

(2) 表格中给出的拉断承载力按 A_e＝0.75A_g 求出，通常情况下是偏于保守的，也有可能是过高估计，因此，需要求出实际的剪力滞系数 U。对于本题，求得 U＝0.8525，因此，实际的拉断承载力设计值可以修正为 122/0.75 × 0.8525＝139kips。

【例 A-2】 如图 A-1 所示为有侧移框架结构的一部分，梁跨度均为 35ft，层高均为 14ft。二层梁截面 W18×50，惯性矩 I_x＝800in⁴；首层梁截面 W24×55，惯性矩 I_x＝1350in⁴。柱截面 W14×82，截面面积 A＝24.0in²，惯性矩 I_x＝881in⁴。梁

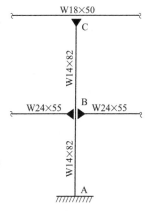

图 A-1 例 A-2 的图示

和柱的腹板均在框架平面内。

已知：梁、柱均采用钢材 ASTM A992，$F_y=50$ksi，$F_u=65$ksi。假设，BC 柱承受的压力设计值（经 LRFD 组合）为 250kips；梁沿横向有连续支承。

要求：确定在图示平面内 BC 柱的受压承载力设计值。

解：柱的应力为 250/24.0=10.4ksi。查表 4-13，由 $P_u/A=10.4$、$F_y=50$ksi，得到 $\tau_b=1.00$，即不必考虑非弹性屈曲的刚度折减。于是

$$G_{top}=\tau_b\frac{\sum(E_cI_c/L_c)}{\sum(E_gI_g/L_g)}=1.0\times\frac{29000\times881/(14.0\times12)}{2\times29000\times800/(35.0\times12)}=1.38$$

$$G_{bottom}=\tau_b\frac{\sum(E_cI_c/L_c)}{\sum(E_gI_g/L_g)}=1.0\times\frac{2\times29000\times881/(14.0\times12)}{2\times29000\times1350/(35.0\times12)}=1.63$$

以上式中，下角标 c 表示柱子，g 表示梁，12 是将英尺换算为英寸。

按本书图 4-2 确定有效长度系数，得到 $K=1.5$。

注意到，《钢结构手册》是按照工字形截面的弱轴（y 轴）确定承载力，而本题是确定绕强轴的承载力，因此，需要依据"长细比相等"换算后才能查表。

查表 1-1，可得 W14×82 绕 x 轴的回转半径为 6.05in，绕 y 轴的回转半径为 2.48in，因此，绕 x 轴的计算长度是 1.5×14.0ft，相当于 y 轴的计算长度为 1.5×14.0/6.05×2.48=8.61ft。

查表 4-1，W14×82，$F_y=50$ksi，当 $L_c=8$ft 时，$\phi_cP_n=968$kips；当 $L_c=9$ft 时，$\phi_cP_n=940$kips。应用内插法，可得 $L_c=8.61$ft 时，受压承载力设计值为 951kips。

【例 A-3】2∟5×3×1/4 长肢相并（LLBB）组成的 T 形截面，间距为 3/4in，如图 A-2 所示。形成的柱子高为 8ft，两端铰接。钢材为 ASTM A36，$F_y=36$ksi，$F_u=58$ksi。承受轴心压力设计值 60kips。要求：验算承载力是否满足要求。

解：查表 1-7，可得单角钢∟5×3×1/4 的最小回转半径为 0.652in。

查表 1-15，由 2∟5×3×1/4，LLBB，得到 $r_x=1.62$ in，间距为 3/4in 时，$r_y=1.33$in。

两端铰接，$K=1.0$。

查表 4-9，由 2∟5×3×1/4，LLBB，绕 x 轴计算长度为 8ft，得到 $\phi_cP_{nx}=87.1$kips。

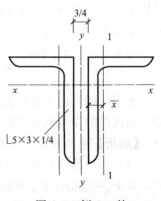

图 A-2 例 A-3 的图示（单位：in）

注意到，表中绕对称轴 y 轴的受压稳定承载力是按照角钢间距为 3/8in 计算的（见表 4-9 上方的图示），并非本题中的间距 3/4in。按照第 4-7 页的说明，此时可以偏于安全按照间距 3/8in 查表，或者，将计算长度乘以一个比率，比率=间距 3/8in 时的 r_y 与间距 3/4in 时的 r_y 的比值。据此，可得：

$$L_{cy}=1.0\times8\times1.19/1.33=7.16\text{ft}$$

查表 4-9，绕 y 轴，$L_c=6$ft 时，承载力为 72.5kips；$L_c=8$ft 时，承载力为 65.3kips。应用内插法，可得 $L_c=7.16$ft 时，承载力为 68.3kips。

从表中还可以看到，需要设置两个中间连接件，即，将总长度 8ft 分成三份。相当于我国 GB 50017—2017 中两个角钢相并需要设置填板的情况。

【解析】1. 设置两个中间连接件是满足规范要求的，试演如下：

对于受压组合构件，应满足

$$\frac{Ka}{r_i} \geqslant \frac{3}{4}\left(\frac{L_c}{r}\right)_{\max}$$

即

$$a \leqslant \frac{3r_i\left(\frac{L_c}{r}\right)_{\max}}{4}$$

式中，r_i 为角钢最小回转半径，$r_i = 0.652\text{in}$。由于绕 x 轴、y 轴的计算长度均为 $L_c = KL = 8\text{ft}$，而 $r_x = 1.62\text{in}$，$r_y = 1.33\text{in}$，故计算 $\left(\frac{L_c}{r}\right)_{\max}$ 时，应以 $r_y = 1.33\text{in}$ 代入，从而求得连接件之间的距离应满足 $a \leqslant 35.3\text{in}$。

今构件总长度 8ft，设置 2 个中间连接件，则连接件间的实际距离为 $a = 8 \times 12/3 = 32\text{in}$。可见，满足要求。

2. 若不采用查表法计算双角钢的承载力，将是以下步骤：

（1）截面特性

查表 1-7 和表 1-15，得到截面特性如下：

$$\llcorner 5 \times 3 \times 1/4 : J = 0.0438\text{in}^4, r_y = 0.853\text{in}, \bar{x} = 0.648\text{in}。$$

$2\llcorner 5 \times 3 \times 1/4, \text{LLBB} : A_g = 3.88\text{in}^2；$ 间距为 3/4in 时，$r_y = 1.33\text{in}；\bar{r}_0 = 2.59\text{in}；H = 0.657$。

（2）截面板件宽厚比

对于长肢：$\lambda = b/t = 5/(1/4) = 20$；对于短肢：$\lambda = b/t = 3/(1/4) = 12$。

$$\lambda_r = 0.45\sqrt{\frac{E}{F_y}} = 0.45\sqrt{\frac{29000}{36}} = 12.8$$

对于长肢，由于 $\lambda > \lambda_r$，为薄柔单元；对于短肢，$\lambda < \lambda_r$，为非薄柔单元。

此时，求构件承载力时，应采用 A_e，而 F_{cr} 按照正常步骤计算。

（3）确定 F_e

绕 x 轴弯曲屈曲：

$$F_{ex} = \frac{\pi^2 E}{\left(\frac{L_{cx}}{r_x}\right)^2} = \frac{\pi^2 \times 29000}{\left(\frac{8 \times 12}{1.62}\right)^2} = 81.4\text{ksi}$$

绕 y 轴弯曲屈曲：

两角钢组合构件绕 y 轴的长细比应按下式计算：

$$\left(\frac{L_c}{r}\right)_m = \sqrt{\left(\frac{L_c}{r}\right)_0^2 + \left(\frac{K_i a}{r_i}\right)^2}$$

式中，由于为背靠背角钢，$K_i = 0.50$；$\left(\frac{L_c}{r}\right)_0$ 为组合构件视为一体时在所考虑屈曲方向的长细比，今为绕 y 轴长细比 $\frac{K_y L}{r_y} = \frac{8 \times 12}{1.33} = 72.2$。$a/r_i = 32/0.652 = 49.1$。从而 $\left(\frac{L_c}{r}\right)_m = 76.3$。

$$F_{ey} = \frac{\pi^2 E}{\left(\dfrac{L_c}{r}\right)^2_m} = \frac{\pi^2 \times 29000}{76.3^2} = 49.2\text{ksi}$$

弯扭屈曲：

对双角钢组成的 T 形截面，可忽略 C_w 项，因此

$$F_{ez} = \left[\frac{\pi^2 E C_w}{(K_z L)^2} + GJ\right] \cdot \frac{1}{A_g \overline{r}_0^2} = \frac{GJ}{A_g \overline{r}_0^2} = \frac{11200 \times 2 \times 0.0438}{3.88 \times 2.59} = 37.7\text{ksi}$$

$$F_e = \left(\frac{F_{ey} + F_{ez}}{2H}\right)\left[1 - \sqrt{1 - \frac{4 F_{ey} F_{ez} H}{(F_{ey} + F_{ez})^2}}\right] = \frac{49.2 + 37.7}{2 \times 0.657}\left[1 - \sqrt{1 - \frac{4 \times 49.2 \times 37.7 \times 0.657}{(49.2 + 37.7)^2}}\right]$$
$$= 26.8\text{ksi}$$

比较以上三者，应取最小者 26.8ksi 确定 F_{cr}。

（4）确定 F_{cr}

由于 $F_y / F_e = 36/26.8 = 1.34 < 2.25$，因此

$$F_{cr} = \left(0.658^{\frac{F_y}{F_e}}\right) F_y = 0.658^{1.34} \times 36 = 20.5\text{ksi}$$

（5）确定有效截面积 A_e

$$\lambda_r \sqrt{\frac{F_y}{F_{cr}}} = 12.8 \sqrt{\frac{36}{20.5}} = 17.0$$

对于长肢，$\lambda = 20 > \lambda_r \sqrt{\dfrac{F_y}{F_{cr}}} = 17$，应计算有效宽度；对于短肢，$\lambda = 12 < \lambda_r \sqrt{\dfrac{F_y}{F_{cr}}} = 17$，$b_e = b$。

依据本书表 4-3，对于角钢的肢，属于"其他单元"，故取 $c_1 = 0.22$，$c_2 = 1.49$。于是

$$F_{el} = \left(c_2 \frac{\lambda_r}{\lambda}\right)^2 F_y = \left(1.49 \times \frac{12.8}{20}\right)^2 \times 36 = 32.7\text{ksi}$$

$$b_e = b\left(1 - c_1 \sqrt{\frac{F_{el}}{F_{cr}}}\right)\sqrt{\frac{F_{el}}{F_{cr}}} = 5 \times \left(1 - 0.22\sqrt{\frac{32.7}{20.5}}\right)\sqrt{\frac{32.7}{20.5}} = 4.56\text{in}$$

截面由两个角钢组成，仅有长肢采用 b_e，因此

$$A_e = A_g - t\Sigma(b - b_e) = 3.88 - 1/4 \times (5 - 4.56) \times 2 = 3.66\text{in}^2$$

（6）确定受压承载力设计值

$$\phi_c P_n = 0.9 F_{cr} A_e = 0.9 \times 20.5 \times 3.66 = 67.5\text{kips}$$

【例 A-4】 一简支钢梁，跨度 35ft，承受均布荷载设计值 1.74kip/ft（已经包含自重）。截面为 W18×50，采用 ASTM A992 钢材（$F_y = 50$ksi，$F_u = 65$ksi），在三分点处有侧向支撑点。要求：验算该梁是否满足要求。

解： 该梁的最大弯矩设计值：

$$M_u = \frac{qL^2}{8} = \frac{1.74 \times 35^2}{8} = 266\text{kip-ft}$$

（1）计算 C_b

查表 3-1，简支梁承受均布荷载，梁长三等分时，中区段 $C_b = 1.01$，边区段 $C_b = 1.45$。

中区段荷载引起的弯矩大而 C_b 小（导致受弯稳定承载力小），故起控制作用。

（2）确定 ϕM_n

查表 1-1，可得 W18×50 的截面特性：$Z_x = 101\text{in}^3$，$S_x = 88.9\text{in}^3$。

查表 3-2，可得 W18×50、$F_y = 50\text{ksi}$ 时，$L_p = 5.83\text{ft}$，$L_r = 16.9\text{ft}$。

今侧向支撑点之间的距离 $L_b = 35/3 = 11.7\text{ft}$，在 L_p 和 L_r 之间。

$$M_p = F_y Z_x = 50 \times 101 = 5050\text{kip-in}$$

$$M_n = C_b \left[M_p - (M_p - 0.7 F_y S_x) \left(\frac{L_b - L_p}{L_r - L_p} \right) \right]$$

$$= 1.01 \times \left[5050 - (5050 - 0.7 \times 50 \times 88.9) \times \frac{11.7 - 5.83}{16.9 - 5.83} \right]$$

$$= 4060\text{kip-in 或者 } 339\text{kip-ft}$$

$$\phi M_n = 0.9 \times 339 = 305\text{kip-ft} > 266\text{kip-ft}$$

满足要求。

【例 A-5】如图 A-3 所示简支梁，跨度为 56ft，承受均布荷载设计值 $w_u = 6.3\text{kip/ft}$。截面为三块钢板焊接而成的工字形截面，尺寸见图示。钢材为 ASTM A36，$F_y = 36\text{ksi}$。要求：按照抗剪要求设计横向加劲肋。

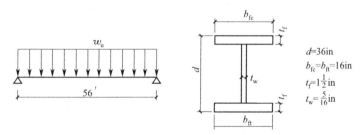

图 A-3　例 A-5 计算简图

解： 支座处剪力设计值最大，为 $V_u = 56 \times 6.3/2 = 176.4\text{kips}$

（1）假定不设置加劲肋

$$h = d - 2t_f = 36 - 2 \times 1.5 = 33\text{in}, h/t_w = 33/(5/16) = 105.6$$

$$1.10\sqrt{k_v E/F_y} = 1.10\sqrt{5.34 \times 29000/36} = 72.1$$

由于 $h/t_w > 1.10\sqrt{k_v E/F_y}$，因此

$$C_{v1} = \frac{1.10\sqrt{k_v E/F_y}}{h/t_w} = \frac{72.1}{105.6} = 0.683$$

$$A_w = 36 \times 5/16 = 11.25\text{in}^2$$

$$V_n = 0.6 F_y A_w C_{v1} = 0.6 \times 36 \times 11.25 \times 0.683 = 166.0\text{kips}$$

$$\phi_v V_n = 0.9 \times 166.0 = 149.4\text{kips} < 176.4\text{kips}$$

故不满足抗剪承载力要求。

（2）端部区格的加劲肋

端部区格不允许考虑拉力场作用，因此，可采用表 3-16a。

取抗剪承载力等于剪力设计值，则

$$\frac{\phi_v V_n}{A_w} = \frac{V_u}{A_w} = \frac{176.4}{11.25} = 15.68 \text{ksi}$$

在表 3-16a 中找到 $h/t_w = 33/(5/16) = 105.6$，做水平线，同时注意到该线应在 $\frac{\phi_v V_n}{A_w} = 15.0$、18.0 两条线之间。目测当横坐标 $a/h = 1.4$ 时，$\frac{\phi_v V_n}{A_w} = 15.68 \text{ksi}$，此时有 $a = 1.4 \times 33 = 46.2 \text{in}$。注意到横坐标 a/h 每格为 0.05 并考虑目测可能的误差以及适当留有富余，取加劲肋间距 $a = 42 \text{in}$，即，除在支座处设置支承加劲肋之外，还应在距离支座 42in 处设置横向加劲肋。

（3）第 2 个区格的加劲肋

端区格右侧加劲肋位置处的剪力设计值：

$$V_u = 176.4 - 6.3 \times 42/12 = 154.35 \text{kips}$$

该值大于不设加劲肋时的抗剪承载力 149.4kips，故应设置加劲肋。此时

$$\frac{\phi_v V_n}{A_w} = \frac{V_u}{A_w} = \frac{154.35}{11.25} = 13.72 \text{ksi}$$

判断是否满足计入拉力场作用的条件：

$$\frac{2A_w}{A_{fc} + A_{ft}} = \frac{2 \times 11.25}{16 \times 1.5 + 16 \times 1.5} = 0.469 < 2.5, \text{满足}$$

$$\frac{h}{b_{fc}} = \frac{h}{b_{ft}} = \frac{33}{16} = 2.06 < 6, \text{满足}$$

故第 2 个区格允许计入拉力场的有利影响。

在表 3-16a 中找到 $h/t_w = 33/(5/16) = 105.6$，做水平线，同时注意到该线应在 $\frac{\phi_v V_n}{A_w} = 12.0$、15.0 两条线之间。目测当横坐标 $a/h = 3$ 时，$\frac{\phi_v V_n}{A_w}$ 可达到 13.72ksi，此时有 $a = 3 \times 33 = 99 \text{in}$。取加劲肋间距为 90in。

由第 2 区格向跨中方向，不需要再另设置加劲肋。

【例 A-6】如图 A-4 所示的连接，采用 E70 系列焊条，焊脚尺寸为 1/4in，假定板厚不影响结果。要求：采用"瞬心法"确定焊缝群可承受的设计值 P。

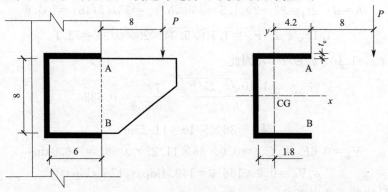

图 A-4 例 A-6 的图示（尺寸单位：in）

解：查表 8-8，可得该受力状况用到的参数如图 A-5 所示。图中 CG 为焊缝群的形心。

对照已知条件可知，$\alpha=\dfrac{8+4.2}{8}=1.525$；$k=\dfrac{6}{8}=0.75$。系数 C 为 α 和 k 的函数，应按内插法得到，查表 8-8 得到的数值如表 A-1 所示。

确定系数 C　　　　　　　　　　　　表 A-1

α	k	
	0.7	0.8
1.4	1.61	1.82
1.6	1.43	1.61

于是，两次内插，得到 $\alpha=1.525$、$k=0.75$ 时，$C=1.59$。

焊缝群的承载力设计值：

$$\phi R_n=\phi CC_1 DL=0.75\times1.59\times1.0\times4\times8=38.2\text{kips}$$

上式中，C_1 由于采用 E70 系列焊条而采用 1.0（见表 8-8 对 C_1 的说明）；D 为焊脚尺寸除以 1/16 所得数值（见表 8-8 对 D 的说明）。

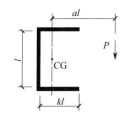

图 A-5　例 A-6 计算简图

于是，求得的竖向力设计值 $P=38.2\text{kips}$。

【解析】若依据"矢量法"计算，则焊缝群的重心至竖向焊缝的距离：

$$\bar{x}=\frac{2\times6\times3}{2\times6+8}=1.8\text{mm}$$

总长度：$L=2\times6+8=20\text{in}$。

假定以有效焊喉 t_e 为单位长度进行计算，则极惯性矩：

$$I_p=I_x+I_y$$
$$=\frac{8^3}{12}+2\times6\times4^2+2\times\frac{6^3}{12}+2\times6\times(3-1.8)^2+8\times1.8^2$$
$$=314\text{in}^3$$

剪力引起的竖向分量：

$$R_v=\frac{P}{L}=\frac{P}{20}=0.05P$$

扭矩引起的分量：

$$R_x=\frac{Ty}{I_p}=\frac{P\times(8+6-1.8)\times4}{314}=0.1554P$$

$$R_y=\frac{Tx}{I_p}=\frac{P\times(8+6-1.8)\times(6-1.8)}{314}=0.1632P$$

矢量和：

$$R_u=\sqrt{(0.1554P)^2+(0.05P+0.1632P)^2}=0.264P$$

焊缝抗力：

$$\phi R_{nw}=\phi t_e(0.6F_{EXX})=0.75\times1/4\times0.707\times(0.6\times70)=5.568\text{kip/in}$$

由 $0.264P=5.568$ 求得 $P=21.1\text{kips}$。

与瞬心法所得的 $P=38.2$ kips 比较，可见矢量法比较保守。

【例 A-7】 如图 A-6 所示牛腿与柱的连接，集中力设计值 $P=15.6$ kips。采用 E70 系列焊条，角焊缝。假定板厚不影响结果。要求：采用"瞬心法"确定所需的焊脚尺寸。

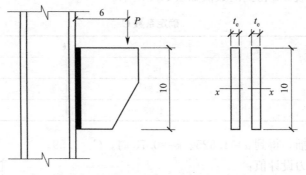

图 A-6　例 A-7 的图示（尺寸单位：in）

解： 查表 8-8，可得该表格给出的参数如图 A-7（a）所示。对于本题，可认为是其特殊情况，如图 A-7（b）所示。

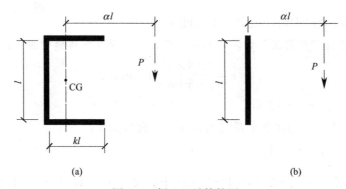

图 A-7　例 A-7 计算简图

对照已知条件可知，$\alpha=\dfrac{6}{10}=0.6$；$k=0$。查表 8-8 得到 $C=0.999$。

由于有两条焊缝，因此，焊缝群的承载力设计值：

$$\phi R_n = \phi C C_1 D L = 2\times0.75\times0.999\times1.0\times D\times10 = 15.0D$$

所需的 $D=15.6/15.0=1.04$，故所需的焊脚尺寸为 1.04/16in，可取为 1/8in。

【例 A-8】 已知条件同例 8-8。要求：应用 AISC《钢结构手册》确定螺栓群可承受的偏心剪力设计值 P_u。

解：（1）查表 7-1 确定单个螺栓的抗剪承载力设计值 ϕr_n

A325 螺栓属于 A 组。剪切面处无螺纹，螺纹状态属于"X"。加载按照单剪，属于"S"。于是，当螺栓直径为 7/8in 时，由表 7-1 得到 $\phi r_n=30.7$ kips。

（2）查表 7-8 确定可承受的偏心力

竖向列螺栓间距 $S=3$ in，竖向集中力至螺栓群形心的距离 $e_x=6.5$ in，一个竖向列的螺栓数 $n=4$，由表 7-8 得到 $C=3.83$。C 的物理含义为螺栓群的有效螺栓数。于是，螺栓群的抗力设计值：

$$\phi R_n = C(\phi r_n) = 3.83 \times 30.7 = 118\text{kips}$$

即可承受的偏心力设计值为 118kips。与例 8-8 所得结果 117kips 十分接近。

【例 A-9】已知条件同例 9-1。要求：应用 AISC《钢结构手册》确定受弯承载力设计值。

解： 已经求得 $Y_1 = 0.305\text{in}$，$Y_2 = 4.64\text{in}$。

查表 3-19，型钢 W14×22、$Y_1 = 0$，当 $Y_2 = 4\text{in}$ 时，$\phi_b M_n = 264\text{kip-ft}$，当 $Y_2 = 4.5\text{in}$ 时，$\phi_b M_n = 276\text{kip-ft}$，因此，当 $Y_2 = 4.32\text{in}$ 时，线性内插得到

$$\phi_b M_n = 264 + \frac{276 - 264}{4.5 - 4} \times (4.32 - 4) = 272\text{kip-ft}$$

【例 A-10】已知条件同例 9-2。要求：应用 AISC《钢结构手册》确定受弯承载力设计值。

解： 已经求得 $Y_1 = 0.305\text{in}$，$Y_2 = 4.64\text{in}$。

查表 3-19，当钢梁为型钢 W14×22 时，组合梁的抗弯承载力数据如表 A-2 所示。于是，针对 $Y_1 = 0.305\text{in}$，$Y_2 = 4.64\text{in}$，应用两次线性内插，可得 $\phi_b M_n = 225\text{kip-ft}$。

组合梁的受弯承载力设计值　　　　　　　　表 A-2

型钢	Y_1(in)	Y_2(in)	
		4.5	5
W14×22	0.251	233	240

参考文献

[1] American Institute of Steel Construction（AISC）. Steel construction manual [M]. 15th ed. Chicago：AISC，2017.

[2] American Institute of Steel Construction（AISC）. Design examples：Companion to the AISC steel construction manual [M]. Chicago：AISC，2017.

附录 B
构件受扭的相关知识

B.1 与扭转有关的截面特性

B.1.1 自由扭转与约束扭转

构件扭转问题分为自由扭转和约束扭转。自由扭转又称圣维南扭转，相对简单，截面扭转剪应力是自由扭转惯性矩的函数，确定自由扭转惯性矩时区分开口截面和闭口截面，公式不同。约束扭转问题则更为复杂，不但产生扭转剪应力，还产生翘曲正应力和翘曲剪应力，后二者均为扇性惯性矩的函数[1]。

自由扭转具有以下特点：

(1) 各截面的翘曲相同。所谓"翘曲"，是指构件在扭矩作用下截面上各点沿杆轴方向所产生的位移。各截面的翘曲相同，则杆件的纵向纤维不发生轴向应变，截面上无正应力，只有剪应力，且各截面上剪应力的分布情况相同；

(2) 纵向纤维不发生弯曲，即纵向纤维保持直线，杆件单位长度的扭转角（即扭转率）为常量。

约束扭转具有以下特点：

(1) 各截面有不同的翘曲变形，因而纵向纤维受到拉伸或压缩，由此导致正应力，称翘曲正应力；

(2) 由于各截面上有大小不同的翘曲正应力，因而必然有剪应力与之平衡，该剪应力称翘曲剪应力。

图 B-1 展示了扭转时翘曲的含义。

B.1.2 极惯性矩与自由扭转惯性矩

1. 极惯性矩

圆（环）形截面构件在自由扭转时的受力性能在材料力学中已经阐明，在扭矩作用下，某点的剪应力大小与到圆心距离成正比，方向与该点和圆心连线垂直。剪应力按下式确定：

$$\tau = \frac{T\rho}{J} \tag{B-1}$$

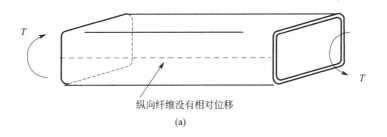

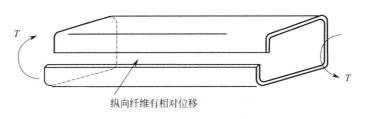

图 B-1　扭转时的翘曲[2]

(a) 闭口截面无翘曲；(b) 开口截面有翘曲

圆形截面时：

$$J = \frac{1}{2}\pi r^4 \tag{B-2}$$

圆环形截面时：

$$J = \frac{1}{2}\pi r_2^2 - \frac{1}{2}\pi r_1^2 \tag{B-3}$$

式中　T——扭矩；

　　　ρ——所研究点至圆心的距离；

　　　J——极惯性矩；

　　　r——圆形截面半径；

r_1、r_2——分别为环形截面的内径与外径。

由于扭转引起的构件一端相对于另一端的转角按下式确定：

$$\phi = \frac{TL}{GJ} \tag{B-4}$$

式中　L——构件的长度；

　　　G——剪变模量。

2. 自由扭转惯性矩

圣维南最早对纯扭转问题进行了研究，发现，对于矩形截面，最大剪应力出现在矩形短边的中点，可按照下式求出[3]：

$$\tau_{max} = \frac{Tt}{J} \tag{B-5}$$

$$J = \frac{bt^3}{3} - 2Vt^4 \tag{B-6}$$

式中　J——称作相当极惯性矩（也称作自由扭转惯性矩、扭转常数）；

　　　b、t——分别为矩形截面的长边和短边（或称作宽度和厚度）；

V——依赖于 b/t 的系数，按照表 B-1 取值。

系数 $2V$ 的取值[3]　　　　　　　　　　　　　　　　　　　　表 B-1

b/t	1.0	1.1	1.2	1.3	1.4	1.5	1.6
$2V$	0.1928	0.1973	0.2006	0.2031	0.2050	0.2064	0.2074
b/t	1.8	2.0	2.5	3.0	4.0	∞	
$2V$	0.2086	0.2093	0.2099	0.2101	0.2101	0.2101	

当 $b/t \geqslant 10$，式（B-6）可简化为如下的近似公式：

$$J = \frac{bt^3}{3} \tag{B-7}$$

对于由多个窄长矩形板组成的开口截面杆件，受扭时横截面虽然发生翘曲，但截面周边在变形前的平面上的投影形状仍保持不变（即，刚周边假定），整个截面的自由扭转惯性矩可由各个组成矩形自由扭转惯性矩求和得到，公式表达为：

$$J = \frac{1}{3} \sum_{i=1}^{n} b_i t_i^3 \tag{B-8}$$

式中　b_i、t_i——分别为第 i 个矩形板的宽度（按中面线尺寸计）和厚度。

考虑到板件连接处圆角的加强作用，国内对式（B-8）加以修正得到热轧截面的自由扭转惯性矩，公式表达为[1]：

热轧工字钢：

$$J = \frac{1.20}{3} \sum_{i=1}^{n} b_i t_i^3 \tag{B-9}$$

热轧槽钢：

$$J = \frac{1.12}{3} \sum_{i=1}^{n} b_i t_i^3 \tag{B-10}$$

热轧角钢：

$$J = \frac{1.0}{3} \sum_{i=1}^{n} b_i t_i^3 \tag{B-11}$$

B.1.3 扇性坐标与剪心

1. 扇性坐标

如图 B-2 所示，扇性坐标被定义为：

$$\omega = \int_0^s \rho \, \mathrm{d}s$$

式中　ρ——B 点至 M 点的切线的垂距；

　　　　$\mathrm{d}s$——沿截面中心线的微长度。

扇性坐标的物理意义为：M 点的扇性坐标为从坐标零点 M_0 开始，沿路径 $M_0 M$ 由 BM_0 旋转至 BM 所得阴影部分面积的 2 倍。扇性坐标有正、负之分，按右手螺旋，以沿 z 轴正向为正，图中 M 点的扇性坐标为正。

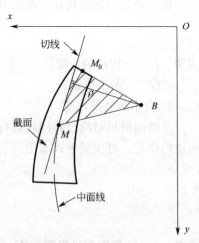

图 B-2　扇性坐标

令

$$S_\omega = \int \omega \, \mathrm{d}A \tag{B-12}$$

$$I_{\omega x} = \int \omega y \, \mathrm{d}A \,, \quad I_{\omega y} = \int \omega x \, \mathrm{d}A \tag{B-13}$$

$$I_\omega = \int \omega^2 \, \mathrm{d}A \tag{B-14}$$

则称 S_ω 为扇性面积矩；$I_{\omega x}$、$I_{\omega y}$ 为扇性惯性积；I_ω 为扇性惯性矩。以上式中，$\mathrm{d}A = t \, \mathrm{d}s$，$t$ 为截面厚度。

如果适当选取极点 B 以及扇性零点 M_0 的位置，可以使以下三个条件同时成立：

$$S_\omega = 0 \,, \quad I_{\omega x} = 0 \,, \quad I_{\omega y} = 0$$

则此时的极点 B 称作主扇性极点，M_0 称作主扇性零点，ω 称作主扇性面积，I_ω 称为主扇性惯性矩。

2. 剪心

可以证明，剪心（shear center）就是主扇性极点。

截面剪心可以这样确定：以截面形心为参照点，剪心坐标按下式确定：

$$x_0 = \frac{I_{\omega y}}{I_x} \,, \quad y_0 = -\frac{I_{\omega x}}{I_y} \tag{B-15}$$

截面剪心位置具有以下规律：

（1）有对称轴的截面，剪心一定在对称轴上；

（2）双轴对称截面，剪心与形心重合；

（3）由矩形薄板相交于一点组成的截面，剪心必在交点上。

3. 主扇性惯性矩

计算主扇性惯性矩 I_ω 的步骤如下：

（1）确定主扇性极点。截面的剪心就是主扇性极点。

（2）以主扇性极点为参考点，任一 M_0 点作为扇性零点，计算各点的扇形坐标，记作 ω_{M0}。

（3）利用下式计算得到主扇性坐标，以 ω_n 表示。

$$\omega_n = \omega_{M0} - \frac{1}{A} \int_A \omega_{M0} \, \mathrm{d}A \tag{B-16}$$

需要注意的是，中文文献中 ω_n 以式（B-16）表达[1,4]，而外文文献则是与式（B-16）反号，即，写成[2,5,6]：

$$\omega_{ns} = \frac{1}{A} \int_0^b \omega_{0s} t \, \mathrm{d}s - \omega_{0s} \tag{B-17}$$

由于"开口截面的扭转应力"一节主要参考文献 [2] 给出计算原理和公式，故对应采用式（B-17），特此说明。

（4）利用下式得到 I_ω，或者，采用图乘法。

$$I_\omega = \int_0^s \omega_n^2 t \, \mathrm{d}s \tag{B-18}$$

AISC 文献中，主扇性惯性矩 I_ω 记作 C_w，称作翘曲常数。

几种常见截面的剪心位置与主扇性惯性矩 I_ω 如表 B-2 所示[4]。

剪心位置与主扇性惯性矩 I_ω 表 B-2

截面形式					
剪切中心 S 的位置	$a=\dfrac{b_2^3 t_2}{b_1^3 t_1 + b_2^3 t_2}h$	$a=\dfrac{3b^2 t}{6bt+ht_w}$	翼缘与腹板交点	角点	形心点
扇形惯性矩 I_ω	$\dfrac{h^2}{12}\left(\dfrac{b_1^3 t_1 b_2^3 t_2}{b_1^3 t_1 + b_2^3 t_2}\right)$	$\dfrac{b^3 h^2 t}{12}\left(\dfrac{3bt+2ht_w}{6bt+ht_w}\right)$	$\dfrac{1}{36}\left(\dfrac{b^3 t^3}{4}+h^3 t_w^3\right)\approx 0$	$\dfrac{1}{36}(b_1^3 t_1^3 + b_2^3 t_2^3)\approx 0$	$\dfrac{b^3 h^2 t}{12}\left(\dfrac{bt+2ht_w}{2bt+ht_w}\right)$

注：O 为形心。

4. 热轧工字钢与槽钢截面的自由扭转惯性矩与主扇性惯性矩

鉴于国家标准《热轧型钢》GB/T 706—2016 未给出与扭转有关的截面特性，且由于热轧截面存在倒角、斜坡等导致计算困难，今利用 ANSYS 求得热轧工字钢与槽钢截面的自由扭转惯性矩与主扇性惯性矩，见附录 C。

B.2 开口截面的扭转应力

当沿构件长度方向承受的扭矩 T 为常数，截面提供的扭转抗力为纯扭抗力和翘曲抗力之和，内外力矩平衡公式表达为：

$$T=GJ\theta' - EC_w\theta''' \tag{B-19}$$

式中　G——钢材的剪变模量；

　　　J——截面的扭转常数；

　　　E——钢材的弹性模量；

　　　C_w——截面的翘曲常数；

　　　θ——以弧度为单位的转角。

B.2.1 开口截面的扭转应力计算

开口截面的扭转应力包括：纯扭转剪应力、翘曲扭转剪应力和翘曲扭转正应力。常用工字形截面时的各应力分布情况如图 B-3 所示。

为了与受弯时的应力叠加，文献[2] 规定，扭矩以图 B-3 中所示方向为正，即，面向左支点，以逆时针转动为正。

1. 纯扭转剪应力

如图 B-3（b）所示，纯扭转剪应力最大值出现在翼缘上下表面或腹板的两个侧面，最大应力可按下式求得：

$$\tau_t = Gt\theta' \tag{B-20}$$

式中　t——计算位置处板件的厚度；

　　　θ'——扭转角 θ 的变化率，为 θ 对 z 轴的一阶导数（z 轴为构件的纵轴）。

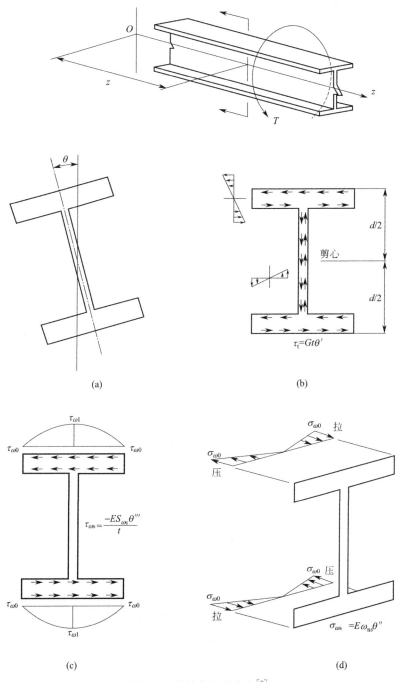

图 B-3　扭转产生的应力[2]

2. 翘曲剪应力

如图 B-3（c）所示，翘曲剪应力沿腹板厚度均匀分布，端部为零，中部最大，且上下翼缘内应力方向相反。距离翼缘端部 s 处应力可按下式求得：

$$\tau_{ws} = -\frac{ES_{\omega s}\theta'''}{t} \tag{B-21}$$

式中 τ_{ws}——点 s 处由于翘曲引起的剪应力；

$S_{\omega s}$——点 s 处的翘曲静矩；

$\theta^{'''}$——扭转角 θ 对 z 轴的 3 阶导数。

3. 翘曲正应力

如图 B-3（c）所示，翼缘中应力在边缘处最大，方向相反。最大应力可按下式求得：

$$\sigma_{ws} = E\omega_{ns}\theta^{''} \tag{B-22}$$

式中 ω_{ns}——点 s 处的主扇性坐标；

$\theta^{''}$——扭转角 θ 对 z 轴的 2 阶导数。

以上可见，若想得到应力，需要先确定 $\theta^{'}$、$\theta^{''}$ 和 $\theta^{'''}$。思路如下：

将式（B-19）改写为

$$\theta^{'''} - \frac{GJ}{EC_w}\theta^{'} = -\frac{T(z)}{EC_w} \tag{B-23}$$

式中，$T(z)$ 表示外荷载引起的扭矩为沿纵轴坐标 z 的函数。令

$$a = \sqrt{\frac{EC_w}{GJ}}$$

a 称作扭转弯曲常数，则该微分方程可解。例如，令齐次方程的解为 $\theta_h = Ae^{mz}$，则有

$$Ae^{mz}(m^3 - \frac{1}{a^2}m) = 0$$

于是

$$\theta_h = A_1 e^{z/a} + A_2 e^{-z/a} + A_3$$

一般写成如下形式：

$$\theta_h = A\sinh(z/a) + B\cosh(z/a) + C \tag{B-24}$$

微分方程的特解，一般仅用 z 的一次函数即可，即

$$\theta_p = C_1 + C_2 z \tag{B-25}$$

再结合边界条件，即可求得指定位置处的 θ、$\theta^{'}$、$\theta^{''}$ 和 $\theta^{'''}$。扭转计算中可能的 3 种端部约束情况（边界条件）为：

（1）端部固接：在构件的端部，绕纵轴 z 轴的扭转和截面的翘曲均被阻止，即，$\theta = 0$，$\theta^{'} = 0$。如图 B-4（a）所示，为阻止端部翘曲，可在梁的端部加焊防翘曲钢板，该钢板沿梁纵向的宽度应不小于 $0.7h$，h 为翼缘板中面线之间的距离[7]。

（2）端部铰接：在构件的端部，绕纵轴 z 轴的扭转被阻止，但截面可以自由翘曲，即，$\theta = 0$，$\theta^{''} = 0$。如图 B-4（b）所示。

（3）端部自由：即端部不仅可以自由扭转还能自由翘曲，例如，悬臂构件的无支端。

为方便计算，文献[2]在附录 B 给出了 12 种荷载工况的 θ、$\theta^{'}$、$\theta^{''}$ 和 $\theta^{'''}$ 曲线。

对于常用的双轴对称工字形截面，计算中用到的截面特性，公式如下：

$$J = \frac{1}{3}[2b_f t_f^3 + (d - 2t_f)t_w^3] \tag{B-26}$$

$$C_w = \frac{I_y h^2}{4} \tag{B-27}$$

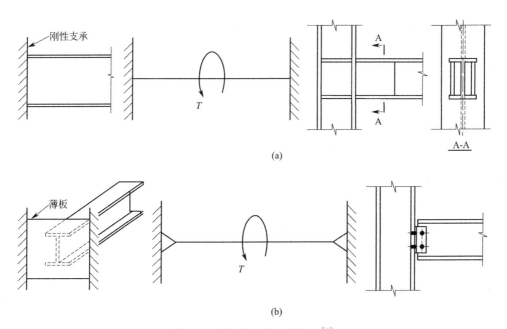

图 B-4 扭转构件的端部约束[2]

(a) 固接；(b) 铰接

$$a=\sqrt{\frac{EC_{\mathrm{w}}}{GJ}} \tag{B-28}$$

$$\omega_{\mathrm{n0}}=\frac{hb_{\mathrm{f}}}{4} \tag{B-29}$$

$$S_{\omega 1}=\frac{hb_{\mathrm{f}}^{2}t_{\mathrm{f}}}{16} \tag{B-30}$$

$$Q_{\mathrm{f}}=\frac{ht_{\mathrm{f}}(b_{\mathrm{f}}-t_{\mathrm{w}})}{4} \tag{B-31}$$

$$Q_{\mathrm{w}}=\frac{hb_{\mathrm{f}}t_{\mathrm{f}}}{2}+\frac{(h-t_{\mathrm{f}})^{2}t_{\mathrm{w}}}{8} \tag{B-32}$$

式中 b_{f}、t_{f}——分别为翼缘的宽度与厚度；

d——工字形截面的总高度；

t_{w}——腹板厚度；

I_{y}——截面绕 y 轴的惯性矩（忽略腹板的贡献）；

a——扭转弯曲常数；

h——工字形截面翼缘中面线之间的距离，$h=d-t_{\mathrm{f}}$；

ω_{n0}——翼缘端部主扇性坐标；

$S_{\omega 1}$——翼缘中心处面积静矩；

Q_{f}——翼缘与腹板交界处翼缘面积静矩（用于剪力流理论计算翼缘最大剪应力）；

Q_{w}——腹板高度中点处面积静矩（用于计算腹板最大剪应力）。

B. 2. 2 对扭转近似计算——扭转比拟为板弯曲[8]

求解微分方程十分枯燥。设计时，若采用翼缘板受弯比拟进行近似受力分析则简便得多。

如图 B-5 所示，对于常用的工字形截面构件，扭矩 T 可以等效为力偶。将该 P_H 视为集中力，并将翼缘视为梁可求得剪力，此剪力为翼缘内翘曲剪应力的合力。

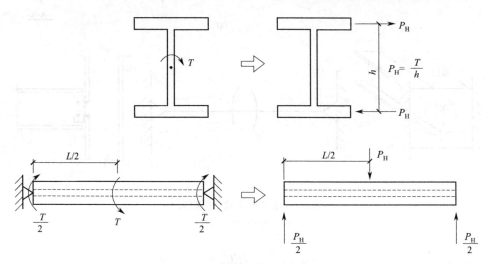

图 B-5　受扭比拟为翼缘受弯

于是可知，当受扭构件的截面为工字形时，翼缘中部翘曲剪应力（此处翘曲剪应力最大）可近似按照下式计算：

$$\tau_w = \frac{1.5 V_f}{b_f t_f} \tag{B-33}$$

式中　V_f——一个翼缘所受的剪力，图 B-5 中 $V_f = P_H/2 = T/(2h)$。

翼缘端部的正应力（此处翘曲剪应力最大）近似按照下式计算：

$$\sigma_w = \frac{M_f}{S_f} \tag{B-34}$$

$$S_f = \frac{t_f b_f^2}{6} \tag{B-35}$$

式中　M_f——一个翼缘所受的弯矩，图 B-5 中 $M_f = P_H L/4 = TL/(4h)$。

B. 2. 3 扭转应力与弯曲应力的叠加

如图 B-6 所示，构件由于弯曲引起的正应力和剪应力按照下式计算：

$$\sigma_b = \frac{M}{S} \tag{B-36}$$

$$\tau_b = \frac{VQ}{It} \tag{B-37}$$

式中　σ_b——绕 x 轴或 y 轴的弯曲正应力；

M——绕 x 轴或 y 轴的弯矩；

S——弹性截面模量；

τ_b——沿 x 轴或 y 轴的剪力引起的剪应力；

V——沿 x 轴或 y 轴的剪力；

I——绕 x 轴的惯性矩 I_x 或绕 y 轴的惯性矩 I_y；

Q——计算翼缘内的最大应力时用 Q_f，计算腹板内的最大应力时用 Q_w；

t——板件的厚度。

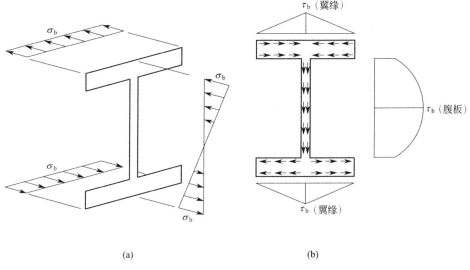

图 B-6　工字形截面构件受弯时的应力

(a) 正应力；(b) 剪应力

需要注意，此处计算翼缘的最大剪应力时并非采用材料力学的做法，而是按照剪力流理论，因此，板件厚度 t 取为翼缘 t_f，而 Q_f 可按照腹板边缘以外的部分求得[8]，即式 (B-31)。

对照图 B-3 和图 B-6 可知，翼缘部分的弯曲正应力和扭转正应力叠加，最大应力出现在翼缘的端部，且 $|\sigma_{\max}| = |-\sigma_{\max}|$，因此可直接用正值相加得到；翼缘部分的剪应力包括三部分：自由扭转剪应力、约束扭转剪应力和弯曲剪应力，三者也可以用正值相加得到，最大值出现在翼缘的中部；腹板部分的剪应力包括自由扭转剪应力和弯曲剪应力，二者用正值相加得到最大剪应力，出现在腹板的中部。尽管以上分析按照扭矩和弯矩均为正值得到，其他情况（即无论扭矩和弯矩的正负）仍适用。

【例 B-1】某两端简支钢梁，截面为 H250×250×9×14，计算跨径为 4.6m，在跨中承受集中力设计值 P_u=67kN（该荷载在横向偏离剪心 150mm），如图 B-7 所示。计算时采用 $E=2.0\times10^5 \mathrm{N/mm^2}$，$G=7.72\times10^4 \mathrm{N/mm^2}$。要求：确定因受弯和受扭导致的截面应力。

解： 查《热轧 H 型钢和剖分 T 型钢》GB/T 11263—2017，可得绕 x 轴惯性矩 $I_x=10700\times10^4 \mathrm{mm^4}$，截面模量 $S_x=860\times10^3 \mathrm{mm^3}$。

由于该标准中未给出截面的扭转特性，故需要依据前述公式求出。

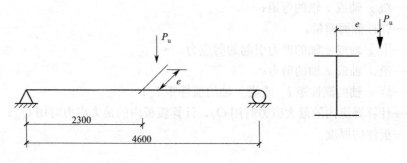

图 B-7　例 B-1 计算简图

计算时忽略倒角的影响，得到：$J = 5.1128 \times 10^5$ mm^4，$C_w = 5.0765 \times 10^{11}$ mm^6，$a = 1.6038 \times 10^3$ mm，$\omega_{n0} = 14750$ mm^2，$S_{\omega 1} = 1.2906 \times 10^7$ mm^4，$Q_f = 1.9907 \times 10^5$ mm^3，$Q_w = 8.8144 \times 10^5$ mm^3。

（1）计算受弯引起的应力

跨中截面的应力：

$$M_u = \frac{P_u L}{4} = 7.705 \times 10^7 \text{ N} \cdot \text{mm}$$

$$V_u = \frac{P_u}{2} = 3.35 \times 10^4 \text{ N}$$

$$\sigma_b = \frac{M_x}{S_x} = \frac{7.705 \times 10^7}{860 \times 10^3} = 85.59 \text{ N/mm}^2$$

$$\tau_{bw} = \frac{V_u Q_w}{I_x t_w} = \frac{3.35 \times 10^4 \times 8.8144 \times 10^5}{10700 \times 10^4 \times 9} = 30.66 \text{ N/mm}^2$$

$$\tau_{bf} = \frac{V_u Q_f}{I_x t_f} = \frac{3.35 \times 10^4 \times 1.9907 \times 10^5}{10700 \times 10^4 \times 14} = 4.45 \text{ N/mm}^2$$

支座截面的应力：

弯矩为零，故 $\sigma_{bx} = 0$。

剪力与跨中截面相等，故应力也相等，即，$\tau_{bw} = 30.66$ N/mm^2，$\tau_{bf} = 4.45$ N/mm^2。

（2）计算受扭引起的应力

$$T_u = P_u e = 67 \times 10^3 \times 150 = 1.005 \times 10^7 \text{ N} \cdot \text{mm}$$

注意到，按照前述的扭矩正负号规定，此处扭矩应为负，即取 $T_u = -1.005 \times 10^7$ N·mm 进行下面的计算。

查文献 [2] 附录 B，两端简支承受集中扭矩，属于工况 3。由于集中扭矩作用于跨中，故 $\alpha = 0.5$。$L/a = 4600/1603.8 = 2.87$。今对跨中和支座处截面进行研究。

跨中截面：此时 $\alpha/L = 0.5$，$L/a = 2.87$，查工况 3 所列出的曲线，可得：

$$\theta \times \frac{GJ}{T_u} \times \frac{1}{L} = 0.09$$

$$\theta' \times \frac{GJ}{T_u} = 0$$

$$\theta'' \times \frac{GJ}{T_u} \times a = -0.44$$

$$\theta''' \times \frac{GJ}{T_u} \times a^2 = -0.50$$

由以上各式可求得 θ、θ'、θ'' 和 θ'''，并代入相应的应力计算公式，得到：

$$\frac{T_u}{GJ} = \frac{-1.005 \times 10^7}{7.72 \times 10^4 \times 5.1128 \times 10^5} = -2.5462 \times 10^{-4}\,\text{rad/mm}$$

$$\tau_t = Gt\theta' = 0$$

$$\begin{aligned}
\tau_{w1} &= -\frac{ES_{\omega 1}\theta'''}{t_f} \\
&= -\frac{2.0 \times 10^5 \times 1.2906 \times 10^7}{14}\left[\frac{(-0.50) \times (-2.5462 \times 10^{-4})}{(1.6038 \times 10^3)^2}\right] \\
&= -9.13\,\text{N/mm}^2
\end{aligned}$$

$$\begin{aligned}
\sigma_{w0} &= E\omega_{n0}\theta'' \\
&= 2.0 \times 10^5 \times 14750 \times \left[\frac{(-0.44) \times (-2.5462 \times 10^{-4})}{1.6038 \times 10^3}\right] \\
&= 206.07\,\text{N/mm}^2
\end{aligned}$$

· 支座截面：端部铰接，$\theta = 0$，$\theta'' = 0$。θ' 和 θ''' 需要查曲线得到。此时 $\alpha/L = 0$，$L/a = 2.87$。

$$\theta' \times \frac{GJ}{T_u} = 0.28$$

$$\theta''' \times \frac{GJ}{T_u} \times a^2 = -0.22$$

对于翼缘：

$$\tau_t = Gt_f\theta' = 7.72 \times 10^4 \times 14 \times 0.28 \times (-2.5462 \times 10^{-4}) = -77.05\,\text{N/mm}^2$$

对于腹板：

$$\tau_t = Gt_w\theta' = 7.72 \times 10^4 \times 9 \times 0.28 \times (-2.5462 \times 10^{-4}) = -49.53\,\text{N/mm}^2$$

$$\begin{aligned}
\tau_{w1} &= -\frac{ES_{\omega 1}\theta'''}{t_f} \\
&= -\frac{2.0 \times 10^5 \times 1.2906 \times 10^7}{14}\left[\frac{(-0.22) \times (-2.5462 \times 10^{-4})}{(1.6038 \times 10^3)^2}\right] \\
&= -4.02\,\text{N/mm}^2
\end{aligned}$$

由于 $\theta'' = 0$，从而 $\sigma_{\omega 0} = 0$。

将计算结果列成表格，如表 B-3 所示。

例 B-1 计算结果汇总 表 B-3

位置		$\sigma_{\omega 0}$	σ_b	τ_t	$\tau_{\omega 1}$	τ_b
跨中	翼缘	±206.07	±85.59	0	−9.13	±4.45
	腹板	—	—	0		±30.66
支座	翼缘	0	0	−77.05	−4.02	±4.45
	腹板	—	—	−49.53		±30.66

可见，最大正应力出现在跨中截面翼缘端部，大小为 $206.07+85.59=291.66\text{N/mm}^2$；最大剪应力出现在支座截面翼缘中部，大小为 $77.05+4.02+4.45=85.52\text{N/mm}^2$。

【例 B-2】 条件同例 B-1。要求：按受弯比拟方法求翼缘的翘曲剪应力和翘曲正应力。

解： 上题已经求得跨中处外荷载产生的扭矩为 $T_u=1.005\times 10^7\text{N}\cdot\text{mm}$，因此，$V_f=1.005\times 10^7/(2\times 236)=2.129\times 10^4\text{N}$。翼缘的翘曲剪应力：

$$\tau_w=\frac{1.5V_f}{b_f t_f}=\frac{1.5\times 2.129\times 10^4}{250\times 14}=9.12\ \text{N/mm}^2$$

翼缘翘曲正应力：

$$S_f=\frac{t_f b_f^2}{6}=\frac{14\times 250^2}{6}=1.458\times 10^5\ \text{mm}^3$$

$$M_f=V_f L/2=2.129\times 10^4\times 4600/2=4.897\times 10^7\ \text{N}\cdot\text{mm}$$

$$\sigma_w=\frac{M_f}{S_f}=\frac{4.897\times 10^7}{1.458\times 10^5}=335.87\ \text{N/mm}^2$$

将此计算结果（受弯比拟方法）与例 B-1 结果（微分方法）对比，如表 B-4 所示（此处取绝对值比较）。可见，受弯比拟方法未考虑沿构件纵向的变化，偏于保守。

两种方法计算结果对比 表 B-4

位置		微分方法		受弯比拟方法	
		$\sigma_{\omega 0}$	$\tau_{\omega 1}$	$\sigma_{\omega 0}$	$\tau_{\omega 1}$
跨中	翼缘	206.07	9.13	335.87	9.12
支座	翼缘	0	4.02	335.87	9.12

以上计算结果可以从图 B-8 很清楚看出：在 $z=0\sim L/2$ 范围内，尽管扭矩不变均为 $T/2$，但由于总扭矩为自由扭矩与约束扭矩之和，约束扭矩呈现出由小到大的变化，因此，按受弯比拟结果进行设计是保守的[8]。

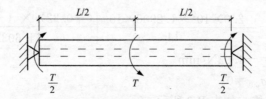

图 B-8 集中扭矩作用于跨中时的扭矩纵向分布[8]

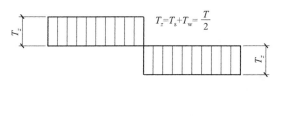

$$T_z = T_s + T_w = \frac{T}{2}$$

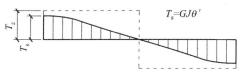

$$T_s = GJ\theta'$$

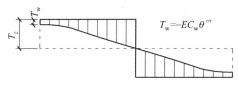

$$T_w = -EC_w\theta'''$$

图 B-8 集中扭矩作用于跨中时的扭矩纵向分布[8]（续）

参考文献

［1］包世华，周坚. 薄壁杆件结构力学［M］. 北京：中国建筑工业出版社，2006.

［2］SEABURG P A，CARTER C J. Torsional analysis of structural steel members［M］. Chicago：AISC，2003.

［3］DARWISH I A，JOHNSTON B G. Torsion of structural shapes［R］. University of Michigan，1964.

［4］陈骥. 钢结构稳定理论与设计［M］. 6 版. 北京：科学出版社，2015.

［5］NETHERCOT D A，SALTER P R，MALIK A S. Design of members subject to combined bending and torsion［R］. Berkshire：The Steel Construction Institute，1997.

［6］YU W W，LABOUBE R A，CHEN H. Cold-formed steel design［M］. 5th ed. Hoboken：John Wiley & Sons，2020.

［7］GORENC B E，TINYOU R，SYAM A A. Steel Designers' Handbook［M］. 8th ed. Sydney：University of New South Wales Press Ltd，2012.

［8］SALMON C G，JOHNSON J E，MALHAS F A. Steel structures design and behavior［M］. 5th ed. New Jersey：Pearson Prentice Hall，2009.

附录 C
热轧普通工字钢与槽钢的截面特性

热轧普通工字钢的规格及截面特性（依据 GB/T 706—2016 计算）　　　表 C-1

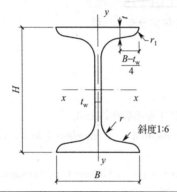

H—高度；　　　　　　B—腿宽度；

t_w—腰厚度；　　　　t—平均腿厚度；

斜度1:6　　　r—内圆弧半径；　　r_1—腿端圆弧半径。

型号	H	B	t_w	t	r	r_1	A	I_x	I_y	I_t	I_ω
	(mm)						(cm²)	(cm⁴)			(cm⁶)
10	100	68	4.5	7.6	6.5	3.3	14.33	245	32.8	2.99	645
12	120	74	5	8.4	7	3.5	17.80	436	46.9	4.43	1359
12.6	126	74	5	8.4	7	3.5	18.10	488	46.9	4.44	1515
14	140	80	5.5	9.1	7.5	3.8	21.50	712	64.3	6.16	2575
16	160	88	6	9.9	8	4	26.11	1127	93.0	8.74	4914
18	180	94	6.5	10.7	8.5	4.3	30.74	1669	122.9	11.83	8285
20a	200	100	7	11.4	9	4.5	35.56	2369	157.9	15.42	13239
20b	200	102	9	11.4	9	4.5	39.56	2502	168.9	18.77	14064
22a	220	110	7.5	12.3	9.5	4.8	42.10	3406	225.9	21.17	22991
22b	220	112	9.5	12.3	9.5	4.8	46.50	3583	240.2	25.39	24292
24a	240	116	8	13	10	5	47.71	4568	280.4	26.68	34145
24b	240	118	10	13	10	5	52.51	4798	297.2	31.70	35984
25a	250	116	8	13	10	5	48.51	5017	280.4	26.77	37309
25b	250	118	10	13	10	5	53.51	5278	297.3	32.03	39324

续表

型号	H	B	t_w	t	r	r_1	A	I_x	I_y	I_t	I_ω
	(mm)						(cm^2)	(cm^4)			(cm^6)
27a	270	122	8.5	13.7	10.5	5.3	54.52	6544	344.0	33.22	53592
27b	270	124	10.5	13.7	10.5	5.3	59.92	6872	363.7	39.53	56347
28a	280	122	8.5	13.7	10.5	5.3	55.37	7115	344.1	33.42	57968
28b	280	124	10.5	13.7	10.5	5.3	60.97	7481	363.8*	39.90	60960
30a	300	126	9	14.4	11	5.5	61.22	8958	400.3	40.43	77653
30b	300	128	11	14.4	11	5.5	67.22	9408	422.5	48.10	81532
30c	300	130	13	14.4	11	5.5	73.22	9858	446.1	58.21	85556
32a	320	130	9.5	15	11.5	5.8	67.12	11080	459.0	47.84	101650
32b	320	132	11.5	15	11.5	5.8	73.52	11626	483.8*	56.75	106580
32c	320	134	13.5	15	11.5	5.8	79.92	12173	510.0*	68.39	111700
36a	360	136	10	15.8	12	6	76.44	15796	554.9	59.20	156980
36b	360	138	12	15.8	12	6	83.64	16574	583.6	69.96	164310
36c	360	140	14	15.8	12	6	90.84	17351	614.0	84.25	171860
40a	400	142	10.5	16.5	12.5	6.3	86.07	21714	659.9	71.50	232300
40b	400	144	12.5	16.5	12.5	6.3	94.07	22781	692.7	84.50	242730
40c	400	146	14.5	16.5	12.5	6.3	102.07	23848	727.5	101.30	253520
45a	450	150	11.5	18	13.5	6.8	102.40	32241	855.0	99.13	382500
45b	450	152	13.5	18	13.5	6.8	111.40	33759	895.4	116.23	398780
45c	450	154	15.5	18	13.5	6.8	120.40	35278	938.0	138.03	415590
50a	500	158	12	20	14	7	119.25	46473	1121.5	136.01	620950
50b	500	160	14	20	14	7	129.25	48556	1171.4	156.60	646050
50c	500	162	16	20	14	7	139.25	50639	1223.9	183.02	671820
55a	550	166	12.5	21	14.5	7.3	134.13	62872	1365.6	165.64	920050
55b	550	168	14.5	21	14.5	7.3	145.13	65645	1423.5	190.06	955470
55c	550	170	16.5	21	14.5	7.3	156.13	68418	1484.3	220.80	991940
56a	560	166	12.5	21	14.5	7.3	135.38	65576	1365.8	166.25	955790
56b	560	168	14.5	21	14.5	7.3	146.58	68503	1423.8*	191.10	992650
56c	560	170	16.5	21	14.5	7.3	157.78	71430	1484.7*	222.35	1030600
63a	630	176	13	22	15	7.5	154.59	94004	1702.3	204.24	1519200
63b	630	178	15	22	15	7.5	167.19	98172	1770.6	233.99	1574700
63c	630	180	17	22	15	7.5	179.79	102340	1842.3*	271.23	1631800

注：标以 * 者，表示与国家标准给出的数值相比，误差在 3% 以上。但与《钢结构设计手册》（上册，第二版，中国建筑工业出版社，2004 年）一致。

热轧普通槽钢的规格及截面特性（依据 GB/T 706—2016 计算） 表 C-2

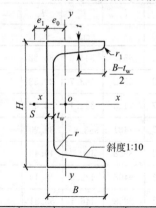

H—高度；　　　　　　　B—翼缘宽度；

t_w—腰厚度；　　　　　　t—平均腿厚度；

r—内圆弧半径；　　　　r_1—腿端圆弧半径；

e_0—形心至腰外侧距离；　e_1—剪心至腰外侧距离。

型号	H	B	t_w	t	r	r_1	A	I_x	I_y	I_t	I_ω	e_0	e_1
	(mm)						(cm²)	(cm⁴)			(cm⁶)	(cm)	
5	50	37	4.5	7	7	3.5	6.92	26.0	8.3	1.11	26.4	1.35	0.97
6.3	63	40	4.8	7.5	7.5	3.8	8.45	51.2	11.9	1.51	61.9	1.39	1.06
6.5	65	40	4.8*	7.5	7.5	3.8	8.54	55.2	12.0	1.52	67.1	1.38	1.06
8	80	43	5	8	8	4.0	10.24	101.3	16.6	2.02	145	1.42	1.15
10	100	48	5.3	8.5	8.5	4.2	12.74	198.3	25.6	2.79	361	1.52	1.30
12	120	53	5.5	9	9	4.5	15.36	346.3	37.4	3.67	779	1.62	1.45
12.6	126	53	5.5	9	9	4.5	15.69	388.5	38.0	3.74	879	1.59	1.44
14a	140	58	6	9.5	9.5	4.8	18.51	563.7	53.2	4.94	1531	1.71	1.56
14b	140	60	8	9.5	9.5	4.8	21.31	609.4	61.1	6.64	1745	1.67	1.38
16a	160	63	6.5	10	10	5.0	21.95	866.2	73.4	6.46	2795	1.79	1.67
16b	160	65	8.5	10	10	5.0	25.15	934.5	83.4	8.72	3160	1.75	1.48
18a	180	68	7	10.5	10.5	5.2	25.69	1272.9	98.6	8.48	4805	1.88	1.77
18b	180	70	9	10.5	10.5	5.2	29.29	1370.1	111.1	11.2	5396	1.84	1.58
20a	200	73	7	11	11	5.5	28.83	1780.4	128.0	10.1	7787	2.01	1.94
20b	200	75	9	11	11	5.5	32.83	1913.7	143.6	13.3	8710	1.95	1.75
22a	220	77	7	11.5	11.5	5.8	31.83	2393.7	157.7	11.9	11707	2.10	2.08
22b	220	79	9	11.5	11.5	5.8	36.23	2571.1	176.5	15.4	13068	2.03	1.87
24a	240	78	7	12	12	6.0	34.21	3052.2	173.7	13.3	15450	2.10	2.10
24b	240	80	9	12	12	6.0	39.01	3282.6	194.1	17.1	17247	2.03	1.89
24c	240	82	11	12	12	6.0	43.81	3513.0	213.5	22.8	19038	2.00	1.70
25a	250	78	7	12	12	6.0	34.91	3359.1	175.8	13.5	17072	2.07	2.08
25b	250	80	9	12	12	6.0	39.91	3619.6	196.4	17.4	19069	2.00	1.87
25c	250	82	11	12	12	6.0	44.91	3880.0	215.9	23.0	21043	1.96	1.67
27a	270	82	7.5	12.5	12.5	6.2	39.27	4362.4	215.7	16.4	24547	2.13	2.15
27b	270	84	9.5	12.5	12.5	6.2	44.67	4690.4	239.2	21.1	27273	2.06	1.93
27c	270	86	11.5	12.5	12.5	6.2	50.07	5018.5	261.7	27.9	29958	2.02	1.74

续表

型号	H	B	t_w	t	r	r_1	A	I_x	I_y	I_t	I_ω	e_0	e_1
	(mm)						(cm^2)	(cm^4)			(cm^6)	(cm)	
28a	280	82	7.5	12.5	12.5	6.2	40.02	4752.9	217.9	16.6	26823	2.09	2.13
28b	280	84	9.5	12.5	12.5	6.2	45.62	5118.8	241.6	21.7	29811	2.02	1.91
28c	280	86	11.5	12.5	12.5	6.2	51.22	5484.6	264.1	28.5	32756	1.99	1.71
30a	300	85	7.5	13.5	13.5	6.8	43.89	6047.4	261.1	20.5	36855	2.21	2.26
30b	300	87	9.5	13.5	13.5	6.8	49.89	6497.4	289.2	25.9	40879	2.13	2.04
30c	300	89	11.5	13.5	13.5	6.8	55.89	6947.4	315.8	33.5	44864	2.09	1.83
32a	320	88	8	14	14	7.0	48.50	7510.7	304.7	24.3	49143	2.24	2.28
32b	320	90	10	14	14	7.0	54.90	8056.8	335.6	30.6	54284	2.16	2.06
32c	320	92	12	14	14	7.0	61.30	8602.9	365.0	39.4	59357	2.13	1.86
36a	360	96	9	16	16	8.0	60.89	11874	455.0	39.2	92704	2.44	2.47
36b	360	98	11	16	16	8.0	68.09	12652	496.6	48.0	101470	2.37	2.25
36c	360	100	13	16	16	8.0	75.29	13429	536.5	60.0	110090	2.34	2.05
40a	400	100	10.5	18	18	9.0	75.04	17578	592.0	60.3	148940	2.49	2.43
40b	400	102	12.5	18	18	9.0	83.04	18644	640.6	73.4	161810	2.44	2.22
40c	400	104	14.5	18	18	9.0	91.04	19711	687.7	89.5	174600	2.42	2.03

注：标以 * 者，国家标准原文为 4.3，疑有误。